"十二五"全国土建类模块式创新规划教材

智囊图书·建筑书系

地基与基础

DIJI YU JICHU

主 审 胡兴福
主 编 武鲜花
副主编 关 瑞 杨 飞
编 者 雒六元 杨 正

哈尔滨工业大学出版社

内容简介

本书依据《建筑地基基础设计规范》(GB 50007—2011)、《建筑桩基技术规范》(JGJ 94—2008)、《混凝土结构设计规范》(GB 50010—2010)、《建筑抗震设计规范》(GB 50011—2010)、《砌体设计规范》(GB 50003—2011)等编写。

内容的编排上尽量采用图文并茂的形式,增加了大量的图表,文字尽量简洁,尽量做到形象直观、方便阅读,减少学生阅读的疲劳感,提高学习效率,减少篇幅,降低理工科知识学习的枯燥感。在编排形式上采用模块的编写手法,将过去传统的章节进行了合并和重新排列组合,突出特点,加强适用性。尽量体现新知识、新技术、新方法。

图书在版编目(CIP)数据

地基与基础/武鲜花主编. —哈尔滨:哈尔滨工业大学出版社,2013.1
ISBN 978-7-5603-3937-5

Ⅰ.①地⋯ Ⅱ.①武⋯ Ⅲ.①地基-高等学校-教材 ②基础(工程)-高等学校-教材 Ⅳ.①TU47

中国版本图书馆 CIP 数据核字(2013)第 004593 号

责任编辑	张 瑞
封面设计	唐韵设计
出版发行	哈尔滨工业大学出版社
社 址	哈尔滨市南岗区复华四道街10号 邮编150006
传 真	0451-86414749
网 址	http://hitpress.hit.edu.cn
印 刷	三河市玉星印刷装订厂
开 本	850mm×1168mm 1/16 印张 20.5 字数 600 千字
版 次	2013年1月第1版 2013年1月第1次印刷
书 号	ISBN 978-7-5603-3937-5
定 价	36.00元

(如因印装质量问题影响阅读,我社负责调换)

序 言 1

新中国成立以来,建筑业随着国家的建设而发展壮大,为国民经济和社会发展作出了巨大贡献。建筑业的发展,不仅提升了人民的居住水平,加快了城镇化进程,而且带动了相关产业的发展。随着国家建筑产业政策的不断完善,一些举世瞩目的建设成果不断涌现,如奥运工程、世博会工程、高铁工程等,这些工程为经济、文化、民生等方面的发展发挥了重要作用。

建设行业的发展在一定程度上带动了土建类职业教育的发展。当前建设行业人力资源的层次主要集中在施工层面,门槛相对较低,属于劳动密集型产业,建筑工人知识水平偏低,管理技术人员所占比例不高。因此,以培养建设行业生产一线的技能型、复合型工程技术人才为主的土建类职业教育得到飞速发展,逐渐发挥其培育潜在人力资源的作用。土建类专业是应用型学科,将专业人才培养与施工过程对接,构建"规范引领、施工导向、工学结合"的模式是我国当前土建类职业教育一直探讨的方式。各院校在建立实践教学体系的同时,人才培养全过程要渗透工学结合的思想。

根据《国家中长期人才发展规划纲要(2010~2020年)》的要求,以及教育部和建设部《关于实施职业院校建设行业技能型紧缺人才培养培训工程的通知》、《关于我国建设行业人力资源状况和加强建设行业技能型紧缺人才培养培训工作的建议》的要求,哈尔滨工业大学出版社特邀请国内长期从事土建类职业教育的一线教师和建设行业从业人员编写了本套教材。本套教材按照"以就业为导向、以全面素质为基础、以能力为本位"的教育理念,按照"需求为准、够用为度、实用为先"的原则进行编写。内容上体现了土木建筑领域的新技术、新工艺、新材料、新设备、新方法,反映了现行规范(规程)、标准及工程技术发展动态,教材不但在表达方式上紧密结合现行标准,忠实于标准的条文内容,也在计算和设计过程中严格遵照执行,吸收了教学改革的成果,强调了基础性、专业性、应用性和创业性。大到教材中的工程案例,小到教材中的图片、例题,均取自于实际工程项目,把学生被动听讲变成学生主动参与实际操作,加深了学生对实际工程项目的理解和应用,体现了以能力为本位的教材体系。教材的基础知识和技能知识与国家劳动部和社会保障部颁发的职业资格等级证书相结合,按各类岗位要求进行编写,以应用型职业需要为中心,达到"先培训、后就业"的教学目的。

目前,我国的建设行业教育事业取得了长足的发展,但不能忽视的是土建类专业教材建设、建设行业发展急需进一步规范和引导,加快土建类专业教学的改革势在必行。教育体系与课程内容如何与国际建设行业接轨,如何避免教材建设中存在的内容陈旧、老化问题,如何解决土建类专业教育滞后于行业发展和科技进步的局面,无疑成为我们目前最值得思考和解决的关键问题,而本系列教材的出版,应时所需,正是在有针对性地研究和分析当前建设行业发展现状,启迪土建类专业教育课程体系改革,落实产学研结合的教学模式下出版的,相信对建设行业从业人员的指导、培训以及对建设行业人才的培养有较为现实的意义。

  本系列教材在内容的阐述上,在遵循学生获取知识规律的同时,力求简明扼要,通用性强,既可用于土建类职业教育和成人教育,也可供从事土建工程施工和管理的技术人员参考。

清华大学 石永久

序言2

改革开放以来,随着经济持续高速的发展,我国对基本建设也提出了巨大的需求。目前我国正进行着世界上最大规模的基本建设。建筑业的从业人口将近五千万,已成为国民经济的重要支柱产业。我国按传统建造的建筑物大多安全度设置水准不高,加上对耐久性重视不够,尚有几百亿平方米的既有建筑需要进行修复、加固和改造。所以说,虽然随着经济发展转型,新建工程将会逐渐减少,但建筑工程所处的重要地位仍然不会动摇。可以乐观地认为:我国的建筑业还将继续繁荣几十年甚至更久。

基本建设是复杂的系统工程,它需要不同专业、不同层次、不同特长的技术人员与之配合,尤其是对工程质量起决定性作用的建筑工程一线技术人员的需求更为迫切。目前以新材料、新工艺、新结构为代表的"三新技术"快速发展,建筑业正经历"产业化"的进程。传统"建造房屋"的做法将逐渐转化为"制造房屋"的方式;建筑构配件的商品化和装配程度也将不断提高。落实先进技术、保证工程质量的关键在于高素质一线技术人员的配合。近年来,我国建筑工程技术人才培养的规模不断扩大,每年都有大批热衷于建筑业的毕业生进入到基本建设的队伍中来,但这仍然难以满足大规模基本建设不断增长的需要。

最快捷的人才培养方式是专业教育。尽管知识来源于实践,但是完全依靠实践中的积累来直接获取知识是不现实的。学生在学校接受专业教育,通过教师授课的方式使学生从教科书中学习、消化、吸收前人积累的大量知识精华,这样学生就可以在短期内获得大量实用的专业知识。专业教学为培养大批工程急需的技术人才奠定了良好的基础。由"十二五"高职高专土建类模块式创新规划教材编审委员会组织编写,哈尔滨工业大学出版社出版的这套教材,有针对性地按照教学规律、专业特点、学者的工作需要,聘请在相应领域内教学经验丰富的教师和实践单位的技术人员编写、审查,保证了教材的高质量和实用性。

通过教学吸收知识的方式,实际是"先理论,后实践"的认识过程。这就可能会使学习者对专业知识的真正掌握受到一定的限制,因此需要注意正确的学习方法。下面就对专业知识的学习提出一些建议,供学习者参考。

第一,要坚持"循序渐进"的学习—求知规律。任何专业知识都是在一定基础知识的平台上,根据相应专业的特点,经过探索和积累而发展起来的。对建筑工程而言,数学—力学基础、制图能力、建筑概念、结构常识等都是学好专业课程的必要基础。

第二，学习应该"重理解，会应用"。建筑工程技术专业的专业课程不像有些纯理论性基础课那样抽象，它一般都伴有非常实际的工程背景，学习的内容都很具体和实用，比较容易理解。但是，学习时应注意：不可一知半解，需要更进一步理解其中的原理和技术背景。不仅要"知其然"，而且要"知其所以然"。只有这样才算真正掌握了知识，才有可能灵活地运用学到的知识去解决各种复杂的具体工程问题。"理解原理"是"学会应用"的基础。

第三，灵活运用工程建设标准—规范体系。现在我国已经具有比较完整的工程建设标准—规范体系。标准规范总结了建筑工程的经验和成果，指导和控制了基本建设中重要的技术原则，是所有从业人员都应该遵循的行为准则。因此，在教科书中就必然会突出和强调标准—规范的作用。但是，标准—规范并不能解决所有的工程问题。从事实际工程的技术人员，还要根据对标准—规范原则的理解，结合工程的实际情况，通过思考和分析，采取恰当的技术措施解决实际问题。因此，学习期间的重点应放在理解标准—规范的原理和技术背景上，不必死扣规范条文，应灵活地应用规范的原则，正确地解决各种工程问题。

第四，创造性思维的培养。目前市场上还流行各种有关建筑工程的指南、手册、程序（软件）等。这些技术文件是基本理论和标准—规范的延伸和具体应用。作为商品和工具，其作用只是减少技术人员重复性的简单劳动，无法替代技术人员的创造性思维。因此在学习期间，最好摆脱对计算机软件等工具的依赖，所有的作业、练习等都应该通过自己的思考、分析、计算、绘图来完成。久而久之，通过这些必要的步骤真正牢固地掌握了知识，增长了技能。投身工作后，借助相关工具解决工程问题，也会变得熟练、有把握。

第五，对于在校学生而言，克服浮躁情绪，养成踏实、勤奋的学习习惯非常重要。不要指望通过一门课程的学习，掌握有关学科所有的必要知识和技能。学校的学习只是一个基础，工程实践中联系实际不断地巩固、掌握和更新知识才是最重要的考验。专业学习终生受益，通过在校期间的学习跨入专业知识的门槛只是第一步，真正的学习和锻炼还要靠学习者在长期的工程实践中的不断积累。

第六，学生应有意识地培养自己学习、求知的技能，教师也应主动地引导和培养学生这方面的能力。例如，实行"因材施教"；指定某些教学内容以自学、答疑的方式完成；介绍课外读物并撰写读书笔记；结合工程问题（甚至事故）进行讨论；聘请校外专家作专题报告或技术讲座……总之，让学生在掌握专业知识的同时，能够形成自主寻求知识的能力和更广阔的视野，这种形式的教学应该比教师直接讲授更有意义。这就是"授人以鱼（知识），不如授人渔（学习方法）"的道理。

第七，责任心的树立。建筑工程的产品——房屋为亿万人民提供了舒适的生活和工作环境。但是如果不能保证工程质量，当灾害来临时就会引起人民生命财产的重大损失。人民信任地将自己生命财产的安全托付给我们，保证建筑工程的安全是所有建筑工作者不可推卸的沉重责任。希望每一个从事建筑行业的技术人员，从学生时代起就树立起强烈的责任心，并在以后的工作中恪守职业道德，为我国的基本建设事业作出贡献。

中国建筑科学研究院　徐有邻

前言

地基与基础作为建筑结构的下部结构,承担着最主要的角色,直接关系到建筑物的安全隐患。特别是随着建筑规模的不断扩大,地下结构比比皆是,但基础工程技术含量越来越高,施工难度越来越大,不断发生的工程事故成为社会不安定、不和谐的因素,故基础工程正面临着巨大的挑战。

"地基与基础"课程涉及内容多、技术含量大、与其他课程的衔接性大、复杂性高;但本课程课时有限、高职学生文化程度偏低,导致"学生难学、老师难教"等诸多矛盾。

鉴于上述矛盾,本着"必需、够用"为导向,严格从建设行业一线对技能型人才的需求出发,树立以就业为导向,以全面素质为基础,以能力为本位的教育理念,通过对教材内容反复斟酌,针对工程一线市场需求,强调理论联系实际,注重学生基本技能的培养等因素,分析研究、归纳总结后,编写了本书,其特点主要体现在以下几方面:

1. 注重理论知识的渗透性

每一模块核心部分尽可能从例题解析出发,将许多公式及工作原理通过例题剖析给出。大量的案例和例题贯穿于教材中,且具有一定的典型性和很强的针对性,通过详细的讲解让学生掌握相关的知识,激发学生学习的热情,从而调动学生学习的主动性、积极性。这也是本书的亮点之一。

2. 注重正面知识与反面教训相结合,提高专业技能水平认知感、责任感

工程质量是工程界永恒的主题,为确保工程质量除了必须加强管理和健全法规外,更重要的是努力提高专业技术水平,这才是硬道理。所以本书在编写过程中,在工程事故发生频率较多的模块中,引用了生动、具体的工程事故案例,用理论知识解读工程技术事故,从现实事故教训中引出概念。通过这种实践教学环节,加深学生对知识的理解,提高学生分析问题解决问题的能力。学生既学会了正面的理论知识,又了解到了反面的事故案例,具备了完整的知识结构,提高了工程质量的意识,这是教学改革的一个侧面,也是本书的又一亮点。

3. 以最新的国家标准为基础,教材内容设置与职业资格认证紧密结合

本书依据《地基基础设计规范》(GB 50007—2011)、《建筑桩基技术规范》(JGJ 94—2008)、《混凝土结构设计规范》(GB 50010—2010)、《建筑抗震设计规范》(GB 50011—2010)、《砌体结构设计规范》(GB 50003—2011)编写。另外在基础平法施工图的阅读中,依据《11G101—3 平面整体表示法及标准构造详图》编写。

尽管目前高职教育改革有了很大的进步,但旧理念、旧方法仍存在,各门课衔接不好,导致教学与实践脱节,学生难以适应社会发展需求。例如,基础的标准构造详图和平面整体表示部分,因在《地基基础》教材中几乎未能涉及该内容,导致后续课程不能有效贯穿下去,对于钢筋算量更是无所适从,故对该部分内容加以重视,也是本书突出的亮点之一。

4. 内容的结构、编排形式的调整

本书对结构及内容作了一定的调整,土力学理论方面由于理论深,针对高职学生的特点,对一些

复杂的理论进行了简化和合并,其内容体现在以下几方面:

(1)内容的编排上尽量采用图文并茂的形式,增加了大量的图表,文字尽量简洁,尽量做到形象直观、方便阅读,减少学生阅读的疲劳感,提高学习效率,减少篇幅,降低理工科知识学习的枯燥感。

(2)在编排形式上采用模块的编写手法,将过去传统的章节进行了合并和重新排列组合,突出特点,加强适用性。尽量体现新知识、新技术、新方法,主要有:

①在例题分析中,引出知识扩展空间。

②增加了一定比例的工程事故,通过对工程事故的分析,进一步掌握所学知识的实际应用及提升。

③基础的设计原理贯穿于例题分析中。增加了基础施工图的阅读,引进了新的《11G101—3 平面整体表示法及标准构造详图》作为技术指导,结合实例解析施工图的阅读和钢筋算量。

④土工试验和课程设计安排在对应的模块中,做到理论与实践操作密切结合。

(3)为了让同学加深对基本知识的理解、巩固、提高,扩展知识结构,提高分析解决问题的能力,围绕教材教学重点、难点、疑点,每一模块精选了大量的练习题,包括填空题、选择题、判断改错题、计算题,并附有参考答案,以备自检提高。

本书绪论、第 2、3、5、6 模块由山西建筑职业技术学院武鲜花老师编写,第 1 模块由兰州工业学院雒六元老师编写,第 4 模块由山西职业技术学院杨飞老师编写,第 7 模块由山西职业技术学院关瑞老师编写,第 8 模块由哈尔滨理工大学杨正老师编写。

限于编者水平有限,书中一定有不妥之处,恳请读者批评指正。

编　者

编审委员会

总顾问：徐有邻
主　任：胡兴福
委　员：（排名不分先后）

胡　勇	赵国忱	游普元
宋智河	程玉兰	史增录
张连忠	罗向荣	刘尊明
胡　可	余　斌	李仙兰
唐丽萍	曹林同	刘吉新
武鲜花	曹孝柏	郑　睿
常　青	王　斌	白　蓉
张贵良	关　瑞	田树涛
吕宗斌	付春松	

目录 Contents

绪论 /001
0.1 土力学与工程地质学的研究对象 /001
 0.1.1 土力学 /001
 0.1.2 工程地质学 /001
0.2 地基与基础的基本概念、设计要求 /001
 0.2.1 地基 /001
 0.2.2 基础 /002
0.3 地基基础在建筑工程中的重要性 /003
 0.3.1 地基基础属于隐蔽工程 /003
 0.3.2 地基基础造价高、工期长 /004
 0.3.3 地基基础设计、施工面临着更深层次的技术挑战 /004
0.4 本课程的特点及学习方法 /005
 0.4.1 本课程的特点 /005
 0.4.2 本课程的学习方法 /005

模块1 岩土的物理性质及工程分类

☞ 模块概述 /006
☞ 学习目标 /006
☞ 课时建议 /006

1.1 岩土的物理性质 /007
 1.1.1 影响岩石物理性质的因素 /007
 1.1.2 影响土物理性质的因素 /007
 1.1.3 土的物理性质指标 /016
1.2 土的物理状态指标 /021
 1.2.1 无黏性土的密实度 /021
 1.2.2 黏性土的物理特征 /023
 1.2.3 黏性土的结构性及触变性 /025
1.3 岩土的工程分类 /026
 1.3.1 岩石的工程分类 /026
 1.3.2 土的工程分类 /027
1.4 土的压实性 /029
 1.4.1 击实曲线 /029
 1.4.2 影响击实效果的因素 /030
 1.4.3 土的压实特性在现场填土中的应用 /031
1.5 土的室内物理性质指标试验 /031
 1.5.1 天然含水量试验 /031
 1.5.2 土的密度试验 /032
 1.5.3 相对密度试验 /034
 1.5.4 液限和塑限试验 /035
 1.5.5 土的击实试验 /038
❖ 拓展与实训 /040

模块2 土中应力与地基变形

☞ 模块概述 /044
☞ 学习目标 /044
☞ 课时建议 /044

2.1 土中应力 /045
 2.1.1 土的自重应力 /045
 2.1.2 地基附加应力 /047
2.2 地基变形计算 /057
 2.2.1 压缩性指标 /057
 2.2.2 地基最终沉降计算 /061
 2.2.3 地基变形与时间的关系 /070
2.3 地基不均匀沉降工程事故案例分析 /075
 2.3.1 事故概况 /075
 2.3.2 事故原因分析 /076
 2.3.3 事故采取措施 /076

2.4 土的室内侧限压缩试验/080
    2.4.1 试验目的/080
    2.4.2 仪器设备/080
    2.4.3 操作步骤/080
    2.4.4 成果整理/081
❖ 拓展与实训/082

模块3 土的抗剪强度及地基承载力

☞ 模块概述/088
☞ 学习目标/088
☞ 课时建议/088

3.1 土的抗剪强度/089
    3.1.1 基本概念/089
    3.1.2 土的抗剪强度/090
    3.1.3 土的极限平衡条件/093
    3.1.4 测定抗剪强度的方法/096

3.2 地基承载力/100
    3.2.1 基本知识/101
    3.2.2 确定的地基承载力的方法/102

3.3 地基承载力不足导致工程事故案例分析/109
    3.3.1 事故概况/109
    3.3.2 事故原因分析/110
    3.3.3 事故采取措施/111

3.4 土的室内直接剪切试验/111
    3.4.1 试验目的/111
    3.4.2 仪器设备/112
    3.4.3 试验原理/112
    3.4.4 操作步骤/112
    3.4.5 成果整理/113
    3.4.6 注意事项/115
❖ 拓展与实训/115

模块4 工程地质勘察报告阅读

☞ 模块概述/119
☞ 学习目标/119
☞ 课时建议/119

4.1 基本知识/120
    4.1.1 工程地质勘察的目的、任务/120
    4.1.2 工程地质勘察的类型、等级/121
    4.1.3 岩土勘察阶段的划分/122

4.2 勘探的方法/123

4.3 工程地质勘察报告的基本构成及阅读方法/127
    4.3.1 基本构成/127
    4.3.2 勘察报告的阅读/133
    4.3.3 勘察报告在施工中的作用/134
❖ 拓展与实训/135

模块5 浅基础

☞ 模块概述/137
☞ 学习目标/137
☞ 课时建议/137

5.1 地基基础设计的基本知识/138
    5.1.1 地基基础设计原则/138
    5.1.2 浅基础的类型/141
    5.1.3 基础埋深确定/143
    5.1.4 基础底面积确定/144

5.2 浅基础设计/147
    5.2.1 无筋扩展基础/147
    5.2.2 钢筋混凝土墙下条形基础/151
    5.2.3 钢筋混凝土柱下独立基础/156
    5.2.4 柱下钢筋混凝土条形基础/164
    5.2.5 梁板式筏形基础/170
    5.2.6 箱形基础简介/173

5.3 钢筋混凝土浅基础平法施工图阅读及钢筋算量/174
    5.3.1 墙下条形基础施工图的识读/174
    5.3.2 柱下钢筋混凝土独立基础平法施工图的阅读及钢筋算量/176
    5.3.3 柱下钢筋混凝土条形基础平法施工图的阅读及钢筋算量/183
❖ 拓展与实训/195

模块6 桩基础

☞ 模块概述/200
☞ 学习目标/200
☞ 课时建议/200

6.1 基础知识/201
 6.1.1 桩的类型/201
 6.1.2 单桩竖向承载力/207
 6.1.3 基桩竖向承载力/215
6.2 桩基础设计/216
 6.2.1 桩身的设计/217
 6.2.2 承台设计/221
6.3 桩基础工程事故案例分析/227
 6.3.1 事故概况/227
 6.3.2 事故原因分析/228
 6.3.3 事故采取的措施/229
 6.3.4 事故教训及总结/229
 ❖ 拓展与实训/230

模块7 土压力、土坡稳定及基坑支护

☞ 模块概述/233
☞ 学习目标/233
☞ 课时建议/233
7.1 土压力/234
 7.1.1 静止土压力/234
 7.1.2 朗肯土压力/235
 7.1.3 库仑土压力/241
7.2 土坡稳定/245
 7.2.1 无黏性土坡稳定分析/246
 7.2.2 黏性土坡稳定分析/247
 7.2.3 影响土坡稳定的因素/249
 7.2.4 防治边坡失稳的措施/250
7.3 重力式挡土墙简介/250
 7.3.1 挡土墙的常见结构类型/250
 7.3.2 重力式挡土墙的验算/251
 7.3.3 重力式挡土墙的构造措施/254
7.4 基坑支护简介/255

 7.4.1 基坑支护的类型/255
 7.4.2 几种常见的基坑支护/256
 ❖ 拓展与实训/265

模块8 区域性地基及地基处理

☞ 模块概述/268
☞ 学习目标/268
☞ 课时建议/268
8.1 区域性土地基/269
 8.1.1 湿陷性黄土地基/269
 8.1.2 软土地基/276
 8.1.3 膨胀土地基/277
 8.1.4 山区地基与红黏土地基/279
 8.1.5 冻土地基/282
8.2 液化地基/284
 8.2.1 建筑场地/285
 8.2.2 地基土液化的判别/287
 8.2.3 液化地基评价与液化地基的抗震措施/289
8.3 地基处理/290
 8.3.1 基本知识/290
 8.3.2 机械碾压法及重锤夯实法/291
 8.3.3 强夯法及强夯置换/292
 8.3.4 换填垫层法/294
 8.3.5 排水固结法/295
 8.3.6 挤(振)密桩法/297
 8.3.7 浆液固化法/299
 8.3.8 加筋土技术简介/301
 8.3.9 复合地基简介/302
 ❖ 拓展与实训/303

参考答案/305

参考文献/312

绪论

0.1 土力学与工程地质学的研究对象

0.1.1 土力学

土是岩石风化形成的松散堆积物,具有分散性、复杂性及易变性的特点(图0.1)。

图0.1 土的风化

土力学是力学的一个分支,主要是研究与工程建设有关的土的变形、强度、渗透及长期稳定性的一门学科。其研究方法与一般建筑材料不同,主要通过勘探与试验,原位观测与理论分析、工程实践相结合,了解和测定有关土的工程性质(物理、力学性质)及指标。正确认识土的工程性质,建筑物的正常施工、运营。反之,对土的工程性质认识的偏差可能会导致巨大的事故或损失。

0.1.2 工程地质学

工程地质学是研究与工程建设活动有关的地质问题的科学。其研究的目的是查明建设地区或建筑场地的工程地质条件(地形、地貌、地层岩性、地质构造、水文地质及地质作用),预测和评价可能发生的工程地质问题及对建筑物或地质环境的影响,提出防治措施,以保证工程建设的正常进行。工程地质学是工程地质专业的主要课程之一,对于建筑工程专业而言,主要对地质勘察报告的阅读中涉及有关地质学方面的基本概念,故应有一定的认识。

0.2 地基与基础的基本概念、设计要求

0.2.1 地基

如图0.2所示,地层受到建筑物荷载作用后,使地层在一定范围内的应力状态发生改变,该范围内的地层称为地基,也即受建筑物荷载作用影响的那一部分地层称为地基。

1.地基分类

(1)按岩、土分类

①岩基:地基由岩石组成。如丘陵及山区,基岩埋藏较浅、甚至裸露于地表,该地区的建筑物常建造

在基岩上。

②土基：地基由土层组成。如基岩埋藏较深、地表覆盖土层较厚，该地区的建筑物常建造在由土层所组成的地基上。当地基由两层及两层以上的土层组成时，直接与基础接触的土层称为持力层，其下的土层称为下卧层（图0.2），强度低于持力层承载力的下卧层称为软弱下卧层。

工程中常见的地基主要是土基，所以本书研究的主要是土基。

(2)按地基是否经人工处理分类

①天然地基：未经人工处理就能满足设计要求的地基。

②人工地基：经人工处理（换土垫层、深层挤密、排水固结等）才能满足设计要求的地基。

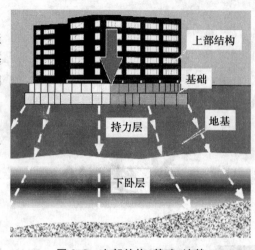

图0.2 上部结构、基础、地基

2.地基设计应满足的条件

(1)地基的强度（也称地基承载力）条件：建筑物主要在竖向荷载作用下，地基土不会发生因剪切强度不足的破坏。

(2)地基的变形条件：地基不能产生过大的变形而影响建筑物的安全与正常使用。

(3)地基的稳定条件：指经常受水平荷载作用的高层建筑、高耸结构和挡土墙等，以及建造在斜坡上或边坡附近的建(构)筑物，应验算地基的稳定性，要求进行抗滑移和抗倾覆验算。

0.2.2 基础

建筑物的下部结构称为基础，为了保证基础的强度、耐久性等，基础应有一定的埋深（从设计地面到基础底面的距离）。浅基础各部位的名称如图0.3所示。

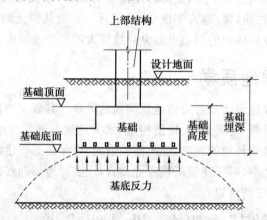

图0.3 浅基础各部位的名称

基础的作用是将上部结构的荷载有效地传给地基。

基础对地基的压力称为基底压力，地基对基础的反力称为基底反力。

1.基础按埋深及施工方法分类

(1)浅基础：埋深一般小于5 m，只需经过挖槽、排水等普通施工程序即可建造起来的基础。

(2)深基础：埋深一般大于5 m，由于埋深较大，设计时一般应考虑侧壁摩擦阻力，并要借助特殊施工方法所建造的各种类型基础，如桩基础、沉井。

2. 基础设计应满足的要求

基础设计除应满足地基设计要求外,基础本身还应有足够的强度、刚度和耐久性。

0.3 地基基础在建筑工程中的重要性

0.3.1 地基基础属于隐蔽工程

地基基础位于地下,属于隐蔽工程,地基与基础是整个建筑工程中的一个重要组成部分,它的勘探、设计、施工质量直接关系到建筑物的安全、经济和正常使用。一旦发生事故,难以处理,甚至不可能有补救措施。历史上尽管有许多成功的案例,但也有不少失败的实例。

1. 成功的案例

古代石拱桥的杰出代表是举世闻名的河北省赵县的赵州桥(图0.4),为李春所创建,是一座空腹式的圆弧形石拱桥,净跨37 m,宽9 m,拱矢高度为7.23 m,在拱圈两肩各设有两个跨度不等的腹拱,这样既能减轻桥身自重、节省材料,又便于排洪、增加美观。

桥台砌置于密实的粗砂层上,1 300多年来估计沉降量约为几厘米。基底压力约为500~600 kPa,这与现代土力学理论给出的承载力值很接近。

1991年,美国土木工程师学会通过在世界范围内遴选具有重大历史、科学价值的土木工程杰作,将赵州桥确定为世界第12处"国际土木工程历史古迹",并赠铜牌以示纪念,这在我国尚属首例。

我国桥梁专家茅以升、建筑大师梁思成都曾给予赵州桥高度的评价。

2. 失败的实例

实践证明,许多工程质量事故往往发生在地基基础问题上,地基基础事故典型案例分析将在本书中相应的模块做详细分析,在这里仅作简单感性认识。

图0.5所示的上海锦江饭店是上海市早期的15层高层建筑,地基土是深厚的淤泥质土,其强度低、压缩性大。解放初期,进入饭店要上几个台阶,至1979年9月饭店一层的室内地坪比长乐路室外地面反而低5个台阶,地基沉降量达150 cm。由于锦江饭店上部结构采用钢结构,虽然地基严重下沉,未发现开裂事故。但是一层的门窗约一半沉入地面下,一层房间变成半地下室,无法正常使用。

图0.4 赵州桥

图0.5 上海锦江饭店

砖混结构房屋,由于其整体性较差,当地基持力层土质压缩性或较大,或不同类型基础基底压力相差较大,均会引起不均匀沉降,导致墙体开裂,如图0.6所示。

0.3.2 地基基础造价高、工期长

地基基础工程造价和工期所占的比例与很多因素有关,如上部结构的类型、结构的复杂程度、层数、设防类别、抗震等级、工程地质条件、施工条件及施工方法等诸多因素有关,可变动在百分之几到几十之间。

图0.6 地基不均匀沉降导致墙体开裂

对于钢筋混凝土结构和一般地质条件而言,采用筏形基础和箱形基础,其基础工程费用占到总费用的20%,甚至30%,相应的施工工期约占总工期的20%～25%。一般的桩基础与之相近,有的稍高。总之,地基基础造价高、工期长。

0.3.3 地基基础设计、施工面临着更深层次的技术挑战

随着现代建设步伐的加快,高层建筑、地下车库比比皆是;另外地下铁道、大型水电站、水库、高速公路和铁路、海港码头等现代化设施,以及防止各种自然灾害的设施正以前所未有的步伐推进。

由于我国人均耕地面积有限,建筑物向着高、重、大方向发展;良好的地质条件越来越少,地基条件越来越复杂;设计控制指标越来越严格;施工难度越来越大;人们对环保要求越来越严,对控制环境污染(泥浆、噪声、振动)的要求越来越高,而基础形式规模不同于以往,例如桩基础、地下连续墙做得越来越深,越来越大,基坑支护越来越复杂,而工期要求越来越短,这使得地基基础在社会发展中占有越来越重要的地位,因此基础工程中其设计、施工技术难度均会进一步提高,表0.1列举了深基础的开挖深度的实例,由于其开挖深度比较深,施工难度是可想而知的。

表0.1 我国部分深基础开挖深度

工程名称	开挖深度/m	工程名称	开挖深度/m
中央电视台	约27.0	天津百货大楼	14.50
中国大剧院	23.50	吉林大学第一医院扩建工程	19.8
上海金茂大厦	19.65	哈医大保健大楼	20

具有代表性的高层建筑如下:
(1)世界已建十大高楼
迪拜塔:828 m;台北101大楼:508 m;上海环球金融中心:492 m;马来西亚双子塔:451.9 m;南京紫峰大厦:450 m;美国芝加哥西尔斯大楼:443 m;世界贸易中心双塔(已倒塌):441 m;上海金茂大厦:420.5 m;香港国际金融中心大厦:420 m;广州中信大厦:391 m。图0.7是世界部分高层建筑。
(2)中国已建及在建高楼
上海中心大厦:632 m;武汉绿地中心:606 m;深圳平安国际金融大厦:588 m;天津中国117大厦:570 m;天津周大福滨海中心:530 m;广州东塔:530 m;大连绿地中心:518 m;上海环球金融中心:492 m;苏州国际金融中心:450 m。

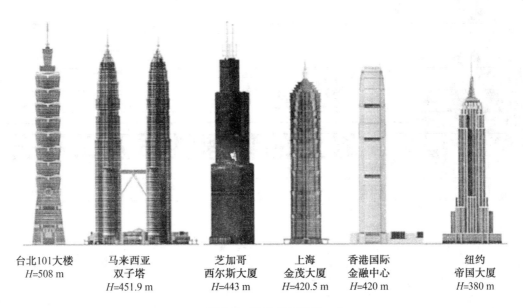

图 0.7 世界高层建筑

0.4 本课程的特点及学习方法

0.4.1 本课程的特点

(1)本课程是土木工程专业的主干课程,其综合性较强,它不但涉及工程地质学、岩土力学,还涉及建筑结构与施工技术等几个学科的知识,故要求具有较广泛的先修课知识。

(2)地基与基础还是一门有着较强的实践性和理论性的课程。由于地基土形成的自然历史条件不同,因此它的工程特性是复杂多样的。

(3)目前解决地基基础问题主要是靠经验、试验,辅以理论计算,因此本书中有着较多的经验公式、图表和近似计算法。

(4)基础工程的设计,既需要丰富的理论知识,又需要较多的实践经验,并通过勘探和测试取得可靠的有关土层的分布及其物理力学性质指标资料。

0.4.2 本课程的学习方法

(1)学习时应注重理论联系实际,通过各个教学环节,重视采用各种学习方法,紧密结合工程实践,提高理论认识和增强处理地基基础问题的能力。

(2)在巩固土力学基础知识、熟悉岩土工程勘察手段的基础上,对本书核心内容(浅基础、支挡结构、桩基础)应掌握其工作原理及构造要求。最后应掌握目前土木工程中常用地基处理方法的工作原理。

模块 1
岩土的物理性质及工程分类

模块概述

在自然界里,土是由岩石经风化、剥蚀、搬运、堆积等地质作用形成的颗粒堆积物。土经过压缩固结、胶结硬化也可再生成岩石。一般情况下,土由固体颗粒(固相)、水(液相)和气体(气相)三部分(三相)组成,土的三相相对含量及土的结构、构造等因素的不同,表现出土的不同性质,比如干湿、轻重、疏密及软硬等。而土的物理性质又与土的力学性质之间有着密切的联系,如土疏松、湿润则强度较低而且压缩性大,反之,则强度较高且压缩性较小。所以土的物理性质也是确定地基承载力及变形计算的主要因素。在工程设计中,必须掌握物理性质指标的测定方法与理论计算,熟练地按照土的有关特征及指标对地基土进行工程分类及初步判定土体的工程性质。

学习目标

◆掌握测定土的物理性质和物理状态指标的方法,并会进行有关指标的换算;
◆能通过颗粒分析试验绘出颗粒级配曲线,并会用颗粒级配曲线判别土的密实程度;
◆根据击实试验成果确定有关压实参数,并会进行填土压实质量的检查;
◆能对土体进行分类、定名,并了解各类土的工程性质。

课时建议

7 课时

1.1 岩土的物理性质

1.1.1 影响岩石物理性质的因素

岩石的矿物成分不同,成因及风化程度不同,表现出岩石的软硬程度不同,其地基承载力不同。建筑工程中,根据岩石的坚固性分为硬质岩石和软质岩石;根据岩石的风化程度分为微风化岩、中等风化岩和强风化岩,微风化岩、中等风化岩一般可直接用作建筑物地基或桩基持力层。

1.1.1.1 岩石的矿物成分

地球是由地壳、地幔、地核三部分组成的,地球的最外层为地壳,地壳厚度一般为30~80 km,地壳以下存在高温、高压的复杂的硅酸盐熔融体,即人们所说的岩浆。地壳中化学成分已发现有90多种,地壳中的化学元素在一定的地质条件下结合而成的天然化合物或单质就是矿物,矿物的种类很多,被人们开采利用的就是矿产,如盐、石墨、石英、铁矿石、煤、石油、可燃冰等。含矿产的岩石就是矿石,如石灰岩、煤、花岗岩、大理岩。矿物是地壳物质最基本的组成单元,矿物的种类很多,但组成岩石的矿物常见的只有几十种,其中含量最多的有石英、云母、长石、方解石。岩石中的矿物很少单独存在,常常按照一定的规律聚集在一起。

1.1.1.2 岩石的成因

地壳是由若干个板块组成的,板块处在不断运动之中,同时组成地壳的物质又在不断运动和变化之中,岩石按成因分为岩浆岩、沉积岩、变质岩三大类,见表1.1。

表1.1 岩石按成因分类

成因分类	岩石的成因
岩浆岩	地壳活动可使岩浆沿着地壳薄弱的地方浸入地壳或喷出地表(即火山爆发),随着温度、压力的变化,岩浆冷凝后生成的岩石称为岩浆岩。其种类很多,常见的有花岗岩、玄武岩。
沉积岩	地壳表层的岩石长期处于自然界中空气、水、温度、周围环境及各种生物的共同作用下,使大块岩体不断地破碎与分解,产生新的风化产物。这些风化产物在山洪、河流、浪、冰川或风力作用下,被剥蚀、搬运到大陆低注处或海洋底部沉积下来。在漫长的地质作用中,沉积物越来越厚,在上覆压力和胶结物质的共同作用下,最初沉积下来的松散碎屑被逐渐压密、脱水、胶结、硬化(钙化)生成一种新的岩石,称为沉积岩。沉积岩可分为砾岩、砂岩、页岩,还有的沉积岩是由生物遗体的堆积而成,如石灰岩(制造水泥的原材料)。沉积岩是一层一层沉积下来,形成不同的岩层,常看到贝壳、化石,同时记录着地球的历史。
变质岩	由于地壳运动和岩浆活动,岩浆岩在高温、高压及挥发性物质的变质作用下,生成另外一种新的岩石,称为变质岩。例如,石灰岩受热变成大理岩,页岩受挤压变质为坚硬的板岩。

1.1.2 影响土物理性质的因素

物理性质是土的工程性质中最基本的性质,工程中土的分类乃至今后涉及的土力学问题均与土的物理性质密切相关。影响土的物理性质的因素主要有:土的成因、土的组成、土的结构与构造、土的地质年代等,分析如下。

1.1.2.1 土的成因

1. 地质作用

地壳是不断变化的,引起地壳表面形态不断变化的作用,就是地质作用。地球上沧海桑田的变化,千姿百态的地表形态,就是地质作用的结果。地质作用按能量来源可分为内力作用和外力作用,内力作用能量来源于地球内部的热能,表现为地壳运动、岩浆活动,如地震、火山爆发等;外力作用能量来自地球外部,主要是太阳能。有了太阳能,风才能吹、水才能流、生物才会生长,外力作用表现为风化、侵蚀、搬运、沉积和固结成岩。

2.土的生成

土是由地表岩石在地质作用下,特别是在风化作用下不断崩解破碎和化学破坏残留在原地的风化物,再经过不同的侵蚀破坏作用(风力作用、流水作用及生物活动)而形成的松散堆积物(残积物和沉积物)。土的风化有物理风化、化学风化及生物风化三种类型,见表1.2。

表1.2 风化类型

风化类型	风化特征
物理风化	长期暴露在大气中的岩石,受到温度、湿度的变化,体积的膨胀、收缩,从而逐渐崩解、破裂为大小和形状各异的碎块,这个过程称为物理风化。物理风化的过程仅限体积大小和形状的改变,而不改变颗粒的矿物成分。其产物保留了原来岩石的性质和成分,称为原生矿物,如石英、长石和云母等。砂、砾石和其他粗颗粒土,即无黏性土就是物理风化的产物。
化学风化	如果原生矿物与周围的氧气、二氧化碳、水等接触,并受到有机物、微生物的作用,发生化学变化,产生出与原来岩石颗粒成分不同的次生矿物,这个过程称为化学风化。化学风化所形成的细粒土颗粒之间具有黏结能力。常见的黏土矿物,主要包括蒙脱土、伊利土和高岭土等。
生物风化	生物生长及活动对岩石的破坏作用(如树根的生长深入岩石裂隙产生机械破碎)和植物树根的有机酸分泌物使岩石分解破碎;此外动植物死亡分解的腐殖酸也会导致岩石分解,这个过程称为生物分化。生物分化不仅会引起岩石机械破碎和化学结构破坏,还会形成一种既有矿物质又有有机质的物质——土壤。
备注	各种风化作用是相互影响、同时进行、互相促进的,是一个复杂统一的过程。

3.土按成因条件分类

成因条件不同对土的工程性质有不同程度的影响,下面简单介绍不同成因条件下的几种类型土。

(1)残积土

残积土是残留在原地未被搬运的那一部分原岩风化剥蚀后的产物(图1.1)。未被搬运的颗粒棱角分明。残积土与基岩之间没有明显的界限,一般分布规律为:上部残积土,中部风化带,下部新鲜基岩。残积土中残留碎屑的矿物成分在很大程度上和下卧岩层一致,根据这个道理也可推测下卧岩层的种类。由于残积土没有层理构造,土的物理性质相差较大,且有较大的孔隙,作为建筑地基容易引起不均匀沉降。

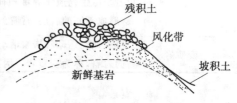

图1.1 残积土示意图

(2)坡积土及洪积土

坡积土及洪积土特性比较见表1.3。

表 1.3　坡积土与洪积土特征比较

类型	坡积土	洪积土
示意图	（坡积土示意图：基岩斜坡上的坡积土）	（洪积土示意图：地下水、基岩上的洪积土）
外力条件	降水水流的作用力	降水造成的暂时性山洪急流的作用力
沉积过程	坡积土是降水水流的作用力将高处岩石风化产物缓慢冲刷、剥蚀，顺着斜坡向下逐渐移动，沉积至较平缓山坡上而形成的沉积物。	降水造成的暂时性山洪急流，具有很大的剥蚀和搬运能力。它可以挟带地表大量碎屑堆积在山谷冲沟出口或山前平原而形成洪积土。
分布特点	分布于坡腰至坡脚，上部与残积土相接，基岩的倾斜程度决定了坡积土的倾斜度。坡积土随斜坡自上而下呈现由粗而细的分选现象，矿物成分与下卧基岩无直接关系，这一点与残积土不同。	山洪流出山谷后，因过水断面增大，流速骤减，被搬运的粗颗粒大量堆积下来，离山越远，颗粒越细，分布范围也越大，洪积土的颗粒虽因搬运过程中的分选作用而呈现由粗到细的变化，但由于搬运距离短，颗粒棱角仍较明显。
对工程性质的影响	坡积土由于在山坡形成，故常发生沿下卧基岩斜面滑动的现象。组成坡积土的颗粒粗细混杂，土质不均匀，厚度变化大，土质疏松，压缩性较大，为不良地基土。	山前洪积土颗粒较粗，承载力一般较高，属于良好的天然地基；离山较远地段的洪积土颗粒较细，成分均匀，厚度较大，分为两种情况：①受到周期性干旱的影响土，土质较为密实，是良好的天然地基；②沼泽地带的土，承载力较低。

（3）冲积土

冲积土是流水的作用力将河岸基岩及上部覆盖的坡积土、洪积土剥蚀后搬运、沉积在河道坡度较平缓的地带形成的。随着水流的急、缓、消失重复出现，冲积土呈现出明显的层理构造。由于搬运过程长，搬运作用显著，棱角颗粒经碰撞、滚磨逐渐形成亚圆形或圆形的颗粒。搬运距离越长，沉积的颗粒越细。对于冲积土，在河流上游修建水工建筑物时，应考虑渗透和渗透变形问题。对于河流下游的建筑物，应考虑沉降和稳定等问题。

（4）其他沉积土

除上述几种沉积土之外，还有海洋沉积土、湖泊沉积土、冰川沉积土、海陆交互沉积土和风积土，它们分别由海洋、湖泊、冰川及风的地质作用而形成。

1.1.2.2　土的组成

土是松散的颗粒集合体，它由固体、液体和气体三部分组成（也称三相体），如图 1.2 所示。固体部分即为土粒，它构成土的骨架，骨架之间有许多孔隙，孔隙被液体、气体所填充。水及其溶解物构成土中液体部分；空气及其他一些气体构成土中的气体部分。这些组成部分之间的数量比例关系和相互作用，决定着土的物理性质。

1. 土的固体颗粒（soild）

土中的固体颗粒的形状、大小、矿物成分及组成情况是决定土的物理力学性质的主要因素。其影响分析如下：

（1）土粒的矿物组成

土粒的矿物多数以化合物的形式存在，仅少数以一种元素或自然单质形式存在。矿物按其化学成

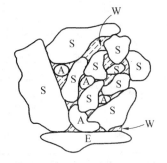

图 1.2　土的三相组成示意图

分可分为硅酸盐、氧化物、氢氧化物、碳酸盐、硫化物和硫酸盐等。土中矿物成分取决于母岩的成分以及所经受的风化作用,主要为无机矿物,无机矿物可分为原生矿物和次生矿物两大类。原生矿物和次生矿物的特性及工程性质见表1.4。

表1.4 原生矿物及次生矿物对土工程性质的影响

类别	原生矿物	次生矿物
成因及成分	岩石在成岩过程中经物理风化作用形成粗粒的碎屑物,其化学成分未发生变化,与母岩(如石英、云母、长石等)的化学成分相同。	岩石在化学风化作用下形成的新的矿物,与母岩的化学成分不相同,如溶于水的石膏,不溶于水的黏土矿物(蒙脱土、伊利土和高岭土)。
颗粒大小	粗大、呈块状或粒状,是碎石土、砂土的主要成分。	颗粒细小,呈片状,是黏性土的主要成分。
对工程性质的影响	性能稳定,对工程性质影响与颗粒大小、形状、级配有关;级配好,则土密实,强度大,压缩性低,透水性小,是良好的天然地基。	呈胶体性状。矿物颗粒越细,颗粒的比表面积(单位体积或单位质量的颗粒的总面积)越大,亲水性越强,对土的工程性质的影响也就越大。

此外,土在微生物作用下,产生复杂的腐殖质及动植物残体等有机物,如泥炭等;当有机质含量超过5%时,称为有机土;有机质亲水性很强,因此有机土压缩性大、强度低。有机土不能作为堤坝工程的填筑土料,否则会影响工程的质量,这些有机质也构成了土的矿物成分。

(2)土的颗粒级配

自然界中的土都是由大小不同的颗粒组成的,土颗粒的大小与土的性质有密切的关系。但在自然界中,以单一粒径存在的颗粒并不多见,绝大部分是由大小不同的颗粒混杂在一起的,那么要判断土的性质,必须对土的颗粒组成进行分析。

①粒组的划分

土粒由粗到细逐渐变化时,土的性质相应发生变化,由无黏性变为黏性,渗透性由大变小。粒径大小在一定范围内的土粒,其性质也比较接近,因此将工程地质性质相似的土粒归并成一组,称为粒组。按粒径的大小分为若干粒组;划分粒组的分界尺寸称为界限粒径。表1.5是常用粒组划分方法,表中根据界限粒径>200 mm、200~60 mm、60~2 mm、2~0.075 mm、0.075~0.005 mm、<0.005 mm把土粒分成六大组,即漂石(块石)颗粒、卵石(碎石)颗粒、圆砾(角砾)颗粒、砂粒、粉粒和黏粒。

表1.5 土粒的粒组划分

粒组名称		粒径范围/mm	一般特征
漂石(块石)颗粒		>200	透水性很大,无黏性,无毛细水。
卵石(碎石)颗粒		200~60	
圆砾(角砾)颗粒	粗	60~20	透水性大,无黏性,毛细水上升高度不超过粒径大小。
	中	20~5	
	细	5~2	
砂粒	粗	2~0.5	易透水,当混入云母等杂质时透水性减小,而压缩性增加;无黏性,遇水不膨胀,干燥时松散;毛细水上升高度不大,随粒径变小而增大。
	中	0.5~0.25	
	细	0.25~0.1	
	极细	0.1~0.075	
粉粒	粗	0.075~0.01	透水性小,湿时稍有黏性,遇水膨胀小,干时稍有收缩;细水上升高度较大,极易出现冻胀现象。
	细	0.01~0.005	
黏粒		<0.005	透水性很小;湿时有黏性、可塑性,遇水膨胀大,干时收缩显著;毛细水上升高度大,但速度较慢。

注:1.漂石、卵石和圆砾颗粒均呈一定的磨圆形状(圆形或亚圆形),块石、碎石和角砾颗粒都带有棱角。
2.黏粒或称黏土粒,粉粒或称粉土粒。
3.黏粒的粒径上限也有采用0.002 mm的。

②颗粒级配曲线

工程上常以土中各个粒组的相对含量(即各粒组占土粒总质量的百分数)表示土中颗粒的组成情况,称为土的颗粒级配。

土的颗粒级配是通过土的颗粒大小分析试验测定的。对于粒径大于 0.075 mm 的粗粒组可用筛分法测定,如图 1.3 所示。试验时将风干、分散的代表性土样(如 200 g)通过一套孔径不同的标准筛,充分筛选,将留在各级筛上的土粒分别称重,然后计算小于某粒径的土粒含量。

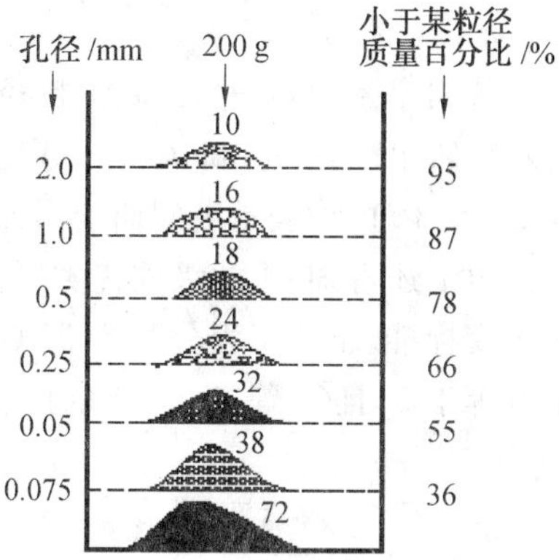

根据颗粒大小分析试验结果,可以绘制如图 1.4 所示的颗粒级配累积曲线。

工程中常用颗粒级配曲线直接了解土的级配情况。曲线的横坐标表示粒径(因为土粒粒径相差常在百倍、千倍以上,所以宜采用对数坐标表示),单位为 mm;纵坐标则表示小于(或大于)某粒径的土粒含量(或称累计百分含量)。如果曲线较陡,则表示粒径范围较小,土粒较均匀;反之,则表示粒径大小相差悬殊,土粒不均匀,即级配良好。

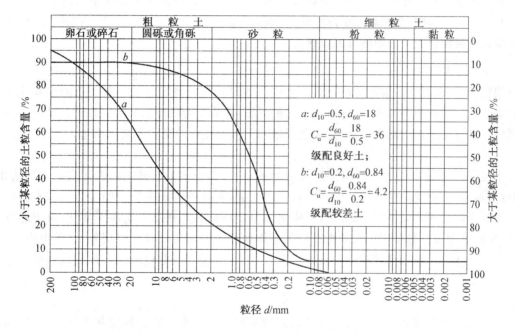

图 1.3 筛分法

图 1.4 颗粒级配累积曲线

为了定量地反映土的级配特征,工程中常用以下两个级配指标来评价土的级配优劣。

a. 粒径分布的均匀程度由不均匀系数 C_u 表示:

$$C_u = \frac{d_{60}}{d_{10}} \tag{1.1}$$

式中　d_{60}——小于某粒径颗粒含量占总土重的 60% 时的粒径,该粒径称为限定粒径;

　　　d_{10}——小于某粒径颗粒含量占总土重的 10% 时的粒径,该粒径称为有效粒径。

不均匀系数反映颗粒的分布情况,C_u 越大,表示颗粒分布范围越广,越不均匀,其级配越好,作为填方工程的土料时,比较容易获得较大的干密度;C_u 越小,颗粒越均匀,级配不良。工程中将 $C_u < 5$ 的土称为级配不良的土,$C_u > 10$ 的土称为级配良好的土。

b. 土的粒径级配曲线的形状,尤其是确定其是否连续,可用曲率系数 C_c 反映:

$$C_c = \frac{d_{30}^2}{d_{60}d_{10}} \tag{1.2}$$

若曲率系数 C_c 过大,表示粒径分布曲线的台阶出现在 d_{10} 和 d_{30} 范围内;反之,若曲率系数 C_c 过小,表示台阶出现在 d_{30} 和 d_{60} 范围内。经验表明,当级配连续时, C_c 的范围大约在 1~3。因此,当 $C_c<1$ 或 $C_c>3$ 时,均表示级配曲线不连续。

由上述可知,土的级配优劣可由土中土粒的不均匀系数和粒径分布曲线的形状曲率系数衡量。我国国家标准《土的工程分类标准》(GB/T 50145—2007)规定:对于纯净的砂、砾石,当实际工程中, C_u 大于或等于 5,且 C_c 等于 1~3 时,它的级配是良好的;不能同时满足上述条件时,它的级配是不良的。

> **技术提示:**
> 对于级配良好的土,较粗颗粒间的孔隙被较细的颗粒填充,颗粒之间粗细搭配填充好,易被压实,因而土的密实度较好,相应地基的强度和稳定性也较好,透水性和压缩性较小,可用作路基、堤坝或其他土建工程的填方土料。

对于粒径小于 0.075 mm 的粉粒和黏粒难以筛分,一般可以根据土粒在水中匀速下沉时的速度与粒径的平方成正比来判别,粗颗粒下沉速度快,细颗粒下沉速度慢。用比重计法或移液管法根据下沉速度就可以将颗粒按粒径大小分组测得颗粒级配。

2. 土中水(water)

土中细粒越多,水对土的性质影响越大。土中水的研究包括其存在状态和与土的相互作用。存在于土粒晶格之间的水称为结晶水,它只有在较高的温度,才能化为气态水与土粒分开。结晶水是矿物组成的一部分。工程中所讨论的土中水,主要是以液态形式存在着的结合水与自由水。

(1)结合水

结合水是指在电分子引力下吸附于土粒表面的水,使部分水分子和土粒表面牢固地黏结在一起。研究表明:土粒表面一般带有负电荷,围绕土粒形成电场,在土粒电场范围内的水分子和水溶液中的阳离子被吸附在土粒表面,形成极性水分子,被吸附后呈定向排列。在靠近土粒表面处,由于静电引力较强,能把水化离子和极性分子牢固地吸附在颗粒表面而形成固定层。在固定层外围,静电引力比较小,水化离子和极性水分子活动性比在固定层中大些,形成扩散层。由此可将结合水分成强结合水和弱结合水两种(图 1.5)。

(2)自由水

存在于土孔隙中颗粒表面电场影响范围以外的水称为自由水。它的性质和普通水一样,能传递静水压力和溶解盐类,冰点为 0 ℃。自由水按其移动所受作用力的不同分为重力水和毛细水。

①重力水是在土孔隙中受重力作用能自由流动的水,具有一般液态水的共性,存在于地下水位以下的透水层中。

②毛细水是受到水与空气界面处表面张力作用的自由水。毛细水与地下水位无直接联系的称为毛细悬挂水,与地下水位相连的称为毛细上升水。土孔隙中局部存在毛细水时,毛细水的弯液面和土粒接触处的表面引力反作用于土粒上,使土粒之间由于这种毛细压力而挤紧,土呈现出黏聚现象,这种力称为毛细黏聚力,也称假黏聚力(图 1.6)。土中水对工程性质影响见表 1.6。

模块 1 | 岩土的物理性质及工程分类

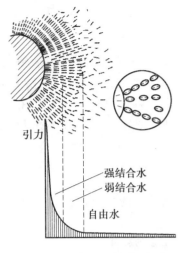
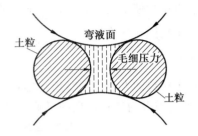

图 1.5　土中水示意图　　　　图 1.6　毛细水示意图

表 1.6　土中水对工程性质的影响

类别		特点及对工程性质的影响
结合水	强结合水	水分子极牢固地结合在土颗粒表面上,不能传递静水压力,黏性土中只有强结合水存在时,呈固体状态,土粒越细,吸着度越大,没有溶解盐类的能力;密度约为 1.2~2.4 g/cm³,冰点为 −78 ℃,具有极大的黏滞性、弹性和抗剪强度。
	弱结合水	紧靠于强结合水的外围形成一层结合水膜,当土中含有较多的弱结合水时,土具有一定的可塑性。黏性土的比表面积较大,含薄膜水较多,其可塑范围较大,是黏性土具有黏性的原因。随着与土粒表面距离的增大,吸附力减小,弱结合水逐渐过渡为自由水。它仍不能传递静水压力。
自由水	重力水	重力水在土的孔隙中流动时,能产生动水压力,带走土中的细颗粒,而且还能溶解土中的盐类。导致土的孔隙增大,压缩性提高,抗剪强度降低。地下水位以下的土粒受水的浮力作用,使土的应力状态发生变化。当在水头作用下,对开挖基坑、排水等方面均产生较大影响。
	毛细水	在工程中,应特别注意毛细水上升的高度和速度,因为毛细水的上升对建筑物地下部分的防潮措施和地基土的浸湿和冻胀有重要影响。地基土的温度随大气温度变化,当地温降到 0 ℃ 以下,土体便因土中水冻结而形成冻土。
		自由水细粒土在冻结时,往往发生膨胀,即所谓冻胀。当土层解冻时,夹冰层融化,地面下陷,即出现融陷现象。对此,在道路、房屋设计中应给予足够的重视。

>>>

技术提示:
在施工现场可见到稍湿状态的砂性地基可开挖成一定深度的直立坑壁,就是因为砂粒间存在着假黏聚力的缘故。当地基饱和或特别干燥时,不存在水与空气的界面,假黏聚力消失,坑壁就会塌落。

3. 土中气体(air)

土中的气体存在于土孔隙中未被水所占据的部位。在粗粒的沉积物中常见到与大气相连通的空气,它对土的力学性质影响不大。在细粒土中则常存在与大气隔绝的封闭气泡,使土在外力作用下的弹性变形增加,透水性减小。对于淤泥和泥炭等有机质土,由于微生物的分解作用,在土中蓄积了某种可燃气体(如硫化氢、甲烷),使土层在自重作用下长期得不到压密,而形成高压缩性土层。

1.1.2.3 土的结构与构造

1. 土的结构

土的结构是指土颗粒的大小、形状、相互排列及其连接关系的综合特征。一般分为单粒结构、蜂窝结构、絮状结构。其特点及对工程性质的影响见表1.7。

表1.7 土的结构对工程性质的影响

类别	单粒结构	蜂窝结构	絮状结构
示意图	紧密结构　疏松结构	颗粒正在沉积　沉积完毕	絮状集合体正在沉积　沉积完毕
粒径	较粗的砾石颗粒、砂粒	主要是粉粒,粒径为0.075～0.005 mm	粒径小于0.005 mm 的黏粒
沉积过程	较粗的砾石颗粒、砂粒在自重作用下沉积而成。因颗粒较大,粒间没有连接力,有时仅有微弱的假黏聚力,土的密实程度受沉积条件影响。	粉粒在水中沉积时,仍以单粒下沉,当碰到已沉积的颗粒时,它们之间的引力大于重力,故土粒停留在最初的接触点上不再下沉,形成的结构像蜂窝一样,有很大的孔隙。	黏粒在水中处于悬浮状态,不能单个下沉。悬浮在水中的颗粒被带到浓度较大的电解质中,聚集成絮状的黏粒集合体,因自重增大而下沉,与已下沉的絮状集合体相接触,形成孔隙很大的絮状结构。
对工程性质的影响	①单粒结构:对于密实结构——其结构紧密,强度大,压缩性小,是良好的天然地基,如土粒受波浪的反复冲击推动作用,土的结构会变得密实。对于疏松结构——一般较疏松,因洪水冲积形成的砂层和砾石层,由于孔隙大,土的骨架不稳定,当受到动力荷载或其他外力作用时,土粒易于移动,以趋于更加稳定的状态,同时产生较大变形,这种土不宜做天然地基。 ②蜂窝结构和絮状结构:存在大量的细微孔隙,所以渗透性小,压缩性大,强度低,土粒间连接较弱,受扰动时,土粒接触点可能脱离,导致结构强度损失,强度迅速下降,而后随时间增长,强度还会逐渐恢复,这类土颗粒间的连接力往往由于长期的压密和胶结作用而得到加强。		

2. 土的构造

土的构造是指在土层中的物质成分和颗粒大小等都相近的各部分之间的相互关系的特征。通常分为层状构造、分散构造和裂隙构造。其特征见表1.8。

表1.8 土的构造特征

类别	层状构造	裂隙构造及分散构造
示意图	 1—淤泥夹黏土;2—黏土尖灭层;3—砂土夹黏土;4—砾石层;5—基岩	裂隙构造　分散构造
物理特征　层状构造	主要的特征是成层性。包括水平层理和交错层理。它是在土的形成过程中,土粒沉积时由于不同阶段沉积的物质成分、颗粒大小或颜色不同,沿竖向呈层状的特征。常见的有水平层理构造和带有夹层、尖灭和透镜体等交错层理构造。	
物理特征　裂隙构造	主要的特征是裂隙性。土体被许多不连续的小裂隙所分割,在裂隙中常充填有各种盐类的沉积物。不少坚硬和硬塑状态的黏性土具有此种构造,如黄土具有特殊的柱状裂隙。裂隙破坏土的整体性,大大降低土体的强度和稳定性,增大透水性,对工程不利。	
物理特征　分散构造	土层中各部分的土粒无明显差别,分布均匀,各部分性质也相近。它是土颗粒在其搬运和沉积过程中,经过分选的卵石、砾石、砂等因沉积厚度较大而不显层理的一种构造。分散构造的土接近理想的各向同性体。	

1.1.2.4 土的地质年代

在漫长的地质历史发展过程中,在各种地质作用下,地壳不断运动演变,造成地层不同的构造形态。其中在地球表面经风化、搬迁、沉积而形成的松散物,在工程中称为"土"。土的沉积年代不同,其工程性质将有很大的变化,因此了解关于土的沉积年代的知识,对正确判断土的工程性质有着实际的意义。土的沉积年代通常采用地质学中的相对地质年代来划分。在地质学中,把地质年代划分为五大代(太古代、元古代、古生代、中生代和新生代),每代又分若干纪,每纪又分为若干世。

技术提示:

工程上遇到的大多数土是在距今较近的新生代第四纪地质年代沉积生成的(表1.9),因此称为第四纪沉积物,由于其沉积的历史不长,尚未胶结岩化,通常是松散软弱的多孔体,因此与岩石的性质有较大的差别。

表1.9 土的生成年代

纪	世		距今年代(万年)
第四纪Q	全新世	Q_4	2.5
	更新世	晚更新世 Q_3	15
		中更新世 Q_2	50
		早更新世 Q_1	100

1.1.3 土的物理性质指标

自然界中的土体结构组成十分复杂,为了分析问题方便,将其简化成由土固体颗粒、水和气体组成。表示土的三相组成部分的质量、体积之间的比例关系指标,称为土的三相比例指标。

土的三相比例指标是其物理性质的反映,但与其力学性质有内在联系。显然,固相成分的比例越高,其压缩性越小,抗剪强度越大,承载力越高。对于无黏性土,土处于密实状态时强度高,松散状态时强度低;而对于黏性土,含水量小时硬,含水量大时则软。因此,它们对评价土的工程性质有重要的意义。

1. 土的三相图

土颗粒、水和气体是混杂在一起的,为分析问题方便,设想将三部分分别集中起来,如图 1.7 所示,称为三相关系简图。

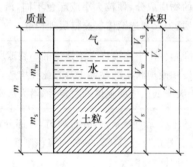

图 1.7 土的三相关系图

m_s— 土粒质量;m_w— 土中水质量;m— 土的总质量,$m = m_s + m_w$;V_s— 土粒体积;V_w— 土中水体积;V_q— 土中气体体积;V_v— 土中孔隙体积,$V_v = V_w + V_q$;V— 土的总体积,$V = V_s + V_v$

2. 由试验直接测定的指标(基本物理指标)

(1)土的密度 ρ

在天然状态下(即保持原始状态和含水量不变)单位土体积内湿土的质量称为土的湿密度,简称天然密度或密度,即

$$\rho = \frac{m}{V} \quad (\text{t/m}^3 \text{ 或 g/cm}^3) \tag{1.3}$$

土的密度 ρ 反映了土的组成和结构特征。对具有一定成分的土而言,结构越疏松,孔隙体积越大,密度值将越小。土的密度一般用"环刀法"测定。

天然状态下,土的密度变化范围较大,其值一般介于 $1.8 \sim 2.2 \text{ g/cm}^3$ 之间。若土较软则介于 $1.2 \sim 1.8 \text{ g/cm}^3$ 之间,有机质含量高或塑性指数大的极软黏性土可降至 1.2 g/cm^3 以下。

(2)土粒相对密度 d_s

单位土粒的密度 ρ_s 与同体积 4 ℃ 水的密度 ρ_w 之比,称为土粒的相对密度 d_s,即

$$d_s = \frac{\rho_s}{\rho_w} = \frac{m_s}{V_s \rho_w} \tag{1.4}$$

式中 ρ_w—— 水的密度,一般取 1.0 t/m^3。

土的相对密度取决于土的矿物成分和有机质含量,一般在 $2.60 \sim 2.75$ 之间,但当土中含有较多的有机质时,土的相对密度会明显减少,甚至达到 2.40 以下。工程实践中,由于各类土的相对密度变化幅度不大,除重大建筑物及特殊情况外,可按经验数值选用。一般土的相对密度见表 1.10。土粒相对密度在实验室内用比重瓶测定。

表 1.10　土的相对密度的一般数值

名称	砂土	砂质粉土	黏质粉土	粉质黏土	黏土
相对密度	2.65～2.69	2.70	2.71	2.72～2.73	2.74～2.76

(3) 含水量 ω

在天然状态下，土中水的质量与土颗粒的质量之比，称为土的含水量，以百分数表示，即

$$\omega = \frac{m_w}{m_s} \times 100\% \tag{1.5}$$

含水量 ω 是标志土的湿度的一个重要指标。天然土层的含水量变化范围较大，它与自然环境和土的种类有关。一般干砂土的含水量接近零，而饱和砂土可高达 40%；黏性土处于坚硬状态时，含水量可小于 30%，而处于流塑状态时，可能大于 60%。一般情况下，同一类土含水量越大则强度越低，即土的力学性质随之而变。土的含水量一般用"烘干法"测定。

3. 换算指标

(1) 反映土主要密实程度的指标

① 土的孔隙比 e：土的孔隙体积与土粒体积之比称为孔隙比，即

$$e = \frac{V_v}{V_s} \tag{1.6}$$

孔隙比用小数表示，它是一个重要的物理性质指标，可以评价天然土层的密实程度。$e < 0.6$ 时，是低压缩性的密实土；$e > 1.0$ 时，是高压缩性的疏松土。

② 土的孔隙率 n：土的孔隙体积与土的总体积之比称为土的孔隙率，用百分数表示，即

$$n = \frac{V_v}{V} \times 100\% \tag{1.7}$$

土的孔隙率亦用来反映土的密实程度，一般粗粒土的孔隙率比细粒土的小，黏性土的孔隙率为 30%～60%，无黏性土的孔隙率为 25%～45%。

(2) 反映土体潮湿程度的物理性质指标

土的饱和度 S_r：土中水的体积与孔隙体积之比称为饱和度，用百分数表示，即

$$S_r = \frac{V_w}{V_v} \times 100\% \tag{1.8}$$

饱和度是反映孔隙被水充满程度的一个指标，即反映土体潮湿程度的物理性质指标。当 $S_r < 50\%$ 时土为稍湿的；S_r 在 50%～80% 之间时土为很湿的；$S_r > 80\%$ 时土为饱和的；当 $S_r = 1$ 时，土则处于完全饱和状态。

(3) 反映土在不同状态下的密度

① 土的干密度 ρ_d：单位土体积内土颗粒的质量称为土的干密度或干土密度，即

$$\rho_d = \frac{m_s}{V} \quad (t/m^3 \text{ 或 } g/cm^3) \tag{1.9}$$

干密度反映了土粒排列的紧密程度，一般达到 1.50～1.65 g/cm³ 以上。干密度越大，土越密实，强度就越高，土稳定性也越好。干密度越小表明土越疏松。在填方工程中，常把干密度作为填土设计和施工质量控制的指标，以控制填土工程的施工质量。

② 土的饱和密度 ρ_{sat}：土体孔隙被水充满时，单位土体积内饱和土的质量称为土的饱和密度，即

$$\rho_{sat} = \frac{m_s + V_v \rho_w}{V} \quad (t/m^3 \text{ 或 } g/cm^3) \tag{1.10}$$

③ 土的浮密度 ρ'：处在水面以下的土，其土粒受浮力作用时，单位土体积内土粒的质量称为土的浮

密度,也称为土的有效密度,即

$$\rho' = \frac{m_s - V_s\rho_w}{V} = \rho_{sat} - \rho_w \quad (t/m^3 \text{ 或 } g/cm^3) \tag{1.11}$$

> **技术提示:**
>
> 质量(kg)与重力加速度 g 的乘积等于相应土的重量(kN),土的总重量、固体颗粒总重量、水的总重量依次为: $mg = W$, $m_sg = W_s$, $m_wg = W_w$。
>
> 质量密度 ρ、ρ_d、ρ_{sat}、ρ' 与重力加速度 g 的乘积等于相应土的重力密度(简称重度 kN/m^3),即土的重度 γ、干重度 γ_d、饱和土重度 γ_{sat}、浮重度 γ' 分别为: $\gamma = \rho g$, $\gamma_d = \rho_d g$, $\gamma_{sat} = \rho_{sat} g$, $\gamma' = \rho' g = \gamma_{sat} - \gamma_w = \gamma_{sat} - 10$。

以上对各指标进行了定义,如测得三个基本物理性质指标后,其他换算指标可根据三个基本物理性质指标求出(推导过程略)。将换算公式一并列于三相比例指标换算公式表 1.11 中。

表 1.11 三相比例指标换算公式

名称	符号	表达式	常用换算公式	单位	常见的数值范围
含水量	ω	$\omega = \dfrac{m_w}{m_s} \times 100\%$	$\omega = \dfrac{S_r e}{d_s} = \dfrac{\gamma}{\gamma_d} - 1$		20% ~ 60%
土粒相对密度	d_s	$d_s = \dfrac{\rho_s}{\rho_w}$	$d_s = \dfrac{S_r}{\omega}$		一般黏性土:2.67 ~ 2.75 砂土:2.63 ~ 2.67
密度	ρ	$\rho = \dfrac{m}{V}$	$\rho = \dfrac{d_s + S_r e}{1 + e}\rho_w$	t/m³	1.6 ~ 2.2 t/m³
重度	γ	$\gamma = \rho g$	$\gamma = \dfrac{d_s + S_r e}{1 + e}\gamma_w$	kN/m³	16 ~ 20 kN/m³
干密度	ρ_d	$\rho_d = \dfrac{m_s}{V}$	$\rho_d = \dfrac{\rho}{1 + \omega}$	t/m³	1.3 ~ 1.8 t/m³
干重度	γ_d	$\gamma_d = \rho_d g$	$\gamma_d = \dfrac{\rho}{1+\omega} g = \dfrac{\gamma}{1+\omega}$	kN/m³	13 ~ 18 kN/m³
饱和土密度	ρ_{sat}	$\rho_{sat} = \dfrac{m_s + V_v \rho_w}{V}$	$\rho_{sat} = \dfrac{d_s + e}{1 + e}\rho_w$	t/m³	1.8 ~ 2.3 t/m³
饱和土重度	γ_{sat}	$\gamma_{sat} = \rho_{sat} g$	$\gamma_{sat} = \dfrac{d_s + e}{1 + e}\gamma_w$	kN/m³	18 ~ 23 kN/m³
浮密度	ρ'	$\rho' = \dfrac{m_s - V_s \rho_w}{V}$	$\rho' = \rho_{sat} - \rho_w$	t/m³	0.8 ~ 1.3 t/m³
浮重度(有效重度)	γ'	$\gamma' = \rho' g$	$\gamma' = \gamma_{sat} - \gamma_w$	kN/m³	8 ~ 13 kN/m³
孔隙比	e	$e = \dfrac{V_v}{V_s}$	$e = \dfrac{V_v}{V_s} = \dfrac{d_s(1+\omega)\rho_w}{\rho} - 1$		一般黏性土:0.40 ~ 1.20 砂土:0.30 ~ 0.90
孔隙率	n	$n = \dfrac{V_v}{V} \times 100\%$	$n = \dfrac{e}{1+e} \times 100\%$		一般黏性土:30% ~ 60% 砂土:25% ~ 45%
饱和度	S_r	$S_r = \dfrac{V_w}{V_v} \times 100\%$	$S_r = \dfrac{\omega d_s}{e}$		0 ~ 1.0

【例1.1】 某一原状土样,经试验测得基本物理性质指标为:土粒相对密度 $d_s=2.67$,含水量 $\omega=12.9\%$,密度 $\rho=1.67$ g/cm³。求干密度 ρ_d、孔隙比 e、孔隙率 n、饱和土密度 ρ_{sat}、浮密度 ρ' 及饱和度 S_r。

解 方法一:由表1.11换算公式直接计算。

(1) 干密度

$$\rho_d = \frac{\rho}{1+\omega} = \frac{1.67}{1+0.129} \text{ g/cm}^3 = 1.48 \text{ g/cm}^3$$

(2) 孔隙比

$$e = \frac{V_v}{V_s} = \frac{d_s(1+\omega)\rho_w}{\rho} - 1 = \frac{2.67 \times (1+0.129)}{1.67} - 1 = 0.805$$

(3) 孔隙率

$$n = \frac{e}{1+e} \times 100\% = \frac{0.805}{1+0.805} \times 100\% = 44.6\%$$

(4) 饱和密度

$$\rho_{sat} = \frac{d_s + e}{1+e}\rho_w = \frac{2.67 + 0.805}{1+0.805} \text{ g/cm}^3 = 1.93 \text{ g/cm}^3$$

(5) 浮密度

$$\rho' = \rho_{sat} - \rho_w = (1.93 - 1) \text{ g/cm}^3 = 0.93 \text{ g/cm}^3$$

(6) 饱和度

$$S_r = \frac{\omega d_s}{e} = \frac{0.129 \times 2.67}{0.805} = 43\%$$

方法二:由三相图直接计算(图1.8)。

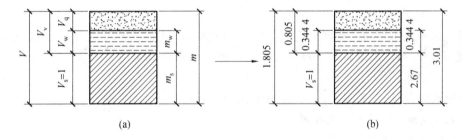

图1.8 例1.1图

(1) 由已知条件,计算完成三相图各参数:令 $V_s = 1$,$\rho_w = 1$。

由 $d_s = \frac{m_s}{V_s \rho_w} = 2.67 \rightarrow m_s = 2.67 V_s \rho_w = 2.67$

由 $\omega = \frac{m_w}{m_s} = 0.129 \rightarrow m_w = 0.129 m_s = 0.129 \times 2.67 = 0.3444 \rightarrow V_w = 0.3444 \rightarrow$

$m = m_s + m_w = 2.67 + 0.3444 = 3.01$

由 $\rho = \frac{m}{V} = 1.67 \rightarrow V = \frac{m}{1.67} = \frac{3.01}{1.67} = 1.805 \rightarrow V_v = V - V_s = 1.805 - 1 = 0.805$

(2) 将以上计算参数填入三相图中(图1.8(b))

$$\rho_d = \frac{m_s}{V} = \frac{2.67}{1.805} \text{ g/cm}^3 = 1.48 \text{ g/cm}^3$$

$$\rho_{sat} = \frac{m_s + V_v \rho_w}{V} = \frac{2.67 + 0.805}{1.805} \text{ g/cm}^3 = 1.93 \text{ g/cm}^3$$

$$\rho' = \rho_{sat} - \rho_w = (1.93 - 1) \text{ g/cm}^3 = 0.93 \text{ g/cm}^3$$

$$e = \frac{V_v}{V_s} = 0.805$$

$$n = \frac{V_v}{V} = \frac{0.805}{1.805} = 44.6\%$$

$$S_r = \frac{V_w}{V_v} = \frac{0.3444}{0.805} = 43\%$$

技术提示：

1. 通过上述两种方法计算，其结果完全相同。由基本物理指标利用换算公式计算方便快捷得多，但计算不够灵活，由本题计算可以看出若求饱和密度及浮密度时，应先计算孔隙比。另外若不方便查阅换算公式时，计算起来感觉比较茫然、被动；但利用三相图计算直观易懂，计算灵活，计算过程中能进一步加深对物理指标的理解，但一开始需要一定的基本知识铺垫。在工程实践中，对于简单计算可根据实际需要灵活选择最佳计算方法。

2. 对各物理指标的进一步理解：

(1) 各种密度及重度之间的关系：$\rho_{sat} > \rho > \rho_d > \rho'$ 及 $\gamma_{sat} > \gamma > \gamma_d > \gamma'$。

(2) 干密度与干土密度的区别：干密度是烘干后固体颗粒（干土质量）质量与原状土烘干前总体积之比；干土密度是烘干后固体颗粒质量（干土质量）与烘干后土总体积之比，因烘干的土体要干缩，其体积要明显小于烘干前原状土的体积，所以干密度要小于干土密度。

(3) 土体颗粒的相对密度仅取决于土体颗粒本身的矿物成分，与孔隙比、孔隙率、含水量及土是否扰动无关。

(4) 同一种土只要水没有蒸发，其含水量是不变的，与土是否扰动无关。

【例 1.2】 某一施工现场需要填土，坑体积 $V_2 = 2\,000 \text{ m}^3$，土方来源是从附近山丘开挖，经勘察，土粒的相对密度 $d_s = 2.7$，含水量 $\omega_1 = 15\%$，孔隙比 $e_1 = 0.6$；要求基坑填土的含水量 $\omega_2 = 17\%$，干密度 $\rho_{d2} = 1.76 \text{ t/m}^3$。试求：

(1) 取土场地的密度 ρ_1、干密度 ρ_{d1} 和饱和度 S_{r1} 是多少？

(2) 应从取土场地开挖多少立方米的土？

(3) 碾压时应洒多少水？

解 （1）计算取土场地的密度 ρ_1、干密度 ρ_{d1} 和饱和度 S_{r1}（设 $V_s = 1$）

① 由 $d_s = \dfrac{m_s}{V_s \rho_w} = 2.7 \rightarrow m_s = 2.7 V_s \rho_w = 2.7$

由 $\omega_1 = \dfrac{m_w}{m_s} = 0.15 \rightarrow m_w = 0.15 m_s = 0.15 \times 2.7 = 0.405 \rightarrow V_w = 0.405 \rightarrow m = m_s + m_w =$

$$2.7 + 0.405 = 3.105$$

由 $e_1 = \dfrac{V_v}{V_s} = 0.6 \rightarrow V_v = 0.6 V_s = 0.6 \rightarrow V = V_v + V_s = 1.6$

② $\rho_1 = \dfrac{m}{V} = \dfrac{3.105}{1.6} \text{ t/m}^3 = 1.94 \text{ t/m}^3$，$\rho_{d1} = \dfrac{m_s}{V} = \dfrac{2.7}{1.6} \text{ t/m}^3 = 1.69 \text{ t/m}^3$

$S_{r1} = \dfrac{V_w}{V_v} = \dfrac{0.405}{0.6} = 67.5\%$

(2) 计算取土场地需开挖的土方量 V_1

因取土和填土固体颗粒的质量不变，即 $m_{s1} = m_{s2}$。

填土场地：由 $\rho_{d2} = \dfrac{m_{s2}}{V_2} = 1.76 \rightarrow m_{s2} = 1.76 V_2 = (1.76 \times 2\,000)\text{t} = 3\,520 \text{ t}$

取土场地：由 $\rho_{d1} = \dfrac{m_{s1}}{V_1} = 1.69 \rightarrow V_1 = \dfrac{3\,520}{1.69}\ \text{m}^3 = 2\,083\ \text{m}^3$

（3）碾压时应洒水量

$$m_{w2} - m_{w1} = m_{s2}\omega_2 - m_{s1}\omega_1 = [3\,520 \times (0.17 - 0.15)]\,\text{t} = 70.4\ \text{t}$$

技术提示：

1. 由于基坑填土的干密度不等于挖方的干密度，故挖方的体积、质量不等于填方体积、质量，但填方固体颗粒质量等于挖方固体颗粒质量。

2. 干密度大者不一定含水量少，干密度小者不一定含水量多；填方含水量大于挖方含水量时，挖方土需要加水，反之需要减水，其增减水量等于该填土或挖土固体颗粒质量与含水量之差的乘积。

1.2 土的物理状态指标

土所表现的干湿、软硬、疏密等特征，统称为土的物理状态。土的物理状态对土的工程性质影响较大，不同类别的土所表现的物理状态特征也不同，如无黏性土，其力学性质主要受密实程度的影响；而黏性土则主要受含水量变化的影响。

1.2.1 无黏性土的密实度

砂土、碎石土统称为无黏性土。颗粒较粗，土粒之间无黏结力，一般呈散粒状态。其密实度对工程性质有十分重要的影响。如密实状态的砂土具有较高的强度和较低的压缩性，是良好的建筑地基。无黏性土呈松散状态时，结构常处于不稳定状态，容易产生流砂，在振动荷载作用下，可能会发生液化，是不良地基。对于同一种无黏性土，随着孔隙比增大，则处于中密、稍密直至松散状态。

1.2.1.1 砂土密实度的判别方法

1. 根据天然孔隙比 e 判断

孔隙比 e 越小，表示土越密实；孔隙比 e 越大，土越疏松。当 $e < 0.6$ 时，属密实砂土，强度高，压缩性小；当 $e > 0.95$ 时，为松散状态，强度低，压缩性大。这种测定方法简单，但没有考虑土颗粒级配的影响。

例如：图 1.9(a) 中，颗粒均匀 $C_u = 1.0$，处于最密实状态下，设 $e = 0.35$；图 1.9(b) 中，在大圆球的缝隙中填入小圆球 $C_u > 1.0$，处于最密实状态，其 $e < 0.35$；很显然在最密实的状态下后者密实度大于前者。若让两者具有相同的孔隙比 $e = 0.35$，前者已处于最密实状态，但后者还未处于密实状态，并且两者的密实度不能用相同的孔隙比来度量，应采用相对密度来比较其密实度。

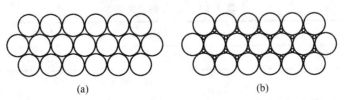

图 1.9 颗粒级配对土密实度的影响

2. 根据相对密度 D_r 判断

考虑土粒级配的影响，通常用砂土的相对密度 D_r 表示：

$$D_r = \frac{e_{\max} - e}{e_{\max} - e_{\min}} \tag{1.12}$$

式中　$e_{\max}$——砂土的最大孔隙比，即最疏松状态的孔隙比，其测定方法是将疏松的风干土样，通过长颈漏斗轻轻地倒入容器，求其最小干密度，计算其对应的孔隙比；

　　　$e_{\min}$——砂土的最小孔隙比，即最密实状态的孔隙比，其测定方法是将疏松风干土样，分三次装入金属容器，并加以振动和锤击，至体积不变为止，测出最大干密度，算出其对应孔隙比；

　　　e——砂土在天然状态下的孔隙比。

从上式可知，若砂土的天然孔隙比 e 接近于 $e_{\min}$，D_r 接近 1，土呈密实状态；当 e 接近 $e_{\max}$，D_r 接近 0，土呈疏松状态。工程中根据砂土的相对密实度将砂土划分为密实、中密和松散三种状态，见表 1.12。

表 1.12　砂土密实度划分标准

密实状态	松散	中密	密实
相对密实度 D_r	0～0.33	0.33～0.67	0.67～1

【例 1.3】 某砂土样的密度 $\rho = 1.77\ \text{g/cm}^3$，含水量 $\omega = 9.8\%$，土粒的相对密度 $d_s = 2.67$，烘干后测得 $e_{\min} = 0.461$，$e_{\max} = 0.943$，试求孔隙比 e 和相对密实度 D_r 并评定土的密实度。

解　由表 1.11 查得 $e = \dfrac{d_s(1+\omega)\rho_w}{\rho} - 1 = \dfrac{2.67 \times (1+0.098) \times 1}{1.77} - 1 = 0.656$

由式(1.12)得

$$D_r = \frac{e_{\max} - e}{e_{\max} - e_{\min}} = \frac{0.943 - 0.656}{0.943 - 0.461} = 0.595$$

D_r 在 0.33～0.67 之间，所以该砂土的密实度为中密。

> **技术提示：**
> 相对密度 D_r 从理论上能反映土粒级配、形状等因素。但是由于对砂土很难取得原状土样，故天然孔隙比不易测准，其相对密度的精度也就无法保证。《建筑地基基础设计规范》(GB 50007—2011)（以下均简称《地基规范》）用标准贯入试验锤击数 N 来划分砂土的密实度。

3. 根据标准贯入锤击数 N 判断

标准贯入试验是在现场进行的原位试验，该方法是用质量为 63.5 kg 的重锤，自由落下，落距为 76 cm，将标准贯入器竖直击入土中 30 cm 所需要的锤击数作为判别指标，将砂土的密实度划分为松散、稍密、中密、密实四种密实度状态，见表 1.13。

表 1.13　砂土的密实度

密实度	松散	稍密	中密	密实
标准贯入锤击数 N	$N \leq 10$	$10 < N \leq 15$	$15 < N \leq 30$	$N > 30$

1.2.1.2　碎石土的密实度

碎石土既不易获得原状土样，也难于将标准贯入器击入土中。对这类土可根据《规范》要求，用重型动力触探锤击数来划分碎石土的密实度,见表1.14。

对于平均粒径大于50 mm或最大粒径100 mm的碎石土,可以根据野外鉴别方法划分为密实、中密、稍密和松散四种密实度状态(表1.15)。碎石土的强度大、压缩性小、渗透性大,是良好的地基。

表1.14 碎石土按密实度划分

重型圆锥动力触探锤击数 $N_{63.5}$	密实度	重型圆锥动力触探锤击数 $N_{63.5}$	密实度
$N_{63.5} \leqslant 5$	松散	$10 < N_{63.5} \leqslant 20$	中密
$5 < N_{63.5} \leqslant 10$	稍密	$N_{63.5} > 20$	密实

表1.15 碎石土密实度野外鉴别方法

密实度	骨架颗粒含量和排列	可挖性	可钻性
密实	骨架颗粒含量大于总重的70%,呈交错排列,连续接触	锹、镐挖掘困难,用撬棍方能松动,井壁一般较稳定	钻进极困难,冲击钻探时,钻杆、吊锤跳动剧烈,孔壁较稳定
中密	骨架颗粒含量等于总量的60%~70%,呈交错排列,大部分接触	锹、镐可挖掘,井壁有掉块现象,从井壁取出大颗粒处,能保持颗粒凹面形状	钻进较困难,冲击钻探时,钻杆、吊锤跳动不剧烈,孔壁有坍塌现象
稍密	骨架颗粒含量等于总重的55%~60%,排列混乱,大部分不接触	锹可以挖掘,井壁易坍塌,从井壁取出大颗粒后,砂土立即坍落	钻进较容易,冲击钻探时,钻杆稍有跳动,孔壁易坍塌
松散	骨架颗粒含量小于总重的55%,排列十分混乱,绝大部分不接触	锹易挖掘,井壁极易坍塌	钻进很容易,冲击钻探时,钻杆无跳动,孔壁极易坍塌

1.2.2 黏性土的物理特征

1.2.2.1 黏性土的界限含水量

黏性土土粒很细,土粒表面与水相互作用的能力较强,土粒间存在较大黏聚力。当黏性土中只含强结合水时,颗粒间的结合连接很强,呈现为坚硬和固态;随着含水量的增加,土粒周围结合水膜中除强结合水外还有弱结合水,呈半固态。当土中自由水在一定范围内时,土具有可塑性;随着含水量的增加,土就处于流动状态。

黏性土由于含水量不同,分别处于流动状态、可塑状态、半固态及固态;黏性土由一种状态过渡到另一种状态的分界含水量称为界限含水量(图1.10(a)),主要有三种:液限、塑限、缩限。

液限含水量(简称液限,用 ω_L 表示)是黏性土从流动状态到可塑状态的界限含水量,是可塑状态的上限含水量。塑限含水量(简称塑限,用 ω_p 表示)是黏性土从可塑状态到半固态的界限含水量,是可塑状态的下限含水量。缩限含水量(简称缩限,用 ω_s 表示)是黏性土从半固态继续蒸发水分过渡到固态后体积不再收缩的界限含水量。工程中主要测定液限及塑限,其测定方法详见1.5节土工试验。

土的可塑性指当黏性土在某含水量范围内,可用外力塑成任何形状而不发生裂纹,并当外力移去后仍能保持既得的形状的性质;我们把黏性土在某一含水量下对外力引起的变形或破坏所具有的抵抗能力的程度称为黏性土的稠度。

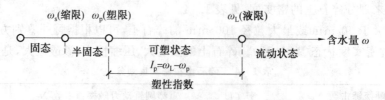

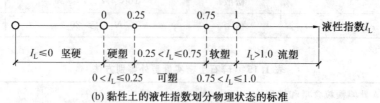

(b) 黏性土的液性指数划分物理状态的标准

图 1.10　黏性土的物理状态

1.2.2.2　黏性土的塑性指数 I_p 与液性指数 I_L

1. 塑性指数 I_p

液限与塑限的差值称为塑性指数，即

$$I_p = \omega_L - \omega_p \tag{1.13}$$

> **技术提示：**
> 塑性指数的大小表明了黏性土可塑范围的大小（图 1.10(a)），其大小与土的黏粒含量及矿物成分有关，从土的颗粒讲，土粒越细、黏粒含量越高，比表面积越大，则结合水越多，塑性指数 I_p 也越大；从矿物成分来说，矿物可能具有较多的结合水（其中尤以蒙脱石类为最大），因而 I_p 也大。从土中水的离子成分和浓度来说，当水中高价阳离子的浓度增加时，土粒表面吸附的反离子层的厚度变薄，结合水含量相应减少，I_p 小；反之 I_p 变大。

由于 I_p 反映了土的塑性大小和影响黏性土特征的各种重要因素，因此，《规范》用 I_p 作为黏性土的分类标准。《地基规范》规定黏性土按塑性指数 I_p（省去百分号）值可划分为黏土、粉质黏土。划分方法为：$10 < I_p \leq 17$ 为粉质黏土，$I_p > 17$ 为黏土。

2. 液性指数 I_L

土的天然含水量 ω 与塑限之差再与塑性指数 I_p 之比，称为土的液性指数，即

$$I_L = \frac{\omega - \omega_p}{I_p} = \frac{\omega - \omega_p}{\omega_L - \omega_p} \tag{1.14}$$

由图 1.10(a) 含水量及对应的图 1.10(b) 对应的液性指数，可以看出，当天然含水量 $\omega < \omega_p$ 时，对应的 $I_L < 0$，土体处于固体或半固体状态；当 $\omega > \omega_L$ 时，对应的 $I_L > 1$，天然土体处于流动状态；当 ω 在 $\omega_p \sim \omega_L$ 之间时，对应的 I_L 在 $0 \sim 1$ 之间，天然土体处于可塑状态。

> **技术提示：**
> I_L 值越大，土体越软；I_L 值越小，土体越坚硬。由式(1.14)也可以说明上述问题。因此，液性指数是反映黏性土软硬程度的指标，利用液性指数 I_L 的大小可以判断黏性土所处的天然状态。

《规范》按 I_L 的大小将黏性土划分为坚硬、硬塑、可塑、软塑和流塑五种软硬状态(表1.16)。

表1.16 黏性土软硬状态划分

液性指数	$I_L \leqslant 0$	$0 < I_L \leqslant 0.25$	$0.25 < I_L \leqslant 0.75$	$0.75 < I_L \leqslant 1$	$I_L > 1$
状态	坚硬	硬塑	可塑	软塑	流塑

【例1.4】 已知一黏性土天然含水量 $\omega = 40.8\%$,液限 $I_L = 38.5\%$,塑限 $I_p = 18.6\%$,请给该黏性土定名并确定其状态。

解 塑性指数 $I_p = \omega_L - \omega_p = 38.5\% - 18.6\% = 19.9\%$,因为 $I_p = 19.9\% > 17\%$,所以为黏土。

液性指数 $I_L = \dfrac{\omega - \omega_p}{I_p} = \dfrac{\omega - \omega_p}{\omega_L - \omega_p} = \dfrac{0.408 - 0.186}{0.385 - 0.186} = 1.12 > 1$

查表1.16可知该土的物理状态为流塑。

1.2.3 黏性土的结构性及触变性

1.2.3.1 结构性

黏性土的天然结构主要是蜂窝结构和絮状结构,其在天然状态下,有较高的强度、变形,但结构受到扰动后其强度降低、压缩性增大的特性,称为土的结构性。工程上常用灵敏度 S_t 衡量结构性的强弱,灵敏度是原状土的无侧限抗压强度 q_u 与重塑土(土样完全扰动后又将其压实成和原状土同等密实状态,但其含水量不变)的无侧限抗压强度 q_0 之比,即

$$S_t = \dfrac{q_u}{q_0} \tag{1.15}$$

工程上可根据黏性土的大小将饱和黏性土分为三类:
① 低灵敏度土:$1 < S_t \leqslant 2$;
② 中灵敏度土:$2 < S_t \leqslant 4$;
③ 高灵敏度土:$S_t > 4$。

技术提示:
灵敏度越高,结构性越强,受到扰动后强度降低越多、压缩量越大。所以在基础工程中,对灵敏度较高的土,应注意保护基坑勿受扰动。

1.2.3.2 触变性

土的触变性与结构性正好相反,黏性土受到扰动停止后,静止若干时间,土粒间的联结会逐渐得到部分恢复,土的强度会随着时间的延长而逐渐有所增加(但增加是很缓慢的),这就是土的触变性。

技术提示:
掌握了土的触变性对于工程实践是很有意义的。例如,打桩时会使桩侧周围黏性土受到扰动,打桩停止后,强度会部分恢复,这也是我们常说的打桩要"一气呵成"的道理。例如,由静力载荷试验确定单桩承载力时,从成桩到试桩要休止一定时间的原因。

1.3 岩土的工程分类

岩土的工程分类是地基基础勘察与设计的前提,一个正确的设计必须建立在对土正确评价的基础上,而土的工程分类正是工程勘察评价的基本内容。岩土的分类方法很多,不同部门、不同行业由于研究的目的不同,所用分类方法也各不相同。《建筑地基基础设计规范》规定,作为建筑物地基的岩土分为岩石、碎石土、砂土、粉土、黏性土和人工填土等。下面主要介绍《建筑地基基础设计规范》(GB 50007—2011)有关土的工程分类,对岩石工程分类。

1.3.1 岩石的工程分类

岩石应为颗粒间牢固联结、呈整体或具有节理裂隙的岩体,作为建筑场地和建筑物地基,除应确定岩石的地质名称外,还应划分其坚硬程度、完整程度和质量等级。

1.3.1.1 岩石按坚硬程度分类

岩石的坚硬程度应根据岩块的单轴饱和抗压强度 f_{rk} 按表 1.17 分为坚硬岩、较硬岩、较软岩、软岩和极软岩。

表 1.17 岩石坚硬程度的划分

坚硬程度类别	坚硬岩	较硬岩	较软岩	软岩	极软岩
饱和单轴抗压强度标准值 f_{rk}/MPa	$f_{rk}>60$	$60 \geqslant f_{rk}>30$	$30 \geqslant f_{rk}>15$	$15 \geqslant f_{rk}>5$	$f_{rk} \leqslant 5$

当缺乏饱和单轴抗压强度资料或不能进行该项试验时,可在现场通过观察定性划分,划分标准见表 1.18。

表 1.18 岩石坚硬程度的定性划分

名称		定性鉴定	代表性岩石
硬质岩	坚硬岩	锤击声清脆,有回弹,振手,难击碎;基本无吸水反应	未风化或微风化的花岗岩、闪长岩、辉绿岩、玄武岩、鞍山岩、片麻岩、石英岩、硅质砾岩、石英砂岩、硅质石灰岩等
	较硬岩	锤击声较清脆,有轻微回弹,稍振手,较难击碎;有轻微吸水反应	①微风化的坚硬岩; ②未风化或微风化的大理岩、板岩、石灰岩、钙质砂岩等
软质岩	较软岩	锤击声不清脆,无回弹,较易击碎;指甲可划出印痕	①中风化的坚硬岩和较硬岩; ②未风化或微风化的凝灰岩、千枚岩、砂质泥岩、泥灰岩等
	软岩	锤击声哑,无回弹,有凹痕,易击碎;浸水后,可捏成团	①强风化的坚硬岩和较硬岩; ②中风化的较软岩; ③未风化或微风化的泥质砂岩、泥岩等
极软岩		锤击声哑,无回弹,有较深凹痕,手可捏碎;浸水后,可捏成团	①风化的软岩; ②全风化的各种岩石; ③各种半成岩

1.3.1.2 岩体按完整程度分类

岩体的完整程度反映了岩体的裂隙性,而裂隙性是岩体十分重要的特性。破碎岩石强度和稳定性较完整岩石大为削弱,尤其对边坡和基坑工程更为突出。岩体的完整程度按完整性指数划分为完整、较完整、较破碎、破碎、极破碎五个等级(表1.19)。完整性指数为岩体纵波波速与岩块纵波波速之比的平方。

表1.19 岩体按完整程度划分

完整程度等级	完整	较完整	较破碎	破碎	极破碎
完整性指数	>0.75	0.75~0.55	0.55~0.35	0.35~0.15	<0.15

1.3.2 土的工程分类

土中固体颗粒粒径及颗粒级配不同,其土的性质不同。主要分为碎石土、砂土、粉土和黏性土。

①碎石土:粒径大于2 mm的颗粒含量超过全重50%的土;

②砂土:粒径大于2 mm的颗粒含量不超过全重的50%,而粒径大于0.075 mm的颗粒含量超过全重50%的土;

③粉土:塑性指数$I_p \leqslant 10$,且粒径大于0.075 mm的颗粒含量不超过全重50%的土;

④黏性土:塑性指数$I_p > 10$的土。

1.3.2.1 碎石土

碎石土按粒组含量及颗粒形状分类,其划分标准见表1.20。

表1.20 碎石土按粒组含量及颗粒形状划分

土的名称	颗粒形状	粒组含量
漂石	圆形及亚圆形为主	粒径大于200 mm的颗粒占全重的50%
块石	棱角形为主	
卵石	圆形及亚圆形为主	粒径大于20 mm的颗粒占全重的50%
碎石	棱角形为主	
圆砾	圆形及亚圆形为主	粒径大于2 mm的颗粒超过全重的50%
角砾	棱角形为主	

注:分类时应根据粒组含量栏从上到下以最先符合者确定。

1.3.2.2 砂土的分类

砂土按粒组含量分类,其分类标准见表1.21。

表1.21 砂土的分类

土的名称	颗粒级配	土的名称	颗粒级配
砾砂	粒径大于2 mm的颗粒占全重的25%~50%	细砂	粒径大于0.075 mm的颗粒超过全重的85%
粗砂	粒径大于0.5 mm的颗粒超过全重的50%	粉砂	粒径大于0.075 mm的颗粒不超过全重的50%
中砂	粒径大于0.25 mm的颗粒超过全重的50%		

注:定名时应根据粒径分组由大到小,以最先符合者确定。

常见的砾砂、粗砂、中砂为良好地基,粉砂、细砂要具体分析,如为饱和疏松状态则为不良地基。

【例1.5】 按表1.22所给的颗粒分析资料,根据粒径分组由大到小确定土的名称。

表 1.22　某无黏性土样颗粒分析结果

粒径/mm	10~2	2~0.5	0.5~0.25	0.25~0.075	<0.075
相对含量/%	4.5	12.4	35.5	33.5	14.1

解　(1)大于 2 mm 的颗粒含量为 4.5%,所以不是碎石土,由表 1.21 可知:也不是砾砂;

(2)粒径大于 0.5 mm 的颗粒含量为(4.5+12.4)%=16.9%<50%,由表 1.21 可知:也不是粗砂;

(3)粒径大于 0.25 mm 的颗粒含量为(4.5+12.4+33.5)%=52.4%>50%,由表 1.21 可知:为中砂。

1.3.2.3　粉土的分类

粉土为介于砂土与黏性土之间,塑性指数 $I_p \leq 10$,且粒径大于 0.075 mm 的颗粒含量不超过全重 50% 的土。它具有砂土和黏性土的某些特征,根据黏粒的含量可分为砂质(砂粒含量较多)粉土和黏质粉土(黏粒的含量较多)。砂粒含量较多的粉土地震可能产生液化,类似于砂土性质;黏粒含量较多的粉土不易液化,其性质近似于黏性土。西北一带的黄土,颗粒含量以粉粒为主,砂粒及黏粒含量均很低。

1.3.2.4　黏性土的工程分类

(1)黏性土按塑性指数分为:黏土和粉质黏土(前面已提及)。

(2)黏性土按沉积年代分为:新近沉积的黏性土、一般黏性土、老黏性土。

①新近沉积黏性土是指沉积年代较近的土,第四纪全新世晚期 Q_4(文化期以后)沉积的土,分布在湖、塘、沟、谷、河道泛滥等处。其结构性差,有的土体处于欠压密状态。

②一般黏性土是指第四纪全新世 Q_4 早期(文化期以前)沉积的土,分布于全国各地,是经常遇到的勘察对象,一般属于中等压缩的土。

③老黏性土一般是指沉积年代在第四纪晚更新世 Q_3 以前或更早的沉积的土,其力学性能优于一般的黏性土,老黏性土的承载力比具有相同物理性质指标的一般黏性土高 1.3~2 倍,压缩性低。

1.3.2.5　人工填土

人工填土是人类活动堆积而成的土,根据组成及成因分为素填土、杂填土、冲填土(表 1.23)。

表 1.23　人工填土工程性质

类型	组成及工程性质
素填土	①素填土是由碎石、砂土、粉土、黏性土等组成,其中不含或杂质(碎砖、瓦砾、灰渣、朽木)含量很少,是天然土受扰动后堆积而成的土; ②素填土组成物质简单、性能较好,经过分层压实或夯填后的素填土称为压实填土。
杂填土	①杂填土是由各种物质组成的填土,其成分复杂、成因很不规律,分布极不均匀,包括生活垃圾、工业垃圾(矿渣、粉煤灰等)、建筑垃圾(碎砖、瓦砾、灰渣、朽木); ②结构松散、强度低、压缩性高,还具有浸水湿陷性、对基础的侵蚀性(有机含量较大时),并普遍存在于古城镇区域,一般不宜做建筑地基,需经过地基处理方可。
冲填土	①冲填土是水力冲刷泥砂形成的填土,例如在整理和疏通江河航道,或围海造地时用挖泥船通过泥浆泵将夹有大量水分的泥砂吹送至洼地形成的填土,分布在我国长江、珠江、上海黄浦江以及天津海河等沿海地区。 ②其含水量很高、强度低,当为黏性土时,排水固结时间长。

1.3.2.6　特殊土

特殊土是由于工程性质异于一般土,具有一定分布区域,有特殊成分、状态和结构特征,工程性质特殊的土。常见的有软土、红黏土、湿陷性黄土、冻土、膨胀土、盐渍土等。这些区域性软土、红黏土、湿陷性黄土、冻土、膨胀土的特性将在模块8中详细介绍,这里仅简单介绍盐渍土。

盐渍土是还有较多的可溶性盐类的土,如石膏、芒硝等硫酸盐类,具有吸湿、松胀等特性,对建筑物的影响表现为湿陷性,另外硫酸盐类及碳酸盐的松胀使黏性胶体颗粒发生分散,导致土体膨胀。

1.4 土的压实性

在路基、堤坝填筑过程中,土体都要经过夯实或压实。软弱地基也可以用重锤夯实或机械碾压的方法进行一定程度的改善。挡土墙、地下室周围的填土、房心回填土也要经过夯实。为了使压实填土到达一定的密实度,减少沉降、减低透水性,应明确压实填土性能的因素,下面通过实例说明其原理。

1.4.1 击实曲线

需要进行换土夯实或压实地基处理时,有必要研究在击(压)实功的作用下土的密度变化的特性。研究击实的目的在于:如何用最小的击实功,把土击实到所要求的密度。通常可在室内用击实仪进行击实试验。

室内击实试验方法大致过程是:把某一含水量的试样分三层放入击实筒内,每放一层用击实锤打击至一定击数,对每一层土所做的击实功为锤体重量、锤体落距和击打次数三者的乘积,将土层分层击实至满筒后,测定击实后土的含水量 ω 和对应密度 ρ,算出干密度 $\rho_d = \dfrac{\rho}{1+\omega}$。

用同样的方法将五个以上的不同含水量的土样击实,每一土样均可得到击实后的含水量 ω 与干密度 ρ_d。以含水量 ω 为横坐标,干密度 ρ_d 为纵坐标,连接各点绘出的曲线即为能反映土体击实特性的曲线,称为击实曲线。

1. 细粒土的击实曲线

(1) 细粒土的实际击实曲线

细粒土主要指黏性土。图1.11是黏性土的击实曲线,从图可知,土的 ρ_d 随含水量的变化而变化,并在击实曲线上出现一个峰值,这个峰值就是最大干密度,用 ρ_{dmax} 表示;峰值对应的含水量就是最优含水量(或称最佳含水量)用 ω_{op} 表示。

通过大量试验,人们发现,黏性土的最优含水量 ω_{op} 与土的塑限很接近,大约是 $\omega_{op} = \omega_p + 2\%$。因此,当土中所含黏土矿物越多、颗粒越细时最优含水量越大。

技术提示:
实践证明,当含水量较低时,随着含水量的增加,土的干密度也逐渐增大,表明压实效果逐步提高;当含水量超过 ω_{op} 时,对过湿的土进行夯实或碾压会出现软弹现象(俗称橡皮土),此时土的密度是不会增大的,干密度则随着含水量的增大而减小,即压密效果下降。对很干的土进行夯实或碾压,也不能将土充分压实。所以,要使土的压实效果最好,含水量一定要适宜接近最佳含水量。

(2) 细粒土的理论击实曲线(饱和曲线)

从理论上说,若将细粒土中的气从孔隙中全部排走,孔隙中只有水,变为完全的饱和土,这样的土最密实。在不同含水量的条件下,将土中孔隙气全部排走后,绘出干密度与含水量的关系曲线称为最大压实曲线或饱和曲线或理论压实曲线(图1.11)。

从饱和曲线图可以看出,当 $\omega \leqslant \omega_{op}$ 时,理想干密度会随含水量的减少几乎呈直线增加,而实际上孔隙中的气不容易排走,实际压缩曲线干密度随含水量的减少反而不断减小,并且理论压实曲线与实际压实曲线两根曲线随着含水量的降低,差距越来越大,当 $\omega = 0\%$ 时,$\rho_d = d_s$(固体颗粒密度),很显然是不可能的,与实际不符,松散土是不可能达到这个密度的;但 $\omega > \omega_{op}$ 时,孔隙中的气不多了,两根曲线相近,并且大体平行,与实际压缩曲线差距缩小。

2. 粗粒土的击实曲线

粗粒土主要指砂土和碎石土。图1.12所示为中砂和粗砂的击实曲线,其特点为:

① 击实过程中可自由排水,不存在最优含水量。

② 在压实前完全干燥或充分洒水后,土粒间无毛细压力挤压形成毛细黏聚力(假黏聚力),容易重新排列靠拢。干砂容易振密,饱和砂毛细压力消失,在振动压力作用下,击实效果也良好,干砂或饱和砂容易压实到较大干密度,所以施工时要压实砂粒时要么风干,要么充分洒水。

③ 潮湿状态下,由于存在毛细压力,存在假黏聚力,加大了击实的阻力,击实效果不好,干密度明显降低,研究表明,粗砂 $\omega=4\%\sim5\%$,中砂 $\omega=7\%$ 时,干密度最低。

④ 压实标准:用土的相对密度 D_r 控制,试验结果表明对于饱和的粗砂:$D_r>0.7\sim0.85$,土的强度明显增强,变形明显减小。

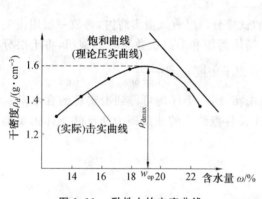

图 1.11 黏性土的击实曲线

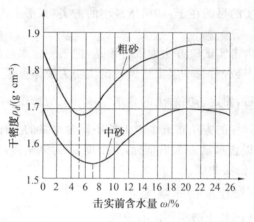

图 1.12 粗粒土的击实曲线

1.4.2 影响击实效果的因素

1. 土的含水量

细粒土的含水量是影响填土压实性的主要因素之一。当含水量较小时,土中水主要是强结合水,土粒周围的水膜很薄,颗粒间具有很大的分子引力阻止颗粒移动,受到外力作用时不易改变原来的位置,因此压实就比较困难;当含水量适当增大时,土中结合水膜变厚,土粒间的联结力减弱而使土粒易于移动,压实效果就变好;但当含水量继续增大时,土中水膜变厚,以致土中出现了自由水,击实时由于土样受力时间较短,孔隙中过多的水分不易立即排出,势必阻止土粒的靠拢,所以击实效果反而下降。

前面已知粗粒土压实效果与含水量有关,但不存在最佳含水量,干燥和完全洒水压实效果最好。

2. 击实功(能)

对于同一种土料,若击实功不同,其最优含水量与最大干密度并不相同(图1.13)。随着击实功的增加,击实曲线形状不变,但位置向左方上移,即 ρ_{dmax} 增大,ω_{op} 减少。图中曲线还表明,当土偏干时,增加击实功对提高干密度影响较大;当土偏湿时,含水量与干密度的关系曲线趋近于饱和曲线,这时提高击实功是无效的。击实功小,则所能达到的最大干密度也小,则最优含水量大;反之,击实功大,所能达到的最大干密度也大,而最优含水量变小。

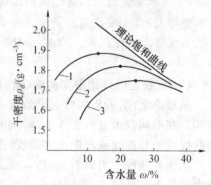

图 1.13 击实功对击实曲线的影响

3. 土的类型和土的颗粒级配

（1）土的类型

对于黏性土，在相同击实功下，黏性土的黏粒含量越大，塑性指数越大，颗粒越细，击实越困难，最大干密度越小，最优含水量越大。其原因是随着土中黏粒的增大，土中水为结合水，在瞬间动荷载的作用下，不易排水，因而不易击实；随着颗粒的增大，土的塑性降低，土颗粒间的水膜联结较微弱，容易击实。因此在筑坝工程中，填料一般选用粉土、塑性黏土。

对于砂、砾石等无黏性土的击实性能与黏性土大不一样，其击实曲线前面已提及。工程实践证明，对于无黏性土的压实，应该有一定静荷载与动荷载联合作用，才能达到较好的压实度。所以，对于不同性质的无黏性土，振动碾是最为理想的压实工具。

（2）土的颗粒级配

土的颗粒级配对土的击实性影响很大，粗粒含量越大，级配良好的土，其最大干密度越大，击实性越好，最优含水量越小；级配不良的土，击实效果差。

1.4.3　土的压实特性在现场填土中的应用

以上土的压实特性均是从室内压实试验中得到的，但工程上的填土压实如路堤施工填筑的情况与室内压实试验在条件上是有差别的，现场填筑时的碾压机械与压实试验的自由落锤的工作情况不一样，前者大都是碾压而后者则是冲击。现场填筑中，土在填方中的变形条件与压实试验时土在刚性压实筒中的也不一样，填土回填夯（压）实后，应进行环刀取样，并测定其干密度 ρ_d，工程上采用压实系数 λ_c（$\lambda_c = \rho_d / \rho_{dmax}$）来控制。显然 λ_c 越大，压实质量越好，对于路基的下层或次要工程可小些。

> **技术提示：**
> 室内压实试验既是研究土的压实特性的基本方法，又为现场填方合理选用含水量和填土的密度提供依据，但用室内压实模拟现场压实是可靠的。

1.5　土的室内物理性质指标试验

1.5.1　天然含水量试验

土的含水量是土在温度 105～110 ℃下烘到恒重时失去的水分质量与达到恒重后干土质量的比值，以百分数表示。土在天然状态时的含水量称为土的天然含水量。

1. 试验目的

测定土的含水量，用于计算其他指标。

2. 试验方法

含水量试验方法有烘干法、酒精燃烧法、比重法、碳化钙气压法、炒干法等，其中以烘干法为室内试验的标准方法。在此仅介绍烘干法。

3. 仪器设备

（1）天平：称量为 200 g，最小分度值为 0.01 g；称量为 1 000 g，最小分度值为 0.1 g（图 1.14 为分析天平），称量盒（图 1.15）等。

(2)电热烘箱:应能控制温度在 105～110 ℃(图 1.16)。

图 1.14 分析天平

图 1.15 称量盒

图 1.16 烘箱

4.操作步骤

(1)先称空称量盒的质量 m_0,准确至 0.01 g。

(2)从土样中选取具有代表性的试样 15～30 g(有机质土、砂类土和整体状构造冻土为 50 g),放入称量盒内,立即盖上盒盖,称盒加湿土质量 m_1,准确至 0.01 g。

(3)打开盒盖,将盒盖套在盒底下,一起放入烘箱内,在 105～110 ℃ 烘至恒量(烘干时间对砂土不得少于 6 h;对黏土、粉土不得少于 8 h;对含有机质超过干土质量 5% 的土,应将温度控制在 65～70 ℃ 的恒温下烘至恒重)。

(4)将烘干的试样与盒取出,盖好盒盖放入干燥器内冷却至室温(一般只需 0.5～1 h 即可),冷却后盖好盒盖,称盒加干土的质量 m_2,准确至 0.01 g,并记入表格内(表 1.24)。

表 1.24 含水量试验记录表(烘干法)

工程名称		土样编号		试验者		试验日期	
盒号	称量盒质量 m_0 /g	湿土+盒质量 m_1 /g	干土+盒质量 m_2 /g		ω /%		平均含水量 $\bar{\omega}$ /%
备注	含水量计算 $\omega = \dfrac{m_w}{m_s} = \dfrac{m_1 - m_2}{m_s} = \dfrac{m_1 - m_2}{m_2 - m_0} \times 100\%$						

5.注意事项

(1)刚刚烘干的土样要等冷却后才能称重。

(2)称重时精确至小数点后两位。

(3)本试验需进行两次平行试验测定。当 ω 小于 40% 时,平行差值不得大于 1%;当 ω 大于 40% 时,平行差值不得大于 2%。取两次试验值的平均值。

1.5.2 土的密度试验

土的密度测定方法有环刀法、蜡封法、灌水法和灌砂法等。环刀法适用于一般黏性土;蜡封法适用于易碎裂或形状不规则的坚硬土;灌水法和灌砂法适用于现场测定的原状砂和砾质土。下面仅介绍环刀法。

1.试验目的

测定土的湿密度,了解土密实及干湿性情况,供换算土的其他物理性质指标和工程设计及施工质量之用。

2.仪器设备

(1)环刀:通常内径为 61.8 mm 或 79.8 mm,高度为 20 mm(图 1.17)。

(2)天平:称量为 500 g,最小分度值为 0.1 g;称量为 200 g,最小分度值为 0.01 g。

(3)其他:削土刀、钢丝锯、玻璃片、凡士林等。

3.操作步骤

(1)测出环刀内净体积 V,在天平上称出环刀的质量 m_1。

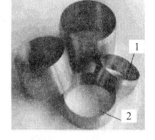

图 1.17 环刀图
1—内径为 61.8 mm,高 20 mm;2—内径为 79.8 mm,高 20 mm

(2)取原状土或按工程需要制备的重塑土样,其直径和高度应略大于环刀的内尺寸。整平土样的上下两个面放在玻璃板上。

(3)环刀内壁涂一薄层凡士林,将环刀的刀口向下放在土样上面,然后用力将环刀垂直下压(图 1.18),边压边削直到土样上端伸出环刀为止,后用削土刀或钢丝锯将环刀两端余土削去修平,擦净环刀外壁,两端盖上玻璃片。

 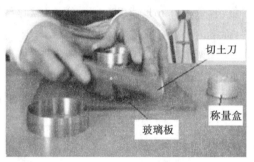

图 1.18 环刀垂直下压边压边削

(4)拿去玻璃片,称环刀加土的质量 m_2,精确至 0.1 g。

(5)刀号、环刀体积(即试样体积)、环刀质量 m_1 和环刀加土的质量 m_2(表 1.25)。

(6)完成环刀内土的含水量试验的操作步骤同上述 1.5.1 节测定天然含水量。

表 1.25 密度试验记录表

工程名称_____   土样编号_____   试验者_____   试验日期_____

土样号	环刀号	环刀质量 m_1 /g	试样体积 V /cm³	环刀+试样质量 m_2 /g	土样质量 m /g	湿密度 ρ /(g·cm⁻³)	试样含水量 ω/%	干密度 ρ_d /(g·cm⁻³)	平均干密度 $\bar{\rho}_d$ /(g·cm⁻³)
1	1								
2	2								

其中试样含水量计算如下

土样号	盒号	称量盒质量 m_0 /g	(湿土+盒质量)m_1 /g	(干土+盒质量)m_2 /g	含水量 ω/%	平均含水量 $\bar{\omega}$/%
1	1					
2	2					
计算公式		① 密度 ρ 计算:$\rho = \dfrac{m}{V} = \dfrac{m_2 - m_1}{V}$(t/m³ 或 g/cm³) ② 土的干密度 ρ_d 计算:$\rho_d = \dfrac{\rho}{1+\omega}$				

4.注意事项

密度试验应进行两次平行测定,两次测定的差值不得大于 0.03 g/cm³,取两次试验结果的算术平均值,密度计算精确至 0.01 g/cm³。

1.5.3 相对密度试验

土的相对密度是土样在 105～110 ℃下烘至恒重时,土粒质量与同体积 4 ℃时水的质量之比。常用的试验方法有比重瓶法、虹吸法和浮称法。比重瓶法适用于颗粒粒径小于 5 mm 的土;颗粒粒径大于 5 mm 时,可采用虹吸法和浮称法。下面仅介绍比重瓶法。

1.试验目的

相对密度是计算土的孔隙比、饱和度及其他物理指标的依据。

2.仪器设备

(1)比重瓶:容量 100 mL 或 50 mL,分长颈和短颈两种(图 1.19)。

(2)天平:称量为 200 g,最小分度值为 0.001 g。

(3)砂浴:应能调节温度(或可调电加热器)(图 1.20)。

(4)恒温水槽:准确度应为 ±1 ℃。

(5)温度计:测定范围刻度为 0～50 ℃,最小分度值为 0.5 ℃。

图 1.19　比重瓶　　　　　　图 1.20　砂浴

3.操作步骤

(1)试样制备。取有代表性的风干的土样约 100 g,碾碎,并全部过 5 mm 的筛。将过筛的风干土及洗净的比重瓶在 100～110 ℃下烘干,取出后置于干燥器内冷却至室温后备用。

(2)称烘干后的比重瓶质量 m_0,精确至 0.001 g。

(3)称烘干后的试样 15 g(当用 50 mL 的比重瓶时,称烘干后的试样 10 g),经小漏斗装入 100 mL 比重瓶内。再称试样加瓶的总质量 m_3,精确至 0.001 g。

(4)在装有烘干试样的比重瓶内注入蒸馏水至瓶的 1/2 处。摇动比重瓶,使干试样完全浸于水中,再将比重瓶放在砂浴上煮沸(将瓶塞取下),煮沸时应调节砂浴温度或摇动比重瓶,避免瓶内悬液溢出。砂土、粉土煮沸时间一般不少于 30 min,黏性土一般不少于 1 h。

(5)将比重瓶取下放进恒温水槽内冷却至室温,注入煮沸过(排除气泡)的蒸馏水至瓶颈中部,再用滴管注入蒸馏水至瓶口(当用长颈瓶时注水至刻度下,再用滴管注入蒸馏水至刻度),塞紧瓶塞,将瓶外水分擦干后,称比重瓶、水和试样总质量 m_2,精确至 0.001 g。然后立即测出瓶内水的温度,准确至 0.5 ℃。

(6)倒出悬液,洗净比重瓶,装满煮沸过的蒸馏水,并使瓶内温度与步骤(5)中测得的温度相同,塞紧瓶塞,擦干瓶外水分,称得比重瓶和水的总质量 m_1,精确至 0.001 g。

4. 计算公式

土粒的相对密度(比重)d_s 应按下式计算：

$$d_s = \frac{m_s}{m_1 + m_2 - m_s} d_{iT} = \frac{m_3 - m_0}{m_1 + m_3 - m_0 - m_2} d_{iT} \tag{1.16}$$

式中 m_s——干土质量；

m_0——比重瓶质量；

m_1——比重瓶、水总质量；

m_2——比重瓶、水、试样总质量；

m_3——比重瓶、试样总质量；

d_{iT}——T ℃ 时纯水或中性液体的相对密度。不同温度时水的相对密度见表 1.26,中性液体的相对密度应实测,称量精确至 0.001 g。

表 1.26 不同温度时水的相对密度

水温 /℃	4.0～5	6～15	16～21	22～25	26～28	29～32	33～35	36
水的相对密度 d_{iT} /(g·cm^{-3})	1.000	0.999	0.998	0.997	0.996	0.995	0.994	0.993

5. 成果整理

成果整理见表 1.27。

表 1.27 相对密度试验记录(比重瓶法)

工程名称_____ 土样编号_____ 试验者_____ 试验日期_____

试样编号	比重瓶号	温度/℃	液体相对密度查表	比重瓶质量/g	干土质量/g	瓶+液体质量/g	瓶+液体+干土总质量/g	与干土同体积的液体质量/g	相对密度	平均值
		①	②	③	④	⑤	⑥	⑦=④+⑤-⑥	⑧	⑨

6. 注意事项

(1) 当测定可溶盐、黏土矿物或有机质含量较高的土的土粒密度时,可用中性液体代替纯水,但不能用煮沸法。

(2) 本试验必须进行两次平行测定,两次测定的差值不得大于 0.02。取两次测值的平均值,精确至 0.01 g/cm³。

1.5.4 液限和塑限试验

土从流动状态转到可塑状态的界限含水量称为液限；从可塑状态转到半固体状态的界限含水量称为塑限。常用的试验方法有:采用液塑限联合测定仪测定土的液限及塑限,采用滚搓法测定土的塑限,采用碟式液限仪测定土的液限。下面介绍液塑限联合测定仪法。

1. 试验目的

测定黏性土的液限 ω_L 和塑限 ω_p,并计算土的塑性指数 I_p 和液性指数 I_L,从而判别黏性土的软硬程度。同时也是黏性土定名分类及估算地基承载力的依据。

2. 基本原理

液限、塑限联合测定法是根据圆锥仪的圆锥入土深度与其相应的含水量在双对数坐标上具有线性关系的特性来测定含水量的一种方法。利用圆锥质量为76 g的液塑限联合测定仪测得土在不同含水量时的圆锥入土深度,并绘制其关系直线图,在图上查得圆锥下沉深度为17 mm所对应的含水量即为液限,查得圆锥下沉深度为2 mm所对应的含水量即为塑限。

3. 仪器设备

(1)液塑限联合测定仪(图1.21):包括带标尺的圆锥仪、电磁铁、显示屏、控制开关、测读装置、升降支座等,圆锥质量为76 g,锥角为30°,试样杯内径为40 mm,高30 mm。

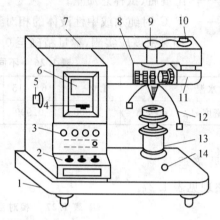

图1.21 光电式液塑限联合测定仪

1—水平调节螺钉;2—控制开关;3—指示灯;4—零线调节螺钉;5—反光镜调节螺钉;6—屏幕;7—机壳;8—物镜调节螺钉;9—电磁装置;10—光源调节螺钉;11—光源;12—圆锥仪;13—升降台;14—水平泡

(2)天平:称量为200 g,最小分度值为0.01 g。

(3)其他:烘箱、干燥器、调土刀、不锈钢杯、凡士林、称量盒、孔径为0.5 mm的筛等。

4. 操作步骤

(1)本试验宜采用天然含水量试样,当土样不均匀时,采用风干试样,当试样中含有粒径大于0.5 mm的土粒和杂物时应过0.5 mm筛。

(2)当采用天然含水量土样时,取代表性土样250 g;采用风干土样时,取0.5 mm筛下物的代表性土样200 g,将试样放在橡胶板上用纯水将土样调成均匀膏状,放入调土皿,浸润过夜。

(3)将制备的试样充分调拌均匀,填入试样杯中,填入时不应留有空隙。对较干的试样应充分搓揉,密实地填入试样杯中,填满后刮平表面。

(4)将试样杯放在测定仪的升降座上,在圆锥上抹一薄层凡士林,接通电源,使电磁铁吸住圆锥。

(5)调节零点,将屏幕上的标尺调在零位,调整升降座,使圆锥尖接触试样表面,指示灯亮时圆锥在自重下沉入试样,经5 s后测读圆锥下沉深度(显示在屏幕上),取出试样杯,挖去锥尖入土处的凡士林,取锥体附近的试样不少于10 g放入称量盒内,测定含水量。

(6)将全部试样再加水或吹干并调匀,重复(3)~(5)的步骤分别测定第二点、第三点试样的圆锥下沉深度及相应的含水量。液塑限联合测定应不少于三点。

5. 计算及绘图

(1)计算各试样的含水量,计算公式与含水量试验相同。

(2)绘制圆锥下沉深度 h 与含水量 ω 的关系曲线。以含水量为横坐标,圆锥下沉深度为纵坐标,在双对数坐标纸上绘制关系曲线,三点连一直线(如图1.22中的A线)。当三点不在一直线上,可通过高含水量的一点与另两点连成两条直线,在圆锥下沉深度为2 mm处查得相应的含水量。当两个含水量的差值不小于2%时,应重做试验。当两个含水量的差值小于2%时,用这两个含水量的平均值与高含水量的点连成一条直线(如图1.22中的B线)。

(3)在圆锥下沉深度h与含水量关系图(图1.22)上查得:下沉深度为17 mm所对应的含水量为液限ω_L,下沉深度为2 mm所对应的含水量为塑限ω_P,以百分数表示,准确至0.1%。

(4)该土样的实际绘制曲线在图1.23中表示。

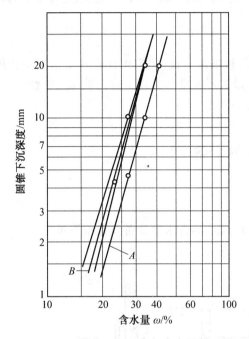

图1.22 圆锥下沉深度与含水量关系

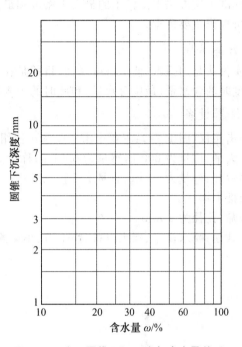

图1.23 实际圆锥下沉深度与含水量关系

6. 成果整理

成果整理见表1.28。

表1.28 液限、塑限联合试验记录(液塑限联合测定法)

工程名称_____ 土样编号_____ 试验者_____ 试验日期_____

试样编号	圆锥下沉深度/mm	盒号	湿土质量/g	干土质量/g	含水量/%	液限/%	塑限/%	塑性指数I_P	液性指数I_L
			①	②	③	④	⑤	⑥	⑦

7. 注意事项

(1)本试验适用于粒径小于0.5 mm,颗粒以及有机质含量不大于试样总质量5%的土。

(2)圆锥入土深度宜为3~4 mm、7~9 mm、15~17 mm。

(3)土样分层装杯时,注意土中不能留有空隙。
(4)每种含水量设三个测点,取平均值作为这种含水量所对应土的圆锥入土深度,如三点下沉深度相差太大,则必须重新调试土样。

1.5.5 土的击实试验

1.试验目的

在标准击实方法下测定土的最大干密度和最优含水量,为控制路堤、土坝或填土地基等的密实度及质量评价提供重要依据。

2.基本原理

击实仪法是用锤击,使土密度增大,目的是在室内利用击实仪,测定土样在一定击实功作用下达到最大密度时的含水量(最优含水量)和此时的干密度(最大干密度),借以了解土的压实特性。

3.仪器设备

(1)击实仪(图1.24):主要由击实筒和击锤组成。
(2)天平:称量为200 g,感量为0.01 g;称量为2 kg,感量为1 g。
(3)台秤:称量为10 kg,感量为5 g。
(4)推土器。
(5)筛:孔径为5 mm。
(6)其他:喷水设备、碾土设备、修土刀、小量筒、盛土盘、测含水量设备及保温设备等。

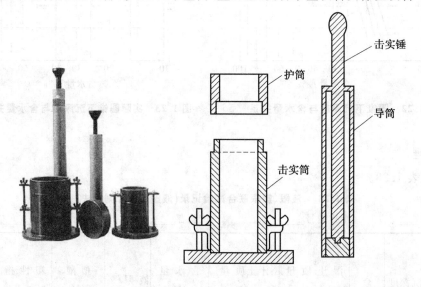

图1.24 击实仪

4.操作步骤

(1)将具有代表性的风干土或低温50 ℃下烘干的土放在橡皮板上,用圆木棍或用碾土机碾散,然后过不同孔径的筛(视粒径大小而定)。对于小试筒,按四分法取筛下的土约3 kg;对于大试筒,同样按四分法取样约6.5 kg。

(2)估计土样风干或天然含水量,如风干含水量低于天然含水量太多时,可将土样铺于不吸水的盘上,用喷水设备均匀地喷洒适量水,并充分拌和,闷料一夜备用。

根据土的塑限预估最优含水量,加水湿润制备不少于5个含水量的试样,含水量一次相差为2%,且其中有两个含水量大于塑限,两个含水量小于塑限,一个含水量接近塑限。

(3)计算制备试样所需的加水量:

$$m_w = \frac{m_0}{1+\omega_0} \times (\omega - \omega_0) \tag{1.17}$$

式中　m_w——所需的加水量,g;
　　　m_0——风干土样质量,g;
　　　ω_0——风干土样含水量,按小数计;
　　　ω——要求达到的含水量,按小数计。

(4)将击实筒固定在底板上,装好护筒,并在击实筒内壁涂一薄层润滑油,取制备好的土样分 3～5 次倒入筒中,整平表面,按规定击数进行第一层土的击实,击实时击锤应自由垂直落下,锤迹必须均匀分布于土表面。第一层击实完后,将试样层面拉毛,然后再装入套筒,重复上述方法进行其余各层土的击实。击实完成后,超出击实筒顶的试样高度应小于 6 mm。

(5)取下导筒,用刀修平超出击实筒顶部和底部的试样,擦净击实筒外壁,称击实筒与试样的总质量,准确至 1 g,并计算试样的湿密度。

(6)用推土器将试样从击实筒中推出,从试样中心处取;取两份一定量土料测定土的含水量,两份土样的含水量的差值应不大于 1%。

5.成果整理

(1)计算干密度:

$$\rho_d = \frac{\rho}{1+\omega} \tag{1.18}$$

(2)以干密度为纵坐标,含水量为横坐标,绘制干密度与含水量的关系曲线,干密度与含水量的关系曲线上的峰点的坐标分别为土的最大干密度 ρ_{dmax} 与最优含水量 ω_{op},如连不成完整的曲线时,应进行补点试验。

(3)填写试验报告(表 1.29)。

表 1.29　土的击实试验记录表

工程名称_____　土样编号_____　试验者_____　试验日期_____

试样来源_____　风干含水量/%_____　筒号_____　筒容积_____

	试验次数	1	2	3	4	5	6
干密度	筒+湿试样质量/g						
	筒质量/g						
	湿试样质量/g						
	湿密度/(g·cm⁻³)						
	干密度/(g·cm⁻³)						
含水量/%	盒号						
	盒+湿试样质量/g						
	盒+干试样质量/g						
	盒质量/g						
	水质量/g						
	干试样质量/g						
	含水量/%						
	平均含水量/%						
击实曲线	干密度/(g·cm⁻³)					最大干密度 ρ_{dmax}=　最佳含水量 ω_{op}	
	含水量/%						
备注							

6. 注意事项

(1) 试验用土：一般采用风干土做试验，也有采用烘干土做试验的。
(2) 加水及湿润：加水方法有两种，即体积控制法和称重控制法，其中以称重法效果为好。洒水时应均匀，浸润时间应符合有关规定。

拓展与实训

1. 填空题

(1) 土是由_____、_____、_____组成的三相体系。
(2) 黏性土由_____转变到_____的_____称为界限含水量。
(3) 土的风化作用分为_____、_____和_____三种。
(4) 岩石按其成因可分为三大类，即_____、_____和_____。
(5) 原生矿物是岩石在成岩过程中经_____作用形成粗粒的碎屑物，其化学成分_____变化。
(6) 建筑工程中所讨论的土中水指以液态形式存在着的水有_____与_____。
(7) 土的结构是指土颗粒的_____、_____、_____、_____及其_____的综合特征。
(8) 土的构造通常分为_____、_____和_____。
(9) 工程上遇到的多数土是在距今较近的_____地质年代沉积生成的，因此称为_____沉积土。
(10) 孔隙比越小，表示土越_____；孔隙比越大，表示土越_____。
(11) I_L值越大，土体越_____；I_L值越小，土体越_____。
(12) 塑性指数的大小与土中_____的含水量有直接关系。
(13) 土的级配是否良好，常用_____和曲率系数_____两个指标综合确定。
(14) 土的结构有_____、_____、_____。
(15) 土的基本物理指标有_____、_____和_____。
(16) 黏性土的干密度越大，说明土越_____，因此在填土工程中，常用_____指标来控制土的施工质量。
(17) 反映黏性土结构性强弱的指标称为_____，这个指标越_____结构性越强，扰动后土的强度_____越多。
(18) 反映黏性土的物理性质的主要物理指标是_____，其物理状态指标是_____；无黏性土物理状态的特征是_____。
(19) 影响土压实性的主要因素有_____、_____、_____。
(20) 人工填土主要是指_____、_____、_____，其中_____成分复杂，强度低，压缩性大。

2. 选择题

(1) 土的三相比例指标包括土粒比重、含水量、密度、孔隙比、孔隙率和饱和度，其中（　　）为实测指标。
A. 含水量、孔隙比、饱和度　　B. 密度、含水量、孔隙比　　C. 土粒比重、含水量、密度

(2) 砂性土分类的主要依据是（　　）。
A. 颗粒粒径及其级配　　B. 孔隙比及其液性指数　　C. 土的液限及塑限

(3) 下列土样中属于黏土的是（　　）。
A. 含水量 $\omega=35\%$，塑限 $\omega_p=22\%$，液性指数 $I_L=0.9$

B. 含水量 $\omega=35\%$,塑限 $\omega_p=22\%$,液性指数 $I_L=0.85$

C. 含水量 $\omega=35\%$,塑限 $\omega_p=22\%$,液性指数 $I_L=0.75$

D. 含水量 $\omega=30\%$,塑限 $\omega_p=22\%$

(4)有一个非饱和土样,在荷载作用下饱和度由80%增加至95%,土的物理指标变化如何?( )

A. 重度γ增加,ω减小　　　　　B. 重度γ不变,ω不变

C. 重度γ增加,ω不变　　　　　D. 土粒的相对密度发生变化

(5)有三个土样,它们的重度相同,含水量相同,试判断下述三种情况中正确的是( )。

A. 三个土样的孔隙比也必相同　B. 三个土样的饱和度也必相同　C. 三个土样的干重度也必相同

(6)有一个土样,孔隙率 $n=50\%$,土粒比重 $d_s=2.7$,含水量 $\omega=37\%$,则该土样处于( )。

A. 可塑状态　　　B. 饱和状态　　　C. 不饱和状态　　　D. 密实状态

(7)含水量是指( )。

A. 土中水的质量与土的总质量的比值

B. 土中水的质量与土粒质量的比值

C. 土中水的质量与土的总质量的比值的百分数

D. 土中水的质量与土粒质量的比值的百分数

(8)颗粒级配曲线越平缓,不均匀系数越( ),颗粒级配越( )。

A. 大、好　　　B. 大、差　　　C. 小、好　　　D. 小、差

(9)紧靠土粒表面的水,没有溶解能力,不能传递静水压力,只有在105 ℃时才蒸发,具有极大的抗剪强度,这种水称为( )。

A. 弱结合水　　　B. 自由水　　　C. 强结合水　　　D. 重力水

(10)以下对土的最优含水量的理解正确的是( )。

A. 土的最优含水量是指在土的压实过程中,干密度最大时的含水量

B. 土的最优含水量是指在土的压实过程中,干密度最小时的含水量

C. 土的最优含水量是指在土的压实过程中,压实功最大时的含水量

D. 土的最优含水量是指在土的压实过程中,压实功最小时的含水量

(11)若土的颗粒级配曲线越陡,则表示( )。

A. 土粒较均匀　　　B. 不均匀系数较大　　　C. 级配良好　　　D. 填土易于夯实

(12)由某土的颗粒级配曲线获得 $d_{60}=12.5$ mm,$d_{10}=0.03$ mm,则土的不均匀系数 C_u 为( )。

A. 417.6　　　B. 4 167　　　C. 2.4×10^{-3}　　　D. 12.53

(13)在土的三项比例指标中,直接通过试验测定的是( )。

A. d_s,ω,e　　　B. d_s,ω,ρ　　　C. d_s,ρ,e　　　D. ρ,ω,e

(14)若砂土的天然孔隙比与其所能达到的最大孔隙比相等,则该土( )。

A. 处于最密实状态　　　　　B. 处于最松散状态

C. 处于中等密实状态　　　　D. 相对密实度 $D_r=1$

(15)处于天然状态的砂土密实度一般用( )方法。

A. 载荷试验　　　　　　　B. 现场直接剪切试验

C. 标准贯入试验　　　　　D. 轻便触探试验

(16)某黏性土液性指数 $I_L=0.6$,则该土处于( )状态。

A. 硬塑　　　B. 可塑　　　C. 软塑　　　D. 流塑

(17)黏性土塑性指数 I_p 越大,则表示土的( )。

A. 含水量越大　　　B. 黏粒含量越高　　　C. 粉粒含量越高　　　D. 塑限 ω_p 越高

(18)工程中把密实度作为评定无黏性土地基承载力指标的依据,其密实程度的判定方法主要有( )。
　　A. 砂土有孔隙比 e、相对密实度 D_r、野外鉴别法
　　B. 砂土有不均匀系数 C_u、孔隙比 e、野外鉴别法
　　C. 碎石土一般用野外鉴别法,砂土有孔隙比 e、相对密实度 D_r、标准贯入锤击数 N
　　D. 土的压缩系数

(19)在土的颗粒级配曲线中,土的不均匀系数 C_u 定量分析颗粒的不均匀的程度,其含义是( )。
　　A. 曲线越陡,土粒越均匀,级配良好,C_u 越大
　　B. 曲线越陡,土粒越均匀,级配良好,C_u 越小
　　C. 曲线越缓,土粒越均匀,级配良好,C_u 越大
　　D. 曲线越缓,土粒越不均匀,级配良好,C_u 越大

(20)土的天然重度 γ、土的干重度 γ_d、饱和重度 γ_{sat} 和有效重度 γ' 的关系为( )。
　　A. $\gamma_d > \gamma_{sat} > \gamma > \gamma'$
　　B. $\gamma_{sat} > \gamma_d > \gamma > \gamma'$
　　C. $\gamma_{sat} > \gamma > \gamma_d > \gamma'$
　　D. $\gamma_{sat} < \gamma < \gamma_d < \gamma'$

3. 判断改错题

(1)结合水是液态水的一种,故能传递静水压力。( )
(2)在填方工程施工中,常用土的干密度来评价填土的密实程度。( )
(3)无论何种土,均具有可塑性。( )
(4)塑性指数 I_p 可用于对无黏性土进行分类。( )
(5)砂土的分类是按颗粒级配及其形状进行的。( )
(6)粉土是指 $I_p \leqslant 10$,粒径大于 0.075 mm 的颗粒含量不超过全重的 55% 的土。( )
(7)由人工水力冲填泥砂形成的填土称为冲积土。( )
(8)土粒的相对密度 d_s 与固体颗粒的矿物成分有关,与土孔隙的大小无关。( )
(9)土粒的相对密度 d_s 与固体颗粒的矿物成分有关,与土的天然含水量大小无关。( )
(10)黏性土刚被扰动后,其强度降低,变形增大。( )
(11)被扰动后的土,在其他条件不变的情况下,土的天然含水量是不变的,但密度减小。( )
(12)塑性指数 I_p 的大小表明土塑性范围的大小,在一定程度上反映黏性土黏粒含量及黏粒的矿物成分,故其可作为黏性土分类的依据。( )
(13)粉土的密实度与孔隙比有关,湿度与含水量有关,在饱和状态下或地震作用下,砂粒含量较多的粉土易液化。( )
(14)塑性指数 I_p 越大,它的干缩性和膨胀性越大。( )
(15)土的灵敏度越高,土的结构性越强,受扰动后土的强度降低越多,因此,在施工中应特别注意保护基槽,尽量减少对土的扰动。( )
(16)当扰动土停止扰动后,随着时间的增加,强度会逐渐提高,所以在黏性土中成桩完毕到试桩开始,则应给土一定的强度恢复时间。( )
(17)当黏性土停止扰动后,随着时间的增加,强度会逐渐提高,这种现象称为土的触变性;故在成桩过程中应尽量缩短接桩的停顿时间。( )
(18)甲土的饱和度大于乙土的饱和度,则甲土的含水量一定高于乙土的含水量。( )
(19)老黏性土一般为沉积年代在第四纪更新世以前 Q_3 或更早沉积的土,其力学性能优于一般的黏性土,老黏性土的承载力比具有相同物理性质指标的一般黏性土高 1.3~2 倍,压缩性低。( )
(20)对于砂、砾石等无黏性土的击实性能,在干燥状态和饱和状态下,其干密度较大。( )

4.简答题

(1)土是如何形成的?土的结构有哪些?其特征如何?

(2)什么是土粒的级配曲线?如何从级配曲线的陡缓判断土的工程性质?

(3)什么是土的塑性指数?其大小与土粒组成有什么关系?

(4)什么是土的液性指数?如何应用液性指数的大小评价土的工程性质?

(5)什么是最优含水量?压实黏性土时为何要控制含水量?

(6)简述影响土压实性的因素?

5.计算题

(1)某办公楼工程地质勘察中取原状土做试验,用体积为 100 cm³ 的环刀取样,用天平测得环刀加湿土的质量为 245.00 g,环刀质量为 55.00 g,烘干后土样质量为 215.00 g,土粒比重为 2.700。计算此土样的天然密度、干密度、饱和密度、天然含水量、孔隙比、孔隙率以及饱和度,并比较各种密度的大小。

(2)某完全饱和黏性土的含水量为 45%,土粒相对密度为 2.68,试求土的孔隙比 e 和干重度 γ_d。

(3)某住宅地基土的试验中,已测得土的干密度 $\rho_d=1.64$ g/cm³,含水量 $\omega=21.3\%$,土粒比重 $d_s=2.65$。计算土的 e,n 和 S_r。此土样又测得 $\omega_L=29.7\%$,$\omega_p=17.6\%$ 试计算 I_p 和 I_L,并描述土的物理状态,定出土的名称。

(4)某砂土土样密度 $\rho=1.80$ g/cm³,含水量 $\omega=10\%$,土粒比重 $d_s=2.70$,测得最小孔隙比 $e_{min}=0.32$,最大孔隙比 $e_{max}=0.84$,试求该砂土天然孔隙比 e 和相对密度 D_r,并评定该砂土的密实度。

模块 2
土中应力与地基变形

模块概述

建筑物荷载使地基土中应力状态等发生变化,为保证地基强度、稳定性及变形满足设计要求,必须计算地基土中应力,故土中应力是地基设计的必要条件。

地基变形过大,特别是地基产生不均匀沉降,影响正常使用甚至倾斜过大产生安全隐患,从建筑物的大量工程事故中可以发现,地基事故常常是建筑物事故的主要原因,其中地基变形过大或不均匀沉降所造成的事故占多数,地基变形问题已引起工程界高度的重视和认识。

本模块主要讲述土中应力及变形计算、影响变形的因素及减小变形的措施。

学习目标

◆掌握土中自重应力、基底压力、基底附加应力计算和附加应力分布规律;

◆理解压缩性指标含义及应用、地基最终变形计算原理及地基沉降与时间的关系,减少地基不均匀沉降的措施;

◆明确饱和土的有效应力原理及影响饱和黏性土固结的因素。

课时建设

8课时

2.1 土中应力

土中应力按其产生的原因分为自重应力和附加应力两种。自重应力是指土体在自身重力作用下产生的应力。对于沉积年代久远的土,在其自重应力作用下,已压缩稳定,自重应力不会引起地基变形。附加应力主要是指土体受到外荷载及地震等作用在土体中的应力增量。地基附加应力主要是由建筑物荷载或其他外荷载在地基土中引起的应力增量。地基附加应力是引起地基变形和导致地基破坏的重要因素。

2.1.1 土的自重应力

计算土中自重应力时,假设天然地面为无限延伸的水平面,从天然地面下任意深度 z 处,对于均质土的重度为 γ,由图 2.1(a) 可知:自重应力为 $\sigma_{cz}=\gamma z$,并沿深度呈直线分布。对于若干层土组成的成层土,由图 2.1(b) 可知:从天然地面下任意深度 z 处,竖向自重应力 σ_{cz} 的计算公式为

$$\sigma_{cz} = \gamma_1 h_2 + \gamma_2 h_2 + \cdots + \gamma_n h_n = \sum_{i=1}^{n} \gamma_i h_i \tag{2.1}$$

式中　n——深度 z 范围内土层总数,有地下水时,地下水位面也应作为分层的界面;
　　　γ_i——第 i 层土的重度,kN/m³,地下水位以下土取浮重度 $\gamma'_i = \gamma_{sat} - 10$;
　　　h_i——第 i 层土的厚度,m。

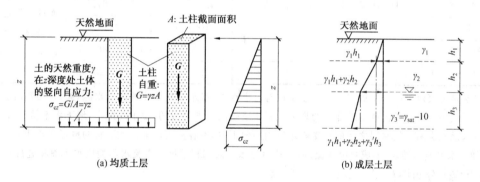

图 2.1　土中竖向自重应力分布

【例 2.1】　某建筑场地的地质条件如图 2.2(a)所示,若地下水位由于人工大量抽取地下水,使水位从 1.1 m 降到 3.1 m,假定降水后,粉质黏土的重度 $\gamma_i = 18.6 \text{ kN/m}^3$,试求降水前后土中自重应力

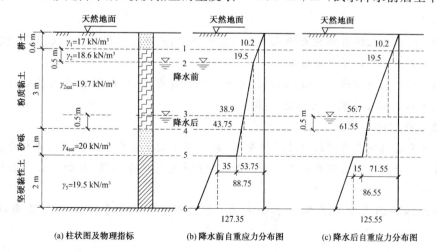

图 2.2　例 2.1 附图

并绘制沿深度的分布图。

解 (1)计算过程见表2.1。

表2.1 例2.1计算附表

状态	计算点	γ_i /(kN·m⁻³)	γ_{sat} /(kN·m⁻³)	γ_i' /(kN·m⁻³)	h_i/m	$\gamma_i h_i$ 或 $\gamma_i' h_i$ /kPa	$\gamma_w h_w$ /kPa	σ_{cz} /kPa	备注
降水前	1	17			0.6	10.2		10.2	①地下水位在"2"点处; ②不透水层层面在"5"处,还应考虑水压力: $\gamma_w h_w$ = (10×3.5)kPa = 35 kPa
	2	18.6			0.5	9.3		19.5	
	3		19.7	9.7	2.0	19.4		38.9	
	4		19.7	9.7	0.5	4.85		43.75	
	5上		20	10	1.0	10		53.75	
	5下						10×3.5	88.75	
	6	19.5			2	39		127.75	
降水后	1	17			0.6	10.2		10.2	①地下水位降至在"3"点处; ②不透水层层面在"5"处,水压力:$\gamma_w h_w$ = (10×1.5)kPa = 15 kPa
	2	18.6			0.5	9.3		19.5	
	3	18.6			2.0	37.2		56.7	
	4		19.7	9.7	0.5	4.85		61.55	
	5上		20	10	1.0	10		71.55	
	5下						10×1.5	86.55	
	6	19.5			2	39		125.55	

注:①潜水层是地表以下第一个稳定水层。潜水层有自由水面,潜水层是重要的供水水源,通常埋藏较浅。

②隔水层或不透水层是由透水性能差的岩石或密实坚硬的黏土构成的,由于孔隙小,地下水不易透过。

③承压水是充满两个隔水层之间的承受静水压力的地下水,不容易受污染。在适宜的地形条件下,当钻孔打到该含水层时,水便喷出地表,形成自喷水流,故又称自流水。人们利用这种自流水作为供水水源和进行农田灌溉。

(2)自重应力分布图如图2.2(b)、(c)所示。

>>>

技术提示:

1.计算要点

(1)地下水位以上土的自重应力按土的天然重度计算;地下水位以下土,由于受到浮力作用取浮重度(或有效重度)γ_i'计算自重应力。

(2)当地下水位以下埋藏有不透水层,在不透水层不存在浮力,所以不透水层层面及其以下深度的自重应力应按上覆土层的水土总重计算。

2.自重应力分布特点

(1)同一土层的自重应力沿深度呈线性分布,同一水平面上土中各点自重应力相等;

(2)成层土自重应力随着深度的增加而增加,其分布线是一条折线,其折点在土层交界处和地下水位变化处;

(3)在不透水层面自重应力发生水平突变,其水平突变值等于不透水层层面以上的水压力$\gamma_w h_w$。

☆ 知识扩展

1. 地下水位变化对自重应力及建筑物的影响

（1）地下水位降低，使原位于地下水位以下的饱和土变为非饱和土，土中自重应力增加，引起地面的坍陷；例如建筑物投入使用后，因长期抽取地下水而造成地面局部形成漏斗状的缺水区，使得建筑物向着漏斗状方向倾斜，导致建筑物不均匀沉降。

（2）地下水位上升，自重应力尽管减少，但对建筑的不利影响占主要地位，主要体现在：① 地下建筑物防潮不利，会降低房屋的耐久性；② 降低地基土的抗剪强度及地基承载力。例如基坑长期泡水后，导致地基承载力降低。

2. 有大面积填土时对自重应力的影响

大面积填土会使原有土的自重应力增加，附加变形增大，特别是距离建筑较近一侧堆置厚的土层，最易使建筑物产生严重不均匀沉降，甚至导致房屋倒塌，如上海莲花河畔住宅楼倒塌事故，其中原因之一就是建筑一侧堆土过高。

2.1.2 地基附加应力

计算地基附加应力除计算基底自重应力外，还必须计算基底压力及基底附加应力，其计算顺序为：

基底压力 → 基底自重应力 → 基底附加应力 → 地基土中各点的应力

2.1.2.1 基底压力

基底压力是指作用在基础上的全部荷载（包括上部结构荷载及其基础、回填土重量）对地基表面的压力，即基础对地基的压力（方向向下）；地基对基础的反作用力，称为基底反力（方向向上）。计算基底压力的目的：一方面是确定基底面积；另一方面是计算地基变形。

基底压力的分布形态与基础刚度、地基土性质、基础埋深以及上部结构刚度、荷载大小、分布形式有关。在实际工程中对于一般的柱下独立基础及墙下条形基础，由于基础刚度较大，其基底压力简化成直线分布，对于柱下条基及筏基、箱基基底压力分布很复杂（将在模块5中简述）。下面重点研究柱下独立基础（图 2.3(a)）及墙下条形基础（图 2.3(b)）基底压力的计算。

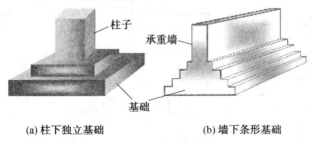

(a) 柱下独立基础　　　　(b) 墙下条形基础

图 2.3　柱下独立基础及墙下条形基础

1. 轴心受压基础

轴心受压基础是指作用在基础底面的竖向力与基础底面形心重合，其基底压力简化为均匀分布，计算原理见表 2.2。

表 2.2 轴心受压基础基底压力计算原理

类别	柱下独立基础	墙下条形基础
计算简图	(图示)	b：条形基础宽度；$l=1$ m 为计算单元长度
公式	$p_k = \dfrac{F_k + G_k}{A}$ (2.2)	$p_k = \dfrac{F_k + G_k}{b}$ (2.3)

注：p_k——作用在基础底面处的基底平均压力的标准值，kN/m^2；

F_k——上部结构荷载作用在基础顶面的竖向力标准值，kN；

G_k——基础自重及其上回填土的重量标准值，kN；

A——基础底面面积，$A = lb$，m^2。

2. 单向偏心受压基础

偏心受压基础是指作用在基础底面的竖向力与基础底面形心不重合，其偏心距为 e，其基底压力分布是不均匀的，计算原理见表 2.3。

表 2.3 单向偏心受压基础其计算原理

类别	单向偏心受压独立基础（l、b 分别表示基础底面的长边和短边）		
	基本图形	$e \leqslant l/6$ 基底压力分布图	$e > l/6$ 基底压力分布图
柱下独立基础基底压力分析图	(图示) $e = M_k/(F_k + G_k)$ $W = bl^2/6 = Al/6$	(a) $e<l/6$，p_{kmax}，$p_{kmin}>0$；(b) $e=l/6$，p_{kmax}，$p_{kmin}=0$	(c) p_{kmax}，$p_{kmin}<0$，受拉区 $F_k + G_k = \dfrac{1}{2} p_{kmax} \cdot b \cdot 3a$
公式	$e = \dfrac{M_k}{F_k + G_k} \leqslant \dfrac{l}{6}$ 时：$p_{kmin}^{kmax} = \dfrac{F_k + G_k}{A} \pm \dfrac{M_k}{W} = \dfrac{F_k + G_k}{A}\left(1 \pm \dfrac{6e}{l}\right)$ (2.4)		
	$e > \dfrac{l}{6}$ 时：$p_{kmax} = \dfrac{2(F_k + G_k)}{3ab}$ （其中 $a = l/2 - e$） (2.5)		

注：p_{kmax}、p_{kmin}——分别表示基底最大及最小压力的标准值，kN/m^2；

M_k——荷载效应标准组合作用时，作用在基础底面形心处的力矩值，$kN \cdot m$；

W——基础底面的抵抗矩，对于独立基础：$W = bl^2/6$。

关于基底压力计算说明:

① $e \leqslant l/6$ 时,基础底面全部受压,基底反力分布见表 2.3 中图(a)及图(b),利用材料力学偏压计算可得公式(2.4);

② $e > l/6$ 时,理论上基底反力分布见表 2.3 中图(c)的虚线部分,基底小部分面积出现地基对基础的拉力,这是不符合实际工作情况的,故受拉区应退出工作,基底压力应重新分布,重分布后的图形见表 2.3 中图(c)三角形实线分布的部分。重新分布后基底反力的合力应与 $F_k + G_k$ 处于平衡状态,应符合下列条件:

$$F_k + G_k = \frac{1}{2} p_{k\max} \cdot b \cdot 3a, \quad p_{k\max} = \frac{2(F_k + G_k)}{3ab} \tag{2.6}$$

③ 对于条形基础应沿基础宽度 b 方向偏心,计算长度 $l = 1 \text{ m}$,F_k、M_k 及 G_k 为作用在 $l = 1 \text{ m}$ 长度上相应的荷载,则将上述公式中的 l 用 b 代替即可。

> **技术提示:**
> ① 对于独立基础:l、b 分别表示基础底面的长边和短边。
> ② 条形基础:l、b 分别表示基础底面的长度和宽度,计算时取:$l = 1 \text{ m}$,则 $A = lb = b(\text{m}^2)$。
> ③ 无地下水:$G_k = \gamma_G A \bar{d}$。其中:γ_G 为基础及其上回填土的平均重度,一般取 $\gamma_G = 20 \text{ kN/m}^3$。
> 有地下水:$G_k = \gamma_G A \bar{d} - \gamma_G' A h_w$,地下水位以下部分应扣除浮力,取 $\gamma_G' = 10 \text{ kN/m}^3$,$h_w$ 为地下水位至基础底面的距离,$\bar{d}$ 为基础的平均埋深,必须从设计地面(当室内外设计标高不同时,从室内外平均设计地面起)算起到基础底面的距离。

2.1.2.2 基底附加应力

基底附加应力是地基土附加应力的源头,由此处向地基土纵向和横向不断扩散,是计算土中各点附加应力的依据,也是计算地基变形计算的首要条件。基底附加应力是基础底面的应力增量,即从建筑物建造后的基底压力中扣除基底标高处原有的自重应力后的数值。基底处平均附加应力的计算公式为

$$p_{ok} = p_k - \sigma_{cd} = p_k - \gamma_m d \tag{2.7}$$

$$p_{ok\max} = p_{k\max} - \sigma_{cd} = p_{k\max} - \gamma_m d \tag{2.8}$$

$$p_{ok\min} = p_{k\min} - \sigma_{cd} = p_{k\min} - \gamma_m d \tag{2.9}$$

式中 p_{ok} —— 基底附加应力标准值,kN/m^2;

$p_{ok\max}$、$p_{ok\min}$ —— 分别表示基底最大及最小附加应力标准值,kN/m^2;

σ_{cd} —— 基底处自重应力(不包括新填土所产生的自重应力),kN/m^2,$\sigma_{cd} = \gamma_m d$;

γ_m —— 基底标高以上天然土层计算的加权平均重度,kN/m^3,$\gamma_m = \sigma_{cd}/d$;

d —— 计算 σ_{cd} 时,所需的基础埋深,必须从天然地面算起,新填土场地则应从老天然地面算起。

上述计算公式中,若上部荷载取荷载准永久值时,则对应基底压力就是基底压力准永久值,基底附加应力就是基底附加应力准永久值。

【例 2.2】 如图 2.4 所示,某轴心受压柱下独立基础,基底面积 $A = lb = 3 \text{ m} \times 2 \text{ m} = 6 \text{ m}^2$,设天然地面假定为室外设计

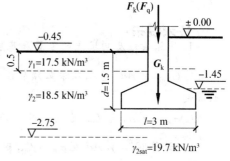

图 2.4 例 2.2 附图

地面,上部结构传来竖向荷载标准值 $F_k=1\,000$ kN 及准永久值 $F_q=750$ kN。地下水位从地面 -2.75 m 上升 -1.45 m 标高处,试分别计算:

(1) 基底压力标准值 p_k 及基底压力准永久值 p_q;

(2) 基底附加应力标准值、基底准永久值 p_{oq}。

解 计算过程见表2.4。

表2.4 例2.2计算附表

荷载效应《规范》规定的取值: 1.按地基承载力确定基础底面积,传至基础底面上基底压力及基底附加应力应按正常使用极限状态下的荷载效应标准组合。 2.计算地基变形时,传至基础底面上基底压力及基底附加应力应按正常使用极限状态下的荷载效应准永久组合。	地下水位-2.75 m标高处	地下水位-1.45 m标高处
	$l=3$ m	$l=3$ m
基底自重应力 $\sigma_{cd}=\gamma_m d/(\text{kN}\cdot\text{m}^{-2})$	$17.5\times0.5+18.5\times1.0=27.25$	$17.5\times0.5+18.5\times0.5+0.5\times(19.7-10)=22.85$
基础平均埋深 d/m	$d+\dfrac{0.45}{2}=1.5+0.225=1.725$	$d+\dfrac{0.45}{2}=1.5+0.225=1.725$
地下水位到基底的深度 h_w/m	0(基础埋深内无地下水)	0.5
基础所受浮力 $h_w\gamma_w A$/kN	0(无浮力)	$0.5\times10\times3\times2=30$
$G_k=\gamma_G A\bar{d}-h_w\gamma_w A$/kN	$20\times3\times2\times1.725=207$	$20\times3\times2\times1.725-30=177$
$p_k(p_q)=\dfrac{F_k(F_q)+G_k}{A}$/kPa	$\dfrac{1\,000(750)+207}{3\times2}=201.2(159.5)$	$\dfrac{1\,000(750)+177}{3\times2}=196.2(154.5)$
$p_{ok}(p_{oq})=p_k(p_q)-\sigma_{cd}$/kPa	$201.2(159.5)-27.25=174(132.25)$	$196.2(154.5)-27.25=169(127.25)$

技术提示:

1.计算基础及回填土的重量和基底自重应力 σ_{cd} 其基础埋深取值的起点是不同的:

①$G_k=\gamma_G A\bar{d}$,基础埋深必须从设计地面算起,当室内外设计标高不同时从室内外平均设计地面算起;

②$\sigma_{cd}=\gamma_m d$,这里的基础埋深 d 必须从天然地面算起,新填土场地则应从老天然地面算起。

2.计算 $G_k=\gamma_G A\bar{d}$ 及 $\sigma_{cd}=\gamma_m d$ 时,γ_G、γ_m 的含义不同,γ_G 为基础及其上回填土的平均重度,无地下水影响时,一般取 $\gamma_G=20$ kN/m³;γ_m 为基底以上天然土层的加权平均重度,一般 $\gamma_G>\gamma_m$。

☆ **知识扩展**

从 $p_{ok}=p_k-\sigma_{cd}=p_k-\gamma_m d$ 可以看出,如基底压力不变,基础埋深越大,则附加应力越小。

① 若 $p_{ok}=p_k-\gamma_m d=0$,即基底附加应力没有了,沉降也不会产生,这样的基础称为全补偿性基础(图 2.5),建筑物重量正好等于挖去土的重量,基底压力等于基底处土的自重应力。

② 若 $p_{ok}=p_k-\gamma_m d>0$,这样的基础称为半补偿性基础。利用这一点,在地基承载力不高时,为了减少建筑的沉降,措施之一就是减少基底附加应力,为此可将基础埋深加大,如将高层建筑埋于地下 $8\sim 9$ m,而在地下部分修建两三层地下室。

【**例 2.3**】 已知如图 2.6 所示偏心受压独立基础,基础埋深 $d=1.2$ m(从设计标高算起,不考虑地下水位影响),基底面积 $A=lb=2.4$ m$\times$1.6 m,上部结构传来竖向荷载标准值 F_k 及弯矩标准值 M_k 由下列几种组合,见表 2.5。试分别求偏心受压基础基底压力 p_{kmax}、p_{kmin}。

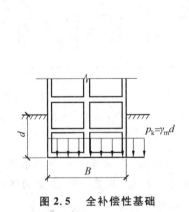

图 2.5 全补偿性基础　　图 2.6 例 2.3 附图

表 2.5　荷载效应组合

	组合 1	组合 2	组合 3	组合 4
F_k/kN	450	450	450	900
M_k/(kN·m)	100	300	100	300

解　(1)组合 1 计算:

$$e=\frac{M_k}{F_k+G_k}=\frac{100}{603.6}\text{ m}=0.166\text{ m}<\frac{l}{6}=0.4\text{ m}$$

$$\begin{cases}p_{kmax}\\p_{kmin}\end{cases}=\frac{F_k+G_k}{A}\left(1\pm\frac{6e}{l}\right)=\frac{603.6}{3.84}\times\left(1\pm\frac{6\times 0.166}{2.4}\right)\text{kPa}=\begin{cases}167.6\text{ kPa}\\146.8\text{ kPa}\end{cases}$$

(2)组合 2 计算:

$$e=\frac{M_k}{F_k+G_k}=\frac{300}{603.6}=0.498<l/6$$

$$p_{kmax}=\frac{2(F_k+G_k)}{3ab}=\frac{2\times 603.6}{3\times 0.702\times 1.6}\text{kPa}=358.3\text{ kPa}$$

其中

$$a=l/2-e=(2.4/2-0.498)\text{m}=0.702\text{ m}$$

本例若通过表格计算更为直观,便于比较分布特点,见表 2.6。

表 2.6 例 2.3 计算附表

	组合 1	组合 2	组合 3	组合 4
$G_k = \gamma_G A \bar{d}$/kN	$20 \times 3.84 \times 1.2 = 153.6$	$20 \times 3.84 \times 1.2 = 153.6$	$20 \times 3.84 \times 1.2 = 153.6$	$20 \times 3.84 \times 1.2 = 153.6$
F_k/kN	450	450	600	600
$F_k + G_k$/kN	603.6	603.6	753.6	753.6
M_k/(kN·m)	100	300	100	300
$e = \dfrac{M_k}{F_k + G_k}$/m	$\dfrac{100}{603.6} = 0.166$ $< \dfrac{l}{6} = \dfrac{2.4}{6} = 0.4$	$\dfrac{300}{603.6} = 0.498$ $> \dfrac{l}{6} = \dfrac{2.4}{6} = 0.4$	$\dfrac{100}{753.6} = 0.133$ $< \dfrac{l}{6} = \dfrac{2.4}{6} = 0.4$	$\dfrac{300}{753.6} = 0.4$ $= \dfrac{l}{6} = \dfrac{2.4}{6} = 0.4$
$p_{k\max}/p_{k\min}$ /kPa	167.6/146.8	358.3/0	206.7/186	274.8/0
基底反力分布图	167.6 / 146.8	3a=2.1 0.3 / 358.3	206.7 / 186	274.8

>>>

技术提示:

1. 当其他条件不变时,随着弯矩的增大,偏心距不断增大,基底压力分布越来越不均匀,甚至出现基底一侧地基与基础脱开($e > l/6$),基底面积不能充分利用,地基产生严重的不均匀沉降,所以偏压基础设计偏心距不应过大,可通过调整基底尺寸来实现逆转。

2. 当其他条件不变时,随着竖向压力的增大,偏心距不断减小,基底压力分布越来越趋于均匀。

2.1.2.3 地基土中附加应力计算

计算各种分布荷载作用下地基附加应力,首先必须讨论竖向集中荷载附加应力计算,然后利用竖向集中荷载附加应力的解答(法国 Boussinesq 1885 年最早提出的,也称布辛奈斯克解答),通过叠加原理或者积分可得到各种分布荷载作用下附加应力计算公式。

该理论属于弹性力学的空间问题,推导公式过程较复杂,但应用公式很简单,这里仅介绍公式的应用,并且只讨论基底附加应力矩形及条形均匀分布情况下地基附加应力计算,其他荷载作用情况参见有关书籍。

1. 矩形($\dfrac{l}{b} \leq 10$)均布荷载作用下地基竖向附加应力

(1) 矩形均布荷载作用 p_0 角点下(图 2.7),任意深度 z 处的竖向附加应力 σ_z 可按下式计算:

$$\sigma_z = \alpha_c p_0 \quad (2.10)$$

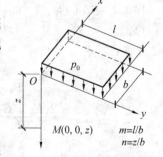

图 2.7 均布矩形荷载角点下附加应力计算简图

l, b 分别表示矩形荷载面的长边和短边

$m = l/b$
$n = z/b$

式中　α_c —— 均布荷载作用角点下附加应力系数，由 $m=l/b$ 及 $n=z/b$ 由表2.7查得。

表 2.7　均布矩形荷载作用角点下附加应力系数 α_c

$n=z/b$	$m=l/b$										
	1.0	1.2	1.4	1.6	1.8	2.0	3.0	4.0	5.0	6.0	10.0
0.0	0.2500	0.2500	0.2500	0.2500	0.2500	0.2500	0.2500	0.2500	0.2500	0.2500	0.2500
0.2	0.2486	0.2489	0.2490	0.2491	0.2491	0.2491	0.2492	0.2492	0.2492	0.2492	0.2492
0.4	0.2401	0.2420	0.2429	0.2434	0.2437	0.2439	0.2442	0.2443	0.2443	0.2443	0.2443
0.6	0.2229	0.2275	0.2300	0.2315	0.2324	0.2329	0.2339	0.2341	0.2342	0.2342	0.2342
0.8	0.1999	0.2075	0.2120	0.2147	0.2165	0.2176	0.2196	0.2200	0.2202	0.2202	0.2202
1.0	0.1752	0.1851	0.1911	0.1955	0.1981	0.1999	0.2034	0.2042	0.2044	0.2045	0.2046
1.2	0.1516	0.1626	0.1705	0.1758	0.1793	0.1818	0.1870	0.1882	0.1885	0.1887	0.1888
1.4	0.1308	0.1423	0.1508	0.1569	0.1613	0.1644	0.1712	0.1730	0.1735	0.1738	0.1740
1.6	0.1123	0.1241	0.1329	0.1436	0.1445	0.1482	0.1567	0.1590	0.1598	0.1601	0.1604
1.8	0.0969	0.1083	0.1172	0.1241	0.1294	0.1334	0.1434	0.1463	0.1474	0.1478	0.1482
2.0	0.0840	0.0947	0.1034	0.1103	0.1158	0.1202	0.1314	0.1350	0.1363	0.1368	0.1374
2.2	0.0732	0.0832	0.0917	0.0984	0.1039	0.1084	0.1205	0.1248	0.1264	0.1271	0.1277
2.4	0.0642	0.0734	0.0813	0.0879	0.0934	0.0979	0.1103	0.1156	0.1175	0.1184	0.1192
2.6	0.0566	0.0651	0.0725	0.0788	0.0842	0.0887	0.1020	0.1073	0.1095	0.1106	0.1116
2.8	0.0502	0.0508	0.0642	0.0709	0.0761	0.0805	0.0942	0.0999	0.1024	0.1036	0.1048
3.0	0.0477	0.0519	0.0583	0.0640	0.0690	0.0732	0.0870	0.0931	0.0959	0.0973	0.0987
3.2	0.0401	0.0467	0.0526	0.0580	0.0627	0.0668	0.0806	0.0870	0.0900	0.0916	0.0933
3.4	0.0361	0.0421	0.0477	0.0527	0.0571	0.0611	0.0747	0.0814	0.0847	0.0864	0.0882
3.6	0.0326	0.0382	0.0433	0.0480	0.0523	0.0561	0.0694	0.0763	0.0799	0.0816	0.0837
3.8	0.0296	0.0348	0.0395	0.0439	0.0479	0.0516	0.0645	0.0717	0.0753	0.0773	0.0796
4.0	0.0270	0.0318	0.0562	0.0403	0.0441	0.0474	0.0603	0.0674	0.0712	0.0733	0.0758
4.2	0.0247	0.0291	0.0333	0.0371	0.0407	0.0439	0.0563	0.0634	0.0674	0.0696	0.0724
4.4	0.0227	0.0268	0.0306	0.0343	0.0376	0.0407	0.0527	0.0597	0.0639	0.0662	0.0692
4.6	0.0209	0.0247	0.0283	0.0317	0.0348	0.0478	0.0493	0.0564	0.0606	0.0630	0.0663
4.8	0.0193	0.0229	0.0262	0.0294	0.0324	0.0352	0.0463	0.0533	0.0576	0.0601	0.0635
5.0	0.0179	0.0211	0.0243	0.0274	0.0302	0.0328	0.0435	0.0504	0.0547	0.0573	0.0610
6.0	0.0127	0.0151	0.0174	0.0196	0.0218	0.0238	0.0325	0.0388	0.0431	0.0460	0.0506
7.0	0.0094	0.0112	0.0130	0.0147	0.0164	0.0180	0.0251	0.0306	0.0346	0.0376	0.0428
8.0	0.0073	0.0087	0.0101	0.0114	0.0127	0.0140	0.0198	0.0246	0.0283	0.0311	0.0367
9.0	0.0058	0.0069	0.0080	0.0091	0.0102	0.0112	0.0161	0.0202	0.0235	0.0262	0.0319
10.0	0.0047	0.0056	0.0065	0.0074	0.0083	0.0092	0.0132	0.0167	0.0198	0.0222	0.0280
...											

(2) 矩形均布荷载作用下,任意深度 z 处的竖向附加应力 σ_z 计算

对于均布矩形荷载附加应力计算点不位于角点下的情况,表 2.8 通过作辅助线将荷载面分割成若干个矩形面积,使计算点正好位于这些矩形面积公共角点之下,然后分别通过式(2.11)计算每个矩形角点下同一深度 z 处的附加应力,并叠加求其代数和,就是深度 z 处竖向附加应力 σ_z,这种方法称为角点法。

表 2.8　矩形均布荷载作用任意点下,竖向附加应力 σ_z 计算原理

情况一:O 点荷载面边缘	情况三	情况四
情况二:O 点荷载面内	O 点荷载面边缘外侧	O 点荷载面角点外侧
情况一 示意图	情况三 示意图	情况四 示意图
情况二 示意图		
σ_z 计算公式	情况一:$\sigma_z=(\alpha_{c1}+\alpha_{c2})p_0$　　情况二:$\sigma_z=(\alpha_{c1}+\alpha_{c2}+\alpha_{c3}+\alpha_{c4})p_0$	
	情况三:$\sigma_z=(\alpha_{c1}-\alpha_{c2}+\alpha_{c3}-\alpha_{c4})p_0$　　情况四:$\sigma_z=(\alpha_{c1}-\alpha_{c2}-\alpha_{c3}+\alpha_{c4})p_0$	

【例 2.4】　三个不同的基础,基底尺寸分别为 2 m×2 m,4 m×2 m,20 m×2 m,基底附加应力均为 $p_0=100\ \text{kN/m}^2$,试求 z=1 m 基础中心点"O"竖向附加应力 σ_z。

解　其计算过程详见表 2.9。

表 2.9　例 2.4 计算附表

项次		基础 1	基础 2	基础 3
简图		2×2 简图	4×2 简图	20×2 简图
	$m=l/b$	1/1=1	2/1=2	10/1=10
z=1 m	$n=z/b$	1/1=1	1/1=1	1/1=1
	α_c 查表 2.7	0.175 2	0.199 9	0.204 6
	$\sigma_z=4\alpha_c p_0$	70 kN/m²	80 kN/m²	82 kN/m²

技术提示:

在其他条件相同(p_0、b、z)时,地基中心点下的附加应力 σ_z 随着基础长边与短边的比值 $m=l/b$ 的增大而增大,对于条形基础所需考虑的深度要比同宽度的独立基础要深些。分析表明:在条件相同时,同一深度条形基础附加应力要大,条形基础在地基影响深度约为(2~6)b,而方形基础在地基影响深度约为(1.5~3)b。

【例 2.5】 如图 2.8 所示,从设计地面算起基础埋深 $d_1=1.2$ m;天然地坪低于设计地面 0.2 m,从天然地坪算起基础埋深 $d_2=1.0$ m。

基底处原有土的加权平均重度 $\gamma_m=18$ kN/m³,试求水平面 O 点及 A 点、B 点下深度 $z=1.2$ m,$z=2.4$ m,$z=3.6$ m 处地基附加应力 σ_z。

解 (1)基底附加应力计算

$$p_{0k}=p_k-\gamma_m d=\frac{F_k+G_k}{A}-\gamma_m d=\frac{F_k}{A}+20d_1-\gamma_m d_2=$$
$$\left(\frac{1\,200}{4\times 2.4}+20\times 1.2-18\times 1.0\right)\text{kPa}=131\text{ kPa}$$

(2)其他计算过程见表 2.10。

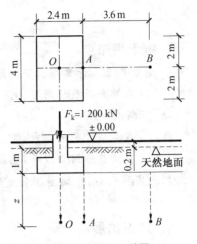

图 2.8 例 2.5 附图

表 2.10 例 2.5 计算附表

土中位置		O	A	B	
简图 $n=z/b$ $m=l/b$ $\sigma_z=\alpha_c p_0$					
	l/b	$2/1.2=1.7$	$2.4/2=1.2$	$6/2=3$	$3.6/2=1.8$
$z=$ 1.2 m	z/b	$1.2/1.2=1$	$1.2/2=0.6$	$1.2/2=0.6$	$1.2/2=0.6$
	α_{ci}	0.197	$\alpha_{cI}=0.228$	$\alpha_{cI}=0.234$	$\alpha_{cII}=0.232$
	α_c	4×0.197	2×0.228	$2\times 0.234-2\times 0.232=0.004$	
	σ_z	103.23	59.74	0.52	
$z=$ 2.4 m	z/b	$2.4/1.2=2$	$2.4/2=1.2$	$2.4/2=1.2$	$2.4/2=1.2$
	α_{ci}	0.113	$\alpha_{cI}=0.163$	$\alpha_{cI}=0.187$	$\alpha_{cII}=0.179$
	α_c	4×0.113	2×0.163	$2\times 0.187-2\times 0.179=0.016$	
	σ_z	59.21	42.71	2.1	
$z=$ 3.6 m	z/b	$3.6/1.2=3$	$3.6/2=1.8$	$3.6/2=1.8$	$3.6/2=1.8$
	α_{ci}	$0.066\,5$	$\alpha_{cI}=0.108$	$\alpha_{cI}=0.143$	$\alpha_{cII}=0.129$
	α_c	$4\times 0.066\,5$	$2\times 0.108=0.216$	$2\times 0.143-2\times 0.129=0.028$	
	σ_z	34.85 kN/m²	28.3 kN/m²	3.67 kN/m²	

技术提示：

通过例 2.5 计算得出下列结论：

(1) 在均布荷载作用下，同一深度 z 处，基底中心 O 点处 σ_z 最大，随着离开基底中心轴距离的增大，σ_z 不断减小。

(2) 在荷载作用面以内，同一点处 σ_z 随着深度 z 的增加而减小，例如：O 点、A 点处。

(3) 在荷载作用面以外，在相当深度范围内，随着 z 的增加，σ_z 不断增大，例如 B 点处，但深度增大到一定程度后，σ_z 随着深度 z 的增加反而减小。

☆ **知识扩展**

(1) σ_z 不仅发生在荷载作用面之下，而且还分布在荷载面积之外相当大的范围之下，这就是所谓的应力扩散现象。其附加应力扩散示意图如图 2.9(a) 所示。

(2) 将地基土中各点竖向附加应力相同的点连成曲线，就得到附加应力等压力曲线，如图 2.9(b) 所示。

(3) 当两个或多个荷载距离较近时，扩散到同一区域的竖向附加应力会彼此叠加，使该区域的附加应力明显加大，这就是所谓的附加应力的叠加现象。为此考虑相邻建筑物影响时，新老建筑物要保持一定的净距，一般不宜小于相邻基础底面高差的 1～2 倍。

2. 条形 ($l/b>10$) 均布荷载作用下地基竖向附加应力

当均布矩形荷载 $l/b>10$ 时，l/b 对基底附加应力影响很小，可不再需要角点法求附加应力系数，附加应力系数与 x/b 及 z/b 有关，可方便求得条形基础任意点下的附加应力。

取条形基础的中点 O 为坐标原点（图 2.10），则地基中任一点 $M(x,z)$ 处的竖向附加应力 σ_z 可按下式计算：

$$\sigma_z = \alpha_{sz} p_0 \tag{2.11}$$

式中　α_{sz}——条形均布荷载作用任意点下竖向附加应力系数，由 x/b 及 z/b 查表 2.11 求得。

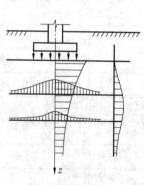
(a) 地基附加应力扩散示意图

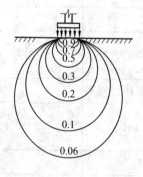
(b) 地基附加应力等值线

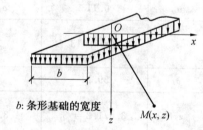
b: 条形基础的宽度

图 2.9　地基附加应力分布图　　　　图 2.10　均布条形荷载下地基附加应力

表 2.11　条形均布荷载作用下地基附加应力系数 α_{sz}

z/b	x/b												
	0.00	0.10	0.25	0.35	0.50	0.75	1.00	1.50	2.00	2.50	3.00	4.00	5.00
1.00	0.552	0.541	0.513	0.475	0.410	0.288	0.185	0.071	0.029	0.013	0.00	0.002	0.001
1.50	0.396	0.395	0.379	0.353	0.332	0.273	0.211	0.114	0.055	0.030	0.018	0.006	0.003
2.00	0.306	0.304	0.292	0.288	0.275	0.242	0.205	0.134	0.083	0.051	0.028	0.013	0.006
2.50	0.245	0.244	0.239	0.237	0.231	0.215	0.188	0.139	0.098	0.065	0.034	0.021	0.010
3.00	0.208	0.208	0.206	0.202	0.198	0.185	0.171	0.136	0.075	0.053	0.028	0.015	
4.00	0.160	0.160	0.158	0.156	0.153	0.147	0.140	0.122	0.102	0.081	0.066	0.040	0.025
5.00	0.126	0.126	0.125	0.125	0.124	0.121	0.117	0.107	0.095	0.082	0.069	0.046	0.034
⋮													

2.2 地基变形计算

地基变形计算除计算土中应力外，还必须知道各种土的压缩性能。土的压缩性能是通过各种压缩指标来体现的。压缩指标主要有压缩系数 a、压缩模量 E_s、变形模量 E_0，前两者是通过室内压缩试验测定的指标，后者是通过现场载荷试验得到的。本节主要介绍根据室内压缩试验测得指标来评价土的压缩性及地基变形计算，其主要内容如下：

室内压缩试验 → 绘制 $e-p$ 曲线 → 压缩指标 → 评价土的压缩性及计算土层压缩量

2.2.1　压缩性指标

2.2.1.1　室内压缩试验及压缩系数 a、压缩模量 E_s

室内压缩试验的主要目的是用压缩仪对原状土样进行压缩试验，了解孔隙比随压力的变化规律，测定土的压缩指标，并以此评价土的压缩性和地基变形计算。

1. 压缩机理

①土样压缩前先用金属环刀（环刀有两种规格：内径 61.8 mm 和 79.8 mm，高度 20 mm）切取原状土样，并放入上下有透水石的刚性护环内，如图 2.11 所示。

②通过加压盖板给土样分级加载 p_i，在每级 p_i 荷载作用下，通过微量表测得压缩相对稳定后该土样的累积压缩量 Δh_i。在整个压缩过程中，土样由于受到环刀和刚性护环的限制，不会产生横向变形，只有竖向变形，该方法称为室内侧限压缩试验。

试验说明：

①曲线的缓、陡可衡量土的压缩性的高低。如：软黏土初始曲线较陡，压缩量大；后期曲线逐渐平缓。再如：密实砂土曲线较缓，压缩量小。

②曲线上任一点切线斜率就表示相应于 p 的压缩性。

2. 绘制 $e-p$ 曲线

例如，软黏土和密实砂土两土样的天然孔隙比为 e_0，原状土的起始高度 $h_0 = 20$ mm（环刀高度），在

每级 p_i 荷载作用下,压缩相对稳定后该土样的累积压缩量为 Δh_i,试求在每级荷载作用下,压缩稳定的孔隙比 e_i,并绘制竖向荷载 p_i 与孔隙比 e_i 的关系曲线。其分析原理见表2.12。

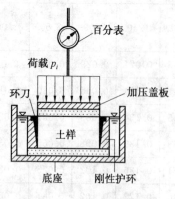

图 2.11 压缩仪构造简图

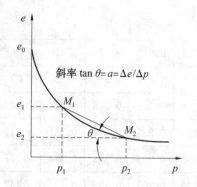

图 2.12 $e-p$ 曲线确定压缩系数 a

表 2.12 $e-p$ 曲线分析

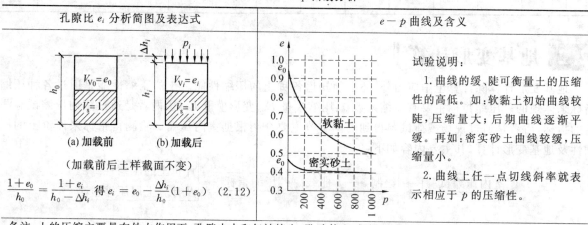

备注:土的压缩主要是在外力作用下,孔隙中水和气被挤出,孔隙体积减小,不考虑固体颗粒减小的前提下,建立公式(2.13)的孔隙比的表达式。

3.压缩指标

(1)压缩系数 a

已知 $e-p$ 曲线如图2.12所示,设压力由 p_1 增至 p_2,从曲线测得相应的孔隙比由 e_1 减小到 e_2,则土在该压力段的压缩性可由割线 M_1M_2 的斜率 a 来表示,即

$$\tan\theta = a = \frac{\Delta e}{\Delta p} = \frac{e_1-e_2}{p_2-p_1} \tag{2.13}$$

式中 a——压缩系数,MPa^{-1}。

>>>

技术提示:

压缩系数越大,土的压缩性越高;a 不是常数,与所取的起始压力 p_1 及 Δp 有关。为便于比较评价地基土压缩性的高低,一般取压力间隔 $p_1=0.1$ MPa,$p_2=0.2$ MPa,对应的压缩系数 a_{1-2} 评价土的压缩性。$a_{1-2}<0.1$ MPa^{-1} 为低压缩性土;0.1 MPa$^{-1}\leq a_{1-2}<0.5$ MPa^{-1} 为中等压缩性土;$a_{1-2}\geq 0.5$ MPa^{-1} 为高压缩性土。

（2）压缩模量 E_s

压缩模量是指在完全侧限的条件下，由竖向压力 p_1 增至 p_2 的应力增量 $\Delta p = p_1 - p_2$ 与相应的压应变 $\varepsilon = \Delta h/h_1$ 之比（图2.13），用 E_s（MPa）表示，其基本表达式为

$$E_s = \frac{p_1 - p_2}{\varepsilon} = \frac{(p_1 - p_2)h_1}{\Delta h} \tag{2.14}$$

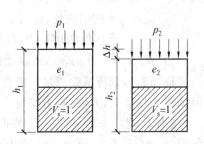

图 2.13　计算压缩模量示意图

压缩模量也是由 $e - p$ 曲线得到的，由图 2.13 得

$$\frac{1+e_1}{h_1} = \frac{1+e_2}{h_1 - \Delta h}$$

$$\Delta h = \left(\frac{e_1 - e_2}{1+e_1}\right)h_1 \tag{2.15}$$

$$E_s = \frac{(p_1-p_2)h_1}{\Delta h} = \frac{p_2-p_1}{e_1-e_2}(1+e_1) = \frac{1+e_1}{a} \tag{2.16}$$

技术提示：

1. 从公式（2.16）可知：压缩模量与压缩系数成倒数关系，压缩模量越大，表明该土层的压缩性越好，故压缩模量也是评价地基土压缩性的另一个重要指标；同时压缩模量也是变量，随压缩系数而不断变化。

2. 对于地基下的某土层：取 $p_1 = \bar{\sigma}_{cz}$（自重应力平均值），$p_2 = \bar{\sigma}_{cz} + \bar{\sigma}_z$（$\bar{\sigma}_z$ 为附加应力平均值），可得对应的孔隙比 e_1、e_2，则计算得到 E_s 就是地基某土层实际压缩模量。

2.2.1.2　现场载荷试验及变形模量

土的变形模量 E_0 是指土体在侧向自由变形的条件下竖向应力与竖向应变之比，通过现场静力载荷试验可确定。其试验方法分为浅层平板载荷试验和深层平板载荷试验（用于测试地基深部土层）。对于浅层平板载荷试验（图2.14）其基本机理为：在试验点挖试坑，试坑宽度不小于承压板宽度或直径的3倍，承压板的面积不小于 0.25 m^2，软土不小于 0.5 m^2。试验过程中对承压板上的千斤顶逐级加荷，通过百分表可测得在每级荷载 p 作用下，沉降稳定后的沉降量 s，通过试样数据绘出压力与沉降的关系曲线（$p-s$ 曲线），如图2.15所示。通过 $p-s$ 曲线，确定土的变形模量 E_0，其确定方法如下。

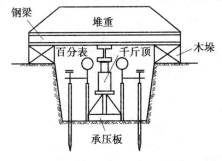

图 2.14　浅层平板载荷试验示意图

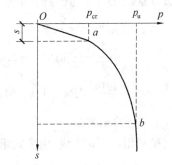

图 2.15　$p-s$ 曲线

在 $p-s$ 曲线的弹性阶段（Oa 直线段），通过弹性力学原理可求得地基土的变形模量 E_0，其表达式为

$$E_0 = \omega(1-\mu^2)bp_{cr}/s \tag{2.17}$$

式中　ω——沉降影响系数，方形承压板取 0.88，圆形承压板取 0.79；
　　　μ——土的泊松比：碎石土 0.15～0.20，砂土 0.20～0.25，粉土 0.25，黏性土 0.25～0.42；
　　　b——承压板的边长或直径；
　　　p_{cr}、s——分别表示所取比例界限荷载及对应的沉降。

现场静力载荷试验成果一般能反映大部分土的压缩性，比在室内测得压缩模量更能符合实际情况，但试验工作量大，人力、物力花费大。

【例 2.6】　条件：矩形基础底面尺寸，已计算基础中心点下土层自重应力(kPa)及附加应力，其分布如图 2.16(a) 所示，第 ② 土层的压缩曲线如图 2.16(b) 所示，求：

(1) 评价第 ② 土层的压缩性；
(2) 求第 ② 土层的实际的压缩系数及压缩模量；
(3) 求第 ② 土层的压缩量 Δh。

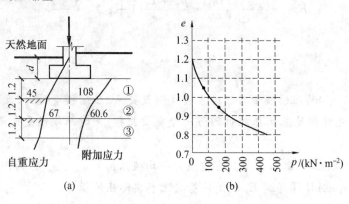

图 2.16　例 2.6 附图

解　(1) 求 a_{1-2}

① 由 $p_1 = 100\ \text{kPa}$，从 $e-p$ 曲线测得 $e_1 = 1.0$；$p_2 = 200\ \text{kPa}$，从 $e-p$ 曲线测得 $e_2 = 0.92$。

② 对应的压缩系数 $a_{1-2} = \dfrac{e_1 - e_2}{p_2 - p_1} = \dfrac{1.0 - 0.92}{200 - 100}\ \text{kPa}^{-1} = 8\ \text{kPa}^{-1} = 0.008\ \text{MPa}^{-1} < 0.1\ \text{MPa}^{-1}$，为低压缩性土。

(2) 求第 ② 土层的实际的压缩系数及压缩模量

① 由第 ② 土层自重应力平均值 $p_1 = \overline{\sigma}_{cz} = \dfrac{45 + 67}{2}\ \text{kPa} = 56\ \text{kPa}$，从 $e-p$ 曲线测得 $e_1 = 1.05$。

由第 ② 土层自重应力平均值与附加应力平均值之和 $p_2 = \overline{\sigma}_{cz} + \overline{\sigma}_z = \left(56 + \dfrac{108 + 60.6}{2}\right)\text{kPa} = 140.3\ \text{kPa}$，从 $e-p$ 曲线测得 $e_2 = 0.96$。

② $a = \dfrac{e_1 - e_2}{p_2 - p_1} = \dfrac{1.05 - 0.96}{140.3 - 56}\text{kPa}^{-1} = 1.07 \times 10^{-3}\ \text{kPa}^{-1} = 1.07\ \text{MPa}^{-1}$

③ $E_s = \dfrac{1 + e_1}{a} = \dfrac{1 + 1.05}{1.07}\text{MPa} = 1.92\ \text{MPa}$

(3) 计算第 ② 土层的压缩量

① 方法 1：直接利用 $e-p$ 曲线，由公式求得

$$\Delta h_2 = \left(\dfrac{e_1 - e_2}{1 + e_1}\right)h_2 = \left(\dfrac{1.05 - 0.96}{1 + 1.05}\right) \times 1\ 200\ \text{mm} = 52.68\ \text{mm}$$

② 方法 2：利用土层实际的压缩模量 E_s，由公式求得

$$\Delta h_2 = \dfrac{\overline{\sigma}_z}{E_s}h_2 = \dfrac{84.3 \times 10^{-3}}{1.92} \times 1\ 200\ \text{mm} = 52.68\ \text{mm}$$

技术提示：

通过例 2.6 计算可知压缩性的应用如下：

1. 利用 $e-p$ 曲线求出 a_{1-2}，由此评价某土层的压缩性。
2. 利用 $e-p$ 曲线确定实际的地基某土层压缩系数及压缩模量。
3. 计算某土层的压缩量的方法：

(1) 直接利用 $e-p$ 曲线，计算 $\Delta h_i = \left(\dfrac{e_1-e_2}{1+e_1}\right)h_i$。

(2) 已知某地基土层实际 E_{si}，由公式：$E_{si} = \dfrac{(p_1-p_2)h_i}{\Delta h_i} = \dfrac{\bar{\sigma}_{zi}}{\Delta h_i}h_i$，得：$\Delta h_i = \dfrac{\bar{\sigma}_{zi}}{E_{si}}h_i$。

☆ **知识扩展**

(1) 土的天然孔隙比 e_0 与土层在自重应力 $p_1 = \bar{\sigma}_{cz}$ 作用下的孔隙比 e_1 是不一样的。e_0 是钻孔取土后，原状土（原状土受力状态是压力为 0，而在现场原位土在天然状态下压力不为 0）的孔隙比，其数值由室内土工试验测定，即 $e_0 = \dfrac{d_s(1+\omega)}{\rho} - 1$。

(2) 室内压缩试验中（图 2.17），当压力加到一定数值 p_i 后，即从 b 点后，逐渐卸荷，土样将部分回弹，其中可恢复的部分称为弹性变形，不可恢复的部分为可测得残余变形。若测得回弹过程中每级荷载稳定后的孔隙比，可得回弹曲线（虚线 bc）；若重新加载试验，可测得再压缩曲线（cdf 曲线）。从再压缩曲线中可以看出，在相同压力作用下初始阶段其孔隙比要明显减小，但压力加载的后期，孔隙比变化不明显，基本和第一次加载的压缩曲线重合。

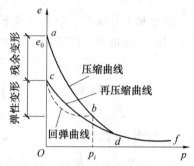

图 2.17 土的回弹及再压缩曲线

在高层建筑中，深基坑开挖后，地基减压将产生弹性回弹，因此在预估基础沉降时，应当考虑该方面的影响。

2.2.2 地基最终沉降计算

地基最终沉降量是指地基在建筑物荷载作用下，各土层地基压缩深度达到压缩稳定后，各土层压缩量之和。一般是指基础中心点下的沉降，对于偏心受压基础，则以基底中心沉降作为平均沉降。计算地基最终沉降的方法有分层法和地基规范法，下面通过实例分析其计算原理及计算步骤。

【例 2.7】 某柱下独立基础，基础底面积 $4.0\ \text{m} \times 2.5\ \text{m}$，上部结构传来荷载准永久值 $F_q = 1\ 500\ \text{kN}$；地质条件如图 2.18 所示，各土层压缩试验数据见表 2.13，持力层地基承载力特征值 $f_{ak} = 200\ \text{kPa}$。假定设计地面等于天然地面。要求：用分层法和规范法计算地基最终沉降量。

表 2.13 土的压缩试验资料

p/kPa		0	50	100	200	300
黏土	e	0.827	0.779	0.750	0.722	0.708
粉质黏土	e	0.744	0.704	0.679	0.653	0.641
粉砂	e	0.889	0.850	0.826	0.803	0.794
粉土	e	0.875	0.813	0.780	0.740	0.726

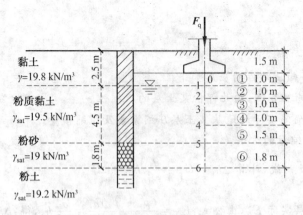

图 2.18 例 2.7 附图

2.2.2.1 分层总和法计算地基最终沉降量

1. 计算原理

将地基土分成若干个水平薄土层 h_i，计算分层面处的自重应力 σ_{czi} 和附加应力 σ_{zi}，由 $e-p$ 曲线计算每土层的压缩量及总沉降量。其主要内容是：

初定土层分层厚度、数量及沉降深度 → 土层的自重应力及附加应力 → 确定沉降计算深度 → 由压缩曲线确定土层的对应孔隙比 → 土层压缩量及最终沉降量

2. 计算步骤

(1) 计算基底附加应力准永久值 p_0。

(2) 分层厚度 h_i

① 分层原则：$h_i \leqslant 0.4b$（b 为基础宽度），一般厚度在 $1 \sim 2$ m；并考虑天然层面和地下水位为分界面。

② 分层位置及厚度如图 2.18 所示（从基底中心线以下分 0、1、2、3、4、5、6 点）。

(3) 计算各土层界面处自重应力 σ_{czi} 及附加应力 σ_{zi} 并进一步确定沉降计算深度，见表 2.14。

对于一般土，在基底以下深度处，若符合 $\sigma_{zi} \leqslant 0.2\sigma_{czi}$ 时，则该深度可作为计算沉降深度，若其下还存在高压缩性土，则沉降深度应取至 $\sigma_{zi} \leqslant 0.1\sigma_{czi}$ 处。

表 2.14 分层法计算最终沉降附表一

计算深度位置	土层厚度 h_i/(m)	自重应力 σ_{czi} 计算 (地下水位在地表以下 2.5 m 处)			附加应力 σ_{zi} 计算 ($b=1.25$ m, $l=2.0$ m) $l/b=2/1.25=1.6$				
		(γ_i') /(kN·m^{-3})	$\gamma_i(\gamma_i')h_i$ /kPa	σ_{czi} /kPa	z /m	$\dfrac{z}{b}$	$\dfrac{l}{b}$	α_c	$\sigma_{zi}=4\alpha_c p_0$ /kPa
0	1.5	19.8	29.7	29.7	0	0		0.25	150.3
1	1.0	19.8	19.8	49.5	1.0	0.8		0.214 7	129.1
2	1.0	19.5−10	9.5	59	2.0	1.6		0.139 6	83.9
3	1.0	9.5	9.5	68.5	3.0	2.4	1.6	0.087 9	52.8
4	1.0	9.5	9.5	78	4.0	3.2		0.058	34.9
5	1.5	9.5	14.25	92.25	5.5	4.4		0.034 3	20.6
6	1.0	19−10	9	101.25	6.5	5.2		0.025 8	15.5
备注	1. 在 5 点处的压缩土层深度 $z_5=5.5$ m,其 $\sigma_{zi}/\sigma_{czi}=20.6/92.25=0.22>0.2$,沉降计算深度不满足计算要求。 2. 在 6 点处的压缩土层深度 $z_6=6.5$ m,其 $\sigma_{zi}/\sigma_{czi}=15.5/101.25=0.153<0.2$,故沉降计算深度 $z_n=6.5$ m。								

(4) 计算土层的平均自重应力 $p_{1i}=\dfrac{\sigma_{czi}+\sigma_{czi-1}}{2}$,平均附加应力 $\Delta p_i=\dfrac{\sigma_{zi}+\sigma_{zi-1}}{2}$ 及 $p_{2i}=p_{1i}+\Delta p_i$(表 2.14)。

(5) 由 $e-p$ 曲线或土层压缩试验数据,用插入法求 p_{1i} 及 p_{2i} 作用下,相应的孔隙比 e_{1i}(表 2.15)。

(6) 计算各土层压缩量 $\Delta h_i=\Delta S_i=(\dfrac{e_{1i}-e_{2i}}{1+e_1})h_i$ 及地基最终沉降量 $S=\sum\limits_{i=1}^{n}\Delta S_i$(表 2.15)。

表 2.15 分层法计算最终沉降附表二

土层编号及土类	① 黏土	② 粉质黏土	③ 粉质黏土	④ 粉质黏土	⑤ 粉质黏土	⑥ 粉砂
土层厚度 h_i/mm	1 000	1 000	1 000	1 000	1 500	1 000
$p_{1i}=\dfrac{\sigma_{czi}+\sigma_{czi-1}}{2}$/kPa	39.5	54.3	63.8	73.3	85.1	96.8
$\Delta p_i=\dfrac{\sigma_{zi}+\sigma_{zi-1}}{2}$/kPa	139.7	106.5	68.4	43.9	27.8	18.1
$p_{2i}=p_{1i}+\Delta p_i$/kPa	179.2	160.8	132.2	117.2	112.9	114.9
e_{1i}	0.787	0.700	0.695	0.690	0.687	0.827
e_{2i}	0.725	0.661	0.668	0.672	0.674	0.820
$\Delta S_i=(\dfrac{e_{1i}-e_{2i}}{1+e_1})h_i$/mm	34.7	22.9	15.9	10.7	9.8	3.8
$S=\sum\limits_{i=1}^{n}\Delta S_i=(34.7+22.9+15.9+10.7+9.8+3.8)\text{mm}=97.8\text{ mm}$						

技术提示：

通过上例计算，分层法隐含了如下假定：

1. 土层压缩量计算公式是从室内压缩试验得出的，故地基在外荷载作用下，只产生竖向压缩变形，侧向不产生横向变形。土层压缩量计算公式是以附加应力呈线性分布而考虑的。

2. 采用基础中心点下的附加应力来计算变形，而实际上同一深度处各点附加应力是不相等的，中心点下最大，两端逐渐减小，计算结果偏大。

实际上地基在竖向荷载作用下：① 地基土是无侧限受压；② 附加应力沿深度呈曲线分布；③ 压缩指标及孔隙比也是随深度变化的。故分层总和法为了使计算接近实际，计算土层厚度不宜太厚。

2.2.2.2 《规范》法计算地基最终沉降量

为了减小分层法计算工作量大和缩小实际计算差距，引入了《规范》法计算地基最终沉降量。

1. 计算原理

(1) 分层厚度的原则：不以 $h_i \leqslant 0.4b$ 分层，基本上以天然土层为一个计算层面，遇到地下水位也是一个分界面，简化了分层法压缩指标是随深度变化计算工作量麻烦。

(2) 采用了平均附加应力系数 $\bar{\alpha}$，使繁琐的计算工作、简单化。平均附加应力系数 $\bar{\alpha}$ 来源分析如下（图 2.19）：

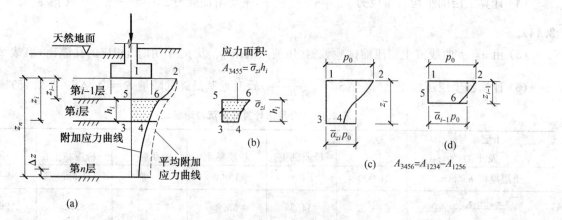

图 2.19 规范法地基沉降计算示意图

由 $\Delta s'_i = \dfrac{\bar{\sigma}_{zi}}{E_{si}} h_i = \dfrac{A_{3456}}{E_{si}} = \dfrac{A_{1234} - A_{1256}}{E_{si}}$，得

$$\Delta s'_i = \dfrac{p_0}{E_{si}}(z_i \bar{\alpha}_i - z_{i-1} \bar{\alpha}_{i-1}) = \dfrac{A_i}{E_{si}} \tag{2.18}$$

式中　$\bar{\alpha}_i \text{、} \bar{\alpha}_{i-1}$——分别表示 $z_i \text{、} z_{i-1}$ 深度处，矩形面积上均布荷载角点下的平均附加应力系数，分别根据 $z_i/b \text{、} l/b$ 和 $z_{i-1}/b \text{、} l/b$ 由表 2.16 查得，$l \text{、} b$ 为均布矩形荷载角点下荷载面的长边和短边，这里指的不是基础底面尺寸的长边和短边。

　　　　A_i——土层厚度 h_i 的应力面积（图 2.19(b)），$A_i = p_0(z_i \bar{\alpha}_i - z_{i-1} \bar{\alpha}_{i-1})$。

表 2.16　矩形面积上均布荷载作用下角点的平均附加应力系数 $\bar{\alpha}$

z/b	l/b												
	1.0	1.2	1.4	1.6	1.8	2.0	2.4	2.8	3.2	3.6	4.0	5.0	10.0
0.0	0.2500	0.2500	0.2500	0.2500	0.2500	0.2500	0.2500	0.2500	0.2500	0.2500	0.2500	0.2500	0.2500
0.2	0.2496	0.2497	0.2497	0.2498	0.2498	0.2498	0.2498	0.2498	0.2498	0.2498	0.2498	0.2498	0.2498
0.4	0.2474	0.2479	0.2478	0.2483	0.2483	0.2484	0.2485	0.2485	0.2485	0.2485	0.2485	0.2485	0.2485
0.6	0.2423	0.2437	0.2444	0.2448	0.2451	0.2452	0.2454	0.2455	0.2455	0.2455	0.2455	0.2455	0.2466
0.8	0.2346	0.2372	0.2387	0.2395	0.2400	0.2403	0.2407	0.2408	0.2409	0.2409	0.2410	0.2410	0.2410
1.0	0.2252	0.2291	0.2313	0.2326	0.2335	0.2340	0.2346	0.2349	0.2351	0.2352	0.2352	0.2353	0.2353
1.2	0.2149	0.2199	0.2229	0.2248	0.2260	0.2268	0.2278	0.2282	0.2285	0.2286	0.2287	0.2288	0.2289
1.4	0.2043	0.2102	0.2140	0.2164	0.2180	0.2191	0.2204	0.2211	0.2215	0.2217	0.2218	0.2220	0.2221
1.6	0.1939	0.2006	0.2049	0.2079	0.2099	0.2113	0.2130	0.2138	0.2143	0.2146	0.2148	0.2150	0.2152
1.8	0.1840	0.1912	0.1960	0.1994	0.2018	0.2034	0.2055	0.2066	0.2073	0.2077	0.2079	0.2082	0.2084
2.0	0.1746	0.1822	0.1975	0.1912	0.1938	0.1958	0.1982	0.1996	0.2004	0.2009	0.2012	0.2015	0.2018
2.2	0.1659	0.1737	0.1793	0.1833	0.1862	0.1883	0.1911	0.1927	0.1937	0.1943	0.1947	0.1952	0.1955
2.4	0.1578	0.1657	0.1715	0.1757	0.1789	0.1812	0.1843	0.1862	0.1873	0.1880	0.1885	0.1890	0.1895
2.6	0.1503	0.1583	0.1642	0.1686	0.1719	0.1745	0.1779	0.1799	0.1812	0.1820	0.1825	0.1832	0.1838
2.8	0.1433	0.1514	0.1574	0.1619	0.1654	0.1680	0.1717	0.1739	0.1753	0.1763	0.1769	0.1777	0.1784
3.0	0.1369	0.1449	0.1510	0.1556	0.1592	0.1619	0.1658	0.1682	0.1689	0.1708	0.1715	0.1725	0.1733
3.2	0.1310	0.1390	0.1450	0.1497	0.1533	0.1562	0.1602	0.1628	0.1645	0.1657	0.1664	0.1675	0.1685
3.4	0.1256	0.1334	0.1394	0.1441	0.1478	0.1508	0.1550	0.1577	0.1595	0.1607	0.1616	0.1628	0.1639
3.6	0.1205	0.1282	0.1342	0.1389	0.1427	0.1456	0.1500	0.1528	0.1548	0.1561	0.1570	0.1583	0.1595
3.8	0.1158	0.1234	0.1293	0.1340	0.1378	0.1408	0.1452	0.1482	0.1502	0.1516	0.1526	0.1541	0.1554
4.0	0.1114	0.1189	0.1248	0.1294	0.1332	0.1362	0.1408	0.1438	0.1459	0.1474	0.1485	0.1500	0.1516
4.2	0.1073	0.1147	0.1205	0.1251	0.1289	0.1319	0.1365	0.1396	0.1418	0.1434	0.1445	0.1462	0.1479
4.4	0.1035	0.1107	0.1164	0.1210	0.1248	0.1279	0.1325	0.1357	0.1379	0.1396	0.1407	0.1425	0.1444
4.6	0.1000	0.1070	0.1127	0.1172	0.1209	0.1240	0.1287	0.1319	0.1342	0.1359	0.1371	0.1390	0.1410
4.8	0.0967	0.1036	0.1091	0.1136	0.1173	0.1204	0.1250	0.1283	0.1307	0.1324	0.1337	0.1357	0.1379

续表 2.16

z/b	l/b												
	1.0	1.2	1.4	1.6	1.8	2.0	2.4	2.8	3.2	3.6	4.0	5.0	10.0
5.0	0.0935	0.1003	0.1057	0.1102	0.1139	0.1169	0.1216	0.1249	0.1273	0.1291	0.1304	0.1325	0.1348
5.2	0.0906	0.0972	0.1026	0.1070	0.1106	0.1136	0.1183	0.1217	0.1241	0.1259	0.1273	0.1295	0.1320
5.4	0.0878	0.0943	0.0996	0.1039	0.1075	0.1105	0.1152	0.1186	0.1211	0.1229	0.1243	0.1265	0.1292
5.6	0.0852	0.0916	0.0968	0.1010	0.1046	0.1076	0.1122	0.1156	0.1181	0.1200	0.1215	0.1238	0.1266
5.8	0.0828	0.0890	0.0941	0.0983	0.1018	0.1047	0.1094	0.1128	0.1153	0.1172	0.1187	0.1211	0.1240
6.0	0.0805	0.0866	0.0916	0.0957	0.0991	0.1021	0.1067	0.1101	0.1126	0.1146	0.1161	0.1185	0.1216
...													

(3)计算基础角点下各土层的 Δs_i、各土层沉降量 s' 及确定地基计算深度 z_n

《规范》法对地基计算深度 z_n 重新作了规定,应满足:

$$\Delta s'_n \leqslant 0.025 s' \tag{2.19}$$

$$s' = \sum_{i=1}^{n} \Delta s'_i = \sum_{i=1}^{n} \frac{p_0}{E_{si}} (z_i \bar{\alpha}_i - z_{i-1} \bar{\alpha}_{i-1}) = \sum_{i=1}^{n} \frac{A_i}{E_{si}} \tag{2.20}$$

式中 $\Delta s'_n$——计算深度处向上取 Δz(表 2.17)的土层计算压缩量。当无相邻荷载影响时,计算深度 z_n 可按下式简化计算:

$$z_n = b(2.5 - 0.4 \ln b) \tag{2.21}$$

式中 b——基础的宽度,注意与附加应力系数中的 l/b 及 z_i/b 的 b 不是一回事。

表 2.17 计算厚度 Δz

b/m	$\leqslant 2$	$2 < b \leqslant 4$	$4 < b \leqslant 8$	$b > 8$
$\Delta z/\mathrm{m}$	0.3	0.6	0.8	1.0

(4)引入沉降计算经验系数 ψ_s

规范法的基本理论是在分层法的基础上的一种简化计算,但与实际沉降存在一定的误差。大量沉降观测资料结果分析表明:地基土层较密实时,计算沉降偏大;地基较软弱时,计算沉降偏小。为此规范引入了沉降经验修正系数 ψ_s(表 2.18)进行修正,较规范法计算更接近实际。其最终沉降量计算公式为

$$s = \psi_s s' \tag{2.22}$$

表 2.18 沉降计算经验系数 ψ_s

$\bar{E}_s$:计算深度内压缩模量当量值 /MPa		2.5	4.0	7.0	15.0	20.0	注:
基底附加应力准永久值:p_0	$p_0 \geqslant f_{ak}$	1.4	1.3	1.0	0.4	0.2	$\bar{E}_s = \dfrac{\sum A_i}{\sum \dfrac{A_i}{E_{si}}}$
持力层地基承载力特征值:f_{ak}	$p_0 \leqslant 0.75 f_{ak}$	1.1	1.0	0.7	0.4	0.2	

2.计算步骤

(1)计算基底附加应力 p_0

$$p_0 = p_q - \gamma_m d = 150.3 \text{ kPa}$$

(2) 确定计算压缩土层深度 z_n 及分层厚度
$$z_n = b(2.5 - 0.4\ln b) = 2.5 \times (2.5 - 0.4\ln 2.5) = 5.3 \text{ m}$$
z_n 范围内分为两层：第 1 土层厚度 0.1 m，第 2 土层厚度 4.3 m，见表 2.19 中的插图。

(3) 计算第 1 层和第 2 层土层中点处自重应力 σ_{czi} 及附加应力 σ_{zi}，并将计算结果标注在表 2.19 插图中。

由于只有两层压缩土层，应力计算量较少，不必再计算层面处的应力，这也是规范法方便之处。

表 2.19 《规范》法最终沉降计算附表一

土层类别及编号	第①层（黏土）	第②层（粉质黏土）	沉降计算示意图
土层中点距地面距离 /m	2.0	4.65	
土层中点处自重应力 σ_{czi}/kPa	$2 \times 19.8 = 39.6$	$2.5 \times 19.8 + 2.15 \times (19.5 - 10) = 69.6$	
土层中点距基底距离 z/m	0.5	$1 + 4.3/2 = 3.15$	
l/b	$2/1.25 = 1.6$		
z/b	$0.5/1.25 = 0.4$	$3.15/1.25 = 2.52$	
α_c	0.243 4	0.082 4	
$\sigma_{zi} = 4\alpha_c p_0$/kPa	$4 \times 0.243\ 4 \times 150.3 = 146.3$	$4 \times 0.082\ 4 \times 150.3 = 49.5$	
备注	1. $\sigma_{zi} = 4\alpha_c p_0$ 是指地基中心点下各分层中点处的附加应力； 2. 这里 z 是指从基底至计算土层中点的垂直距离。		

(4) 由土层压缩试验数据（或已知 $e-p$ 曲线），用插入法求土层 $p_{1i} = \sigma_{czi}$ 及 $p_{2i} = p_{1i} + \sigma_{zi}$ 作用下，对应的孔隙比 e_{1i}、e_{2i} 及实际压缩模量 E_{si}，见表 2.20。

表 2.20 《规范》法最终沉降计算附表二

土层类别及编号	第①层黏土	第②层粉质黏土
土层中点处 σ_{czi}/kPa	39.6	69.6
基底中心点下各分层中点处的附加应力 σ_{zi}/kPa	146.3	49.5
$p_{1i} = \sigma_{czi}$/kPa	36.9	69.6
$p_{2i} = p_{1i} + \sigma_{zi}$/kPa	$36.9 + 146.3 = 185.9$	119.1
e_{1i}	0.786	0.693
e_{2i}	0.724	0.672
$E_{si} = \dfrac{(p_{2i} - p_{1i})}{e_{1i} - e_{2i}}(1 + e_{1i})$ /MPa	$\dfrac{146.3}{0.786 - 0.724} \times (1 + 0.786) \times 10^{-3} = 4.21$	$\dfrac{45.9}{0.693 - 0.672} \times (1 + 0.693) \times 10^{-3} = 3.99$

（5）计算各土层的沉降量及地基最终沉降量

① 由公式 $\Delta s'_i = \dfrac{p_0}{E_{si}}(z_i \bar{\alpha}_i - z_{i-1} \bar{\alpha}_{i-1}) = \dfrac{A_i}{E_{si}}$ 计算各土层的沉降量，见表 2.21。

表 2.21 《规范》法最终沉降计算附表三

位置	z_i /mm	l/b	z_i/b	$\bar{\alpha}_i$	$z_i \bar{\alpha}_i$ /mm	$z_i \bar{\alpha}_i - z_{i-1} \bar{\alpha}_{i-1}$ /mm	A_i	E_{si} /MPa	$\Delta s'_i = \dfrac{A_i}{E_{si}}$ /mm
基底处	0	1.6	0	0.25×4	0	0	0		0
第①层底	1 000		0.8	0.239 5×4	958.2	958	958p_0	4.21	227.6p_0 = 34.20
第②层底	5 300		4.24	0.124 3×4	2 635.2	1 677	1 677p_0	3.99	420.3p_0 = 63.2
备注	1. z_i 应从基础地面算起至第 i 层底面距离，不能与表2.19中的 z 混淆，两者不是一回事。 2. $l/b = 2/1.25 = 1.6$。 3. $\bar{\alpha}_i$ 为基础中心点下的平均附加应力系数。 4. $A_i = p_0(z_i \bar{\alpha}_i - z_{i-1} \bar{\alpha}_{i-1})$。 5. $p_0 = 150.3$ kPa $= 0.150$ 3 MPa。									

② 从表 2.21 得 $s' = \sum \Delta s'_i = \sum\limits_{i=1}^{n} \dfrac{p_0}{E_{si}}(z_i \bar{\alpha}_i - z_{i-1} \bar{\alpha}_{i-1}) = \sum\limits_{i=1}^{n} \dfrac{A_i}{E_{si}} = 647.9 p_0 = 97.4$ mm。

③ 地基最终沉降量 $s = \psi_s s'$。

已知 $f_{ak} = 200$ kPa，$p_0 = 150.3$ kPa $> 0.75 f_{ak} = 150$ kPa。

$= \dfrac{\sum A_i}{\sum \dfrac{A_i}{E_{si}}} = \dfrac{(958 + 1\ 677)p_0}{647.9 p_0} = 4.07$ MPa，查表 2.18 得 $\psi_s = 1.0$，故 $s = \psi_s s' = 97.4$ mm。

>>>

技术提示：

规范法和分层法的基本假定是一致的，其基本理论均是由压缩试验 $e-p$ 曲线计算土层实际压缩指标并计算土层压缩量。本题分别采用分层法和规范法计算的最终沉降计算结果很接近，但规范法计算工作量较小，引入了沉降修正系数后更能接近实际。所以在工业与民用建筑中，一般采用规范法计算基础最终沉降量比较方便。

☆ **知识扩展：**

（1）地基变形特征值及允许值

上例计算仅仅是基础中心点下最终沉降量 s，但由于建筑物的结构形式和地基土的压缩性不同导致建筑物对变形特征的敏感程度不同，因此还需要计算其他方面的变形。变形特征值可分为沉降量、沉降差、倾斜和局部倾斜（表 2.22），并使不同建筑物在正常情况下的变形不应大于地基的允许变形特征值（表 2.23），即 $\Delta \leqslant [\Delta]$ 满足地基的变形计算条件。

表 2.22 地基变形特征值

	沉降量	沉降差	倾斜	局部倾斜
示意图				$l=6\sim10$ m
定义	基础某点的沉降量，如：基础中心沉降量 s_0	基础两点沉降量或相邻柱基中点的沉降量之差，即 $\Delta s = s_1 - s_2$	基础倾斜方向两点的沉降差与距离之即 $\tan\theta = (s_1-s_2)/b$	砌体结构沿纵向长度 $6\sim10$ m 内两点的沉降差与其距离之比，即 $(s_1-s_2)/l$
应用	1.单层排架结构(柱基 6 m)；2.无相邻基础、地基土均匀的高耸结构(否则会导致地基不均匀沉降)	1.框架结构(否则沉降差过大，导致构件扭曲破坏)；2.厂房设置有桥式吊车(否则沉降差过大，会导致吊车滑行或卡轨)	对于多高层建筑、高耸结构(因重心高、倾斜使重心偏移，产生附加偏心距、附加弯矩)	砌体结构，由于脆性大，对地基不均匀沉降反映很敏感，故计算点应选在荷载相差较大或体型复杂的局部段落的纵横墙的交点处

表 2.23 地基变形特征允许值

变形特征		地基土类别	
		中、低压缩性土	高压缩性土
砌体结构的局部倾斜		0.002	0.003
单层排架结构柱基 6 m，柱基沉降量 /mm		(120)(括号数仅适用于中压缩性土)	200
框架结构的沉降差		$0.002l$	$0.003l$
桥式起重机轨面倾斜 $(s_1-s_2)/l$	纵向	0.004(实际上控制的允许值沉降差 $0.004l$)	
	横向	0.003(实际上控制的允许值沉降差 $0.003l$)	
多层和高层建筑物的整体倾斜(H_g 为从室外地面算起的建筑物高度) /m	$H_g \leqslant 24$	0.004	
	$24 < H_g \leqslant 60$	0.003	
	$60 < H_g \leqslant 100$	0.002 5	
体型简单的高层建筑的平均沉降量 /mm		200	
高耸结构基础的倾斜	$H_g \leqslant 20$	0.008	
	$20 < H_g \leqslant 50$	0.006	
	$50 < H_g \leqslant 100$	0.005	
	$100 < H_g \leqslant 150$	0.004	
高耸基础的沉降量 /mm	$H_g \leqslant 100$	400	
	$100 < H_g \leqslant 200$	300	

(2) 复合地基的变形计算（选学部分）

复合地基是部分土体被增强或被置换，而形成的由地基土和增强体共同承担荷载的人工地基。

(1) 复合地基的最终变形量 s，应按下式计算：

$$s = \psi_{sp} s' \tag{2.23}$$

式中 ψ_{sp}——复合地基沉降计算经验系数，根据地区沉降观测资料经验确定，无地区经验时可根据变形计算深度范围内压缩模量的当量值（$\overline{E}_s$）按表 2.24 取值；

s'——复合地基计算变形量（mm），可按本规范公式（2.22）计算。但加固土层的压缩模量可取复合土层的压缩正确模量 E_{spi}，地基变形计算深度同前并应大于加固土层的厚度。

表 2.24　复合地基沉降计算经验系数 ψ_{sp}

$\overline{E}_s$/MPa	4.0	7.0	15.0	20.0	30.0
ψ_{sp}	1.0	0.7	0.4	0.25	0.2

(2) 变形计算深度范围内压缩模量的当量值（$\overline{E}_s$），应按下式计算：

$$\overline{E}_s = \frac{\sum A_i + \sum A_j}{\sum_{i=1}^{n} \frac{A_i}{E_{spi}} + \sum_{j=1}^{m} \frac{A_j}{E_{si}}} \tag{2.24}$$

式中 E_{spi}——第 i 层复合土层的压缩模量，MPa；

E_{si}——加固土层以下的第 j 层土的压缩模量，MPa。

(3) 复合地基变形计算时，复合土层的压缩模量可按下列公式计算：

$$E_{spi} = \xi \cdot E_{si} \tag{2.25}$$

$$\xi = f_{spk}/f_{ak} \tag{2.26}$$

式中 E_{spi}——第 i 层复合土层的压缩模量，MPa；

ξ——复合土层的压缩模量提高系数；

f_{spk}——复合地基承载力特征值，kPa；

f_{ak}——基础底面下天然地基承载力特征值，kPa。

2.2.3　地基变形与时间的关系

工程实践中，在必要情况下，需要分别预估施工期间和完工后某一时间的基础沉降量以及计算不同时期建筑物不同部位的沉降差，以控制施工进度和预留建筑物有关部分之间的净空，考虑建筑物各部分的连接方法。对于已发生裂缝和倾斜事故的建筑物，也要考虑基础沉降与时间的关系，了解其发展趋势，以便采取针对措施。下面研究饱和土变形与时间的关系。

2.2.3.1　饱和土的单向固结理论

1.基本概念

(1) 土的渗透性

当地基土中自由水存在水头之差，将在孔隙中流动，称为渗流；土在孔隙中流动的性质称为土的渗透性，渗透系数 k（mm/s 或 m/d 等）是综合反映土体渗透能力的一个指标（参见有关书籍：达西定律），是由土的性质决定的，可通过试验测定。砂土、碎石土渗透系数大，沉降速率快，一般施工完毕后，变形基本稳定；但对于黏性土，渗透系数小，压缩稳定所需时间很长，特别是饱和高压缩性黏性土，施工完毕后，只完成最终沉降量的 5%~20%，完成最终沉降需要几年甚至几十年。

(2) 固结及固结度

饱和土在压力作用下,随荷载时间的迁延孔隙水逐渐排出,体积不断减小的过程,称为土的渗透固结(也称固结)。地基的固结度 U_t 是指在一定的压力作用下,经某段时间产生的固结量 s_t 与地基最终沉降量 s 之比,即

$$U_t = \frac{s_t}{s} \tag{2.27}$$

如果土的压缩和孔隙水的排出只沿一个方向称为单向固结,对应的固结度称为竖向固结度。

(3) 有效应力及孔隙水压力

饱和土在外荷载 σ 的作用下,固体颗粒骨架承担的应力称为有效应力 σ';孔隙中水承担的应力称为孔隙水压力或超静水压力 u,饱和土体总应力 σ 等于土的有效应力 σ' 和孔隙水压力 u 之和,即

$$\sigma = \sigma' + u \tag{2.28}$$

2. 饱和土的有效应力原理

为了分析固结与时间的关系,必须研究饱和土的单向固结过程,试验表明:饱和土的渗透固结过程就是孔隙水压力 u 不断减小、有效应力不断增加的过程,即太沙基的有效应力原理,简要说明如下:太沙基渗压模型(图 2.20)是由装有测压管的容器(容器中充满水,水模拟土中自由水,测压管水位下降代表孔隙水压力减少)、活塞(活塞上开有小孔,小孔模拟水被挤出口)、弹簧(模拟固体骨架,弹簧的压缩代表有效应力的增加)组成,孔隙水压力和有效应力发生如下变化:

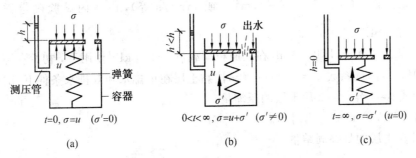

图 2.20 太沙基单向固结模型

① 图 2.20(a)加荷瞬时 $t=0$,孔隙水来不及排走、弹簧未压缩、骨架未受力 $\sigma'=0$,作用在活塞上的力 σ 全部由孔隙水承担,即 $\sigma=u$,测压管水头高度 $h=u/\gamma_w$,未产生固结。

② 图 2.20(b)当 $t>0$,孔隙水从活塞口排出,弹簧压缩,测压管水头高度 $h'<h$,孔隙水压力 u 降低,有效应力 σ' 增加,随着时间的延长固结不断增大。

③ 图 2.20(c)当 $t=\infty$ 时,孔隙水停止从活塞口排出,弹簧压缩稳定活塞不再下降,测压管水头高度 $h=0$,孔隙水压力 $u=0$,作用在活塞上的总压力 σ 全部由弹簧承担,即 $\sigma=\sigma'$,饱和土的渗透固结完成,达到固结稳定。

技术提示:

有效应力是土力学中最有实际意义的物理量,它的作用将引起土颗粒的位移,使孔隙体积减小,土体发生压缩变形。另外,有效应力的大小还直接影响土的抗剪强度,因此只有通过有效应力的分析,确定建筑物的变形和地基承载力,更有实际意义。

3. 饱和黏性土的单向固结理论

为了解决工程中沉降与时间的关系,通常采用太沙基竖向固结理论进行计算,如图 2.21 所示,对于

厚度为 H 的饱和黏性土,顶面为透水层,底面为不透水层,假定该饱和土在自重应力作用下固结已经完成,其初始孔隙比为 e_1,渗透系数为 k。现在顶面一次骤然施加均布附加荷载 p_0,假定土层厚度不大,则土层上下附加应力接近相等,即应力分布系数 $\lambda=1$。

太沙基根据有效应力原理及一系列基本假定(如:土体体积的压缩量等于孔隙中水的排出量,在整个固结过程中土的压缩系数是常数等),推导了在 t 时间深度 z 处土的孔隙水压力 $u_{z,t}$ 的固结微分方程,最后在得到固结微分方程的 $u_{z,t}$ 特解(很复杂)后,再代入固结度 U_t 公式,通过计算分析表明:对于 $U_t>30\%$,其固结度可按下式简化公式计算:

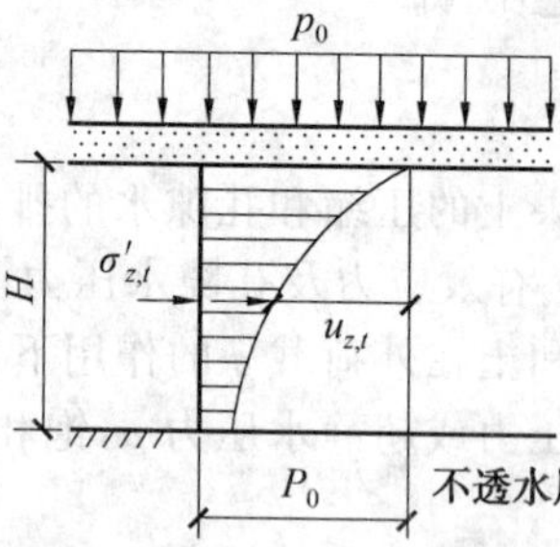

$$U_t=1-\frac{8}{\pi^2}e^{-\frac{\pi^2}{4}T_V} \quad (2.29)$$

图 2.21 饱和土的固结过程

式中　e——自然对数;

T_V——竖向固结时间因数,$T_V=\dfrac{C_V t}{H^2}$ 无单位;

H——固结土层最远排水距离,单排水土层 H 取土层厚度,双排水土层 H 取土层厚度一半;

C_V——竖向固结系数,是一个控制指标,正确确定固结系数是计算固结排水速率和固结度大小的关键。$C_V=\dfrac{k(1+e_1)}{a\gamma_w}$(cm²/s 或 mm²/s 等),由室内试验确定详见《土工试验规程》(SL 237—1999)。

【例 2.8】　某饱和软土,厚度 10 m,在大面积荷载 $p_0=120$ kPa 作用下,初始孔隙比 $e_1=1.0$,压缩系数 $a=0.3$ MPa^{-1},渗透系数 $k=18$ mm/年,按黏土层在单排水和双排水条件下,试计算:

(1) 分别加载 $t=1$ 年,$t=2$ 后土层的压缩量;

(2) 变形量达到 140 mm 所需时间。

解　(1) 计算土层的最终固结量

$$s=\frac{p_0}{E_s}H=\frac{a}{1+e_1}p_0 H=\frac{0.3\times 120\times 10^{-3}}{1+1}\times 10\ 000\ \text{mm}=180\ \text{mm}$$

(2) 计算固结系数

$$C_V=\frac{k(1+e_1)}{a\gamma_w}=\frac{18\times(1+1)}{0.3\times 10\times 10^{-6}}\ \text{mm}^2/\text{年}=12\times 10^6\ \text{mm}^2/\text{年}$$

(3) 计算加载 $t=1$ 年及 $t=2$ 年后土层的压缩量 s_t

其主要过程为:$t \to T_V=C_V t/H^2 \to U_t \to s_t=U_t s$,详见表 2.25。

表 2.25　加载 $t=1$ 年、$t=2$ 年后土层的压缩量

项目	t	$T_V=\dfrac{C_V t}{H^2}$	$U_t=1-\dfrac{8}{\pi^2}e^{-\frac{\pi^2}{4}T_V}$	$s_t=U_t s/\text{mm}$
单排水 $H=10\ 000$ mm	$t=1$	$\dfrac{12\times 10^6\times 1}{10\ 000^2}=0.12$	0.4	$0.4\times 180=72$
	$t=2$	$\dfrac{12\times 10^6\times 2}{10\ 000^2}=0.24$	0.55	$0.55\times 180=99$
双排水 $H=5\ 000$ mm	$t=1$	$\dfrac{12\times 10^6\times 1}{5\ 000^2}=0.48$	0.75	$0.75\times 180=135$
	$t=2$	$\dfrac{12\times 10^6\times 2}{5\ 000^2}=0.96$	0.92	$0.92\times 180=166$

(4) 变形量达到 $s_t = 140$ mm 所需时间 t

其主要过程为：$s_t \to U_t \to T_V \to t = T_V H^2 / C_V$，详见表 2.26。

表 2.26　变形量达到 $s_t = 140$ mm 所需时间 t

项目	单排水	双排水
H/mm	10 000	5 000
$U_t = s_t / s$	$140/180 = 0.78$	$140/180 = 0.78$
由 $U_t = 1 - \dfrac{8}{\pi^2} e^{-\frac{\pi^2}{4} T_V}$ 求 T_V（或查 $U_t - T_V$ 曲线 $\alpha = 1$）	0.53	0.53
$t = \dfrac{T_V H^2}{C_V}$ / 年	$0.53 \times 10^8 / (12 \times 10^6) = 4.4$	$0.53 \times 25 \times 10^6 / (12 \times 10^6) = 1.1$

技术提示：

1. 土的固结度 U_t 随时间因数 $T_V = \dfrac{C_V t}{H^2}$ 的增大而增大，表现在：(1) 时间 $t \uparrow$ 其 $T_V \uparrow$；(2) 土层厚度 $H \downarrow T_V \uparrow$；(3) 渗透系数 $k \uparrow$ 其 $C_V = \dfrac{k(1+e_1)}{a\gamma_w} \uparrow$，$T_V \uparrow$；(4) 土层的初始孔隙比 $e_1 \uparrow$，$k \uparrow$ 其 $C_V \uparrow$，$T_V \uparrow$；(5) 土的压缩系数 $a \downarrow$ 其 $C_V \uparrow$，$T_V \uparrow$。

2. 在相同时间内，双排水的固结度大于单排水的固结度。其他条件完全相同时，达到相同固结度单排水的固结时间是单排水的 4 倍。

3. 在实际工程中，对于饱和软黏土进行地基处理时，为了减少黏性土固结稳定时间，其施工方法可归纳为两大系统：(1) 对地基预先施压，提高有效应力增长速度；(2) 增设排水途径，缩短排水距离。如以采用砂井堆载预压和真空预压法等，就是利用了固结理论原理。

☆ **知识扩展：**

土的固结度还与透水面附加应力 σ_{z0} 和不透水面附加应力 σ_{z1} 的比值有关，即与分布应力系数 $\lambda = \sigma_{z0}/\sigma_{z1}$ 有关，附加应力分布系数有下列 5 种情况（图 2.22）。

情况 1：$\lambda = 1$，应力图形呈矩形分布土层，适用于自重应力作用下已经固结稳定、基础底面积较大、压缩土层较薄的情况。

情况 2：$\lambda = 0$，应力图形呈三角形分布，相当于大面积的新填土，在自重应力作用下未固结情况。

情况 3：$\lambda = \infty$，应力图形呈倒三角形分布，适用于自重应力作用下已经固结稳定、基础底面积较小、压缩土层较厚的情况。

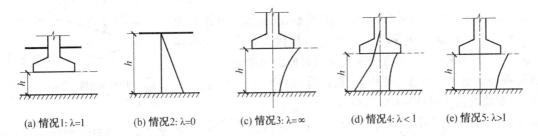

(a) 情况1：$\lambda = 1$　　(b) 情况2：$\lambda = 0$　　(c) 情况3：$\lambda = \infty$　　(d) 情况4：$\lambda < 1$　　(e) 情况5：$\lambda > 1$

图 2.22　固结土层起始压应力分布图

情况 4：$\lambda < 1$，应力图形呈梯形分布，相当于在自重应力作用下未固结，就在上面盖房子。

情况 $5:\lambda>1$，应力图形呈倒梯形分布，适用于自重应力作用下已经固结稳定、基础底面积中等、压缩土层厚度中等的情况，传至压缩土层处附加应力不等于0。

固结度是时间因素的函数，为了方便使用，根据应力分布系数的大小，绘制了不同附加应力分布下的 U_t-T_V 曲线（图2.23）。从图2.23可以看出：λ 越大，在 T_V 不变时，其固结度 $U_t \uparrow$。

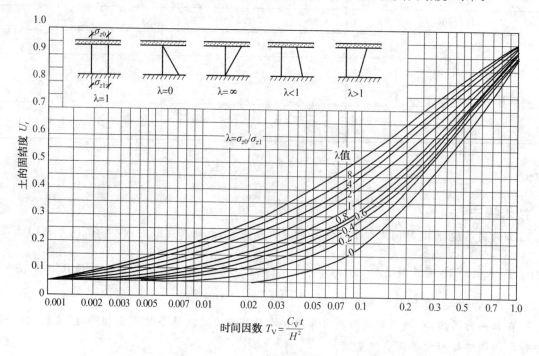

图2.23　土的固结度 U_t 与时间因数 $T_V=\dfrac{C_V t}{H^2}$ 的关系曲线

2.2.3.2　实测沉降与时间关系经验公式

由于固结理论的基本假定和简化，使得计算与实际存在一定的差距，根据国内外的经验，$s-t$ 实测曲线大多数为双曲线或双对数曲线。

1.双曲线公式

$$s_t=\dfrac{t}{a+t}s \tag{2.30}$$

式中　a、s——为两个待定系数，沉降观测的曲线的后段，任取两组数据 s_{t1}、t_1 和 s_{t2}、t_2 值代入上式，联立求解得 a、s，就可推算得不同时间的沉降量。

2.对数曲线公式

$$s_t=(1-ae^{-bt})s \tag{2.31}$$

式中　a、b、s——三个待定系数，沉降观测的曲线的后段，任取三组数据 s_{t1}、t_1 和 s_{t2}、t_2 及 s_{t3}、t_3 值代入上式，联立求解得 a、b、s，就可推算得不同时间的沉降量。

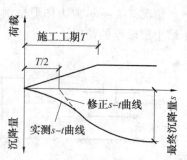

图2.24　实测沉降与时间的关系曲线

沉降观测前期可能有各种原因，土层沉降资料可能产生误差，一般取 $s-t$ 曲线的后半段计算（图2.24）。

总之，仔细分析研究沉降观测已获得资料，找出其实用价值的变形规律，用经验公式计算沉降与时间关系的同时，与理论计算进行分析对比，具有十分重要的意义。

2.2.3.3 地基的沉降观测

沉降观测是施工中非常重要的测量工作,它影响到整个建筑的施工质量、安全问题。对于重要的、新型、体型复杂及使用上有特殊要求的建筑物在施工阶段及使用阶段均要进行沉降观测,根据沉降观测资料,预估沉降发展趋势,控制施工进度;对已经出现问题的结构,利用观测资料分析原因,以便采取积极有效的措施。

1. 沉降观测对象

《地基基础设计规范》(GB 50007—2011)规定,下列建筑物应在施工期间及使用期间进行沉降变形观测:

(1)地基基础设计等级为甲级建筑物;
(2)软弱地基上的地基基础设计等级为乙级建筑物;
(3)加层、扩建建筑物;
(4)受邻近深基坑开挖施工影响或受场地地下水等环境因素变化影响的建筑物;
(5)采用新型基础或新型结构的建筑物。

2. 沉降观测主要过程

沉降观测主要过程为: 设置水准点 → 布置观测点 → 沉降观测 → 观测资料整理 。

3. 沉降观测技术要求

(1)水准点埋设必须稳定可靠并妥善保护,其位置应尽量靠近观测对象,但必须在建筑所产生压力范围之外,在一个观测区内,水准点不应少于 3 个,每三个月要复测一次。

(2)建筑物上的沉降观测点,其位置由设计人员确定。根据建筑平立面形式、尺寸、结构的特征及地基条件综合考虑布置观测点,一般布置在建筑物四角及拐角处、纵横墙的中点及对不均匀沉降较敏感的部位(高差处、地质条件有明显变化处),数量不少于 6 个,观测点的间距一般 8~12 m。

(3)沉降观测应从基础完工后开始,民用建筑每增高一层观测一次,工业建筑应在不同的施工阶段分别进行观测,施工期间观测应不少于 4 次。建筑物竣工后,应逐渐加大观测时间,第一年不少于 3~5 次,以后每年 1 次,直到沉降稳定位置,一般沉降速率不超过 0.05 mm/d,认为沉降达到稳定标准。如果沉降不收敛出现等速下沉及加速沉降,应及时采取措施并增加观测次数。

(4)沉降每次观测后要:① 及时资料整理,特别是首次观测得到的原始数据,不容许漏测、补测。② 观测结果要真实可靠并根据施工进度进行复查以便及早发现问题及时采取措施;根据每次沉降观测记录及各点沉降增量及累计沉降量,绘制每一观测点沉降与时间变化过程曲线,根据观测资料分析沉降变化趋势。

2.3 地基不均匀沉降工程事故案例分析

2.3.1 事故概况

比萨斜塔位于意大利比萨市的北部,是比萨大教堂的独立钟塔(图 2.25)。比萨斜塔在建筑的过程中就已出现倾斜,原本是一个建筑败笔,却因祸得福成为世界建筑奇观。另外 1590 年伽利略的自由落体试验更使其蜚声世界,成为世界著名旅游观光圣地,每天都吸引着成千上万的游客,因而它也是比萨市的经济支柱。

比萨斜塔外形是圆筒形钟塔,钟塔共 8 层,塔身的 1~6 层均由大理石砌筑,斜塔 7~8 层为砖和轻石料筑成。从地基到塔顶高 58.36 m,从地面到塔顶高 $H_g = 55$ m。该塔始建于 1173 年,原设计钟塔为垂直竖立的,但是开工后不久由于地基的不均匀沉降而向南倾斜。几个世纪以来,塔的倾斜是缓慢的,但接近20世纪90年代的沉降速度,塔身最大倾斜度接近5.5°,为安全起见,意大利政府1990年1月1日停止向游人开放,2001年拯救工作初见成效,2007年拯救工作才彻底完工。

根据现有文字记载,塔的建造经历了三个阶段:

(1) 自1173年9月8日至1178年,建至第4层,高度约29 m时,因塔倾斜而停工。

(2) 1272年复工(中断94年)至1278年,建完第7层,高48 m,再次停工。

(3) 1360年再复工(中断82年)至1370年竣工,全塔共8层,高度为55 m。

图2.25 比萨斜塔情景图

2.3.2 事故原因分析

1. 基底压力大于地基承载力

通过有关资料分析表明:总荷重约为14 453 t,即:(14 453×9.8)kN=141 639.4 kN,基础底面积 $A=\pi(D^2-d^2)/4=285\ m^2$(基础底面形状为环形,基础底面外直径$D=19.58$ m,基础内径$d=4.5$ m),则基底压力 $p=\dfrac{141\ 639.4}{285}$ kN/m² =497 kN/m² =497 kPa(约500 kPa)。

从斜塔的工程地质(图2.26)情况来看,由上至下,可分为8层:①~③层为饱和的砂土及粉土;④~⑦层为饱和黏土;⑧层为饱和砂土。地下水位于从地面以下1.6 m处,地下水位较高。塔基底面位于第②层粉砂中,塔基坐落在很厚的饱和的高压缩性地基上,所以地基承载力很低。而全塔传递到基底的平均压力约500 kPa远大于地基承载力,使得地基塑性变形加大局部剪切破坏。另外地基的不均匀性,使得地基南侧的局部剪切破坏面大于北侧,南侧的沉降明显大于北侧的沉降。

2. 土体的蠕变

最新的挖掘表明,钟楼建造在古代的海岸边缘,因此塔基建造前土层已经沙化和下沉。另外塔基在长期荷载作用下,由于钟塔地基中的黏土层厚达近30 m,使得土体发生严重蠕变,也是钟塔继续缓慢倾斜的原因之一。

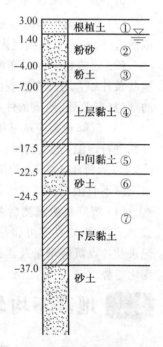

2.3.3 事故采取措施

许多世纪以来,各个年代的专家对比萨斜塔的全部历史以及塔的建筑材料、结构特征、水文地质条件一直没有停止研究,同时斜塔在不同的时期有过倾斜加重的趋势,特别是比萨人为自己的故乡有一座世界著名的建筑感到骄傲的同时,对斜塔的倾斜加速也感到担忧,希望心目中的斜塔永远斜而不倒。为此曾经采取过一些措施,减小倾斜速率,在20世纪90年代之前一直效果甚微。1990年以后长达数十年的重新加固才突破困扰了人们800多年的世界难题。其地基处理经历了下列主要阶段。

图2.26 比萨斜塔地质剖面图

1. 卸荷处理

特别是1838年的一次工程导致了比萨斜塔突然加速倾斜,人们不得不采取紧急维护措施。在原本密封的斜塔地基周围进行了挖掘,同时也为了减轻钟塔基底的压力,减少基础上回填土的重量,减少基底附加应力。这一行为使得斜塔失去了原有的平衡,地基开始开裂,最严重的是发生了地下水涌入的现象。1838年的工程结束以后,比萨斜塔的加速倾斜又持续了几年,然后又趋于平稳,减少到每年倾斜约1 mm,倾斜角度达到了5°。

2. 灌水泥浆

为防止雨水下渗,于1933～1935年,在地基四周喷入大量的水泥浆,塔身更加不稳,倾斜加快。这种做法加大了基底压力,使附加应力分布更加不均匀。

3. 地基应力消除法

进入20世纪90年代塔的倾斜明显加大,曾经实测观测到塔北侧沉降量约90 cm,南侧沉降量约270 cm,基础底面外直径的水平距离 $l=19.35$ m。由此计算基础底面的倾斜 $\tan\alpha=\Delta s/l=270-90/1\,935=0.093$,塔身向南的倾斜度 $\alpha=\arctan 0.093=5.31°$(接近5.5°)。若按倾斜角度5.5°计算,则从地面算起,塔顶离开其中心线水平距离 $\Delta l=\sin 5.5°H_g=0.095\,8\times 55$ m$=5.27$ m。我国地基基础规范规定:高耸建筑50 m$<H_g\leqslant 100$ m,其允许倾斜0.005,比我国允许倾斜值高18.6(0.093/0.005)倍,已濒于倒塌。1990年1月7日,意大利政府关闭对游人的开放。斜塔的拯救历经了很多的方案,但都未见效,1992年成立比萨斜塔拯救委员会,向全球征集解决方案。

最终拯救比萨斜塔的是一项看似简单的新技术——地基应力解除法。地基应力消除法的原理是:在斜塔倾斜的反方向(北侧)塔基下面掏土(也称为"掏土法"),利用地基的沉降,使塔体的重心后移,从而减小倾斜幅度。比萨斜塔拯救工程于1999年10月开始,采用斜向钻孔方式,从斜塔北侧的地基下缓慢向外抽取土壤,使北侧地基高度下降,斜塔重心在重力的作用下逐渐向北侧移动。

2001年拯救工作初见成效,倾斜角度回到1838年的5°(实际上不到5°),塔顶离开其中心线水平距离 $\Delta l=\sin 5°H_g=0.087\times 55$ m$=4.79$ m,比1990年关闭前塔顶水平位移减少了$(5.27-4.79)$m$=0.48$ m(约45 cm)。关闭了十年的比萨斜塔又重新开放,几个世纪的愿望终于实现了。修复者们通过从基座的一侧移去土壤以帮助比萨斜塔稳住倾斜的身姿,他们自信地认为,今后两个世纪都无需再对其进行加固。

☆ **知识扩展:**

(1)地基应力消除法技术原理

在比萨斜塔的拯救过程中,我国建筑专家刘祖德教授(武汉大学土建学院教授、博士生导师,是我国著名"纠偏专家"),在研究了比萨斜塔的资料后,曾多次向比萨斜塔拯救委员会建议采用地基应力解除法。刘祖德创立的"地基应力解除法"对纠正方案起了很大的参考作用。

1992年,意大利比萨斜塔拯救委员会的英国专家约翰·伯兰教授,在刘祖德的学生王钊访问英国期间,曾两次请其详细介绍"地基应力解除法"的基本原理和施工方法。在随后的几年,拯救委员会又对"地基应力解除法"进行了仔细研究。

"地基应力解除法",系运用土力学的基本原理,在建筑物倾斜较小的一侧,沿基底轮廓边缘,设置大口径深钻孔排,在钻孔内适当部位掏取适当的软弱基土,使地基应力在局部范围内得到解除或转移,增大该侧的沉降量。保持原沉降较大一侧的基土不受扰动,使建筑物在自重的作用下逐渐纠正到正常位置,达到纠偏和限沉的效果。

"地基应力解除法"有"三挖三不挖",即:挖软泥土不挖硬泥土,挖外面的土不挖里面的土,挖深层的土不挖浅层的土。这种方法纠偏效率高,费用低,施工安全,居民不需搬迁,可以省去其他纠偏法的加固工序,具有很强的实用性。

(2)减少地基不均匀沉降的措施

为了减少地基不均匀沉降采取各种措施是十分必要的,简单概括来讲就是:① 提高上部结构、基础刚度及地基刚度;② 竖向荷载合力作用点尽量与基础形心重合,减少偏心。具体主要表现在以下几个方面：

① 采用地基处理的方法提高地基承载力和压缩模量，减少变形；

② 提高基础的刚度（柱下条基、筏基、箱基）或采用桩基础及深基础，减少地基沉降量。

③ 在建筑、结构、施工方面应采取合理措施。

> **技术提示：**
> 建筑措施：
> ① 为减少基底偏心，建筑平面简单规整，不宜有过多的凹凸（例如"一"字形），高差不宜过大（砌体结构高差不宜超过 $1\sim2$ 层）。
> ② 长高比不宜过大及合理布置墙体，提高上部结构的刚度。
> ③ 设置沉降缝。在建筑物的特定部位，设置沉降缝，从檐口到基础将建筑物断开，将建筑物设置成若干个彼此独立的单元，有效减少不均匀沉降，其常见沉降缝如图 2.27 所示。
> ④ 相邻建筑物要离开一定的间距，减少附加应力叠加的影响。
> ⑤ 控制建筑物的某些标高，针对基础沉降量可能引起建筑物标高的变化，要预估沉降量，适当调整部分建筑物的设计标高。

> **技术提示：**
> 结构措施：
> ① 选择合适的结构形式，减轻结构自重，设置地下室减少基底附加应力。
> ② 增强基础及上部结构的刚度，如设置圈梁及基础圈梁。

> **技术提示：**
> 施工措施：
> ① 基坑开挖后，要保护原状土不能被扰动，坑底要留 30 cm 的原状土，待垫层施工时再挖除。
> ② 选择合理的施工顺序和施工方法，例如沉桩、降水对周围建筑物的影响。

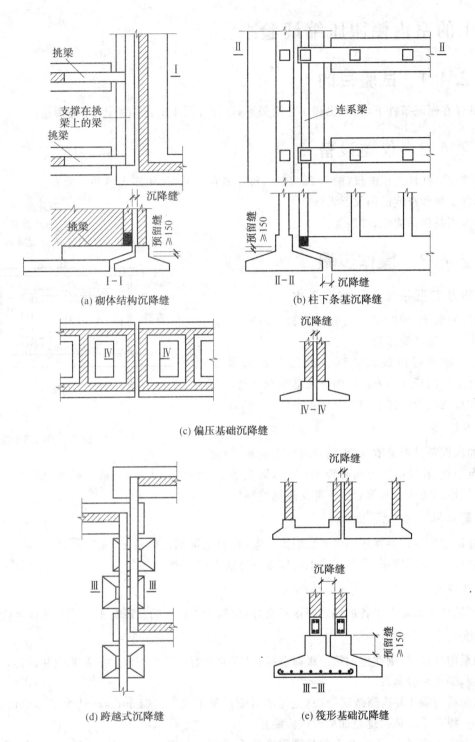

图 2.27 基础沉降缝构造

2.4 土的室内侧限压缩试验

2.4.1 试验目的

测定试样在侧限条件下,孔隙比和压力的关系,以便计算土的压缩系数、压缩模量。

2.4.2 仪器设备

(1)压缩仪。杠杆式压缩仪(图2.28)包括:加压及传压装置、压缩容器和测微表。
(2)测含水量和密度所用仪器设备。
(3)其他用品包括滤纸、秒表等。

2.4.3 操作步骤

1.用环刀取土并置于压缩容器内

(1)用环刀取土,同时测土的含水量和土的密度,其方法同前模块1土工试验部分。
(2)在固结容器内放入护环→底部透水板及滤纸各一→装有试样的环刀装入护环内→顶部滤纸及透水石→加压导环和加压盖板→置于加压框架正中(图2.28)。

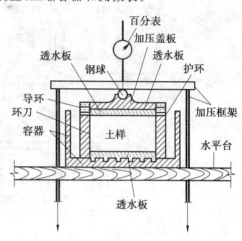

图2.28 压缩容器构造示意图

2.检查设备

检查加压设备是否灵敏,将手轮顺时针方向旋转,使升降杆上升至顶点,在逆时针方向旋转1~2转,调整平衡锤使杠杆水平(一般砝码盘已作为一级荷载,故仪器调平时,请不要挂上),然后用下部支撑螺丝顶位。

3.安置容器

将装好试样的压缩容器放到水平台固定位置,再将上部加压框放上,安置测微表,然后使加压头对准钢珠,调整拉杆下端螺帽,使框架向上时容器部分能自由取放。

4.施加预压

为保证试样与仪器上下各部件之间接触良好,应施加1 kPa的预压荷重。调整测微表读数至零点。

5.加压观测

(1)如系饱和试样,则在施加第一级荷重后,立即向容器中注水至满。如系非饱和试样,需围住上下透水石四周,避免水分蒸发。
(2)加荷后每隔1 h读测微表一次,至每小时变形量不大于0.01 mm,即认为变形稳定。测记读数后,施加下一级荷重。依次逐级加荷至试验终止。
(3)荷重级不宜过大,大小视土的软硬程度及工程情况而定,一般顺序为25 kPa、50 kPa、100 kPa、200 kPa、300 kPa,或按设计要求,模拟实际加荷情况、适当调整。最后一级荷重应大于土层计算压力100~200 kPa(重大工程荷重较大则需用磅秤式仪器继续加荷,如400 kPa、600 kPa、800 kPa、1 200 kPa、1 550 kPa)。

6.拆除仪器

退去荷重后,拆去测微表,排除仪器中水分,按与安装相反的顺序拆除各部件,取出带环刀的试样。必要时测定试样的试验后含水量。将仪器擦净后,涂油归位。

注意:①在试验过程中,当土样受压导致杠杆倾斜时,可逆时针放置手轮,降低杠杆支点(杠杆支点可以升降 1.5 cm)使杠杆保持水平状态(在加下一级荷载前可适当调高,以缩小杠杆倾斜角度)。此时一般不要顺时针方向转动手轮,以防产生间隙震动土样。②加压时将码轻轻放在砝码盘上。③每次使用后,应将仪器全部擦拭干净,应在表面涂以薄层油脂,以防生锈。

2.4.4 成果整理

(1)记录及计算见表 2.27、表 2.28。

表 2.27 压缩试验试样记录表一

试验小组编号:_____ 试验日期_____

项次		盒质量 m_1 /g	盒+湿土质量 m_2/g	盒+干土质量 m_3/g	水质量 $m_w = m_3 - m_2$/g	干土质量 $m_s = m_3 - m_1$/g	天然含水量 $\omega = \dfrac{m_w}{m_s}$/%
				含水量试验记录			
土样1	铝盒号						
土样2	铝盒号						

含水量平均值:

密度试验及初始孔隙比的计算

	环刀质量 m_1/g	环刀+土质量 m_2/g	试样体积 V/cm³	土质量 m_2/g	密度 $\rho = \dfrac{m}{V}$ /(g·cm⁻³)	初始孔隙比 $e_0 = \dfrac{G_s(1+\omega)\rho_w}{\rho} - 1$
土样1						
土样2						

天然孔隙比平均值:

表 2.28 压缩试验试样记录表二

试验小组编号:_____ 试验日期_____

压力 /kPa	加荷时间 /min	微表读数 Δh_1/mm	仪器的总变形量 Δh_2	试验压缩后总变形量 Δh_i	孔隙比 $e_i = e_0 - \dfrac{\Delta h_i}{h_0}(1+e_0)$
50					
100					
200					
300					
400					
备注	1. h_0 试样的原始高度即环刀高度 20 cm; 2. Δh_2 在同一级压力作用下仪器的总变形量,其值由实验室给出。				

(2)绘制 $e-p$ 曲线(图2.29)。

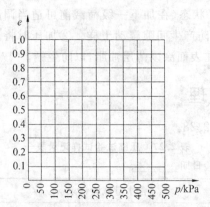

图 2.29　压缩曲线成果图

(3)计算某土层实际的压缩系数及压缩模量。

拓展与实训

1.填空题

(1)土中应力按起因分为_____和_____;按应力分担角度分为_____和_____。

(2)对于基础而言,附加应力应从_____算起,自重应力应从_____算起。

(3)_____引起土体压缩,_____影响土的抗剪强度。

(4)由外荷载引起的孔隙水压力也叫_____。

(5)影响土体固结时间的因素主要有_____、_____、_____。

(6)饱和土体的固结过程是指_____不断消散和_____不断增加的过程。

(7)通过土的室内压缩试验结果可绘制_____,从而可计算土的压缩指标是_____、_____;现场通过静力载荷试验结果可绘制_____,从而可计算土的压缩指标是_____。

2.选择题

(1)建筑物基础作用于地基表面的压力,称为( )。

A.基底压力　　　　　B.基底附加压力　　　　C.基底净反力　　　　D.附加应力

(2)地下水长期下降,会使( )。

A.地基土中原水位以下的自重应力增加　　B.地基土中原水位以上的自重应力增加

C.地基土的抗剪强度减小　　　　　　　　D.土中孔隙水压力增大

(3)通过土粒承受和传递的应力称为( )。

A.有效应力　　　　　B.总应力　　　　　　　C.附加应力　　　　　D.孔隙水压力

(4)某场地表面为4 m厚的粉质黏土,天然重度 $\gamma=17.6 \text{ kN/m}^3$,其下为饱和重度 $\gamma_{sat}=19 \text{ kN/m}^3$ 的很厚的黏土层,地下水位在地表以下4 m处,经计算地表以下2 m处的自重应力为( )。

A.72 kPa　　　　　　B.35.2 kPa　　　　　　C.16 kPa　　　　　　D.38 kPa

(5)同上题,地表以下5 m处土的竖向自重应力为( )。

A.91 kPa　　　　　　B.79.4 kPa　　　　　　C.72 kPa　　　　　　D.41 kPa

(6)某柱作用于基础顶面竖向荷载标准值为800 kN,从室外地面算起基础埋深为1.5 m。室内地面比室外地面高0.3 m,基础底面积4 m²,地基土的重度为17 kN/m³,则基底压力标准值为( )。

A.229.7 kPa　　　　B.230 kPa　　　　　　C.233 kPa　　　　　　D.236 kPa

(7)计算基础及回填土的总重量,不考虑地下水的影响时,其平均重度 γ_G 一般取( )。
A. 基底以上土的加权平均重度 γ_m
B. 基底以上回填土的平均重度
C. 基础的重度
D. 20 kN/m³

(8)由于建造房屋在基础底面处产生的压力增量称为( )。
A. 基底压力 B. 基底反力 C. 基底附加压力 D. 基底净反力

(9)自重应力在均匀土层中呈( )分布。
A. 折线 B. 曲线 C. 直线 D. 均匀

(10)单向偏心受压柱下独立基础,基底反力呈梯形分布,则偏心距 e 与基础长边 L 的关系是( )。
A. $e<L/6$ B. $e\leq L/6$ C. $e=L/6$ D. $e>L/6$

(11)设某基础室内外高差等于0,并且设计地面等于天然地面,当地下水位突然从地表下降至基底平面处,对基底附加压力的影响是( )。
A. 没有影响 B. 基底附加压力增加 C. 基底附加压力减小 D. 都不正确

(12)计算土中自重应力时,地下水位以下的土层应采用( )。
A. 干密度 B. 饱和重度 C. 浮重度 D. 天然重度

(13)均布矩形荷载作用下,当 $z=0$ 时,中心点下的附加应力 $\sigma_中$ 与角点下附加应力 $\sigma_角$ 的关系是( )。
A. $\sigma_中=4\sigma_角$ B. $\sigma_中=2\sigma_角$ C. $\sigma_中=\sigma_角$ D. $\sigma_中=0.5\sigma_角$

(14)在基底附加压力的计算公式 $p_0=p-\gamma_m d$ 中,d 为( )。
A. 基底平均埋深
B. 从天然地面算起的埋深,对于新填土场地应从老天然地面算起
C. 从室外地面算起的埋深
D. 从室内地面算起的埋深

(15)计算基础及回填土重量 $G_k=\gamma_G Ad$,其中 $\bar{d}$ 为基础的平均埋深必须( )。
A. 从室外地面算起
B. 从天然地面算起,对于新填土场地应从老天然地面算起
C. 从室内地面算起
D. 从设计地面(当室内外设计标高不同时,从室内外平均设计地面)算起

(16)在计算成层土的自重应力时,在地下水位以下,若埋藏有( )时,其不透水层层面处自重应力发生有突变。
A. 砂土层 B. 无黏土层 C. 不透水层 D. 无正确答案

(17)设该地基为固结完成的老黏性土,由于修建建筑物,在地基中增加的应力为( )。
A. 基底压力 B. 自重应力 C. 基底附加应力 D. 无正确答案

(18)土中引起体积和强度变化的应力是( )。
A. 孔隙水压力 B. 有效应力 C. 自重应力 D. 总应力

(19)从结构角度讲,多层和高层建筑设地下室的原因是( )。
A. 使用上的需要
B. 荷载太大,为减少较大的附加应力和附加变形要求而设置
C. 是因为地基承载力较大,而基础设计不能满足要求
D. 无正确答案

(20)评价地基土压缩性的指标是( )。

A.压缩系数　　　　　　B.固结系数　　　　　　C.沉降影响系数　　　　D.渗透系数

(21)若土的压缩曲线($e-p$ 曲线)较陡,则表明土的(　　)。

A.压缩性较大　　　　　B.压缩性较小　　　　　C.密实性较大　　　　　D.孔隙比较小

(22)在饱和土的排水固结工程中,若外荷载不变,则随着土中有效应力 σ' 的增加(　　)。

A.孔隙水压力 μ 相应增加　　　　　　　　　B.孔隙水压力 μ 相应减小

C.总应力 σ 相应增加　　　　　　　　　　　D.总应力 σ 相应减小

(23)无黏性土无论是否饱和,其变形达到稳定所需的时间都比透水性小的黏性土(　　)。

A.长得多　　　　　　　B.短得多　　　　　　　C.差不多　　　　　　　D.有时更长,有时更短

(24)当地下水位突然从地表下降至基底平面处,则土的有效应力(　　)。

A.没有影响　　　　　　B.增加　　　　　　　　C.减小　　　　　　　　D.都不正确

(25)土体产生压缩时(　　)。

A.土中孔隙体积减小,土粒体积不变　　　　　B.土粒和水的压缩量均较大

C.孔隙体积和土粒体积均明显减小　　　　　　D.孔隙体积不变

(26)土的变形模量通过(　　)试验来测定。

A.压缩　　　　　　　　B.荷载　　　　　　　　C.渗透　　　　　　　　D.剪切

(27)若土的压缩系数 $a_{1-2}=0.1\ \text{MPa}^{-1}$,则该土属于(　　)。

A.低压缩性土　　　　　B.中压缩性土　　　　　C.高压缩性土　　　　　D.低灵敏度土

(28)已知土中某点的总应力 $\sigma=100\ \text{kPa}$,孔隙水压力 $u=20\ \text{kPa}$,则有效应力 σ' 等于(　　)。

A.20 kPa　　　　　　　B.80 kPa　　　　　　　C.100 kPa　　　　　　 D.120 kPa

(29)土体自重应力(　　)产生地基沉降。

A.一定不会　　　　　　B.一定会　　　　　　　C.欠固结土会沉降　　　D.均不对

(30)对非高压缩土,分层总和法确定地基沉降计算深度 z_n 的标准是(　　)。

A.$\sigma_c \leqslant 0.1\sigma_z$　　　　　　　　　　　　　　B.$\sigma_c \leqslant 0.2\sigma_z$

C.$\sigma_z \leqslant 0.1\sigma_c$　　　　　　　　　　　　　　D.$\sigma_z \leqslant 0.2\sigma_c$

(31)某黏性土地基在固结达到40%时沉降量为100 mm,则最终固结沉降量为(　　)。

A.400 mm　　　　　　 B.250 mm　　　　　　 C.200 mm　　　　　　 D.140 mm

(32)在土的压缩性指标中,(　　)。

A.压缩系数 a 与压缩模量 E_s 成正比　　　　B.压缩系数 a 与压缩模量 E_s 成反比

C.压缩系数 a 越大,土的压缩性越低　　　　　D.压缩模量 E_s 越小,土的压缩性越低

(33)计算地基沉降的规范公式对地基沉降计算深度 z_n 的标准为(　　)。

A.$\sigma_z \leqslant 0.1\sigma_c$　　　　　　　　　　　　　　B.$\sigma_z \leqslant 0.2\sigma_c$

C.$\Delta S'_n \leqslant 0.025\sum \Delta S'_i$　　　　　　　　D.$\Delta S'_n \leqslant 0.015\sum \Delta S'_i$

(34)已知两基础形状、面积及基底压力均相同,但埋深不同,若忽略基坑的弹性回弹,则(　　)。

A.两基础沉降相同　　　B.埋深大的基础沉降大　C.埋深大的基础沉降小　D.均不对

(35)已知两基础形状、设 l/b 不变、埋深及基底压力均相同,但面积不同,则沉降关系为(　　)。

A.两基础沉降相同　　　B.面积大的基础沉降大　C.面积大的基础沉降小　D.均不对

(36)在压缩曲线中,常采用 $p=100\sim 200\ \text{kPa}$ 压力区间相对应的压缩系数 a_{1-2} 来评价土的压缩性。当 $a_{1-2} \geqslant 0.5\ \text{MPa}^{-1}$ 时,属于(　　)。

A.高压缩性土　　　　　B.低压缩性土　　　　　C.中压缩性土　　　　　D.无正确答案

(37)(　　)是在现场原位进行测定的,所以它能比较准确地反映土在天然状态下的压缩性。

A.变形模量　　　　　　B.压缩模量　　　　　　C.弹性模量　　　　　　D.剪切模量

(38)某地基的压缩模量 $E_s=18\ \text{MPa}$,则土为(　　)。

A. 高压缩性土 B. 低压缩性土 C. 中压缩性土 D. 一般压缩性土

(39) 其他条件完全相同时, 达到相同固结度单排水的固结时间是单排水的( )。

A. 2 倍 B. 0.5 倍 C. 4 倍 D. 0.25 倍

(40) 下列说法中, 错误的是( )。

A. 土在压力作用下, 体积会减小 B. 土的压缩主要是孔隙体积减小
C. 土的压缩所需时间与土的透水性有关 D. 均不对

3. 判断改错题

(1) 由于土中自重应力属于有效应力因而与地面水位升降无关。( )

(2) 在基底的附加压力的计算公式中对于新添场地, 基底自重应力应从填土面算起。( )

(3) 增大柱下独立基础的埋深, 可以减小基底的平均附加压力。( )

(4) 柱下独立基础的埋深的大小对基底附加压力影响不大。( )

(5) 由于土的自重属于有效应力, 因此建筑物建造后, 自重应力仍会继续使土体产生变形。( )

(6) 基底附加压力在数值上等于上部荷载在基底所产生的压力增量。( )

(7) 附加应力分布范围相当大, 它不仅分布在荷载面积之下, 而且还分布到荷载面积以外, 即附加应力集中现象。( )

(8) 土的灵敏都越高, 土的结构性越强, 受扰动后土的强度降低越多, 因此, 在施工中应特别注意保护基槽, 尽量减少对土的扰动。( )

(9) 当扰动土停止扰动后, 随着时间的增加, 强度会逐渐提高, 所以在黏性土中成桩完毕到试桩开始, 应给土一定的强度恢复时间。( )

(10) 当黏性土停止扰动后, 随着时间的增加, 强度会逐渐提高, 这种现象叫土的触变性; 故在压同一根桩时应尽量缩短接桩的停顿时间。( )

(11) 其他条件完全相同时, 在同一深度处, 基础中心点下的附加应力, 随着基础底面尺寸长宽比的增加, 其附加应力加大, 所以为了减少附加应力, 条形基础适当要埋深些。( )

(12) 地下水位升高时, 土中自重应力减小, 基底压力也随之减小, 所以地下水位越高越好。( )

(13) 地下水位降低时, 土中自重应力增大, 故导致附加应力增大, 要保护地下水资源, 不能长期抽取地下水。( )

(14) 由于自重应力属于有效应力, 因而地下水位升降对自重应力没有影响。( )

(15) 欠固结土其自重应力不会产生沉降。( )

(16) 在室内压缩试验过程中, 土样在竖向压缩的同时, 也将产生侧向膨胀。( )

(17) 饱和黏性土在单面排水条件下的固结时间为双排水时的 2 倍。( )

(18) 土的压缩性指标只能通过室内压缩试验获得。( )

(19) 土的固结时间与其透水性无关。( )

(20) 土的压缩模量 E_s 也是反映土的压缩性大小的指标, E_s 越小, 土则越软弱, 压缩性越大。( )

(21) 土的变形模量 E_0 是通过现场浅层平板载荷试验测得地基沉降与压力之间的关系曲线, 利用地基沉降的弹性力学公式得到的。( )

(22) 土的压缩系数 a 与压缩模量 E_s 之间成正比关系。( )

(23) 砖混结构变形特征主要控制局部倾斜不能过大, 否则影响正常使用。( )

(24) 对于正常固结的土, 在自重应力作用下, 土体已达到压缩稳定; 地基的变形主要有建筑物荷载在土中产生的附加应力而导致的附加变形。( )

(25) 土体在压力作用下, 达到固结稳定后, 这时土中的水已全部排走。( )

(26) 高耸结构在高度相同时, 整体倾斜的允许值要大于高层建筑。

(27)土的固结度的大小与土体所受压力大小无关,而与土的渗透系数、土体厚度、排水条件、时间等有关。( )

(28)土的弹性模量的定义是土体在室内试验完全侧限条件下瞬时压缩的竖向应力与应变之比。( )

(29)压缩系数α是评价地基土压缩性高低的重要指标,对于同种土而言,它不是一个常量,随着压力的增大,α减小。( )

(30)压缩系数α是评价地基土压缩性高低的重要指标,同一种土α是一个常量。( )

4. 简答题

(1)基底压力、基底附加应力在地基、基础设计中的作用?

(2)地下水位变化对基础的影响?

(3)补偿性基础?

(4)减轻建筑物不均匀沉降的措施?

5. 计算题

(1)某工程地质情况如图2.30所示。要求:①列表的形式计算土中自重应力;②试作自重应力分布图。

(2)一墙下条形基础底宽 $b=1$ m,埋深 $d=1.0$ m(室内外设计地面高差等于0),上部结构传来竖向荷载 $F_k=170$ kN/m,若工程地质情况如图2.30所示(设计地面等于天然地面),计算:

①基底压力 p_k;

②计算基底附加应力 p_{0k}。

(3)如图2.31所示,柱下独立基础基底面积 3 m×2 m,柱传来竖向荷载 $F_k=1~000$ kN,弯矩 $M_k=180$ kN·m;基础埋深 $d=2.0$ m,室内外高差 0.6 m,设室外地坪为天然地坪;地下水位在室外地坪以下 0.9 m 处;地基土层情况:地基土层分布为第一层素填土,厚 $h_1=0.9$ m,$\gamma_1=18$ kN/m³,以下土层细砂,$\gamma_{sat}=19$ kN/m³,试计算基底平均压力 p_k、p_{kmax}、p_{kmin}、p_0,并绘出基底反力分布图。

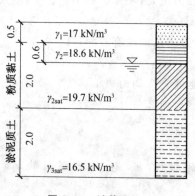

图2.30 计算题(1)

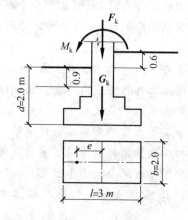

图2.31 计算题(2)

(4)从黏性土层中取样做固结试验,试验成果列于表2.29中,试计算黏土的压缩系数 a_{1-2} 并判断土的压缩性。

表2.29 黏性土固结试验

p/kPa	0	50	100	200	400
e	0.852	0.731	0.690	0.631	0.620

(5) 条件同上题,设黏性土层所受平均自重应力和附加应力分别为 36 kPa 和 144 kPa,试计算黏性土对应的压缩系数 a 及压缩模量 E_s。(提示:孔隙比利用内插法)。

(6) 在一黏土层上进行载荷试验,从 $p-s$ 曲线上得到比例界限荷载 $p_1=180$ kPa 及相应的沉降差 $s_1=20$ mm。已知刚性圆形承压板的直径 $b=0.6$ m,土的泊松比 $\mu=0.3$,试确定地基土变形模量 E_0。

(7) 某设备基础底面尺寸为 8 m×5 m,经计算基底平均压力 $p=130$ kPa,基础底面标高处的自重应力 $\sigma_{cz}=35$ kPa。基底下为 $H=2.2$ m 厚的粉质黏性土,孔隙比 $e_1=0.9$,压缩系数 $a=0.41$ MPa^{-1},其下为基岩,试计算该基础的沉降量(设:不考虑基底中心点下,附加应力扩散,即 $\sigma_z \approx p_0$)。

模块 3
土的抗剪强度及地基承载力

模块概述

土的抗剪强度是土的重要力学性质之一。地基承载力的确定、挡土墙土压力的计算、土坡稳定性分析等问题都与土的抗剪强度相关。故学习土的抗剪强度对于工程设计、施工具有非常重要的意义。

在建筑工程中,由于地基承载力不足而使地基产生失稳破坏,导致建筑物出现裂缝、倾斜,甚至倒塌。为此,工程各部门对地基土的承载力问题都给予了高度的重视。

本模块主要研究土的抗剪强度及地基承载力的确定及影响因素。

学习目标

◆掌握土的抗剪强度理论,理解影响土体抗剪强度的因素、抗剪强度指标测定方法及工程的选用;
◆掌握土中某点应力计算(包括剪应力及法向应力)及应力圆表示的方法;
◆熟悉土中某点极限平衡状态的条件并应用公式对土中某点应力状态进行判断;
◆熟悉地基承载力的基本术语、确定地基承载力的方法及地基承载力的计算;
◆了解载荷试验确定地基承载力操作步骤;掌握地基承载力特征值、修正值的计算方法。

课时建议

8 课时

3.1 土的抗剪强度

3.1.1 基本概念

3.1.1.1 剪应力 τ 与抗剪强度 τ_f 的区别

图 3.1(a)、(b) 分别表示边坡及建筑物在荷载作用下地基失稳破坏示意图,上部一部分土体沿着下部另一部分土体滑动,也称剪切破坏,地基的滑动破坏原因是由荷载加到一定程度后,在最薄弱面上的剪应力 τ 大于该处的抗剪强度引起的,所以地基的破坏也称剪切破坏。

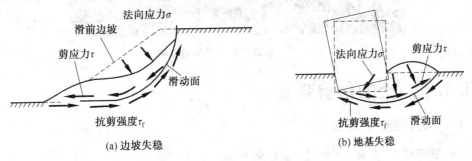

(a) 边坡失稳   (b) 地基失稳

图 3.1 剪应力与抗剪强度示意图

> **技术提示：**
>
> 土体在外荷载的作用下,在滑动面上将同时产生剪应力 τ 和法向应力 σ;剪应力 τ 方向与滑动面方向一致,法向应力 σ 与滑动方向垂直;土的剪应力,属于荷载效应的范畴。作用在剪切破坏面上抵抗剪切破坏的能力称为抗剪强度 τ_f,其作用方向与滑动面方向相反,属于抗力的范畴,其大小与在滑动面上的法向应力及滑动面之间的摩擦系数等有关。

3.1.1.2 地基承载力与抗剪强度的关系

确定地基承载力取决于两个条件:① 地基抗剪强度控制;② 地基变形允许值控制,以保证建筑物的安全及正常使用。

由抗剪强度控制的地基承载力是指地基处于极限平衡状态(即将发生剪切破坏 $\tau=\tau_f$)时,所对应的基底压力 p,故抗剪强度是确定地基承载力的前提。本节重点研究土的抗剪强度、土的极限平衡条件。

若 $\tau>\tau_f$ 时,地基产生剪切破坏,地基失去承载力,如图 3.2 所示为 1940 年美国水泥仓库由于地基抗剪强度不足而地基失去承载力的实例。

1940 年美国纽约某水泥仓库装载水泥时,使黏性土严重超载,引起地基剪切破坏滑动,其破坏原因是由于滑动面上的剪应力大于土的抗剪强度,使基底压力大于地基承载力。其地基承载力应由抗剪强度控制。

图 3.2 水泥仓库地基剪切破坏

3.1.2 土的抗剪强度

3.1.2.1 抗剪强度计算理论

1. 库仑定律的测定方法——直接剪切试验

直接剪切试验基本原理：① 如图 3.3(a)、(b)所示，将原状土样装入上下能相对移动的剪切盒（上盒＋下盒）后，并在土样上下各放一块透水石（以利于试验排水），先施加一定的竖向压力 p_i（对应的法向压应力 $\sigma_i=p_i/A$），然后施加不断增加的水平力 F_i，使试样沿上下盒水平接触面上产生不断增加的剪切位移 ΔL，当剪切位移 ΔL 达到一定值后，该土样处于极限平衡状态，这时作用在剪切破坏面上的剪应力 $\tau_i=F_i/A$ 就是该土样的抗剪强度 τ_{fi}；② 用同样的土样在不同的法向压力作用下（如 $P_1, P_2, P_3, \cdots, P_i$，则对应的竖向（法向）压应力为 $\sigma_1, \sigma_2, \sigma_3, \cdots, \sigma_i$），重复用上述方法试验，同样可测得即将剪切破坏时对应的抗剪强度。

法国科学家库仑（1736—1806）通过上述多次剪切试验，于 1773 年提出著名的土的抗剪强度理论，库仑认为：① 当土中任何一个面上的剪应力等于土体抗剪强度时土体即将破坏；② 在法向应力变化范围不是很大时，同一种土抗剪强度 τ_f 与法向应力 σ 近似于线性关系，如图 3.3(c)虚线所示，即库仑定律，其中 $c、\varphi$ 分别称为土的黏聚力和内摩擦角。

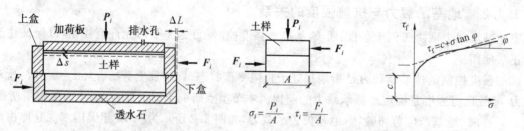

(a) 直接剪切示意图　　(b) 剪切面受力分析　　(c) 库仑试验结果

图 3.3 直接剪切试验原理

2. 库仑定律（总应力抗剪强度）

库仑公式可用下式表示，其关系如图 3.4 所示。

无黏性土：
$$\tau_f = \sigma \tan \varphi \tag{3.1}$$

黏性土： $$\tau_f = c + \sigma\tan\varphi \tag{3.2}$$

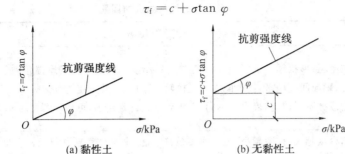

图 3.4 土的抗剪强度与土搅动向压应力之间关系

τ_f— 土的抗剪强度(kPa)；σ— 剪切面上的法向应力；φ— 土的内摩擦角(°)；$\tan\varphi$— 内摩擦系数

>>>

技术提示：

土的抗剪强度构成因数有两个：内摩擦力 $\sigma\tan\varphi$（φ 为内摩擦角）和黏聚力 c（无黏性土的 $c=0$，黏性土 $c\neq 0$）。c、φ 分别称为土的抗剪强度指标，可以通过试验测得，c、φ 反映了土体抗剪强度的大小，是土体非常重要的力学性质指标。

由于库仑定律在确定土体抗剪强度计算时，其法向应力是按总应力 σ 计算的，故又称为抗剪强度总应力法，相应的 c、φ 也称为总应力抗剪强度指标。

3. 有效应力抗剪强度

根据太沙基有效原理已得知，总应力 σ 等于孔隙水压力 u 和有效应力 σ' 之和，由于孔隙水压力不会使固体颗粒移动及压密，故孔隙水压力的抗剪强度等于 0，只有固体颗粒才会使固体颗粒移动、压密及抗剪，故土的抗剪强度计算时，其法向应力应按有效应力 σ' 计算，即

$$\tau_f = c' + \sigma'\tan\varphi' = c' + (\sigma - u)\tan\varphi' \tag{3.3}$$

式中 c'、φ'——分别称为土的有效黏聚力和有效内摩擦角，上式也称为有效应力抗剪强度公式。

>>>

技术提示：

土体的抗剪强度随着有效应力的不断增加，土体不断压密，其抗剪强度也不断提高，地基承载力也随之增加，用式(3.3)表达土体的抗剪强度更为科学，但实际工程中要准确量测整个加荷期间孔隙水压力变化是十分困难的。而总应力法无需测定孔隙水压力变化，应用比较方便，工程中常采用总应力法测定土的抗剪强度，但在选用排水条件时，应尽量与现场土体排水条件相一致。

3.1.2.2 影响土的抗剪强度的因素

影响土的抗剪强度的因素是多方面的，主要的有下述几个方面：

(1) 土的组成、土的密度、孔隙程度、含水量、土体结构扰动情况、试验条件，其分析见表 3.1。

表 3.1 影响土的抗剪强度的因素

影响因素	分析说明
土的组成	① 土的颗粒越粗、形状越不规则、表面越粗糙，其 φ 越大；无黏性土的摩擦角大于黏性土； ② 级配越好，颗粒间接触多，比级配差的机械咬合作用强，其 φ 越大； ③ 黏土矿物成分不同，其黏聚力也不同，土中胶合物含量越多，可使 c 增大。
土的密度、孔隙比	① 土的初始密度越大，孔隙越小，土粒间接触较紧，土粒表面摩擦力和咬合力也越大，剪切试验时需要克服这些土粒间阻力才能滑动，其 φ 越大； ② 对黏性土的密度越大，孔隙越小，土粒的紧密程度越大，黏聚力 c 值也越大。
含水量	① 土中含水量大时，会降低土粒表面上的摩擦力，使土的 φ 值减小； ② 黏性土含水量增高时，会使结合水膜加厚，粒间分子引力减弱，因而黏聚力 c 降低。
土体结构扰动情况	① 黏性土的天然结构被扰动后时，重塑成原来土的密实度及含水量，其抗剪强度就会明显下降； ② 试验表明，在总应力不变的条件下，重塑土的有效应力小于原状土的有效应力，另外重塑土的黏聚力也小于原状土的黏聚力，故重塑土的抗剪强度小于原状土的抗剪强度； ③ 施工时要注意保持黏性土的天然结构不被破坏，如开挖基槽应保持持力层的原状结构。
试验条件	① 加荷条件（加荷速度、加载方式）、含水量不变时，剪切速率越快，所需剪切能量越多，测得土的抗剪强度越大；反之，剪切时间越长，测得抗剪强度越低，所以实验室要严格控制剪切速率，尽量与实际工程受力状态相符； ② 排水条件影响最大，同一土中排水条件不同，其试验结果明显不同。

（2）应力历史。天然土层在固结过程中，历史上所经受过的最大有效应力，称为先期（前期）固结应力用 p_c 表示；天然土层现有覆盖土层的自重应力称为现有应力，用 p 表示。先期固结应力与现有应力之比简称超固结比，用符号 OCR 表示，根据超固结比大小将土层分为正常固结土、超固结土、欠固结土三类，其固结历史分析及对土抗剪强度影响见表 3.2。

表 3.2 土层的固结历史分析及对土抗剪强度影响

项目	正常固结土（$OCR = 1$）	超固结土（$OCR > 1$）	欠固结土（$OCR < 1$）
示意图	现有地面及原有地面，$p = p_c$	原有地面，现有地面，$p < p_c$	现有地面，原有地面，新近沉积土，$p > p_c$

续表 3.2

项目	正常固结土($OCR=1$)	超固结土($OCR>1$)	欠固结土($OCR<1$)
沉积原因	原有地面以下的土层,在自重应力作用下已固结完成,且现地面与原有地面水平位置不变,现有土层的自重应力等于前期固结应力	原有地面以下的土层,在自重应力作用下已固结完成,由于地质作用等原因,使现地面标高低于原地面标高,现有土层自重应力小于前期固结应力	原有地面以下的土层在自重应力作用下已固结完成后,其上又堆积了未完成固结新近沉积的土,即现有土层的自重应力大于前期固结应力

结论:超固结土曾经受到历史上较大应力作用,其土的密度要高于正常固结土,故抗剪强度大于正常固结土,欠固结土因压密程度最低,故抗剪强度最小。

3.1.3 土的极限平衡条件

前面我们了解剪应力与抗剪强度的区别,下面的任务是:从理论上分析土中某点应力状态→计算土中某点应力(剪应力及法向应力)→分析应力圆与抗剪强度线的关系→建立土中某点极限平衡的条件。

3.1.3.1 土中某点的应力分析

图 3.5(a)假定土体是均匀的、连续的,在无限延伸的平面上作用的均布荷载,在任一深度 z 处 M 点作用有竖向压应力 σ_1 和水平侧应力 σ_3,取 M 点为微单元体,由于在微元体各个面上没有剪应变,也就没有剪应力,凡是没有剪应力的面称为主应面。作用在主应面上的力称为主应力,σ_1 为最大主应力,σ_3 为最小主应力。

1. 土中某点任意斜面上法向应力 σ、剪应力 τ 的计算

已知图 3.5(b)中作用在 M 点上的 σ_1 为最大主应力,σ_3 为最小主应力,要求计算 M 点在任意 $m-m$ 斜面上的法向应力为 σ,剪应力为 τ。

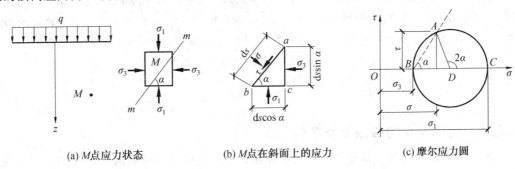

(a) M 点应力状态   (b) M 点在斜面上的应力   (c) 摩尔应力圆

图 3.5 土中某点应力状态分析

根据静力平衡条件可得

$$\sigma=\frac{1}{2}(\sigma_1+\sigma_3)+\frac{1}{2}(\sigma_1-\sigma_3)\cos 2\alpha \tag{3.4}$$

$$\tau=\frac{1}{2}(\sigma_1-\sigma_3)\sin 2\alpha \tag{3.5}$$

式中 α——$m-m$ 斜面与大主应力 σ_1 作用平面的夹角。

2. 土中某点在不同斜面上法向应力 σ、剪应力 τ 的函数关系

由 $(\sin 2\alpha)^2+(\cos 2\alpha)^2=1$ 将式(3.4)及(3.5)将 α 消掉后得

$$(\sigma-\frac{\sigma_1+\sigma_2}{2})^2+\tau^2=(\frac{\sigma_1-\sigma_3}{2})^2 \tag{3.6}$$

技术提示:

式(3.6)为一个圆的方程,其圆心坐标为$(\frac{\sigma_1+\sigma_3}{2},0)$,半径为$\frac{\sigma_1-\sigma_3}{2}$;其圆上任一点$A$点的坐标$(\sigma,\tau)$,代表土中某点在任意$\alpha$斜面上的法向应力及剪应力,如图3.5(c)所示,其图形也称摩尔应力圆。

【例3.1】 已知地基土中某点受到大主应力$\sigma_1=700\ \text{kPa}$,小主应力$\sigma_3=200\ \text{kPa}$,试求:

(1)最大剪应力$\tau_{\max}$及最大剪应力作用面与大主应力作用平面的夹角α;

(2)作用在与小主应力作用面成30°角的面上的法向应力和剪应力。

解 (1)由摩尔应力圆(图3.5(c))可知:$\tau_{\max}=\frac{\sigma_1-\sigma_3}{2}=\frac{(700-200)}{2}\text{kPa}=250\ \text{kPa}$,$2\alpha=90°$,则最大剪应力作用面与大主应力夹角$\alpha=90°/2=45°$。

(2)由图3.5(b)可知:作用面与小主应力σ_3作用面成30°角,则作用面与大主应力作用面夹角$\alpha=90°-30°=60°$,该面上的法向应力为σ,剪应力为τ,由式(3.4)及(3.5)计算如下:

$$\sigma=\frac{1}{2}(\sigma_1+\sigma_3)+\frac{1}{2}(\sigma_1-\sigma_3)\cos 2\alpha=\left[\frac{1}{2}(700+200)+\frac{1}{2}(700-200)\cos 120°\right]\text{kPa}=325\ \text{kPa}$$

$$\tau=\frac{1}{2}(\sigma_1-\sigma_3)\sin 2\alpha=\left[\frac{1}{2}(700-200)\sin 120°\right]\text{kPa}=216.5\ \text{kPa}$$

技术提示:

1. 由应力圆可知:最大剪应力$\tau_{\max}=(\sigma_1-\sigma_3)/2$,即应力圆的半径;最大剪应力作用平面与最大主应力作用面夹角$\alpha=90°/2=45°$。

2. 由应力圆可知:圆心角α在$0°\leqslant\alpha\leqslant45°$时,剪应力$\tau$随着法向应力$\sigma$的增加而减小(但抗剪强度$\tau_f$随着法向应力$\sigma$的增加而不断增加);当$45°<\alpha\leqslant90°$时,剪应力$\tau$随着法向应力$\sigma$的增加而增加(但抗剪强度$\tau_f$随着法向应力$\sigma$的增加而不断增加)。所以不难看出:土中某点发生剪切破坏面应在$45°<\alpha\leqslant90°$之间的某一斜面上。该结论通过下面的理论得到验证。

3.1.3.2 土中某点的极限平衡条件

图3.6是用库仑强度线与摩尔应力圆的图形直观展示了土中某点的剪应力与抗剪强度的关系,有三种关系:极限平衡状态$\tau=\tau_f$,平衡状态$\tau<\tau_f$,失效状态$\tau>\tau_f$;极限平衡状态对应的应力圆称为极限应力圆。

图3.7是土中某点处于极限平衡状态的计算简图,切点A处的$\tau=\tau_f$,其极限平衡条件为

$$\sin\varphi=\frac{AD}{RD}=\frac{\frac{1}{2}(\sigma_1-\sigma_3)}{c\cdot\cot\varphi+\frac{1}{2}(\sigma_1+\sigma_3)} \tag{3.7}$$

或

$$\sigma_1=\sigma_3\tan^2(45°+\varphi/2)+2c\cdot\tan(45°+\varphi/2) \tag{3.8}$$

$$\sigma_3=\sigma_1\tan^2(45°-\varphi/2)-2c\cdot\tan(45°-\varphi/2) \tag{3.9}$$

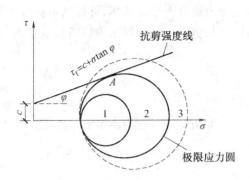
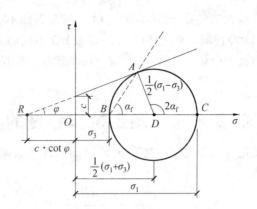

(1) 应力圆 1 与抗剪强度线相切 $\tau < \tau_f$
(2) 应力圆 2 与抗剪强度线相切 $\tau = \tau_f$
(3) 应力圆 3 与抗剪强度线相割 $\tau > \tau_f$

图 3.6　抗剪强度线与摩尔应力圆关系示意图

图 3.7　土中某点处于极限平衡状态计算简图

破坏面与大主应力作用面夹角 α_f（破裂角）由 $2\alpha_f = \varphi + 90°$ 得

$$\alpha_f = 45° + \varphi/2 \tag{3.10}$$

土的极限平衡条件是判断土中某点是否达到极限平衡状态的基本公式，下面通过实例说明其应用。

【例 3.2】　地基中某点作用有大主应力 $\sigma_1 = 500$ kPa，小主应力 $\sigma_3 = 150$ kPa。通过试验测得地基土的抗剪强度指标 $c = 20$ kPa，$\varphi = 26°$。试问：该点处于何种状态？

解　当 $\sigma_3 = 150$ kPa 时，求处于极限平衡时对应的极限主应力 σ_{1f}

$\sigma_{1f} = \sigma_3 \tan^2(45° + \varphi/2) + 2c\tan(45° + \varphi/2) = 150\tan^2(45° + 26°/2) + 2 \times 20\tan(45° + 26°/2) = 448.16$ kPa 并绘制极限应力圆 1。

由已知条件 $\sigma_1 = 500$ kPa，$\sigma_3 = 150$ kPa 绘制的是应力圆 2；由于 $\sigma_{1f} < \sigma_1$，故应力圆 2 与抗剪强度线相割，所以土中该点处于破坏状态（图 3.8）。

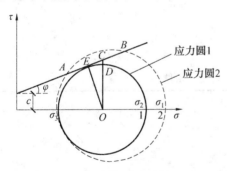
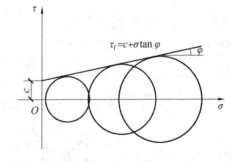

图 3.8　例 3.2 图

图 3.9　同一土中在不同点处的应力圆及公切线示意图

☆ **知识扩展：**

(1) 若土中某点已经处于破坏状态时，即应力圆与抗剪强度线相割，如图 3.8 中，与应力圆 2 的割点 A、B，在 AB 线段上剪应力大于相应的抗剪强度。

(2) 若土中某点处于极限平衡状态时，即应力圆与抗剪强度线相切，在切点 E 处的剪应力等于对应面上的抗剪强度，破坏面与大主应力作用面夹角 $\alpha_f = 45° + \varphi/2$。

(3) 由图 3.8 看出，尽管破裂面处的剪应力小于最大剪应力，但是最大剪应力作用平面上的抗剪强度大于最大剪应力,记作 $OD < OC$,故破裂面不会发生在最大剪应力平面处。

(4)即使同一种土样(设 c、φ 不变)在不同的大小主应力组合下受剪破坏,可得到不同应力圆,但这些应力圆的公切线只有一条,该公切线就是抗剪强度线,从抗剪强度线上可求得抗剪强度指标 c、φ,如图 3.9 所示。

3.1.4 测定抗剪强度的方法

测定抗剪强度的方法有:室内试验和现场原位测试法,如图 3.10 所示,本节着重介绍这两种常用试验方法。

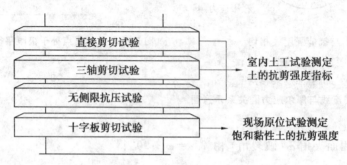

图 3.10 土抗剪强度试验方法

3.1.4.1 直接剪切试验

前面我们简单了解了直接剪切试验的工作原理,其目的是根据剪切结果绘制抗剪强度线,以便确定土样的黏聚力 c 和内摩擦角 φ。

直接剪切试验的主要仪器为直剪仪,它分应变控制式和应力控制式两种,前者是等速推动试样产生位移测定相应的剪应力,后者则是对试件分级施加水平剪应力测定相应的位移,目前我国普遍采用的是应变控制式直剪仪(表 3.3 中插图),该仪器的主要部件由固定的上盒和活动的下盒组成,试样放在盒内上下两块透水石之间。试验时,由杠杆系统通过加压活塞和透水石对试件施加某一垂直压力,然后等速转动手轮对下盒施加水平推力,使试样在上下盒的水平接触面上产生剪切变形,直至破坏,剪应力的大小可借助于上盒接触的量力环的变形值计算确定。

1. 直接剪切试验的排水条件

直接剪切试验的排水条件见表 3.3。

表 3.3 直接剪切试验的排水条件

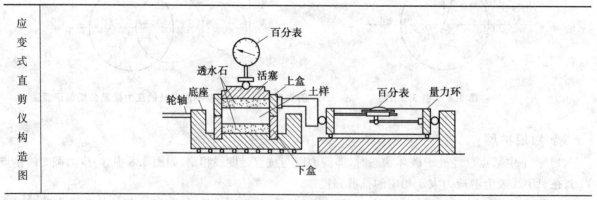

续表 3.3

排水条件		说明
	快剪	① 试验时先将试样的上下两面贴以不透水的薄膜，在施加竖向压力后，立即快速在 3~5 min 内剪坏； ② 施加水平剪力使试样剪切破坏，由于剪切速率快，土样来不及排水，得到的强度指标为 c_q、φ_q。
	固结快剪	① 在施加竖向压力后，让试样充分排水固结，待固结完成后百分表数值稳定不变后，立即快速在 3~5 min 内剪坏； ② 施加水平剪力使试样剪切破坏，剪切速率快，剪切过程中土样来不及排水，得到的强度指标为 c_{cq}、φ_{cq}。
	慢剪	在施加竖向压力后，让试样充分排水固结，待固结完成后，以缓慢速度 0.02 mm 施加水平剪力，保证整个剪切过程中充分排水固结，直到土体被剪坏得到的强度指标为 c_s、φ_s。
结论		$\varphi_q < \varphi_{cq} < \varphi_s$

2.直接剪切试验特点

直接剪切仪具有仪器简单，操作方便等优点，但也存在缺点，主要有：① 剪切面限定在上下盒之间的平面，其破坏面不是最薄弱剪切斜裂面；② 剪切面上剪应力分布不均匀，土样剪切破坏时先从边缘开始，在边缘发生应力集中现象；③ 在剪切过程中，土样剪切面逐渐缩小，而在计算抗剪强度时却是按土样的原截面积计算；④ 试验时不能严格控制排水条件，不能量测孔隙水压力。

3.1.4.2　三轴压缩试验

三轴压缩试验是克服了直接剪切试验的缺点，测定土抗剪强度指标的最为科学的试验，三轴压缩试验的主要仪器是三轴压缩仪。三轴压缩仪由压力室、轴向加荷系统、施加周围压力系统、孔隙水压力量测系统等组成，如表 3.4 插图所示，压力室是三轴压缩仪的主要组成部分(图 3.11(a))，它是一个有金属上盖、底座和透明有机玻璃圆筒组成的密闭容器。

1.试验原理

试验方法的主要步骤：如图 3.11 所示，将土切成圆柱体套在橡胶膜内，放在密封的压力室中，首先向压力室内压入一定压力水，使试件受到周围压力为 σ_3 并保持不变，在 σ_3 不变的条件下，然后再通过传力杆对试件逐渐施加竖向压力 $\Delta\sigma_1$，随着竖向压力的增大，绘制无限个应力圆(图 3.11(b))，但土体即将破坏时，只有一个极限应力圆，这时的竖向压力达到了竖向极限压力。

土样破坏时的竖向大主应力为 $\sigma_1 = \sigma_3 + \Delta\sigma_1$，小主应力为 σ_3。以 $(\sigma_1 - \sigma_3)$ 为直径可画出一个极限应力圆，将同一种土样做成若干个试件(三个以上)按上述方法分别进行试验，每个试件施加不同的周围压力 σ_3，可分别得出剪切破坏时的大主应力 σ_1，将这些结果绘成一组极限应力圆，作一组极限应力圆的公共切线，即为土的抗剪强度包线，该直线与横坐标的夹角即为土的内摩擦角 φ，直线与纵坐标的截距即为土的黏聚力 c。

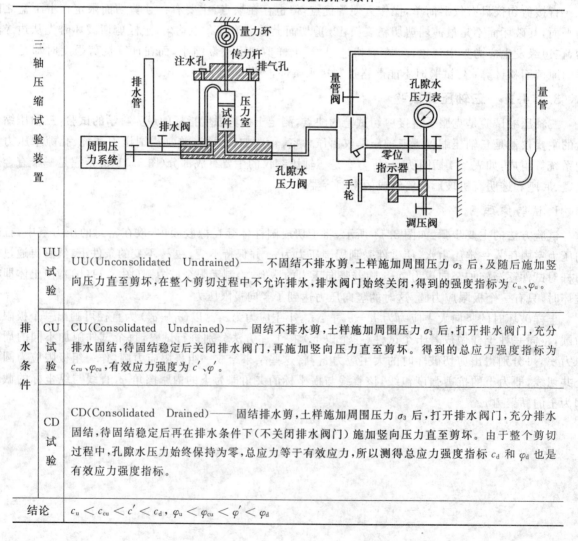

(a) 试验原理　　　　　　　(b) 受力分析

图 3.11　三轴压缩试验原理及受力分析

2. 三轴压缩试验的排水条件

三轴压缩试验的排水条件见表 3.4。

表 3.4　三轴压缩试验的排水条件

三轴压缩试验装置		
排水条件	UU 试验	UU(Unconsolidated Undrained)——不固结不排水剪，土样施加周围压力 σ_3 后，及随后施加竖向压力直至剪坏，在整个剪切过程中不允许排水，排水阀门始终关闭，得到的强度指标为 c_u、φ_u。
	CU 试验	CU(Consolidated Undrained)——固结不排水剪，土样施加周围压力 σ_3 后，打开排水阀门，充分排水固结，待固结稳定后关闭排水阀门，再施加竖向压力直至剪坏。得到的总应力强度指标为 c_{cu}、φ_{cu}，有效应力强度为 c'、φ'。
	CD 试验	CD(Consolidated Drained)——固结排水剪，土样施加周围压力 σ_3 后，打开排水阀门，充分排水固结，待固结稳定后再在排水条件下(不关闭排水阀门)施加竖向压力直至剪坏。由于整个剪切过程中，孔隙水压力始终保持为零，总应力等于有效应力，所以测得总应力强度指标 c_d 和 φ_d 也是有效应力强度指标。
结论		$c_u < c_{cu} < c' < c_d$，$\varphi_u < \varphi_{cu} < \varphi' < \varphi_d$

3. 三轴压缩试验特点

优点：① 能较为严格地控制排水条件以及可以量测试件中孔隙水压力的变化；② 试件中的应力状态也比较明确，破裂面是在最薄弱处，故三轴压缩试验的结果比较可靠；③ 三轴压缩仪还用以测定土的灵敏度、侧压力系数、孔隙水压力等力学性质，因此，它是土工试验不可缺少的设备。

缺点：① 三轴压缩试验的不足之处是试件的中主应力 $\sigma_2=\sigma_3$，而实际上土体的受力状态未必都属于这类轴对称情况；② 技术含量高，操作难度大。

3.1.4.3 无侧限抗压强度试验

1. 试验原理

无侧限抗压强度试验，将圆柱形试样放在图 3.12(a) 所示的无侧限抗压试验仪中，在不加任何侧向压力的情况下施加垂直压力（即 $\sigma_3=0$），直到试件剪切破坏为止，剪切破坏时试样所能承受的最大轴向压力 q_u 称为无侧限抗压强度（即 $\sigma_1=q_u$）。

同一种土测定的极限应力圆只有一个，其水平切线就是抗剪强度线，如图 3.12(b) 所示，其 $\varphi=0$，黏聚力 $c=\tau_f=q_u/2$。

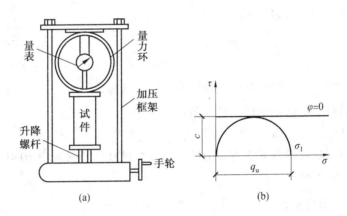

图 3.12　无侧限抗压强度试验

2. 适用条件

试验主要用于测定饱和黏性土（一般认为摩擦角 $\varphi=0$）在不固结不排水条件下的抗剪强度，该试样在三轴压缩仪中同样可以进行，相当于 $\sigma_3=0$ 的不固结不排水剪切，$\varphi=\varphi_u$，$c=c_u$。

在模块 1 中已知，对黏性土结构性的强弱要用灵敏度 $S_t=q_u/q_0$ 衡量，但 S_t 的大小是通过无侧限测定抗压强度试验来确定，即将原状的黏性土在不固结不排水的条件下，用上述方法测定极限抗压强度 q_u 后，并将破坏土样迅速重塑成与原状土相同体积的土样，用上述方法测得重塑土样的极限抗压强度 q_0，可测得该土样的灵敏度 S_t。

3.1.4.4 十字板剪切试验

前面介绍了三种土的抗剪强度试验方法均是在室内实验室完成的，试验须取得原状土，但对于饱和黏性土由于试验在取样、包装、运送、保存和制备过程中肯定要受到大的扰动及水分的蒸发，使试样结果误差很大，而十字板剪切试验克服了上述缺点，国内广泛应用测定饱和黏性土抗剪强度及灵敏度常用原位测试的方法。

1. 试验原理

十字板剪切试验主要工作构件如图 3.13 所示。试验时先将套管打入到预定深度，并将套管内的土清除。将十字板装在钻杆的下端后，通过套管压入土中，压入深度约为 750 mm。然后由地面上的扭力设备对钻杆施加扭矩,使埋在土中的十字板旋转,直至土体剪切破坏。破坏面为十字板(H、D分别表示十字板的高度和直径)旋转所形成的圆柱面。

十字板剪切试验剪切破坏时所施加的扭矩M与剪切破坏圆柱面(包括侧面和上下底面)上土的抗剪强度所产生的抵抗力矩相等,根据试验结果,按下式计算土的抗剪强度:

$$\tau_f = \frac{2M}{\pi D^2(H+D/3)} \quad (3.11)$$

十字板在现场测定的土的抗剪强度,属于不排水剪切的试验条件,因此其结果一般与无侧限抗压强度试验结果接近。

2.特点

它的优点是构造简单,操作方便,原位测试对土的扰动小,故实际中应用广泛,是现场原位测试饱和黏性土的抗剪强度及灵敏度的方法。

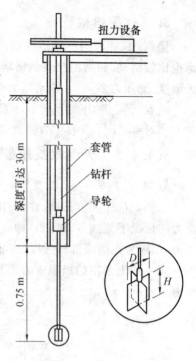

图 3.13 十字板剪切试验

3.1.4.5 抗剪强度指标的选用

1.选用的原则

(1)抗剪强度指标

凡是可以确定孔隙水压力的情况,都应当使用有效应力指标;采用总应力指标时,可根据具体情况选用不同的排水条件。

(2)直接剪切试验与三轴剪切试验

应优先采用三轴剪切试验指标,对于直接剪切试验可根据具体情况选用不同的排水条件。

2.抗剪强度指标的适用条件

抗剪强度指标的适用条件见表3.5。

表3.5 抗剪强度指标的适用条件

测定抗剪强度指标的试验方法	适用条件
① 三轴不固结不排水剪切试验(c_u、φ_u); ② 直接剪切快剪试验(c_q、φ_q)	建筑物施工速度快,且土体来不及固结与排水(如地基排水条件不良和透水性差的黏性土,验算斜坡稳定)以致剪切破坏情况。
① 三轴固结排水剪切试验(c_d、φ_d); ② 直接剪切慢剪试验(c_s、φ_s)	适用于建筑物施工慢,土体透水性较好(低塑性土)排水条件较好的土体(如黏土层中夹砂层)以致剪切破坏情况。
① 三轴固结不排水剪切试验(c_{cu}、φ_{cu}); ② 直接剪切固结快剪试验 c_{cq}、φ_{cq}	介于上述两者之间或土体固结已完成,又受到快速、大量的荷载作用,如竣工后,建筑物马上要投入生产时土体剪切破坏的情况。

3.2 地基承载力

在3.1节一开始我们认识了抗剪强度与地基承载力关系,并且阐述了土的抗剪强度指标的影响因素及测定方法,其目的是确定地基的承载力,本节除了要分析由土的抗剪强度指标确定地基承载力的计算理论外,还要讲述确定地基承载力的其他方法。

3.2.1 基本知识

3.2.1.1 地基的破坏类型

试验研究表明,建筑地基在荷载作用下往往由于承载力不足而产生剪切破坏,其破坏形式可分为整体剪切破坏、局部剪切破坏及冲剪破坏(冲切剪切破坏)三种,图3.14为建筑物在地基压力p作用下,地基土的破坏模式;图3.15为在基底压力p作用下,地基土压缩稳定后对应的压缩量s之间的关系曲线,下面分析其破坏特征。

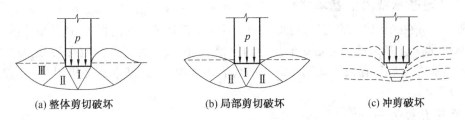

(a) 整体剪切破坏　　(b) 局部剪切破坏　　(c) 冲剪破坏

图 3.14　地基的破坏形式

1. 整体剪切破坏

$p-s$曲线如图3.15曲线1所示,从加荷到破坏经历了三个阶段:

(1) 线性阶段(压密阶段OA段或弹性变形阶段):在这一阶段荷载不大,地基的变形主要是由于孔隙体积减小而产生的压密变形,$p-s$曲线接近于直线,土中各点的剪应力均小于土的抗剪强度,土体处于弹性平衡状态。$p-s$曲线上相应于A点的荷载称为比例界限p_{cr},也称临塑荷载。

(2) 弹塑性阶段(AB段):超过p_{cr}后,此阶段$p-s$曲线已不再保持线性关系,随着荷载的增加,变形速率不断加大。

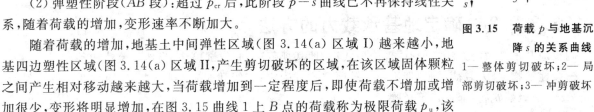

图 3.15　荷载p与地基沉降s的关系曲线
1—整体剪切破坏;2—局部剪切破坏;3—冲剪破坏

随着荷载的增加,地基土中间弹性区域(图3.14(a)区域Ⅰ)越来越小,地基四边塑性区域(图3.14(a)区域Ⅱ,产生剪切破坏的区域,在该区域固体颗粒之间产生相对移动越来越大,当荷载增加到一定程度后,即使荷载不增加或增加很少,变形将明显增加,在图3.15曲线1上B点的荷载称为极限荷载p_u,该阶段也称为局部剪切阶段。

(3) 破坏阶段(BC段)(或隆起阶段):当荷载超过极限荷载p_u后,基础急剧下沉,即使不增加荷载,沉降也不能停止,地基土体从基础四周大量挤出隆起(图3.14(a)区域Ⅲ),地基土形成一个连续的滑动面产生整体剪切破坏。

整体剪切破坏的特征:

在$p-s$曲线上可以明显分出三个阶段,出现明显的转折点即图中A点和B点。但荷载增加到一定程度后,最终在地基中形成一连续的滑动面,基础急剧下沉或向一侧倾倒,同时基础四周土体明显隆起,地基发生整体剪切破坏。

整体剪切破坏常发生在浅埋基础下的密砂或硬黏土等坚实地基中,破坏具有一定的突发性。

2. 局部剪切破坏

局部剪切破坏的特征:

局部剪切破坏$p-s$曲线如图3.14(b)所示,曲线上的转折点不像整体剪切破坏那么明显。荷载小时,$p-s$呈直线分布。随着荷载增加,塑性区只发展到一定范围,连续滑动面不会延伸到地表(不会有塑性区域Ⅲ),四周地面只是微微隆起(图3.14(b)),不会出现明显的倾覆或倒塌,地基只是发生塑性区域Ⅱ的局部剪切破坏。局部剪切破坏常发生于中等密实砂土中。

3. 冲剪破坏

冲剪破坏的特征：

冲剪破坏曲线 $p-s$ 曲线如图 3.14(c) 所示，曲线上没有明显的转折点，没有明显的比例界限及极限荷载。在荷载作用下，基础产生较大沉降，破坏时基础好像"刺入"地基土中，不出现明显的滑动区（图 3.14(c)），破坏时基础没有明显的倾覆，这种破坏形式常发生压缩性较大的在松砂、软土中或埋深较大的基础中（如桩基础）。

3.2.1.2　地基承载力的基本术语

地基承载力是指在保证建筑物强度、变形和稳定性满足设计要求的前提下，地基单位面积上承受荷载的能力(kPa)。地基承载力的确定是一个复杂的问题，不仅与土的工程性质有关，还与基础的埋深、形状、尺寸、上部结构构造等有关。地基承载力的代表值主要有：地基承载力极限值和地基承载力特征值。

1. 地基承载力极限值 p_u

地基极限承载力 p_u 是指地基发生剪切破坏时，地基承受的最大基底压力，如地基发生整体剪切破坏时 $p-s$ 曲线中 B 点的极限荷载。

2. 地基承载力特征值 f_a

《规范》规定：地基承载力应满足 $p_k \leq f_a$ 且 $p_{kmax} \leq 1.2 f_a$，地基变形应满足 $s \leq [s]$，即基底面积与承载力 f_a 有关，而地基变形也与基底面积有关，这样不难推断，地基承载力特征值也是保证地基承载力及变形满足设计要求的条件下地基承载力的允许值。下面介绍确定地基承载力的方法，其目的是确定地基承载力特征值。

3.2.2　确定地基承载力的方法

确定地基承载力的方法一般有：理论公式法、地基规范法、原位试验法、当地经验法四种。

一级建筑物：静力载荷试验、理论公式及原位测试确定；二级建筑物：规范查出，原位测试尚应结合理论公式；三级建筑物：邻近建筑经验。

本节将介绍理论公式法、静力载荷试验、地基规范法确定地基承载力特征值 f_a 的方法。

3.2.2.1　理论计算法

1. 临塑荷载 p_{cr} 及临界荷载 $p_{1/4}$、$p_{1/3}$

(1) 计算原理

① 假定土体的破坏模式为整体剪切破坏，基础为条形基础，设基础埋深为 d（图 3.16(a)），基底处土的自重应力为 $\gamma_m d$，基底压力为 p，基底以下土的重度为 γ，土的摩擦角及黏聚力分别为 φ、c。

② 在基底压力作用下，图 3.16(b)、(c) 点 M 处于极限平衡状态，其主应力为 σ_1、σ_3，塑性发展最大深度为 z_{max}，根据弹性理论及极限平衡条件，可求得塑性发展最大深度 z_{max} 为

$$z_{max} = \frac{p - \gamma_m d}{\pi \gamma} \left[\cot \varphi - \left(\frac{\pi}{2} - \varphi \right) \right] - \frac{c}{\gamma \tan \varphi} - \frac{\gamma_m}{\gamma} d \qquad (3.12)$$

(2) 临塑荷载 p_{cr}

临塑荷载 p_{cr} 是指地基土将要出现塑性区时的基底压力，即塑性发展最大深度 $z_{max}=0$ 对应的基底压力，将式(3.12)中，令 $z_{max}=0$ 得

$$p_{cr} = \frac{\pi (c \cot \varphi + \gamma_m d)}{\cot \varphi + \varphi - \pi/2} + \gamma_m d \qquad (3.13)$$

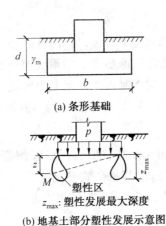
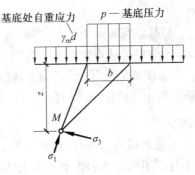

图 3.16 地基临塑荷载及临界荷载计算示意图

> **技术提示:**
> 若将临塑荷载 p_{cr} 作为地基承载力特征值肯定是偏于保守的,因其不允许地基塑性发展,未能充分发挥地基的承载能力。大量的工程实践证明,即使地基部分塑性发展,只要塑性发展深度 z_{max} 在一定范围内,不至于影响建筑物的承载力及正常使用。

(3) 临界荷载 $p_{1/4}$ 及 $p_{1/3}$

临界荷载是指允许地基产生一定范围塑性区所对应的荷载。根据工程实践经验,《地基》规范认为,对一般建筑物在中心荷载作用下,控制塑性发展最大深度在基础宽度的 1/4;在偏心荷载下,控制控制塑性发展最大深度在基础宽度的 1/3,对应的两个临界荷载分别用 $p_{1/4}$ 及 $p_{1/3}$ 表示,并作为轴压、偏压基础地基承载力的特征值还是满足设计要求的。

令 $z_{max}=b/4$、$z_{max}=b/3$ 分别代入式(3.12)得

$$p_{1/4} = \frac{\pi(c\cot\varphi + \gamma_m d + \gamma b/4)}{\cot\varphi + \varphi - \pi/2} + \gamma_m d \tag{3.14}$$

$$p_{1/3} = \frac{\pi(c\cot\varphi + \gamma_m d + \gamma b/3)}{\cot\varphi + \varphi - \pi/2} + \gamma_m d \tag{3.15}$$

【例 3.3】 一条形基础,宽 $b=1.5$ m,埋深 $d=1.0$ m,地基土层分布为:第一层素填土,厚 $h_1=0.8$ m,重度 $\gamma_1=18$ kN/m³,第二层土厚 $h_2=6$ m,$\gamma_1=18.2$ kN/m³,土的黏聚力 $c=10$ kPa,内摩擦角 $\varphi=13°$。求该地基临塑荷载 p_{cr} 及临界荷载 $p_{1/4}$、$p_{1/3}$。

解 计算基底处土的自重应力:

$$\gamma_m d = (18\times 0.8 + 18.2\times 0.2)\text{kN/m}^2 = 18.04 \text{ kN/m}^2 = 18.04 \text{ kPa}$$

(1) $p_{cr} = \frac{\pi(c\cdot\cot\varphi + \gamma_m d)}{\cot\varphi + \varphi - \pi/2} + \gamma_m d = \left[\frac{\pi(10\cot 13° + 18.04)}{\cot 13° + \pi\times 13°/180° - \pi/2} + 18.04\right]\text{kPa} = 82.64 \text{ kPa}$

(2) $p_{1/4} = \frac{\pi(c\cdot\cot\varphi + \gamma_m d + \gamma b/4)}{\cot\varphi + \varphi - \pi/2} + \gamma_m d = \frac{\pi(10\cot 13° + 18.04 + 18.2\times 1.5/4)}{\cot 13° + \pi\times 13°/180° - \pi/2}\text{ kPa} + 18.04 \text{ kPa} = 89.7 \text{ kPa}$

(3) $p_{1/3} = \frac{\pi(c\cdot\cot\varphi + \gamma_m d + \gamma b/3)}{\cot\varphi + \varphi - \pi/2} + \gamma_m d = \frac{\pi(10\cot 13° + 18.04 + 18.2\times 1.5/3)}{\cot 13° + \pi\times 13°/180° - \pi/2}\text{ kPa} + 18.04 \text{ kPa} = 92.1 \text{ kPa}$

☆ **知识扩展：**

（1）临塑荷载 p_{cr} 与基础宽度无关，而临界荷载与基础宽度 b 有关，随着基础宽度 b 的增加而增加；

（2）临塑荷载 p_{cr} 及临界荷载均随着基础埋深 d、黏聚力 c、摩擦角 φ 的增大而增大；

（3）地下水的存在会使临塑荷载 p_{cr} 及临界荷载减小，对无黏性土地基尤为明显；

（4）上式是在条形均布荷载作用下的公式，对于矩形、圆形基础用上式计算，其结果偏于安全。

2. 极限荷载 p_u

极限荷载即地基极限承载力，其理论计算公式很多，如太沙基、汉森、斯凯普顿等公式，它们均基于不同的假定其适用条件也不同。下面重点给出太沙基的公式，其他公式参见有关书籍。太沙基根据塑性理论提出了条形基础在中心荷载作用下地基极限承载力公式，并推广应用于方形基础与圆形基础。

（1）太沙基极限承载力计算公式

对于地基是整体剪切破坏情况，按下式计算：

条形基础（$l/b \geqslant 10$）：

$$p_u = cN_c + qN_q + 0.5\gamma b N_r \tag{3.16}$$

方形基础（$l/b = 1.0$）：

$$p_u = 1.2cN_c + qN_q + 0.4\gamma b N_r \tag{3.17}$$

圆形基础：

$$p_u = 1.2cN_c + qN_q + 0.6\gamma b N_r \tag{3.18}$$

式中　N_c、N_q、N_r——承载力系数，仅与摩擦角 φ 有关，查表 3.6 或图 3.17；

　　　b——基础直径；

　　　q——基底处土的自重应力，$q = \gamma_m d$。

对于矩形基础（$1 < l/b < 10$），可根据 l/b 在条形基础和方形基础按其极限承载力之间内插。

对于地基局部剪切破坏，太沙基建议将抗剪强度指标折减 2/3，即将上式公式中的 c、φ 分别用 $c' = 2c/3$，$\varphi' = 2\varphi/3$，公式中对应的承载力系数分别用 N_c'、N_q'、N_y' 表示，查图 3.17 和表 3.6。

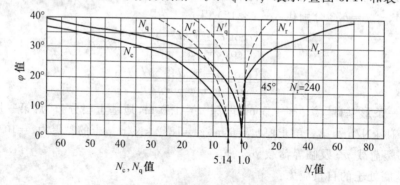

图 3.17　太沙基地基承载力系数

表 3.6　太沙基地基承载力系数

$\varphi/(°)$	0	5	10	15	20	25	30	35	40
N_r	0	0.51	1.20	1.80	4.0	11.0	21.8	45.4	125
N_q	1.0	1.64	2.69	4.45	7.44	12.7	22.5	41.4	81.3
N_c	5.71	7.34	9.61	12.9	17.7	25.1	37.2	57.8	95.7

（2）汉森极限承载力理论

太沙基极限荷载公式，只适用于中心竖向荷载作用时的条形基础，不考虑基底以上土的抗剪强度的作用。若基础上作用的荷载是倾斜的或有偏心,基底的形状是矩形或圆形,基础的埋置深度较深,计算时需要考虑基底以上土的抗剪强度影响。

汉森(Hanson,1970)提出在倾斜荷载作用下,不同基础形状及不同埋置深度时的极限荷载计算公式:

$$p_u = 0.5\gamma b N_r S_r d_r i_r q_r b_r + q_q N_q S_q d_q i_q q_q b_q + c N_c S_c d_c i_c q_c b_c \quad (3.19)$$

式中 N_r、N_q、N_c——承载力形状修正系数;

S_r、S_q、S_c——相应于基础形状的修正系数;

d_r、d_q、d_c——相应于考虑埋深范围内土强度的深度修正系数;

i_r、i_q、i_c——相应于荷载倾斜的修正系数;

q_r、q_q、q_c——相应于地面倾斜的修正系数;

b_r、b_q、b_c——相应于基础底面倾斜的修正系数。

以上系数在此不再赘述,参见有关书籍,汉森公式是个半经验、半理论公式,其适用范围广,北欧各国广泛应用,我国《港口工程技术规范》也推荐采用该公式。

> **技术提示:**
> 1. 由上述各项公式计算承载力极限值除以安全系数就得到承载力特征值,安全系数与上部结构类型、荷载性质、地基土类型以及建筑重要性、使用年限等有关,目前无统一标准,一般安全系数 $k=2\sim 3$,不得小于2,有关专家认为应取3。
> 2. 地基极限承载力随基础埋深、基础宽度和土的抗剪强度指标的增加而增加,影响最大的是抗剪强度指标,其次是基础埋深。

【例 3.4】 某条形基础宽 $b=1.5$ m,埋深 $d=1.2$ m,地基土为黏性土,重度 $\gamma=18.4$ kN/m³,土的黏聚力 $c=8$ kPa,内摩擦角 $\varphi=15°$。整体剪切破坏时,试按太沙基计算:

(1) 极限荷载 p_u? 若 $k=2.5$,求地基承载力特征值为多少?

(2) 基础埋深分别加大到 $d=1.6$ m、2.0 m 时,求 p_u?

(3) 基础宽度分别加大到 $b=1.8$ m、2.1 m 时,求 p_u?

(4) 黏聚力 $c=12$ kPa,内摩擦角 $\varphi=20°$,求 p_u?

解 (1) 由 $\varphi=15°$ 查表3.6得: $N_r=1.80$、$N_q=4.45$、$N_c=12.9$,$b=1.5$ m,$d=1.2$ m 时:

$$p_u = cN_c + qN_q + 0.5\gamma b N_r = cN_c + \gamma_m d N_q + 0.5\gamma b N_r =$$
$$(8\times 12.9 + 18.4\times 1.2\times 4.45 + 0.5\times 18.4\times 1.5\times 1.8)\text{kPa} = 226.3 \text{ kPa}$$

地基特征值:

$$f_a = p_u/k = 226.3/k = (226.3/2.5)\text{kPa} = 90.5 \text{ kPa}$$

(2) ① $d=1.6$ m 时:

$$p_u = cN_c + qN_q + 0.5\gamma b N_r = cN_c + \gamma_m d N_q + 0.5\gamma b N_r =$$
$$(8\times 12.9 + 18.4\times 1.6\times 4.45 + 0.5\times 18.4\times 1.5\times 1.8)\text{kPa} = 259.0 \text{ kPa}$$

② $d=2.0$ m 时:

$$p_u = cN_c + qN_q + 0.5\gamma b N_r = cN_c + \gamma_m d N_q + 0.5\gamma b N_r =$$
$$(8\times 12.9 + 18.4\times 2.0\times 4.45 + 0.5\times 18.4\times 1.5\times 1.8)\text{kPa} = 291.8 \text{ kPa}$$

(3) ① $b=1.8$ m 时:

$$p_u = cN_c + qN_q + 0.5\gamma b N_r = cN_c + \gamma_m d N_q + 0.5\gamma b N_r =$$

$$(8\times12.9+18.4\times1.2\times4.45+0.5\times18.4\times1.8\times1.8)\text{kPa}=231.3\text{ kPa}$$

②$b=2.1$ m 时：

$$p_u=cN_c+qN_q+0.5\gamma bN_r=cN_c+\gamma_m dN_q+0.5\gamma bN_r=$$
$$(8\times12.9+18.4\times1.2\times4.45+0.5\times18.4\times2.1\times1.8)\text{kPa}=236.2\text{ kPa}$$

(4) 由 $\varphi=20°$ 查表 3.6 得：$N_r=4.0$、$N_q=7.44$、$N_c=17.7$

$$p_u=cN_c+qN_q+0.5\gamma bN_r=cN_c+\gamma_m dN_q+0.5\gamma bN_r=$$
$$(12\times17.7+18.4\times1.2\times7.44+0.5\times18.4\times1.5\times4.0)\text{kPa}=431.9\text{ kPa}$$

3.2.2.2 《规范》法

当荷载偏心距 $e\leqslant0.033l$（l 为偏心方向基础边长）时，《建筑地基基础设计规范》（GB 50007—2011）中推荐的计算公式是以临界荷载 $p_{1/4}$ 理论公式为基础，其《规范》计算地基承载力特征值 f_a 公式如下：

$$f_a=M_b\gamma b+M_d\gamma_m d+M_c c_k \tag{3.20}$$

式中 M_b、M_d、M_c——承载力系数，按表 3.7 确定；

b——基础底面宽度（m），$b>6$ m 时，按 6 m 计，对于砂土 $b<3$ m 时，按 3 m 计；

d——基础的埋置深度（m），宜自室外地面标高算起。在填方整平地区，可自填土地面标高算起，但填土在上部结构施工后完成时，应从天然地面标高算起。对于地下室，如采用箱形基础或筏基时，基础埋置深度自室外地面标高算起；当采用独立基础或条形基础时，应从室内地面标高算起；

c_k、φ_k——基底下一倍短边宽深度内土的黏聚力标准值（kPa）和内摩擦角标准值（由实测试验指标及概率统计可靠度分析并由岩土工程勘察规范确定）；

其余符号意义同前。

表 3.7 承载力系数 M_b、M_d、M_c

土的内摩擦角标准值 $\varphi_k/(°)$	M_b	M_d	M_c	土的内摩擦角标准值 $\varphi_k/(°)$	M_b	M_d	M_c
0	0	1.00	3.14	22	0.61	3.44	6.04
2	0.03	1.12	3.32	24	0.80	3.87	6.45
4	0.06	1.25	3.51	26	1.10	4.37	6.90
6	0.10	1.39	3.71	28	1.40	4.93	7.40
8	0.14	1.55	3.93	30	1.90	5.59	7.95
10	0.18	1.73	4.17	32	2.60	6.35	8.55
12	0.23	1.94	4.42	34	3.40	7.21	9.22
14	0.29	2.17	4.69	36	4.20	8.25	9.97
16	0.36	2.43	5.00	38	5.00	9.44	10.80
18	0.43	2.72	5.31	40	5.80	10.84	11.73
20	0.51	3.06	5.66				

【例 3.5】 某条形基础宽 $b=1.8$ m，埋深 $d=1.2$ m，地基土为黏性土，土的黏聚力 $c_k=12$ kPa，内摩擦角 $\varphi_k=20°$，地下水与基底平齐，地下水位以上土的重度 $\gamma=18.3$ kN/m³，饱和重度 $\gamma_{sat}=19.3$ kN/m³。试按《规范》法计算地基承载力特征值 f_a。

解 由 $\varphi_k=20°$ 查表 3.7 得：$M_b=0.51$、$M_d=3.06$、$M_c=5.66$，代入下式

$$f_a=M_b\gamma b+M_d\gamma_m d+M_c c_k=$$
$$[0.51\times(19.3-10)\times1.8+3.06\times18.3\times1.2+5.66\times12]\text{kPa}=144.16\text{ kPa}$$

技术提示：

计算地基承载力时，无论何种方法计算地基承载力，位于地下水位以下的土应取土的有效重度（包括γ_m、γ）计算。

3.2.2.3 现场载荷试验

理论公式确定地基承载力，由于必须先测定原状土的物理力学性质指标。但因取样、运输、制样会对土体产生扰动，加之试验条件不完全与现场相符，因此，测定出的指标未必完全反映实际土体的性状，从而导致计算出的承载力与实际存在一定的差异。某些土（如饱和软黏土、无黏性土等）难于取得原状样，无法较为准确地测定指标。为克服上述缺陷，可采用现场原位测试确定地基承载力。

原位试验法是一种通过现场直接试验确定承载力的方法，包括静力载荷试验、静力触探试验、标准贯入试验、旁压试验等，其中以载荷试验法是最直接、最可靠的方法，载荷试验包括浅层平板载荷试验、深层平板载荷试验，前者适用于浅层地基，后者适用于深层地基，下面主要说明浅层平板载荷试验原理。

1.载荷试验装置

载荷试验装置由加载系统、反力装置和沉降观测系统组成。加载系统由刚性承压板、油压千斤顶及稳压器组成。反力装置根据现场情况条件一般选择锚桩反力装置和压重平台反力装置，图3.18是压重平台反力装置(堆载装置)，沉降观测系统由百分表及固定支架(固定支架图中未画)组成。

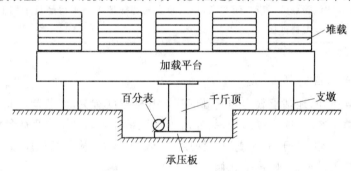

图 3.18 载荷试验装置

荷载的测量可用安置在千斤顶上的荷载传感器直接量测或采用并联千斤顶油路的压力表或压力传感器测定油压，沉降量由百分表或位移计量读取沉降量。

2.试验要点

(1)在试验点挖一试坑，试验基坑的宽度不应小于承压板宽度的3倍，基坑深度一般位于基底的设计标高处，承压板面积不应小于 0.25 m²，软土不应小于 0.5 m²。

(2)为了保证试验土层的原状结构和天然湿度，拟在试压表面用粗砂或中砂找平，其厚度不超过 20 mm。

(3)荷载应逐级加载，荷载分级不应小于8级，第一级荷载(包括试验装置自重)基底自重应力最大加载量不应小于设计荷载的2倍。

(4)每级 p_i 荷载后，同时测定在各级荷载下载荷板的沉降量，并观察周围土位移情况，并按间隔时间 10 min、10 min、10 min、15 min、15 min，以后每个 30 min 测读沉降量，当连续 2 h 内，每小时沉降量小于 0.1 mm 时，则认为沉降稳定，读取对应的稳定沉降量为 s_i 后，可加下一级荷载。

(5)绘制在每级 p_i 荷载作用下，测出对应的稳定沉降 s_i 的关系曲线(图 3.15)。

(6)当出现下列情况之一时,即可终止加载(表3.8中第1、2条说明终止加载条件)。

3.地基承载力特征值 f_{ak} 的确定

某试验点地基承载力极限值确定见表3.8第3条。某试验点地基承载力特征值见表3.8第4条。地基承载力特征值 f_{ak} 的确定见表3.8中第5条说明。

表3.8 载荷试验终止加载条件及土层地基承载力特征值 f_{ak} 的确定

1	终止加载条件			
	情况1	情况2	情况3	情况4
2	承压板周围的土明显地侧向挤出(意味着土体发生整体剪切破坏)	沉降 s 急剧增大,荷载—沉降($p-s$)曲线出现陡降段	在某一级荷载作用下,24 h之内沉降速率未稳定达到标准	沉降量与承压板宽度或直径之比大于或等于0.06
3	极限荷载 p_{ui} 确定			
	当满足终止加载条件的前三种情况之一时,其对应的前一级荷载对该试验点的极限荷载 p_{ui}			
4	某试验点地基承载力实测特征值 f_{aki}			
	①当载荷试验的荷载沉降 $p-s$ 曲线上有明确的比例界限时,取该比例界限所对应的荷载值; ②当极限荷载小于对应比例界限的荷载值的2.0倍时,取极限荷载值的一半; ③不能按上述两点确定时,当荷载板面积为 $0.25\sim0.50\ m^2$,可取 $s/b=0.01\sim0.015$ 所对应的荷载值,但其值不应大于最大加载量的一半。			
5	某土层地基承载力特征值 f_{ak}			
	同一土层参加统计的试验点数不应少于三点,各试验实测特征值极差不得超过平均值的30%,取此平均值作为该土层的地基承载力特征值。			

4.地基承载力特征值的修正 f_a

通过前面理论计算得知,地基承载力与基础埋深和基础宽度有关,而载荷试验确定的地基承载力特征值没有考虑周围回填土影响,即埋深影响;另外由于承压板宽度较小,也没有考虑基础宽度有利的影响,故《规范》规定当基础宽度大于3 m或埋置深度大于0.5 m时,从载荷试验或其他原位测试、经验值等方法确定的地基承载力特征值,应按下式修正:

$$f_a = f_{ak} + \eta_b \gamma (b-3) + \eta_d \gamma_m (d-0.5) \tag{3.21}$$

式中 f_a——修正后的地基承载力特征值,kPa;

f_{ak}——地基承载力特征值,kPa;

η_b、η_d——基础宽度和埋深的地基承载力修正系数,按基底下土的类别查表3.9取值;

其余符号同式(3.20)。

表 3.9 承载力修正系数

土 的 类 别		η_b	η_d
淤泥和淤泥质土		0	1.0
人工填土		0	1.0
e 或 I_L 大于等于 0.85 的黏性土		0	1.0
红黏土	含水比 $\alpha_w < 0.8$	0	1.2
	含水比 $\alpha_w \geq 0.8$	0.15	1.4
大面积压实填土	压实系数大于 0.95、黏粒含量 $\rho_c \geq 10\%$ 的粉土	0	1.5
	最大干密度 $\rho_{dmax} \geq 2.1 \text{ t/m}^3$ 的级配砂石	0	2.0
粉土	粘粒含量 $\rho_c \geq 10\%$ 的粉土	0.3	1.5
	黏粒含量 $\rho_c < 10\%$ 的粉土	0.5	2.0
e 或 I_L 及均小于 0.85 的黏性土		0.3	1.6
粉砂、细砂(不包括很湿与饱和时的稍密状态)		2.0	3.0
中砂、粗砂、砾砂和碎石土		3.0	4.4

【例 3.6】 某砖混结构,基础埋深 $d=1.5$ m,基础宽度 $b=4$ m,场地土为匀质黏性土,重度 $\gamma=17.5$ kN/m³,孔隙比 $e=0.8$,液性指数 $I_L=0.78$,地基承载力特征值 $f_{ak}=190$ kPa,试对该地基土的承载力进行修正。

解 由于孔隙比 $e=0.8$,液性指数 $I_L=0.78$ 均小于 0.85 的黏性土。查表 3.9 得 $\eta_b=0.3$ $\eta_d=1.6$,代入公式:

$$f_a = f_{ak} + \eta_b \gamma (b-3) + \eta_d \gamma_m (d-0.5) =$$
$$[190 + 0.3 \times 17.5 \times (4-3) + 1.6 \times 17.5 \div (1.5-0.5)] \text{kPa} =$$
$$223.25 \text{ kPa}$$

> **技术提示:**
> 1. γ 取基底下土重度,γ_m 是基底以上土的加权平均重度,地下水位以下土取浮重度。
> 2. $b<3$ m 取 3 m,$b>6$ m 取 6 m 计算。

3.3 地基承载力不足导致工程事故案例分析

3.3.1 事故概况

加拿大特朗斯康谷仓于 1911 年开始施工,1913 年秋完工。平面形状为矩形,长 59.44 m,宽 23.47 m,高 31,容积 36 368 m³。谷仓(图 3.19)由 65 个圆柱形筒仓组成,每排 13 个圆筒仓,共 5 排;谷仓的基础为钢筋混凝土筏形基础,基础底板厚 0.61 m,基础埋深 3.66 m,谷仓自重 20 000 t。

1913 年 10 月 18 日当谷仓装了 31 822 m³ 谷物后,发现 1 h 内谷物垂直沉降达 30.5 cm,并在 24 h 谷仓向西侧倾斜 26°53′,谷仓西侧下沉 7.32 m,东侧抬高 1.52 m。倾斜后,由于上部结构为钢筋筒形结构,且结构规则,整体刚度好,发生倾斜后,上部结构整体性好,基本完整无损,仅有极少表面裂缝,如图 3.19 所示。

图 3.19　加拿大特朗斯康谷仓地基失稳破坏情景

3.3.2　事故原因分析

1. 地质情况分析

由于事先对谷仓的地基情况未进行地质勘察,根据相邻结构基槽开挖试验结果,确定的地基承载力为 352 kPa,将其应用到该谷仓中,但实际上该筒仓的地基承载力很低。出现事故后,经勘察试验与计算,基础下地质情况为 15 m 厚的高塑性淤泥质软黏土地基,1952 年从不扰动的黏性试验测得:黏土层的平均含水量随深度的增加而增加,从 40% 增加到 60%,平均液限 $w_L=105\%$,塑限 $w_p=35\%$,塑性指数 $I_p=70>15$,所以为高塑性黏性土。无侧向抗压强度 q_u 从 118.4 kPa 减少到 70.0 kPa,所以地基持力层承载力低,软弱下卧层承载力更低。

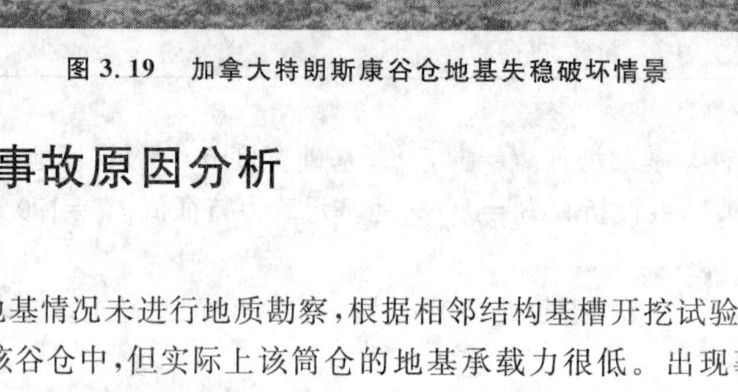

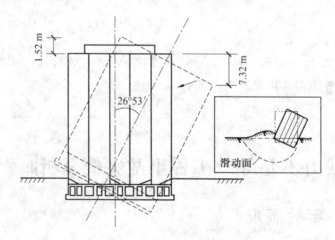

图 3.20　谷仓地基破坏分析图

2. 加载过大且过快

谷物的荷载(活载)约占总荷载的 60%,其活载是很大的,一般的民用建筑活载仅在总荷载的 20% 左右,谷物建成后用不到一个月的时间就将荷载加满,导致土中剪应力迅速加大。而土的抗剪强度增长较为缓慢,因在短时间土中的水和气来不及排走,其固结度很低,由太沙基的饱和黏性土的固结度可知:土的固结度 U_L 随时间因数 $T_V=\dfrac{C_V t}{H^2}$ 增大而增大(另外从图 2.23 也可看出),时间 t 越小,再加上软土层

厚度 H 越厚,其 T_v 越小,固结度越小,有效应力越小,土的抗剪强度越低,地基承载力越低;致使土体的抗剪强度增长速度远远小于由于快速加荷对土体产生剪应力的速度,导致 $\tau>\tau_f$,导致土体产生整体剪切破坏,地基土中应力大于地基极限承载力失去了稳定承载力,根据有关资料记载,将谷物存放后使基底平均压力达 330 kPa,超过了地基极限承载力 280 kPa。

3.3.3 事故采取措施

综上所述,加拿大特朗斯康谷仓发生地基滑动强度破坏的主要原因是:对谷仓地基土层事先未作勘察、试验与研究,采用的设计荷载超过地基土的抗剪强度,导致这一严重事故。由于谷仓整体刚度较高,地基破坏后,筒仓仍保持完整,无明显裂缝,因而地基发生强度破坏而整体失稳。

为修复筒仓,在基础下面设置了 70 多个支承于深 16 m 的基岩上的混凝土墩,使用 388 只 500 kN 的千斤顶,逐渐将倾覆的筒仓纠正。修复后筒仓位置比原来降低了 4 m。补救工作是倾斜的谷仓底部水平巷道内进行,新的基础在地表下深 10.36 m。经过纠斜处理后,谷仓于 1916 年恢复使用。

☆ 知识扩展:

通过本例分析及结合前面地基承载力计算,分析其影响地基承载力的因素如下:

(1) 土的物理力学性质指标

土的物理性质及力学性质指标很多,其中影响最大的是黏聚力 c、摩擦角 φ 及土的重度。随着它们逐渐增大,其地基承载力也在不断增大。黏性土含水量增高时,黏聚力 c 降低,所以暴雨骤降或地下水位抬升,均会使地基承载力降低。固结时间越长,土中含水量越少,有效应力增加及有效抗剪强度指标增大,土的抗剪强度增大,地基承载力随之增大,关于对抗剪强度指标的影响因素在前面已有详述,在此不再赘述。

(2) 基础形状、基础宽度及基础埋深

理论计算分析表明:当条形基础、方形基础宽度及圆形基础的直径(等于宽度)均相同时,其中圆形基础承载力最大、方形基础次之、条形基础最小。另外地基承载力是按条形基础考虑的,地基承载力随着基础宽度及埋深的增大,其地基承载力不断增加。在原位试验地基承载力修正时,按规范规定:当基础宽度在 $b=(3\sim6)$ m,基础埋深 $d>0.5$ m 时,地基承载力随着基础宽度及埋深的增大,其地基承载力不断增加,但是对于饱和黏性土,由摩擦角 $\varphi=0$ 及 $\eta_b=0$,基础宽度对承载力无影响。

(3) 荷载作用时间及荷载作用方向

荷载倾斜度与偏心越大,地基承载力越小,在汉森公式中就考虑了该方面的影响。当其他条件不变时(包括含水量不变),荷载作用时间越长,使土产生蠕变,降低土的强度,极限承载力降低,比萨斜塔倾斜的原因也有土的蠕变因素在内,但是当排水条件良好时,随着时间延长,含水量不断减小,土的固结度不断增长,其地基承载力不断增加。

另外地基上加荷的速率对地基承载力有很大的影响,荷载突然施加的地基承载力要比加荷固结逐渐进行的地基承载力大。软土地基上建筑物应严格控制加载速率,使软土地基排水固结,强度增长,防止失稳。

3.4 土的室内直接剪切试验

3.4.1 试验目的

直接剪切试验是测定土抗剪强度指标的一种常用方法,即测定土的抗剪强度参数内摩擦角 φ 和内聚力 c,为计算地基承载力及地基、斜坡稳定性分析提供所需的基本参数。

3.4.2 仪器设备

应变式直剪仪:包括剪切盒、垂直加压系统、剪切传动装置、测力器及位移量测系统,各部件的名称如图 3.21 所示。

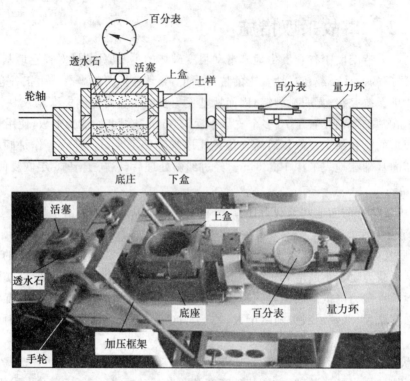

图 3.21 应变式直剪仪示意图

其他:天平、切土刀、环刀(高 20 mm,内径 61.8 mm)、秒表、滤纸或蜡纸、钢丝锯、凡士林等。

3.4.3 试验原理

直接剪切试验的原理是根据库仑定律,土的内摩擦力与剪切面上的法向压力成正比,将同一种土样切取不少于四个试样,分别在不同的法向压力下,沿固定的剪切面直接施加水平剪力,得其剪坏时剪应力,即为抗剪强度 τ_f,然后根据剪切定律确定土的抗剪强度指标 φ 和 c。

3.4.4 操作步骤

1. 仪器检查

(1)将杠杆前端砝码取下,用手扶正拉杆,目测杠杆基本水平,调整平衡锤使杠杆处于水平平衡状态,旋紧螺帽(一般出厂前已调整好)。

(2)检查上下销钉和升降螺丝是否灵敏。

(3)检查仪器各部分接触是否紧密、转动是否灵敏,即检查弹性钢环(量力环)两端是否能与剪切容器和端承支点接紧;将手轮逆时针方向旋转使推进器与容器离开,然后将推进器的保险销钉拧开,检查螺母轮或蜗杆与螺丝槽有无脱落现象。

(4)安装百分表于量力环中,并检查百分表是否接触良好。

2. 切取土样

用标准环刀,切取原状土,每组试验不少于四个试样,并分别测定其密度及含水量。密度差值不得超过 0.03 g/cm³。

3. 安装试样

(1) 对准上、下剪切盒并插入固定销钉。在下盒内放入透水石一块,其上放不透水蜡纸一张(快剪)或湿滤纸(固结快剪、慢剪)。

(2) 将切取土样的环刀刀口向上对准上剪切盒口,在土样上面放上蜡纸一张(快剪)或湿滤纸(固结快剪、慢剪),用土样盖将土推入剪切盒中,移去环刀,再在其顶部放块透水石和传压板(活塞)。

(3) 将加压框架上的横梁对准传压板,并调整加压头位置,使杠杆微上抬,框架向后时,容器能自由取放。

4. 垂直加荷

(1) 每组试验需要剪切不少于 4 个试样,分别在不同的垂直压力下剪切。对一般的黏性土、砂土,宜采用 100 kPa、200 kPa、300 kPa、400 kPa 的垂直应力。

(2) 每级荷载作用下所需时间分两种情况:当为慢剪和固结慢剪时,在每级垂直荷载作用下,百分表的垂直变形读数小于 0.005 mm/h,才认为固结稳定。当为快剪时,加上垂直荷载后,立即剪切。

5. 水平剪切

(1) 先转动手轮,使上盒前端钢珠刚好与量力环接触,调整量力环上百分表计数为零 $R_0 = 0$。

(2) 拨出固定销钉,开动秒表,手动时固结快剪及快剪以 4~12 r/min 均匀的速率旋转手轮,使试样在 3.5 min 内剪切破坏。电动控制时,快剪及固结快剪其剪切速率为 0.8 mm/min;慢剪其剪切速率小于 0.2 mm/min。

(3) 手动剪切时,手轮应匀速不间断地旋转,并保持杠杆水平。

(4) 剪切过程中,百分表指针不再上升或有明显后退时,表示试样已剪切破坏。若变形继续增加,而剪切变形(上下盖错开)为 4 mm 时,也认为试样已剪切破坏。

(5) 当采用手动装置时,记录手轮转数 n 以及量力环中百分表的终读数 R_t(单位:0.01 mm),量力环百分表读数差 $R = R_t - R_0$(单位:0.01 mm)。

6. 拆除容器

剪切结束,倒退手轮到适当位置,依次卸除百分表、垂直荷载、上盒等。重新装上另一试样进行下一级剪切试验,直至全部结束。

3.4.5 成果整理

1. 计算剪切位移量 ΔL 及相应的剪应力 τ

(1) 手动控制时,手轮每转一圈推进杆前进 0.2 mm,则相应的剪切位移为: $\Delta L = 0.2 \times 10^2 n - R = 20n - R_0 = 20n$(单位:0.01 mm),并将相应结果填入表 3.10。

(2) 当采用电动装置时,仪器有多挡速率,剪切速率 v(mm/min)的选择按试验要求而定,则在 t(min)时刻,量力环读数差 $R = R_t - R_0$(单位:0.01 mm),对应的剪切位移量 $\Delta L = Vt \times 10^2 - R$(0.01 mm),并将相应结果填入表 3.10。(注意:① 量力环率是系数 c 由当地技术监督局,经过技术鉴定给出每台直接剪切仪的量力环率定系数。② 不同地方给出量力环率定系数的单位是不一样的,若 c 的单位为 N/0.01 mm 时,则剪应力 $\tau = \dfrac{c \cdot R}{A_0} \times 10$,$A_0$ 为土样的断面积。)

(3) 每一剪切位移对应的剪应力 $\tau = CR$(kPa),其中 C 为量力环率定系数(kPa/0.01 mm),并将计算结果填入表 3.10 中。

表 3.10 直接剪切试验记录表

（手动时）手轮转速： r/min；（电动时）电动剪切速率 $v=$ mm/min；

仪器编号：××				仪器编号：××			
量力环率定系数 C： kPa/0.01 mm 固结时间： h 压缩量： mm 剪切历时： min				量力环率定系数 C： kPa/0.01 mm 固结时间： h 压缩量： mm 剪切历时： min			
垂直压力 $\sigma_1 = 100$ kPa				垂直压力 $\sigma_2 = 200$ kPa			
手轮转数 n 或电动剪切时间 t/min	量力环百分表读数差 R /0.01 mm	剪切位移量 ΔL /0.01 mm	$\tau = CR$ /kPa	手轮转数 n 或电动剪切时间 t/min	量力环百分表读数差 R /0.01 mm	剪切位移量 ΔL /0.01 mm	$\tau = CR$ /kPa
仪器编号：××				仪器编号：××			
量力环率定系数 C： kPa/0.01 mm 固结时间： h 压缩量： mm 剪切历时： min				量力环率定系数 C： kPa/0.01 mm 固结时间： h 压缩量： mm 剪切历时： min			
垂直压力 $\sigma_3 = 300$ kPa				垂直压力 $\sigma_4 = 400$ kPa			
手轮转数 n 或电动剪切时间 t/min	量力环百分表读数差 R /0.01 mm	剪切位移量 ΔL /0.01 mm	$\tau = CR$ /kPa	手轮转数 n 或电动剪切时间 t/min	量力环百分表读数差 R /0.01 mm	剪切位移量 ΔL /0.01 mm	$\tau = CR$ /kPa

2. 绘制剪应力 τ 与剪切位移 ΔL 关系曲线

由表 3.10 试验结果,在每一竖向压应力 σ 作用下,以剪应力 τ 为纵坐标,ΔL 剪切位移为横坐标,绘制剪应力与剪切位移关系曲线,如图 3.22 所示。

取曲线上剪应力峰值为抗剪强度,无峰值时,取剪切位移 4 mm 所对应的剪应力为抗剪强度 τ_f。

3. 绘制抗剪强度线并确定抗剪强度指标

以抗剪强度 τ_f 为纵坐标,以垂直压力 σ 为横坐标,绘制 τ_f 与 σ 关系直线(图 3.23),直线的倾角为土的内摩擦角 φ,直线在纵坐标轴上的截距为土的黏聚力 c。

当 τ_f 与 σ 直线中三点不能连成一条直线,且相差不大时(不超过相应抗剪强度的 5%),可用三角形法求得近似直线代替。其做法是:连接三点组成一个三角形,通过此三角形三中线的交点(三角形重心)做平行于最长边的平行线,此线即为所求的近似直线。

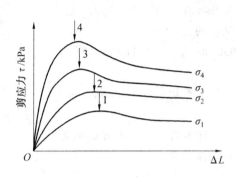

图 3.22 剪应力与剪切位移曲线

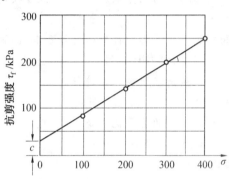

图 3.23 抗剪强度线

3.4.6 注意事项

(1)同一组的几个试样应是同一层土,密度值不应超过允许误差。
(2)同组试样应在同台仪器上试验,以消除仪器误差。
(3)施加水平剪切力时,手轮要均匀连续转动,不得停顿间歇,以免引起受力不均匀。

拓展与实训

1.填空题

(1)测定土的抗剪强度常用的方法有 _____ 、_____ 、_____ 、_____。
(2)为了考虑固结程度和排水条件对土抗剪强度的影响,根据加荷速率快慢将直接剪切试验分为 _____ 、_____ 和 _____ 三种试验类型。
(3)无黏性土的抗剪强度取决于 _____ 和 _____。
(4)初始孔隙比小,土粒表面粗糙,级配良好的砂土,其内摩擦角 _____。
(5)在载荷试验的曲线形态上,在线性关系变成非线性关系时的界限荷载称为 _____。
(6)当土体中产生最大剪应力时,剪应力作用面与最大主应力作用面的夹角是 _____。
(7)十字板剪切试验仅适用于 _____。
(8)确定饱和软黏土在短期内的抗剪强度指标以选用 _____ 试验确定。
(9)分析黏性土的抗剪强度时,往往需要重视 _____。
(10)土的抗剪强度有效应力表达式为 _____。

2. 选择题

(1) 若代表土中某点应力状态的摩尔应力圆与抗剪强度线相切时,则表明土中该点(　　)。
A. 任一平面上的剪应力都小于土的抗剪强度
B. 任一平面上的剪应力超过了土的抗剪强度
C. 在相切点所代表的平面上,剪应力正好等于抗剪强度
D. 在最大剪应力平面上,剪应力正好等于抗剪强度

(2) 土中一点发生剪切破坏时,破裂面与大主应力夹角为(　　)。
A. $45°+\varphi$　　　　B. $45°+\varphi/2$　　　　C. $45°$　　　　D. $45°-\varphi/2$

(3) 无黏性土的特征之一是(　　)。
A. 塑性指数 $I_p>0$　　B. 孔隙比　　　　C. 灵敏度较高　　　　D. 黏聚力 $c=0$

(4) 在下列影响土的抗剪强度因素中,最重要的因素是试验时的(　　)。
A. 排水条件　　　　B. 剪切速率　　　　C. 应力状态　　　　D. 应力历史

(5) 饱和软黏土的不排水抗剪强度等于其抗压强度试验的(　　)。
A. 2 倍　　　　B. 1 倍　　　　C. 0.5 倍　　　　D. 0.25 倍

(6) (　　)试验是在现场原位进行的。
A. 直接剪切　　B. 无侧限抗压　　　　C. 十字板剪切　　　　D. 三轴压缩

(7) 三轴压缩试验的主要优点是(　　)。
A. 能严格控制排水条件　　　　　　B. 能进行不固结不排水剪切试验
C. 仪器设备简单　　　　　　　　　D. 试验操作简单

(8) 十字板剪切试验属于(　　)。
A. 不固结不排水剪　B. 固结排水剪　　C. 固结排水剪　　D. 慢剪

(9) 十字板剪切试验常用于测定(　　)的原位不固结不排水抗剪强度。
A. 砂土　　　　B. 粉土　　　　C. 黏性土　　　　D. 饱和软黏土

(10) 当施工速度快、地基土的透水性低且排水条件不良时,宜选择(　　)。
A. 不固结不排水剪　B. 固结排水剪　　C. 固结排水剪　　D. 慢剪

(11) 对一软土试样进行无侧限抗压强度试验,测得其抗压强度为 40 kPa,则该土的不排水抗剪强度为(　　)。
A. 40 kPa　　　　B. 20 kPa　　　　C. 10 kPa　　　　D. 5 kPa

(12) 抗剪强度线与应力圆相割,土体处于(　　)。
A. 弹性平衡状态　B. 破坏状态　　　　C. 极限平衡状态　　D. 不一定

(13) 下列说法中正确的是(　　)。
A. 土的抗剪强度是常数　　　　　　B. 土的抗剪强度与外力无关
C. 砂土的抗剪强度仅由摩擦力组成　D. 黏性土的抗剪强度仅由摩擦力组成

(14) 土的强度破坏通常是由于(　　)所致。
A. 基底压力大于土的抗压强度　　　B. 土的抗拉强度过低
C. 土中某点的剪应力达到土的抗剪强度　D. 在最大剪应力平面发生剪切破坏

(15) 对于(　　),较易发生整体剪切破坏。
A. 高压缩性土　B. 中缩性土　　　C. 低缩性土　　　D. 软土

(16) 对于(　　),较易发生冲切剪切破坏。
A. 密实砂土　　B. 中缩性土　　　C. 低缩性土　　　D. 软土

(17) 黏性土地基上有一条形刚性基础,基础宽度 b,在上部荷载作用下,基底持力层最先出现塑性区域的位置在(　　)。

A. 基础中心线上　　B. 离中心线 $b/3$　　C. 离中心线 $b/4$　　D. 条基的边缘处

(18) 某房屋地基土为黏性土,且建筑速度快,则在工程中地基抗剪强度指标宜采用(　　)试验确定。

A. 固结快剪　　B. 快剪　　C. 慢剪　　D. 固结排水剪

(19) 土体的破坏是被(　　)。

A. 压坏　　B. 拉坏　　C. 剪坏　　D. 扭坏

(20) 直接剪切试验中,其破坏面(　　)。

A. 与试样顶面夹角 $45°$　　　　　　B. 与试样顶面夹角 $45°+\varphi/2$
C. 与试样顶面平行　　　　　　　　D. 与试样顶面夹角 $45°-\varphi/2$

3. 判断改错题

(1) 直接剪切试验的优点是可以严格控制排水条件,而且设备简单、操作方便。(　　)
(2) 砂土的抗剪强度由摩擦力和黏聚力两部分组成。(　　)
(3) 对饱和软黏土,常用无侧限抗压强度试验代替三轴不固结不排水剪切试验。(　　)
(4) 土的强度问题实质上就是土的抗剪强度问题。(　　)
(5) 饱和土体处于不固结不排水状态,可认为抗剪强度为一定值。(　　)
(6) 在与大主应力面成 $45°$ 的平面上剪应力最大,故该平面总是首先发生剪切破坏。(　　)
(7) 地基破坏形式主要是整体剪切破坏和冲切破坏。(　　)
(8) 地基的临塑荷载可以作为极限承载力(即极限荷载)使用。(　　)
(9) 如果以临塑荷载作为地基承载力的特征值使用,那将是很危险的。(　　)
(10) 一般压缩性小的土,发生失稳破坏,多为整体剪切破坏。(　　)
(11) 地基强度破坏不是受压破坏,而是剪切破坏。(　　)
(12) 当基础宽度大于 3 m,基础埋深大于 0.5 m,载荷试验和理论确定地基承载力特征值应进行修正。(　　)
(13) 基础四周明显隆起,形成连续贯通至地面的破坏形式为局部剪切破坏。(　　)
(14) 黏性土的抗剪强度与土中孔隙水压力变化无关。(　　)
(15) 除土的性质外,试验时的剪切速率也是影响土体抗剪强度的最重要的因素。(　　)

4. 简答题

(1) 土体抗剪强度的影响因素有哪些?
(2) 临塑荷载、临界荷载及极限荷载三者有什么关系?
(3) 土体中发生剪切破坏的平面为什么不是剪应力值最大的平面?
(4) 何谓前期固结应力、正常固结黏土和超固结黏土?

5. 计算题

(1) 某干砂试样进行直剪试验,当法向压力 $\sigma = 300$ kPa 时,测得砂样破坏的抗剪强度 $\tau_f = 200$ kPa。求:

① 此砂土的内摩擦角;
② 破坏时的最大主应力 σ_1 与最小主应力 σ_3;
③ 最大主应力与剪切面所成的角度。

(2) 已知某土的抗剪强度指标为 $c = 15$ kPa, $\varphi = 25°$,若 $\sigma_3 = 100$ kPa。求:

① 达到极限平衡状态时的大主应力 σ_1;
② 极限平衡面与大主应力面的夹角;
③ 当 $\sigma_1 = 300$ kPa,试判断该点所处应力状态。

(3) 某土样进行三轴剪切试验,剪切破坏时,测得 $\sigma_1=600$ kPa,$\sigma_3=100$ kPa,剪切破坏面与水平面夹角为 $60°$。求:

① 土的 c、φ 值;

② 计算剪切破坏面上的正应力和剪应力。

(4) 某条形筏板基础宽度 $b=12$ m,埋深 $d=2$ m,建于均匀黏土地基上,黏土的 $\gamma=18$ kN/m³,$\varphi=15°$,$c=15$ kPa。试求:

① 临塑荷载 p_{cr} 和界限荷载 $p_{1/4}$ 值;

② 用太沙基公式计算地基极限承载力 p_u 值。

(5) 一条形基础,宽 $b=1.8$ m,埋深 $d=1.2$ m,地基土层为黏土,土的黏聚力 $c_k=12$ kPa,内摩擦角 $\varphi_k=20°$,地下水与基底平齐,土的有效重度 $\gamma'=10$ kN/m³,基底以上土的重度 $\gamma_m=18.3$ kN/m³。用规范法确定地基承载力特征值 f_a?

(6) 某墙下条形基础,基础宽度 3.6 m,埋深 1.65 m,地基土为黏性土($\eta_b=0$,$\eta_d=1.6$,$\gamma_{sat}=16.8$ kN/m³)。地下水位于地表以下 0.5 m 处,地基承载力特征值 $f_{ak}=120$ kN/m²,试计算修正后的地基承载力特征值 f_a?

模块 4
工程地质勘察报告阅读

模块概述

当拟建工程可行性研究报告批准后,就着手进行建设准备阶段,而勘察设计是建设准备阶段的中心任务也是第一项工作,勘察设计主要包括工程地质勘察和施工图设计,是设计和施工前必须完成的一项重要工作。

随着现代化步伐的加快,建设规模正以前所未有的速度发展,"高、重、大、深"工程项目日益增多,但地质条件越来越复杂,所以更需要勘察人员进一步认真分析查明工程地质问题,诸如复杂岩体的稳定问题,软土地基的变形和强度问题,砂土振动液化问题,黄土湿陷问题,膨胀土的胀缩性问题,地基土的动力特性问题,超长桩、大型沉井的变形与强度问题,场地水、土的腐蚀性问题。

施工前不经过地基勘察或勘察不详或分析有误可能会造成严重工程事故或延误工程进度,例如:意大利比萨斜塔、加拿大特朗斯康谷仓、苏州虎丘塔等。所以工程地质勘察是地基基础设计、施工中重要而艰巨的任务,必须重视该项工作。本章主要介绍建筑场地地质勘察的内容、常用的几种勘探方法及工程地质勘察报告的阅读。

学习目标

◆了解工程地质勘察报告的目的、任务和要求;
◆熟悉工程地质勘察的方法;
◆学会阅读和使用工程地质勘察报告。

课时建议

2课时

4.1 基本知识

4.1.1 工程地质勘察的目的、任务

1. 岩土工程勘察的目的

岩土工程勘察的目的是以各种勘察手段和其他方法查明建筑场地工程地质条件,综合评价场地和地基的安全稳定性,为工程设计、施工提供所需的工程地质资料。

2. 岩土工程勘察的基本任务

岩土工程勘察的基本任务见表4.1。

表4.1 勘察的基本任务

基本任务	具体要求
评价工程地质条件	①地质构造:在漫长的地质历史发展过程中,地壳在内、外力地质作用下,不断运动演变,所造成的地层形态。常见的如褶皱、节理和断层(图4.1、4.2、4.3)。 ②地层条件:岩土性质、构造、形成年代、成因、类型及其埋藏分布情况; ③水文条件:地下水的类型、水质及其埋藏、分布与变化情况; ④不良地质现象:地震、崩塌、滑坡、岩溶、岸边冲刷、泥石流等; ⑤确定场地土的物理、力学性质指标。
岩土工程分析评价等	①整编测绘、勘探、测试和收集到的各种资料,编制各种图表; ②统计和选定岩土计算参数; ③进行咨询性的岩土工程设计; ④预测和研究岩土工程施工和使用中可能或已经发生的问题,应提出预防和处理方案; ⑤编制岩土工程勘察报告书。
现场检测	对于重要工程或复杂的岩体,在施工阶段和使用阶段应提出进行现场检查和检测的要求。

说明:
①工程地质条件:通过工程地质测绘与调查、勘探、室内试验、现场试验与观测等方法,查明表中的具体要求。
②工程分析评价:根据场地工程地质条件并结合工程的具体特点和要求,进行岩土工程分析评价,提出基础工程、整治工程和土方工程的设计方案和施工措施。

图4.1 褶皱

图4.2 柱状节理构造

4.1.2 工程地质勘察的类型、等级

1. 工程地质勘察类型

按工程项目的专业特征分类:建筑工程勘察、线路勘察、水工勘察、港工建筑勘察、近海工程勘察、核电站工程勘察。

2. 工程地质勘察等级

工程地质勘察等级根据工程安全等级、场地等级、地基等级,由《岩土工程勘察规范》(GB 50021—2001)规定分为:甲级、乙级、丙级(表4.2)。

图 4.3　断层构造

表 4.2　工程勘察等级

勘察等级	确定勘察等级的因素		
	工程安全等级	场地等级	地基等级
甲级	一级	任意	任意
	任意	一级	任意
	任意	任意	一级
乙级	除勘察等级为甲级和丙级之外		
丙级	三级	三级	三级

(1)建筑工程安全等级

根据工程的规模和特征以及如果发生由于岩土工问题而造成的人员、财产、社会影响的后果划分为一级、二级、三级(表4.3)。

表 4.3　建筑工程安全等级

安全等级	一级	二级	三级
破坏后果	很严重	严重	不严重
工程类别	重要工程	一般工程	次要工程

目前,地下洞室、深基坑开挖、大面积岩土处理等尚无工程安全等级的具体规定,可根据实际情况划分。大型沉井和沉箱、超长桩基和墩基、有特殊要求的精密设备和超高压设备、有特殊要求的深基坑开挖和支护工程、大型竖井和平洞、大型基础托换和补强工程,以及其他难度大、破坏后果严重的工程,均列为一级安全等级。

(2)场地等级

根据场地建筑抗震的稳定性、不良地质作用、地貌特征等问题而造成的人员、财产、社会影响的后果,将场地等级划分为:一级、二级、三级(表4.4)。

表 4.4 建筑场地等级

场地条件	场地等级		
	一级（复杂）	二级（中等复杂）	三级（简单）
建筑抗震稳定性	危险	不利	有利（或地震设防烈度≤6度）
不良地质现象发育情况	强烈发育	一般发育	不发育
地质环境破坏程度	已经或可能受到强烈破坏	已经或可能受到一般破坏	基本未受破坏
地形地貌条件	复杂	较复杂	简单
水文条件	水位条件复杂	基础位于地下水位以下	无影响

1)抗震稳定性

①危险地段：地震时可能发生滑坡、崩塌、地陷、地裂、泥石流及地断裂带、地表错位的部位。

②不利地段：软弱土和液化土，条状突出的山嘴，高耸孤立的山丘，非岩质的陡坡、河岸和斜坡边缘，平面分布上土的岩性和性状明显不均匀的土层（如古河道、断层破碎带、半填半挖地基）等。

③有利地段：岩石和坚硬土或开阔平坦、密实均匀的中硬土等。

2)不良地质现象发育情况

不良地质现象泛指由地质作用引起的对工程建设不利的各种地质现象。主要影响场地稳定性，对地基基础、边坡和地下室等工程有不利影响。

①强烈发育：是指由于不良地质现象发育招致建筑场地基不稳定，直接威胁工程设施的安全。例如，山区崩塌、滑坡和泥石流的发生，会酿成地质灾害，破坏甚至摧毁工程建筑物。岩溶地区溶洞和土洞的存在，所造成的地面变形甚至塌陷，对工程设施的安全也会构成直接威胁。

② 一般发育：指虽有不良地质现象分布，但并不十分强烈，对工程设施安全的影响不严重，或者说对工程安全可能有潜在的威胁。

（3）地基等级（表 4.5）

表 4.5 地基等级

地基等级	说明
一级地基（复杂）	一级地基（复杂）符合条件之一： ①岩土种类多，很不均匀，性质变化大，需特殊处理； ②严重湿陷、膨胀、盐渍、污染的特殊性岩土，以及其他情况复杂，需作专门处理的岩土。
二级地基（中等复杂）	二级地基（中等复杂）符合条件之一）： ①岩土种类较多，不均匀，性质变化较大；②一级地基规定以外的特殊性岩土。
三级地基（简单）	三级地基（简单）符合条件之一： ①岩土种类单一，均匀，性质变化不大；②无特殊性岩土。

4.1.3 岩土勘察阶段的划分

建筑工程的设计分为可行性研究、初步设计和施工图设计三个阶段。为了提供各个设计阶段所需要的工程地质资料，所以岩土勘察工作阶段也相应分为选址勘察阶段、初步勘察阶段、详细勘察及施工勘察四个阶段。对于地质条件复杂或有建筑施工要求的重大建筑物地基，尚应进行施工勘察。反之，对地质条件简单、面积不大的场地,其勘察阶段可适当简化。其每一阶段勘察要点说明见表4.6。

表4.6 岩土勘察阶段的任务及要求

勘察阶段	主要任务、要求及方法
选址勘察	①主要任务:选定建筑场址(或线路方案)。对场址的稳定性和适宜性作出岩土工程评价,经过技术经济论证选择最优方案。 ②要求:选择场址时,应进行技术经济分析,应避开工程地质条件恶劣的地区或地段,如: a.不良地质现象发育且对建筑物构成直接危害或潜在威胁的场地; b.设计地震烈度为8度、9度的地震断裂带; c.受洪水威胁或地下水的不利影响严重的场地; d.可开采的地下矿藏或矿区的未稳定采空区上的场地。 ③勘察方法:搜集资料、现场踏勘、工程地质测绘。
初步勘察	①主要任务:评价建筑地段的稳定性。确定建筑物的具体位置、选择建筑物地基基础方案、对不良地质现象的防治措施进行论证。 ②要求: a.初步查明地层构造、岩土的物理力学性质,并考虑基础方案; b.初步查明不良地质现象成因、分布影响程度与发展趋势; c.初步查明地下水埋藏类型、补给、水位、侵蚀性及对工程的影响。 ③勘察方法:钻探、试验、补充测绘和物探。
详细勘察	①主要任务:配合技术设计或施工图设计,按不同建筑物提出详细的工程地质资料和设计所需的岩土技术参数。 ②勘察方法:试验、补充勘探。
施工勘察	对工程地质条件复杂或有特殊要求的重要工程,还需进行施工勘察。

4.2 勘探的方法

勘探是勘察工作中的重要手段,在工程地质测绘和调查所取得的各项定性资料基础上,勘探可以直接深入地下岩层,取得所需的工程地质和水文地质资料,进一步对场地条件进行定量的评价。

一般勘探工作包括坑探、钻探、触探和地球物理勘探等。

1.坑探

坑探就是用人工或机械方式进行挖掘坑、槽、井、洞。以便直接观察岩土层的天然状态以及各地层的地质结构,并能取出接近实际的原状结构土样。

(1)槽探

在地表挖掘的沟槽,长度可根据用途和地质情况决定。断面形状一般呈倒梯形,槽底宽0.6 m,探槽最大深度一般不超过3 m。在浮土层中,探槽大多采用手工挖掘。在山坡和较硬的岩层中,采用松动爆破或抛掷爆破方法掘进,再用手工清理。探槽施工简便,成本低,应用较广(图4.4)。

技术提示:

槽探的特点是人员可进入工程内部,对所揭露的地质现象能进行直接观测及采样,获得比较精确的地质资料。

(2)井探

探井是利用人工在需要勘探的地层中开挖的用于观察岩土层的天然状态以及各土层之间的接触关系,以便取出原状土样圆形、椭圆形、方形和长方形的竖直孔洞。井探法在地质条件复杂的地区常采用,但探井的深度不宜超过地下水位。在疏松、软弱土层中或无黏性的砂、卵石中开挖探井时必须支护,支护材料可用木料或钢板。

图 4.5 是坑探中,取得原状土的过程。

图 4.4　槽探

图 4.5　大体积土取样过程

2.钻探

钻探是指在地表下用钻头钻进地层的勘探法,并通过钻探的钻孔采取原状岩土样和做现场力学试验,获取地表下地质资料,它是岩土工程勘察的最主要、最有效的手段之一。

钻探过程的基本程序为:破碎岩土、采取岩土、保全护壁。钻探的钻进方式有回转、冲击、振动、冲洗四种。

(1)回转转进(图 4.6)

通过钻杆将旋转力矩传递至孔底钻头,同时施加一定的轴向力实现钻进。轴向压力依靠钻机的加压系统以及钻具自重。在土质地层中钻进,可完整地揭露标准地层。岩芯钻进采用合金钻头或金刚石钻头。

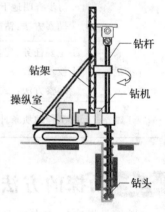

图 4.6　回转钻探试验

(2)冲击钻进

利用钻具自重冲击破碎孔底实现钻进,破碎后的岩粉、岩屑由循环液冲出地面,也可用带活门的抽筒拖出地面,使岩土达到破碎之目的而加深钻孔。例如:湿陷性黄土中采用薄壁钻头冲击钻进是一种较好的钻进方法。

(3)振动钻进

采用机械动力所产生的振动力,通过钻杆和钻具传递到孔底管状钻头周围的土中,使土的抗剪阻力急骤降低,同时在一定轴向压力下,使钻头贯入土层之中。这种钻进方式能取得较有代表性的鉴别土样,且钻进效率高,能应用于黏性土层,砂层及粒径较小的卵石、碎石层。

(4)冲洗钻进

通过高压射水破坏孔底土层,实现钻进,土层被破碎后由水流冲出地面。该方法适用于砂层、粉土层和不太坚硬的黏土层。

3.触探法

触探法是通过探杆用静力或动力将金属探头贯入土层,由探头所受阻力的大小探测土的工程性质的一种间接勘探方法,主要用于划分土层,了解地层的均匀性,计算地基承载力和土的变形指标等。

根据探头结构和入土方法的不同,可分为静力触探与动力触探两大类。

(1)静力触探

静力触探(CPT)借助静压力将探头压入土层(图 4.7),利用电测技术测得贯入阻力来判断土的力学性质好坏、地基岩土承载能力和变形指标大小等。

静力触探的主要优点是连续、快速、精确,可以在现场直接测得各土层的贯入阻力指标,掌握各土层原始状态下有关的物理力学性质。

静力触探设备的核心部分是触探头(图 4.8),它是土层贯入阻力的传感器。当连接在触探杆端的探头以给定的速度匀速贯入土层时,探头附近一定范围内的土体对探头产生贯入阻力,贯入阻力的大小间接反映了该部分岩土体的物理力学性质的变化。一般而言,对于同一种岩土体,触探贯入阻力越大,土层的力学性质越好。反之,触探贯入阻力越小,岩土体越软弱。因此,只要测得探头的贯入阻力,就能据此评价岩土工程性质,估算或判定地基承载能力和岩土的变形性质。

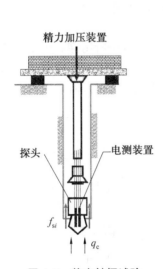

图 4.7 静力触探试验

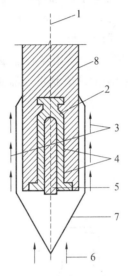

图 4.8 静力触探头工程原理示意图

1—贯入力;2—空心柱;3—侧壁摩阻力;4—电阻应变片;
5—顶柱;6—锥尖阻力;7—探头套;8—探头管

按触探头的结构不同,静力触探试验被分为单桥静力触探试验和双桥静力触探试验两类。

单桥探头(图 4.9)所测到的是包括锥尖阻力和侧壁摩阻力在内的总贯入阻力 $P(kN)$。

利用双桥头可以分别测出锥尖总阻力 $Q_c(kN)$ 和侧壁总摩阻力 $P_f(kN)$ 的大小。锥尖阻力 $q_c(kPa)$ 和侧壁摩阻力 $f_s(kPa)$ 可表示为:$q_c = Q_c/A$,$f_s = P_f/F_s$(F_s 为外套筒的总表面积,m^2)。

根据锥尖阻力 q_c 和侧壁摩阻力 f_s 可计算同一深度处的摩阻比 R_s 如下:

$$R_s = f_s/q_c \times 100\%$$

在现场实测以后进行触探资料整理工作。为了直观地反映勘探深度范围内土层的力学性质,可绘制深度(h)与各种阻力的关系曲线(包括 p_s-h、q_c-h、f_s-h 和 R_s-h)。

(2)动力触探

动力触探一般是将一定质量的穿心锤(图 4.10),以一定的高度(落距)自由下落,将探头贯入土中,然后记录贯入一定深度所需的锤击次数,并以此判断土的性质及工程性质的一种原位测试方法。

目前国内外动力触探类型分轻型、中型、重型和超重型四种,其中轻型和重型动力触探(图 4.11)在生产中广泛应用,中型动力触探使用较少。下面简要介绍标准贯入试验与重型圆锥动力触探的方法(图 4.10)。

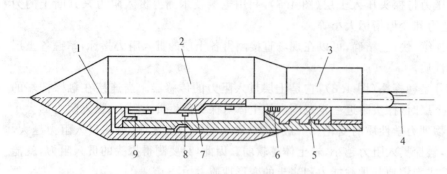
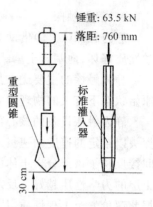

图 4.9 单桥探头结构示意图　　　　　　　图 4.10 动力触探试验

1—顶柱；2—外套管；3—探头管；4—四芯电缆；5—密封圈；6—橡胶塞或胶布垫；7—空心柱；8—电阻应变片；9—防水盘根

标准贯入试验（图4.12）所用穿心锤重63.5 kg，与重型动力触探所用穿心锤重量相同，落距76 cm，穿心锤自由下落，将特制的圆管状贯入器贯入土中，先打入土中15 cm不计数，以后累计打入30 cm的锤击数，经统计整理后即为标准贯入试验锤击数 N。当锤击数已达50击而贯入深度达30 cm时，可记录实际贯入深度并终止试验。

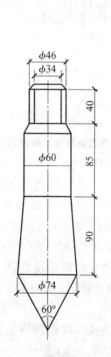
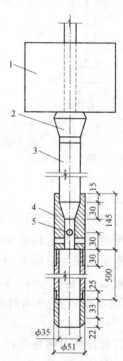

图 4.11 重型动力触探外形尺寸　　　　图 4.12 标准贯入试验设备

1—穿心锤；2—锤垫；3—钻杆；4—贯入器头；5—出水孔

对于钻进困难，无法或难以成样的砂、卵石、碎石层，触探是最有效的勘测手段之一，与其他勘探手段配合使用，可取得较好的效果。

4．地球物理勘探

地球物理勘探简称物探，利用专门仪器探测地质体的物理场来进行地层划分，判定地质构造、水文地质条件及各种物理地质现象的勘探方法。

物探分为：电法、磁法、震法、地质雷达、重力法及放射性勘探。

物探是一种间接的勘探手段,它的优点是较之钻探和坑探轻便、经济而迅速,能够及时解决工程地质测绘中难于推断而又亟待了解的地下地质情况,所以常常与测绘工作配合使用。它又可作为钻探和坑探的先行或辅助手段。但是,物探成果判释往往具多解性,方法的使用又受地形条件等的限制,其成果需用勘探工程来验证。

4.3 工程地质勘察报告的基本构成及阅读方法

下面通过工程实例分段逐步分析其报告的组成及阅读要点。

4.3.1 基本构成

4.3.1.1 文字报告

文字报告＝工程概况＋勘察目的、原则、执行标准＋勘察方法＋勘察工作量的布置原则＋工作量完成情况＋场地岩土工程及水文地质条件＋岩土工程分析与评价＋结论与建议。例如:

1. 工程概况

该工程为××建筑工程职业技术学院教学主楼,地面以上12层,局部14层,地下室一层,建筑物高度约为52 m,平面呈矩形,长76.5 m,宽18.3 m,建筑占地面积约为1 600 m^2。拟采用梁板式筏片基础,框剪结构;基底压力约为280 kPa,基础埋深为3.6 m。该地区抗震设防烈度为8度,设计基本地震加速值为0.20g,设计地震分组为第一组。

2. 勘察目的、原则、执行标准

略。

3. 勘察方法

本次勘察采用钻(掘)探取样、标准贯入试验、静力触探试验、剪切波速、地脉动测试等多种手段进行综合勘察和评价。

(1)外业钻探采用XY－100型工程钻机,水位以下采用干法回转钻进、回转或重锤少击法取土,水位以下当地层岩性为砂类土时采用套管护壁,水位以下采用泥浆护壁、单动双管钻具回转钻进并取土。

(2)外业探井采用人工挖掘,人工采取Ⅰ级土样。

……

4. 勘察工作量的布置原则

(1)勘探点间距控制在35 m之内。

(2)勘探点沿建筑物的周边、角点布设。

(3)勘探孔深度主要依据建筑物的基础深度、基底压力、估算的压缩层深度及抗震设计所需深度综合确定。

(4)考虑到该工程的重要性,为了确保工程勘察质量,本次勘察工作量的布置部分采取综合勘探点(即同一点进行取土、标贯、静探等)的原则进行。

……

5. 工作量完成情况

根据国家有关规范、规程,结合建筑物特点,教学主楼地段共布置勘探点8个,其中取土钻孔2个,深度为40.0 m。取土标贯孔4个,深度均为30.0～45.0 m。标贯孔2个,深度35.0 m。探井3个,深度9.0～11.0 m。静力触探孔4个,深度为22.0～30.0 m;取水样2瓶;波速测试孔2个,测深均为20.0 m;地脉动测试点1个(图4.13)。

6. 场地岩土工程及水文地质条件

(1) 地形地貌

拟建场地地形基本平坦,教学主楼地段东部较高,勘探期间测得各勘探点地面假设标高(引测自实验楼一层室内地坪标高<假设其标高为100.00 m>)介于98.75～99.85 m之间。场地地貌单元属汾河东岸Ⅰ级阶地后缘。

(2) 地基土构成及岩性特征

根据野外钻探、原位测试及室内土工试验结果,在勘探深度范围内,场地地基土自上而下可划分为9层,现依层序分述如下:

第①层杂填土:杂色,主要由砖块、瓦片等建筑垃圾及少量粉土组成,含灰渣、煤屑、石灰,结构松散,土质不均。该层层厚0.5～1.30 m,平均厚度0.8 m,层底标高98.22～99.25 m。

第②层素填土:褐黄色,主要由粉质黏土组成,含云母、煤屑、砖屑、灰渣,可见空隙,局部夹杂粉土,呈坚硬状态,具中等压缩性。标贯试验锤击数 N 值,介于4.0～7.0击之间,平均5.7击;静力触探比贯入阻力 p_s 值平均(各孔指标进行厚度加权平均,下同)为2.4 MPa。该层层厚0.30～2.30 m,平均层厚0.99 m,层底埋深1.10～3.00 m,层底标高96.85～98.35 m。

第③层粉质黏土:褐黄色,呈坚硬状态,具中等压缩性。标贯试验锤击数 N 值(经杆长修正后击数,下同)介于4.0～7.0击之间,平均5.7击;静力触探比贯入阻力 p_s 值平均(各孔指标进行厚度加权平均,下同)为2.4 MPa。该层层厚0.30～2.30 m,平均层厚0.99 m,层底埋深1.10～3.00 m,层底标高96.85～98.35 m。

第 i 层……

(3) 地下水

本次勘探深度范围内场地地下水类型属孔隙潜水,场地地下水主要由侧向径流补给,勘察期间实测稳定水位埋深8.8～10.4 m,水位标高89.82～90.19 m。水位季节性变化幅度约1.0 m左右,勘察期间为平水期,枯水期水位有所下降,丰水期水位有所上升。地下水位由东北向西南渗流。教学主楼根据所取水样分析,该场地地下水对混凝土及钢筋混凝土构件中的钢筋均不具有腐蚀性。

7. 地震效应

(1) 建筑场地类别:根据《剪切波速及地脉动测试报告》,场地20 m深度范围内以中软土为主,其中 $4^\#$、$5^\#$ 孔等效剪切波速值分别为217.0 m/s,207.1 m/s,且由区域地质资料知场地覆盖层厚度 $d_{ov}>50$ m,由此按照《建筑抗震设计规范》规定:该建筑场地类别为Ⅲ类。

(2) 卓越周期:根据《剪切波速及动脉动测试报告》,本场地地脉动卓越周期在东西方向建议取值为0.320 s,在南北方向建议取值为0.315 s,在竖直方向建议取值为0.330 s。

(3) 地基土液化判别:勘探期间测得场地地下水稳定水位在8.8～10.4 m之间,据《建筑抗震设计规范》初判条件判定,本场地可不考虑液化影响。

(4) 地基土震陷:根据《剪切波速及动脉动测试报告》,本场地可不考虑软弱土的震陷影响。

(5) 建筑抗震地段划分:根据本次勘探揭露地层及室内土工试验结果,结合地形、地貌综合考虑,按《建筑抗震设计规范》规定:拟建场地介于对抗震有利与不利地段之间,属一般地段。

……

8. 岩土工程分析与评价

(1) 地基湿陷性评价:根据本次勘察资料按照《湿陷性黄土地区建筑规范》有关规定,教学主楼地段属非自重湿陷性场地,地基湿陷等级为Ⅰ级(轻微),湿陷起始压力 $p_{sh}=9.0～189$ kPa。

(2) 地基均匀性评价:第①层杂填土及第②层素填土,其成分复杂,结构松散,属不均匀地基土。第②层以下各土层物理力学性质差异不大,地层坡面均小于10%,综合分析,该地段除第①层杂填土及第②层素填土外其下可视为均匀地基。

(3)地基稳定性、适宜性评价:据本次勘察结果及区域地质资料,场地及场地附近无活动断层通过,亦不存在危及本工程安全的其他不良地质现象,该场地属稳定场地,适宜本工程建设。

9. 地基基础方案

(1)天然浅基础可行性分析:该拟建建筑物基础埋深3.6 m,以第③层黄土状粉质黏土作为持力层,承载力特征值为140 kPa,小于设计单位提供的建筑物基底压力280 kPa,天然地基承载力不满足设计要求。

(2)地基方案分析:经各方面综合考虑,本工程可采用长螺旋素混凝土压力灌注桩(CFG桩)。根据场地岩土条件,第⑤层中砂虽然强度较高、变形较小,但其分布厚度不大,且厚度差异较大,故不宜作为持力层;其下第⑥层粉土经强度验算也不满足作为持力层的要求;第⑦层粉质黏土相对软弱,也不宜作为持力层。相比之下,第⑧层粉质黏土层位稳定,岩性均匀,强度较高,厚度也较大,是本工程较为理想的桩端持力层。

(3)基坑开挖施工问题:拟建建筑物地下水位埋藏较深,可利用黄土直立性良好的特点,采取自然放坡开挖的方法,另外,基坑开挖时,在距离基底0.50 m时应改用人工开挖,以减少对基底地基土的扰动。同时,应做好基坑附近防水排水工作。基坑开挖时1#孔附近有较厚的砂层,基坑开挖过程中当其出现局部坍塌时,可根据实际情况采取相应的处理措施。

10. 结论

(1)拟建场地地形东高西低,地貌单元为汾河东岸Ⅰ级阶地后缘。

(2)就整个场地而言,该地段除第①层杂填土及第②层素填土外其下可视为均匀地基。

(3)本次勘察揭露地下水类型为孔隙潜水,勘察期间实测稳定水位埋深8.8~10.4 m,地下水对混凝土及混凝土构建中的钢筋均不具有腐蚀性。

……

11. 建议

(1)教学主楼可采用长螺旋素混凝土压力灌注桩(CFG桩),以第⑧层粉质黏土作为桩端持力层。

(2)基坑开挖可采用放坡的方法进行开挖,放坡坡度为1∶0.35~1∶0.5。

……

4.3.1.2 图件部分

图件部分=拟建物与勘察点平面位置图+工程地质剖面图+钻孔柱状图+静力触探曲线图等。

(1)拟建物与勘察点平面位置图(图4.13)。

(2)工程地质剖面图(图4.14)。

(3)钻孔柱状图(图4.15)。

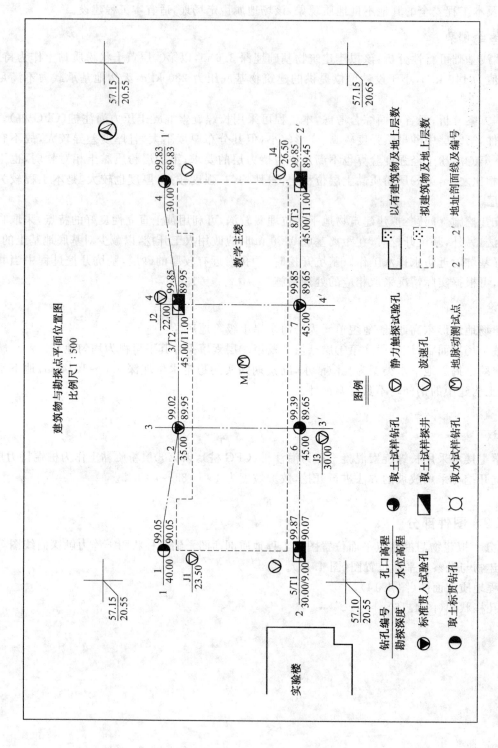

图4.13 勘探点平面布置图

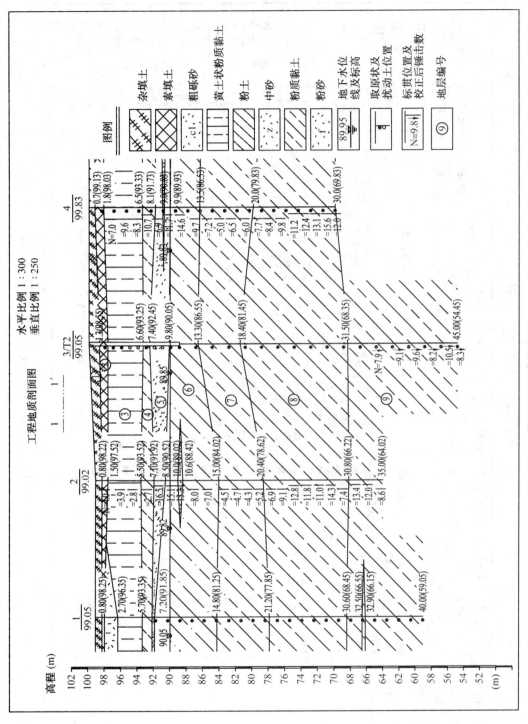

图 4.14　工程地质剖面图

钻 孔 柱 状 图

工程名称	建筑工程职业技术学院教学主楼		钻孔编号	5		稳定水位深度	8.80 m
孔口高程	98.87 m	坐标	开工日期			测量水位日期	
孔口直径	127.00 m		竣工日期				

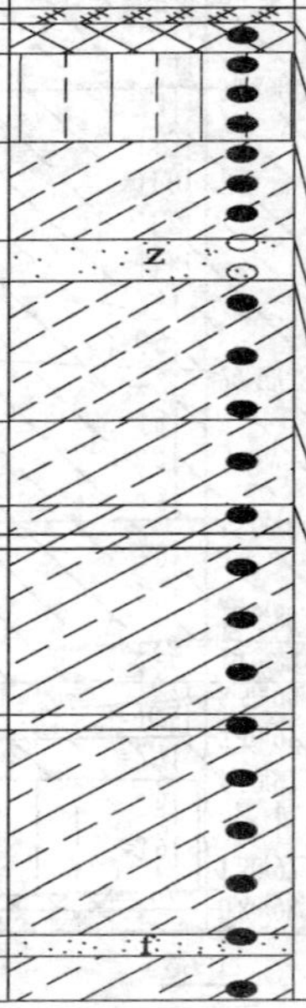

地层编号	地层年代	层底标高 (m)	层底深度 (m)	分层厚度 (m)	柱状图 1:200	岩土名称及其特征	取样	标贯击数(击)
①	Q_2^{ml}	98.37	0.50	0.50		杂填土：杂色，主要由砖块、瓦片等建筑垃圾及少量粉土组成，含灰渣、煤屑、石灰，结构松散，土质不均。		
②	Q_2^{ml+pl}	97.37	1.50	1.00		新近堆积黄土：褐黄色，主要由粉质黏土组成，含云母、煤屑、砖屑，灰渣，可见孔隙，局部夹杂粉土，呈坚硬状态。	1/1.00 2/2.00	=6.0 =1.45
③		94.37	4.50	3.00			3/3.00 4/4.00	=6.8 =2.95 =6.5 =4.45
④		91.07	7.80	3.30		湿陷性黄土：褐黄色，主要由粉质黏土组成，含云母、煤屑、氧化铁、植物根、钙质菌丝，少量砖屑，呈坚硬状态，具中等压缩性。	5/5.00 6/6.00 7/7.00	=7.2 =5.95 =8.7 =7.45
⑤		89.67	9.20	1.40		杂细砂：褐黄色，呈硬夹软状态，局部夹硬粉土，具中等压缩性。	8/8.00 9/9.00	=8.95 =9.8
⑥		85.07	13.80	4.60		粉土：褐色，含云母、氧化铁、钙质菌丝，砖屑，稍湿，稍密。	10/10.00 11/11.50 12/12.00	=10.45 =12.10 =9.3
⑦		82.27	16.60	2.80		中砂：褐黄色，含云母、氧化铁、钙质菌丝，局部夹薄层粉砂，稍湿，稍密。	13/13.00 14/14.50	=13.60 =15.10 =4.6
		81.45	17.45	0.95		粉土：褐黄色，含云母、煤屑、氧化铁，夹薄层粉砂，具中压缩性。		=4.4
		81.05	17.85	0.50		粉质黏土：褐黄色，矿物成分主要为石英、长石、云母，夹粉土透镜体，稍密。	15/15.00 16/16.00	=7.2 =16.60
⑧	Q_4^{1al}	75.42	23.45	5.50		粉质黏土：褐黄色，含云母、煤屑、氧化铁、钙质结核，局部夹有粉层粉细砂，可塑，具中等压缩性。	17/17.50 18/18.50 19/19.00 20/20.50 21/21.10 22/22.00 23/23.50 24/24.50 25/25.00 26/26.50 27/27.10 28/28.00 29/29.50	=18.10 =19.60 =11.2 =13.3 =22.60 =14.7 =15.2 =25.60 =27.10 =18.4 =28.60 =16.3 =30.00
		75.02	23.85	0.70				
		71.07	27.80	6.80				
		70.37	28.50	0.70				
		68.87	30.00	1.50				

图4.15 钻孔柱状图

4.3.1.3 表格部分

表格部分＝土工试验综合成果表＋物理力学性指标统计表＋地下水水质分析报告＋工程建设场地抗震性能评价结论报告表。

（1）土的物理及力学性质指标见表4.7。

表 4.7 土的物理及力学性质指标

层序及岩性	含水量 ω/%	湿密度 ρ /(g·cm^{-3})	干密度 ρ_d /(g·cm^{-3})	孔隙比 e	压缩系数 a_{1-2} /MPa^{-1}	压缩模量 E_{s1-2} /MPa	饱和度 S_r/%	液限 ω_L/%	塑限 ω_p/%	液性指数 I_L	塑性指数 I_p	直剪 黏聚力 c	直剪 摩擦角 φ
第②层素填土	10.3	1.63	1.47	0.84	0.13	15.09	34	26.7	16.3	−0.6	16	20	16.9
第③层粉质黏土	12.3	1.53	1.71	0.77	0.14	14.38	38	25.3	15.8	−0.5	9.4	24	20.6
……													

（2）天然地基土承载力评价

本次勘察各层地基土的承载力特征值 f_{ak} 结果详见表4.8。

表 4.8 地基土承载力特征值一览表

层次	采用方法承载力	静力触探 f_{ak}/kPa	标准贯入 f_{ak}/kPa	建议值 f_{ak}
①	杂填土			70
②	素填土			80
③	黄土状粉质黏土	170	140	140
④	粉土	140	160	170
⑤	中砂	190	160	160
⑥	粉土	220	180	180
⑦	粉质黏土	156	135	150
⑧	粉质黏土	250	268	240
……				

以上部分通过有机的组合构成了完整的岩土工程勘察报告。它是建筑物地基与基础设计的依据，同时又是施工过程的重要指导性文件。

4.3.2 勘察报告的阅读

建设项目监理人员在进行岩土工程勘察报告的阅读时应掌握一定的方法并按一定的步骤和顺序进行，这样能达到事半功倍的效果。

1. 文字报告部分

通过对这些组成部分的阅读，可以初步了解拟建项目的工程概况，场地地基土分层情况，地下水类型及腐蚀性评价,岩土工程分析与评价,对场地做出的结论性评价,为设计和施工提出的建设性建议。

文字报告部分使我们对整个拟建场地的工程地质条件有一个初步的了解和认识,同时也为读阅其他部分的内容做一个铺垫。

2. 图件部分

(1)拟建建筑物与勘探点平面位置图(图4.13)

通过对勘探点平面布置图的判读,可以从中了解到拟建场地的以下信息:拟建建筑物在场地中所处的位置,拟建物与已建物的相关位置,拟建物的平面尺寸,勘探孔与拟建物位置的关系,勘探孔数量,孔口高程,孔地下水位埋深及勘探的性质,场地的地形起伏特点。

(2)工程地质剖面图(图4.14)及柱状图(图4.15)

在建筑场地地形图上,把建筑物的位置和各类勘探、测试点的编号、位置用不同图例表示出来,并注明各勘探、测试点的标高和深度、剖面连线及其编号等。

钻孔柱状图主要反映了钻孔自上而下各土层的名称、编号、土性、特征及厚度(层厚及顶底标高),通过勘探的柱状图和工程地质剖面图的联合阅读,使读者能更好地建立拟建场地地基土层的分布情况,为指导施工开挖基坑起到良好的指导作用。

3. 图表部分

(1)土的物理及力学性质指标(表4.7)

物理力学性统计表是根据拟建场地所实施的取样勘探孔采取的土试样,将同一土层的若干个土试样的试验数据进行分析、统计后而得出的各土层的物理力学性指标,供设计人员在地基与基础设计时使用。

(2)地基土承载力特征值(表4.8)

在勘探报告中都会提供地基土的承载力特征值,同时根据土的物理力学性指标值也可大致判断各层土的承载力值。供设计人员在地基与基础设计选择基础埋深时考虑。

4.3.3 勘察报告在施工中的作用

(1)根据土层的物理力学指标可以确定基槽及基坑开挖放坡高宽比,确保安全施工。在土层开挖之前应认真搞清基础底面标高与岩土工程勘察报告中相应工程地质剖面图提供的基础持力层标高是否相符。

(2)在进行验槽前按有关规范要求:查明基底是否挖至设计要求土层;并对照勘察资料对持力层土质的颜色状态等,持力层土质与勘察报告是否相同;是否有不良地质现象(古井、坟穴、河道等)。

其验槽方法有观察法和人工法(或机械钎探)等,图4.16是观察法看到的某场地的土质变化情况。人工钎探(图4.17)采用一定长度直径为22~25 mm的钢钎打入基底土层中,使用人力(机械)使大锤(穿心锤)自由下落规定的高度,撞击钎杆垂直打入土层中,记录每打入300 mm深锤击数,判断地基土质情况(可用轻便触探代替)。为设计承载力、地勘结果、地基土土层的均匀度等质量指标提供验收依据。

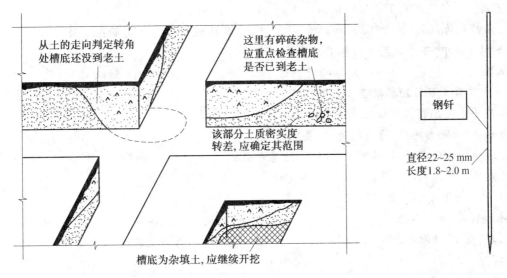

图 4.16 基槽土质变化情况　　　　　图 4.17 钢钎

当槽内的土层出现与勘察报告差别较大时,应通知勘察单位进行补充勘探,以使基础持力层土质满足设计部门的要求。

(3)根据勘察报告提供的稳定地下水位标高,并与地槽底面标高进行比较,确定基槽挖土及基础施工期间的防水、排水工作,保证地基土不被水浸泡和基础施工的正常进行。

(4)勘察报告的结论和建议部分是报告的总结。其中对地基的施工提出一些建议性措施。精读此部分将对施工有很大的帮助,如排水方式、基坑开挖是否放坡、如何防止地基土质不被人为扰动等都有叙述(建议老师们在授课过程中引导学生就上面主要问题,共同完成)。

拓展与实训

1. 填空题

(1)工程上常把危害建筑物安全的地质现象,如_____、_____、土洞、地震断裂等称为不良地质现象。

(2)在布置和从事工程地质勘察工作时,应综合考虑场地的_____、_____和地下水等场地条件、地质土质条件以及工程条件。

(3)房屋建筑和构筑物岩土工程勘察分为_____、_____和_____三个阶段。对于工程地质条件复杂或有特殊施工要求的高重建筑地基,尚应进行施工勘察。

(4)详勘的手段主要以_____、_____和室内土工试验为主,必要时可以补充一些物探和工程地质测绘和调查工作。详勘勘察点的布置应按_____确定。

(5)一般勘探工作包括_____、_____、触探和_____等。

2. 选择题

(1)标准贯入试验时,使用的穿心锤重与穿心锤落距分别是(　　)。

A. 锤重为 10 kg,落距为 50 cm　　B. 锤重为 63.5 kg,落距为 76 cm

C. 锤重为 63.5 kg,落距为 50 cm　　D. 锤重为 10 kg,落距为 76 cm

(2)下列哪一种不属于岩土工程勘察成果报告中应附的必要图件(　　)。

A. 地下水等水位线图　　B. 工程地质剖面图

C. 工程地质柱状图　　D. 室内试验成果图表

(3)下列( )项不属于原位测试。
A.地基静载荷试验　　　B.固结试验　　　C.旁压试验　　　D.触探试验
(4)下列方法中,不必使用专门机具的勘探方法是( )。
A.坑探　　　　　　　B.地球物理勘探　　C.钻探　　　　　D.触探
(5)一个单项工程的勘察报告书一般包括( )。
A.任务要求及勘察工作概况
B.场地位置、地形地貌、地质构造、不良地质现象
C.场地的地层分布、土的物理力学性质、地基承载力
D.地震设计烈度
(6)常用的物探方法主要有( )。
A.静力触探、动力触探　　　　　　　B.电阻率法、电位法
C.地震、声波、电测井　　　　　　　D.旁压试验、载荷试验

模块 5
浅 基 础

模块概述

建筑物上部荷载通过基础传给地基,基础起着连接上部结构和地基的桥梁作用,通过这种相互制约和相互影响作用将上部结构、地基、基础构成一个完整的结构体系。以保证整个建筑结构安全并正常使用,地基基础协调作用显得更为突出。

浅基础一般埋深不大,用普通的方法施工,其地基的承载力只考虑基底以下土层,不考虑基础侧面土对基础的侧阻力。深基础(如桩基础)埋深较大,要用特殊的施工机具施工,其地基的承载力要考虑基础侧面土对基础的侧阻力,甚至是地基承载力的主要组成部分。本章主要研究天然地基上一般基础的设计原理及基础施工图的阅读。

学习目标

◆明确浅基础类型、受力特点、构造要求、适用条件;
◆理解无筋扩展设计要点;
◆熟练应用钢筋混凝土扩展基础设计原理解决实际工程中地基基础设计问题;
◆熟练掌握钢筋混凝土扩展基础、柱下条形基础、有梁式筏形基础的平法表示及构造详图;
◆了解平板式筏形基础及箱形基础的一般构造要求。

课时建议

14 课时

5.1 地基基础设计的基本知识

5.1.1 地基基础设计原则

进行工业与民用建筑地基基础设计必须贯彻执行《地基基础设计规范》(GB 50007—2011)相关规范中的有关规定,做到安全适用、技术先进、经济合理、确保质量、保护环境,其主要规定如下。

5.1.1.1 地基基础设计等级

地基基础设计应根据地基复杂程度、建筑物规模和功能特征以及由于地基问题可能造成建筑物破坏或影响正常使用的程度分为三个设计等级,设计时应根据具体情况,按表5.1选用。

表5.1 地基基础设计等级

设计等级	建筑和地基类型	
甲级	①重要的工业与民用建筑物; ②30层以上的高层建筑; ③体型复杂,层数相差超过10层的高低层连成一体的建筑物; ④大面积的多层地下建筑物(如地下车库、商场、运动场等); ⑤对地基变形有特殊要求的建筑物;	⑥复杂地质条件下的坡上建筑物(包括高边坡); ⑦对原有工程影响较大的新建建筑物; ⑧场地和地基条件复杂的一般建筑物; ⑨位于复杂地质条件及软土地区的二层及二层以上地下室的基坑工程; ⑩开挖深度大于15 m的基坑工程; ⑪周边环境条件复杂、环境保护要求高的基坑工程。
乙级	①除甲级、丙级以外的工业与民用建筑物;②除甲级、丙级以外的基坑工程。	
丙级	①场地和地基条件简单、荷载分布均匀的7层及7层以下民用建筑及一般工业建筑; ②次要的轻型建筑物; ③非软土地区且场地地质条件简单、基坑周边环境条件简单、环境保护要求不高且开挖深度小于5.0 m的基坑工程。	

5.1.1.2 设计规定

根据建筑物地基基础设计等级及长期荷载作用下地基变形对上部结构的影响程度,应符合下列规定:

(1)所有建筑物的地基计算均应满足承载力计算的有关规定。

(2)设计等级为甲级、乙级的建筑物,均应按地基变形设计。

(3)设计等级为丙级的建筑物有下列情况之一时应做变形验算:

①地基承载力特征值小于130 kPa,且体型复杂的建筑物;

②在基础上及其附近有地面堆载或相邻基础荷载差异较大,可能引起地基产生过大的不均匀沉降时;

③软弱地基上的建筑物存在偏心荷载时;

④相邻建筑距离近,可能发生倾斜时;

⑤地基内有厚度较大或厚薄不均的填土,其自重固结未完成时。

(4)对经常受水平荷载作用的高层建筑、高耸结构和挡土墙等,以及建造在斜坡上或边坡附近的建筑物和构筑物,尚应验算其稳定性。

(5)基坑工程应进行稳定性验算。

(6)建筑地下室或地下构筑物存在上浮问题时,尚应进行抗浮验算。

表 5.2 所列范围内设计等级为丙级的建筑物可不做变形验算。

表 5.2 可不做地基变形验算的设计等级为丙级的建筑物范围

地基主要受力层情况	地基承载力特征值 f_{ak}/kPa		$80 \leq f_{ak} < 100$	$100 \leq f_{ak} < 130$	$130 \leq f_{ak} < 160$	$160 \leq f_{ak} < 200$	$200 \leq f_{ak} < 300$
	各土层坡度/%		≤5	≤10	≤10	≤10	≤10
建筑类型	砌体承重结构、框架结构(层数)		≤5	≤5	≤6	≤6	≤7
	单层排架结构(6 m柱距)	单跨 吊车额定起重量/t	10～15	15～20	20～30	30～50	50～100
		单跨 厂房跨度/m	≤18	≤24	≤30	≤30	≤30
		多跨 吊车额定起重量/t	5～10	10～15	15～20	20～30	30～75
		多跨 厂房跨度/m	≤18	≤24	≤30	≤30	≤30
	烟囱	高度/m	≤40	≤50	≤75		≤100
	水塔	高度/m	≤20	≤30	≤30		≤30
		容积/m³	50～100	100～200	200～300	300～500	500～1 000

注:1. 地基主要受力层系指条形基础底面下深度为 $3b$(b 为基础底面宽度),独立基础下为 $1.5b$,且厚度均不小于 5 m 的范围(二层以下一般的民用建筑除外);

2. 地基主要受力层中如承载力特征值小于 130 kPa 土层时,表中砌体承重结构的设计应符合本规范第 7 章的有关要求;

3. 表中砌体承重结构和框架结构均指民用建筑,对于工业建筑可按厂房高度、荷载情况折合成与其相当的民用建筑层数。

为了得到一个完整的概念,将设计规定用表 5.3 加以概括。

表 5.3　地基设计

承载力计算		甲级、乙级、丙级必须验算承载力
变形计算	甲级、乙级	必须验算变形
	丙级	凡属表 5.2 范围之外的情况都必须验算变形
		虽然在表 5.2 范围之内,但又符合上述 5.1.1.2 设计规定第 3 款(3)中规定的 5 个补充条件之一,仍需验算变形
		其余情况需要验算变形
稳定性验算		① 经常承受水平荷载的高层建筑及高耸构筑物和挡土墙; ② 建在斜坡上的建筑物和构筑物

5.1.1.3　荷载效应代表值和相应抗力限制规定

荷载效应代表值和相应抗力限制规定见表 5.4。

表 5.4　荷载效应代表值和相应抗力限制规定

计算项目	计算内容	传至基础底面的荷载效应组合	抗力限值
地基承载力	确定基础底面积及埋深	正常使用极限状态标准组合 s_k	地基承载力特征值
单桩承载力	确定桩数		单桩承载力特征值
变形计算	建筑物沉降	正常使用极限状态准永久组合 s_q	地基变形允许值
稳定性验算	计算挡土墙、地基及斜坡滑坡稳定性	承载能力极限状态下作用的基本组合,但其分项系数均为 1.0	
基础结构承载力计算	① 确定基础及承台的高度; ② 基础截面配筋计算。	① 承载能力极限状态下作用的基本组合,采用相应的分项系数; ② 对由永久荷载效应控制的基本组合 s,可简化为 $s=1.35s_k$。	材料强度的设计值

备注:
1. 传至基础底面活载若只有一种时,其荷载标准组合就是恒载标准值与活载标准值之和;
2. 传至基础底面活载只有一种时,其荷载准永久组合就是恒载标准值与活载准永久值之和;
3. 地基基础设计时,所采用的荷载效应与相应的抗力限值其具体细则见《地基基础规范》3.0.5 条。

【例 5.1】　在某软土地区,持力层地基承载力 $f_{ak}=84\ kPa$,在一个地区拟建 5 幢 6 层的住宅,3 幢 12 层小高层,在绿化区拟建造 2 层地下车库。要求:确定地基基础设计等级并判断是否要作变形验算。

解　(1)确定地基基础设计等级

由表 5.1 分析可知:2 层地下车库地基基础设计等级为甲级;

12 层小高层层数小于 30 层而大于 7 层,地基基础设计等级为乙级;

6 层住宅地基基础设计等级为丙级。

(2)判断是否要作变形验算

由表 5.3 可知:地基基础设计等级为甲级、乙级,必须验算承载力。

由表 5.2 规定,地基承载力在 $80\ kPa \leqslant f_{ak} < 100\ kPa$ 之间,层数 $\leqslant$ 5 层砌体承重结构可不作变形验

算,该住宅楼 6 层已不满足设计规定要求,故要计算地基变形。

5.1.2 浅基础的类型

浅基础按结构形式不同有多种类型,有独立的、条形的、交叉的、成片的、箱形的及壳体基础等系列,其常见的浅基础结构类型见表 5.5。

表 5.5 浅基础的结构类型

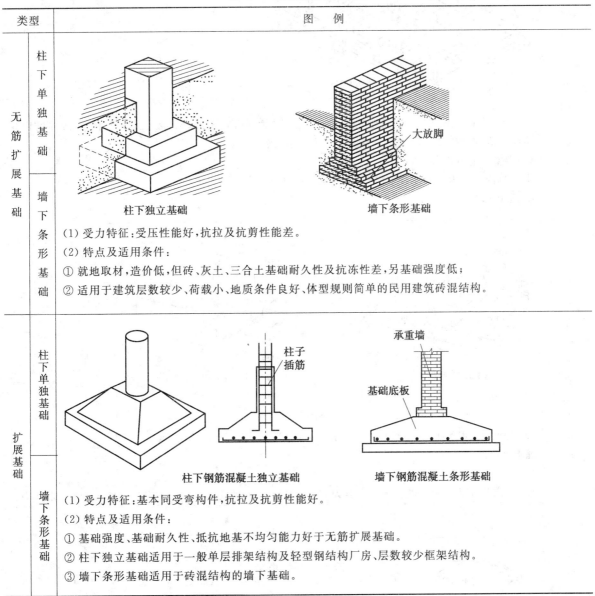

类型		图 例
无筋扩展基础	柱下单独基础	柱下独立基础
	墙下条形基础	墙下条形基础
	(1) 受力特征:受压性能好,抗拉及抗剪性能差。 (2) 特点及适用条件: ① 就地取材,造价低,但砖、灰土、三合土基础耐久性及抗冻性差,另基础强度低; ② 适用于建筑层数较少、荷载小、地质条件良好、体型规则简单的民用建筑砖混结构。	
扩展基础	柱下单独基础	柱下钢筋混凝土独立基础
	墙下条形基础	墙下钢筋混凝土条形基础
	(1) 受力特征:基本同受弯构件,抗拉及抗剪性能好。 (2) 特点及适用条件: ① 基础强度、基础耐久性、抵抗地基不均匀能力好于无筋扩展基础。 ② 柱下独立基础适用于一般单层排架结构及轻型钢结构厂房、层数较少框架结构。 ③ 墙下条形基础适用于砖混结构的墙下基础。	

续表 5.5

类型	图 例
柱下条形基础	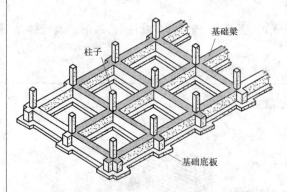 (1) 受力特征:由基础底板和基础梁组成,基础底板受力同墙下条形基础底板;当基础刚度好、上部结构整体性好、地基条件良好时,基础梁相当于倒置的连续梁。 (2) 特点及适用条件: ① 基础刚度、整体性好于柱下钢筋混凝土独立基础; ② 适用于多层或高层框架结构。
筏形基础及箱形基础	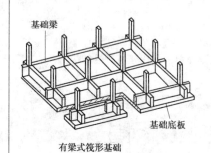 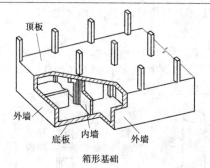 筏形基础: (1) 受力特征:基本同受弯构件,犹如倒置的楼盖。 (2) 特点及适用条件:① 基础的刚度、整体性好;② 适用于多层或高层建筑结构。 箱形基础: (1) 受力特征:空间受力结构。 (2) 特点及适用条件:地基软弱,高层建筑结构的基础,中间做成地下室,较少基底附加压力的基础。
壳体基础	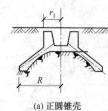 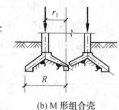 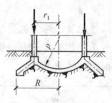 (a) 正圆锥壳　　　　(b) M 形组合壳　　　　(c) 内球外锥组合壳 (1) 受力特征:受压状态。 (2) 特点及适用条件: ① 将受拉状态转变为受压状态,充分发挥材料性能; ② 适用于筒形构筑物、烟囱、水塔、中小型高炉等,由正圆锥形及其组织形式构成的壳体基础。

5.1.3 基础埋深确定

基础埋置深度一般指基础底面至室外设计地面的距离,即基础埋入土中的深度,一般不小于 500 mm(基岩地基除外);基础顶面至少低于设计地面 0.1 m(图 5.1)。

基础的埋置深度,应按下列条件确定:

1.建筑物的用途

工业厂房基础一般比同等高度的民用、公共建筑物埋得深;有地下室的建筑要比无地下室的基础要埋得深;基础埋深必须大于穿越管线的埋深,使管道从基础预留洞穿过;刚性基础(无筋扩展基础)由于受到台阶宽高比的限制其基础埋深要大于钢筋混凝土基础。

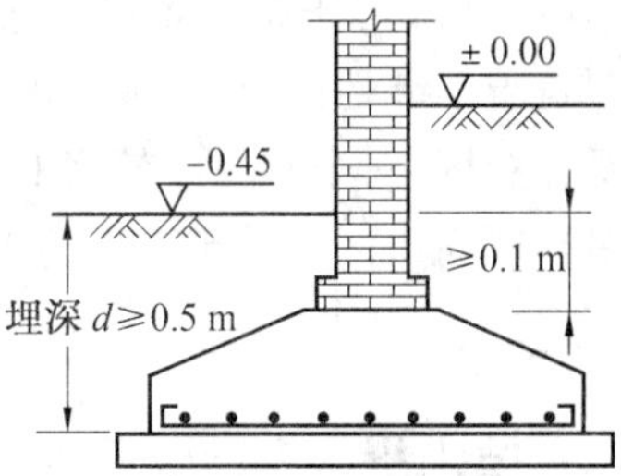

2.作用在地基上的荷载

图 5.1 浅基础最小埋深

作用在地基上的荷载越大荷载作用偏心越大,基础也埋得越深。在抗震设防区,除岩石地基外,天然地基上的箱形和筏形基础其埋置深度不宜小于建筑物高度的 1/15,桩箱和桩筏基础承台的埋深(不计桩长)不宜小于建筑高度的 1/18。输电塔基由于受到风载上拔力,基础应有较大埋深;烟囱、水塔、筒体结构基础埋深应满足抗倾覆稳定计算要求。

3.工程地质及水文地质条件

(1)工程地质条件其埋深确定原则见表 5.6。

表 5.6 基础埋深确定原则

土质情况				
原则	① 自上而下都是良好的土层,基础应尽量浅埋; ② 自上而下都是软弱土层,可考虑地基处理,从安全可靠、施工难易、造价等方面综合选择最佳方案; ③ 上硬下软土层,我国沿海地区较为常见,地表普遍存在 2~3 m 的硬土层,对于中小型砖混结构的建筑住宅,应选择硬土层作为持力层,选用宽基浅埋,以减小软弱下卧层附加应力; ④ 上软下硬土层,若上面软土层厚度一般小于 2 m,应取下面硬土层作为持力层;上面软土层厚度较厚,应采取地基处理。			

(2)水文地质条件

有地下水存在时,基础尽量埋在地下水位以上,否则地下水位对基坑开挖、基础施工和使用会造成不利影响,同时会降低基础的耐久性和地基承载力。当必须埋在地下水位以下时,应采取地基土在施工时不受扰动的措施。当基础埋置在易风化的岩层上,施工时应在基坑开挖后立即铺筑垫层。另外对有侵蚀性的地下水,对基础材料应采取抗侵蚀性的水泥及相应的措施。

4.相邻建筑物的基础埋深

为保证施工和使用期间相邻建筑物的安全及正常使用,当新基础深于旧基础,基础应保持一定的净距 l,其数值根据荷载大小和土质情况而定,一般取相邻基础底面高差 $\Delta h \geq (1 \sim 2)l$。以免基坑开挖时,坑壁坍塌,影响原建筑地基稳定。如不能满足这一要求,施工期间应采取措施(如基坑的支护等)防止土体坍塌。

5. 地基土冻胀和融陷的影响

冻土有季节性冻土和多年冻土两种。

(1) 季节性冻土指在一定厚度的地表土层中冬季冻结夏季融化，是冻融交替的土。中国东北、华北和西北地区的季节性冻土，深度均在 50 cm 以上，黑龙江北部及青海地区的冻深较大，最深可达 3 m。

(2) 多年冻土指全年保持冻结而不融化，并且延续时间在 3 年或 3 年以上的土。多年冻土的表层往往覆盖着季节性冻土层（或称融冻层），但其融化深度置于多年冻土层的层顶。多年冻土在中国有两个主要分布区：一个在纬度较高的内蒙古和黑龙江的大、小兴安岭一带；另一个在地势较高的青藏高原和甘肃新疆高山区。关于冻土的工程性质及对建筑物的影响，将在模块 8 特殊地基中详述。

> **技术提示：**
> 基础底面应位于冰冻线以下，若地基土冻胀产生的竖向冻胀力大于基底压力，会使建筑物开裂甚至破坏。另外地基的融陷，将使地基产生不均匀沉降，影响建筑物正常使用甚至破坏。

对于冻胀土按冰冻线考虑的基础最小埋深 d_{min} 如图 5.2 所示，并按下式确定：

$$d_{min} = z_d - h_{max} \tag{5.1}$$

式中 z_d —— 场地冻结深度（m），其取值在此略，详见地基规范；

h_{max} —— 基础底面下允许冻土层的最大厚度（m），详见《地基基础设计规范》5.1.7 及 5.1.8 条解释，在此略。

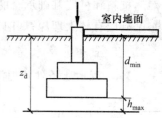

图 5.2 冻胀土基础最小埋深

5.1.4 基础底面积确定

基础底面积除满足地基持力层承载力要求外，当存在软弱下卧层时，还应满足软弱下卧层地基承载力要求。

5.1.4.1 地基基础承载力验算

1. 持力层承载力验算

(1) 当轴心荷载作用时：

$$p_k \leqslant f_a \tag{5.2}$$

式中 p_k —— 相应于作用的标准组合时，基础底面处的平均压力，kPa；

f_a —— 修正后的地基承载力特征值，kPa。

(2) 当偏心荷载作用时，除符合式 (5.2) 要求外，尚应符合下式规定：

$$p_{kmax} \leqslant 1.2 f_a \tag{5.3}$$

式中 p_{kmax} —— 相应于作用的标准组合时，基础底面边缘的最大压力值。

2. 软弱下卧层地基承载力验算

如果软弱下卧层埋藏不够深（图 5.3），扩散到软弱下卧层顶面处的荷载将大于其承载力，地基仍有失效的可能，因此尚需要验算软弱下卧层地基承载力，应满足：

$$p_z + p_{cz} \leqslant f_{az} \tag{5.4}$$

式中 f_{az} —— 软弱下卧层顶面处经深度修正后的地基承载力特征值，kPa。

p_{cz} —— 软弱下卧层顶面处土的自重压力值，kPa；

p_z —— 相应于作用的标准组合时，软弱下卧层顶面处的附加压力值（kPa），按下式简化计算：

矩形基础:
$$p_z = \frac{lbp_0}{(b+2z\tan\theta)(l+2z\tan\theta)} \quad (5.5)$$

条形基础:
$$p_z = \frac{bp_0}{(b+2z\tan\theta)} \quad (5.6)$$

式中 b——矩形基础短边尺寸或条形基础宽度,m;
l——矩形基础长边(m),条形基础 $l=1$ m;
p_0——基础底面处附加应力标准值(kPa);
z——基础底面至软弱下卧层顶面的距离 m;
θ——地基压力扩散角(°),可按表5.7采用。

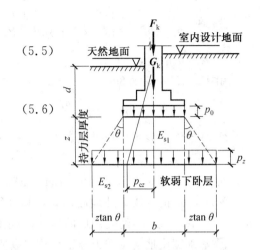

图 5.3　软弱下卧层承载力验算示意图

表 5.7　地基压力扩散角 θ

$\dfrac{E_{s1}}{E_{s2}}$	z/b		备注
	0.25	0.50	① E_{s1} 为上层土压缩模量,E_{s2} 为下层土压缩模量; ② z/b<0.25 时取 $\theta=0°$,必要时,宜由试验确定;z/b>0.5 时 θ 值不变; ③ z/b 在 0.25~0.50 之间可插值使用; ④ 若为换土人工地基,压力扩散角 θ 应根据换填材料,见《地基处理技术规范》(JGJ 79—2002)第 4.2.1 条取值。
3	6°	23°	
5	10°	25°	
10	20°	30°	

【例 5.2】　某轴心受压墙下条形基础,墙厚 370 mm;上层土为黏性土,厚度 $h_1=3.0$ m,重度 $\gamma_1=18$ kN/m³,压缩模量 $E_{s1}=9$ MPa,修正后地基承载力特征值 $f_a=190$ kPa;下卧层为淤泥质土,$E_{s2}=1.8$ MPa,深度未修正地基承载力特征值 $f_{ak2}=90$ kPa,上部结构传来轴向力标准值 $F_k=300$ kN/m,其余条件如图 5.4 所示。确定基础宽度 b 为多少?

解　(1)由持力层地基承载力初步确定基础宽度 b ($l=1$ m)

由 $p_k = \dfrac{F_k+G_k}{b} = \dfrac{F_k}{b} + \gamma_G \bar{d} \leq f_a$ 得

$$b \geq \frac{F_k}{f_a - \gamma_G \bar{d}} = \frac{300}{190 - 20\times(1.0+0.3/2)} = 1.8 \text{ m}$$

取 $b=2.0$ m ($\bar{d}$ 为基础的平均埋深)。

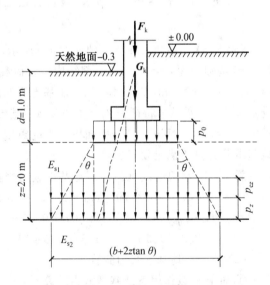

图 5.4　例 5.2 附图

(2)验算软弱下卧层地基承载力

① 计算软弱下卧层顶面处的自重应力 p_{cz}
$$p_{cz} = (d+z)\gamma'_m = (3\times18)\text{kN/m}^2 = 54 \text{ kN/m}^2$$

其中,γ'_m 为软弱下卧层顶面以上土的加权平均重度,d 从天然地面算起。

② 计算软弱下卧层顶面处附加应力 p_z

a. 计算基底附加应力

$$p_0 = p_k - \gamma_m d = \frac{F_k}{b} + \gamma_G \bar{d} - \gamma_m d = \left(\frac{300}{2} + 20 \times 1.15 - 18 \times 1\right) \text{kPa} = 155 \text{ kPa}$$

b. 确定扩散角 θ

由 $E_{s1}/E_{s2} = 9/1.8 = 5$，$z/b = 2/2 = 1 > 0.5$，查表得 $\theta = 25°$。

$$p_z = \frac{bp_0}{(b + 2z\tan\theta)} = \frac{2 \times 155}{(2 + 2 \times 2 \times \tan 25°)} \text{kPa} = 80.2 \text{ kPa}$$

③ 计算深度修正后地基承载力特征值 f_{az}

$$f_{az} = f_{ak2} + \eta_d \gamma'_m (d + z - 0.5) = [90 + 1.0 \times 18 \times (3.0 - 0.5)] \text{kPa} = 135 \text{ kPa}$$

$p_z + p_{cz} = (80.2 + 54) \text{kPa} = 134.2 \text{ kPa} < f_{az} = 135 \text{ kPa}$，基底面积也满足软弱下卧层承载力要求。

深度 d 修正应从室外地面标高算起进行承载力深度修正；另《建筑地基处理技术规范》(JGJ 79—2002) 第3.0.4 规定，经处理后的地基，确定的地基承载力特征值修正应符合下列规定：

① 基础宽度地基承载力修正系数应取值为零；

② 基础深度的修正系数应取1.0。

> **技术提示：**
>
> 1. 基底面积 A 大小与地基承载力 f_a 和上部结构荷载 F_k 有关：
>
> ① $f_a \uparrow \to A \downarrow$；② $F_k \uparrow \to A \uparrow$。
>
> 2. 基底面积 A 与软弱下卧层承载力 f_{az} 及持力层土厚度 z、应力扩散角 θ 有关：
>
> ① $z \downarrow \to p_z \uparrow$，若 $p_z + p_{cz} > f_{az}$，其措施：采用宽基浅埋，以减小附加应力 p_0 及 p_z；
>
> ② $E_{s1}/E_{s2} \uparrow \to \theta \uparrow \to p_z \downarrow$，故持力层应选择表面的硬壳层。

【例5.3】 某柱下独立基础如图5.5所示，基底面积 $A = bl = 2 \text{ m} \times 2.5 \text{ m}$，基础埋深 $d = 1.5 \text{ m}$；上部结构传来荷载标准值 $F_k = 600 \text{ kN}$，力矩 $M_{k1} = 200 \text{ kN·m}$，$V_k = 150 \text{ kN}$；地基土为厚度较大的粉土，其黏粒含量 $\rho_c < 10\%$，承载力特征值 $f_{ak} = 230 \text{ kPa}$。基础底面以上土的加权平均重度 $\gamma_m = 18.5 \text{ kN/m}^3$，基础底面以下土的重度 $\gamma = 17.5 \text{ kN/m}^3$；试验算地基承载力是否满足要求？

解 (1) 计算基底处持力层地基承载力修正后特征值 f_a

由表3.9，$\rho_c < 10\%$ 粉土，$\eta_d = 2.0$；$b < 3 \text{ m}$ 不作宽度修正：

$$f_a = f_{ak} + \eta_b \gamma (b - 3) + \eta_d \gamma_m (d - 0.5) =$$
$$[230 + 2 \times 18.5 \times (1.5 - 0.5)] \text{kPa} = 267 \text{ kPa}$$

(2) 持力层地基承载力验算

① 轴心荷载作用下地基承载力验算

$$p_k = \frac{F_k + G_k}{A} = \frac{600 + 150}{2 \times 2.5} \text{kPa} = 150 \text{ kPa} \leqslant f_a = 267 \text{ kPa}$$

其中 $G_k = A\gamma_G \bar{d} = (2 \times 2.5 \times 20 \times 1.5) \text{kN} = 150 \text{ kN}$

② 偏心荷载作用下地基承载力验算

$$e = \frac{M_k}{F_k + G_k} = \frac{200 + 150 \times 1}{600 + 150} \text{m} = 0.47 \text{ m} > \frac{l}{6} = \frac{2.5}{6} = 0.42 \text{ m}$$

由式(2.5)得

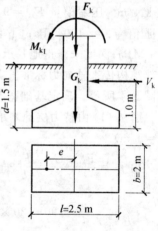

图5.5 例5.3附图

$$p_{k\max}=\frac{2(F_k+G_k)}{3ab}=\frac{2\times 750}{3\times 0.78\times 2}\text{kPa}=320.5\text{ kPa}\approx$$
$$1.2f_a=1.2\times 267\text{ kPa}=320.4\text{ kPa}$$

其中 $a=l/2-e=(2.5/2-0.47)\text{m}=0.78\text{ m}$，地基承载力满足要求。

☆ **知识扩展：**

(1) 避免基底出现受拉，在其他条件不变时，可加大基底长边尺寸 l，使偏心距 $e\leqslant l/6$ 即 $l\geqslant 6e=6\times 0.47\text{ m}=2.82\text{ m}$，取 $l=2.85\text{ m}$，若 $A=5\text{ m}^2$ 不变，则 $b=A/l=(5/2.85)\text{m}=1.75\text{ m}$。

(2) 重新调整基底尺寸后，$e=\dfrac{M_k}{F_k+G_k}=\dfrac{200+150\times 1}{600+150}\text{ m}=0.47\text{ m}<\dfrac{l}{6}=\dfrac{2.85}{6}\text{ m}=0.475\text{ m}$。由式(2.4)得

$$p_{k\max}=\frac{F_k+G_k}{A}\left(1+\frac{6e}{l}\right)=150\times\left(1+\frac{6\times 0.47}{2.85}\right)\text{kPa}=300\text{ kPa}<1.2f_a=320\text{ kPa}(\text{满足要求})$$

(3) 为了减少偏心距，减少地基不均匀沉降，在基底面积 A 不变的条件下，$l\uparrow(b\downarrow)\to e\downarrow$，但是 $l/b\uparrow$ 地基附加应力增大，相应的附加变形增大(由例 2.4 可知)，故独立基础 l/b 不宜过大，一般 $l/b\leqslant 2$。为了减少地基变形和减少不均匀沉降需要调整基底尺寸到达设计要求。

5.1.4.2 地基基础抗震验算

1. 不进行天然地基及基础抗震验算的条件

《建筑抗震设计规范》(GB 50011—2010)第 4.2.1 款规定，下列建筑可不进行天然地基及基础抗震验算：

(1) 本规范规定可不进行上部结构抗震验算的建筑物。

(2) 地基主要受力层不存在软弱黏性土层(软弱黏性土层是指 7 度、8 度、9 度地基承载力特征值分别小于 80 kPa、100 kPa、120 kPa 的土层)的下列建筑：

① 一般单层厂房和单层空旷房屋；

② 砌体房屋；

③ 不超过 8 层且高度在 24 m 以下的一般民用框架和框架—抗震墙房屋；

④ 基础荷载与③项相当的多层框架厂房和多层混凝土抗震墙房屋。

2. 天然地基基础抗震承载力验算条件

公式的表达式基本同式(5.2)、(5.3)，将公式中的地基承载力 f_a 用抗震地基承载力 f_{aE} 代替，相应的基底压力 p_k 及 $p_{k\max}$ 用相应的地震作用效应标准组合 p 及 $p_{\max}$ 代替，详见抗震规范。

5.2 浅基础设计

基础设计步骤如下：

5.2.1 无筋扩展基础

5.2.1.1 受力特点

无筋扩展基础其材料具有较高的抗压性能，但是抗拉及抗剪强度很低。基础的受力特点相当于在基底反力作用下固接于柱边(或承重墙边)倒置的悬臂板。

技术提示：

为保证刚性基础不发生弯曲受拉破坏，为此《规范》给出：刚性基础每一台阶处外伸宽度b_i与对应截面高度h_i之比不超过台阶相应材料允许的宽高比(表5.8)，即$b_i/h_i \leqslant [b_i/h_i]=[\tan \alpha]$，$\alpha$称为允许刚性角。

表 5.8　无筋扩展基础台阶允许宽高比的允许值

基础材料	质量要求	台阶宽高比的允许值		
		$p_k \leqslant 100$	$100 < p_k \leqslant 200$	$200 < p_k \leqslant 300$
混凝土基础	C15 混凝土	1∶1.00	1∶1.00	1∶1.25
毛石混凝土基础	C15 混凝土	1∶1.00	1∶1.25	1∶1.50
砖基础	砖不低于 MU10、砂浆不低于 M5	1∶1.50	1∶1.50	1∶1.50
毛石基础	砂浆不低于 M5	1∶1.25	1∶1.50	—
灰土基础	体积比为 3∶7 或 2∶8 的灰土，其最小干密度：粉土 1 550 kg/m³，粉质黏土 1 500 kg/m³，黏土 1 450 kg/m³	1∶1.25	1∶1.50	—
三合土基础	体积比1∶2∶4～1∶3∶6(石灰∶砂∶骨料)，每层约虚铺 220 mm，夯至 150 mm	1∶1.50	1∶2.00	—

注：① p_k 为作用标准组合时的基础底面处的平均压力值(kPa)；
② 阶梯形毛石基础的每阶伸出宽度，不宜大于 200 mm；
③ 当基础由不同材料叠合组成时，应对接触部分作抗压验算；
④ 混凝土基础单侧扩展范围内基础底面处的平均压力值超过 300 kPa 时，尚应进行抗剪验算；对基底反力集中于立柱附近的岩石地基，应进行局部受压承载力验算。

5.2.1.2　无筋扩展基础构造

1. 基础的材料强度及质量要求

除符合表5.8要求外，《砌体结构设计规范》(GB 50003—2011)规定：设计年限50年，地面以下或防潮层以下的砌体、潮湿房间的墙或环境类别为 2 类的砌体，所用材料的最低强度等级应符合表 5.9 要求。

表5.9　地面以下或防潮层以下的砌体、潮湿房间的墙所用材料的最低强度等级

潮湿程度	烧结普通砖	混凝土普通砖、蒸养普通砖	混凝土砌块	石材	水泥砂浆
稍潮湿的	MU15	MU20	MU7.5	MU30	MU5
很潮湿的	MU20	MU20	MU10	MU30	MU7.5
含水饱和的	MU20	MU25	MU15	MU40	MU10

注：① 在冻胀地区，地面以下或防潮层以下的砌体，不宜采用多孔砖，如采用时，其孔洞应用不低于 M10 的水泥砂浆灌实，当采用混凝土空心砌块时，其孔洞应采用不低于强度等级 Cb20 的混凝土预先灌实。
② 对安全等级一级或设计年限大于 50 年的房屋，表中强度等级应至少提高一级。

2. 基础构造尺寸要求

确定基础构造尺寸，除保证每个台阶处 $b_i/h_i \leqslant [b_i/h_i]$ 的同时，断面尺寸还应经济合理、便于施工。

(1) 钢筋混凝土柱脚及砖基础构造（表5.10）；
(2) 毛石基础、混凝土及毛石混凝土基础、灰土及三合土基础其构造尺寸（表5.11）。

另无筋扩展基础也可由两种材料叠合而成，如上面砖基础，下面混凝土或毛石基础。

表5.10　钢筋混凝土柱脚及砖基础构造

类型	钢筋混凝土柱脚构造	砖基础（主要是条形基础）
构造尺寸示意图	钢筋混凝土柱　柱脚宽度　柱脚高度　基础 $h_1 \geqslant b_1$ 且 $\geqslant 300$ mm 且 $\geqslant 20d$ $\geqslant 10d$ $\leqslant 20d$	防潮层　±0.00　JQL(基础圈梁)　±0.00 5×60　5×60 $\geqslant 100$　$\geqslant 100$ 60×5=300　120 60 120 60 120
构造说明	钢筋混凝土柱，其柱脚高度 h_1 不得小于 b 并不应小于 300 mm 且不小于 $20d$。当柱纵向钢筋在柱脚内的竖向锚固长度不满足锚固要求时，可沿水平方向弯折，弯折后的水平锚固长度不应小于 $10d$ 也不应大于 $20d$。（d 为柱中的纵向受力钢筋的最大直径）	1. 砖基础大放脚有两种砌法："二二等高收"，其台阶高宽比为 1/2；"二一间隔收"，其台阶高宽比从下而上依次为 1/2、1/1.5…均不超过 1/1.5。 2. 防潮层设置：一般在室内地坪下一皮砖 60 mm 处，用 1∶2 水泥砂浆另加水泥重量 5% 的防水剂，厚度 20 mm。也可用基础圈梁代替防潮层。
注	垫层设置：为保证基础质量，其下要设灰土或三合土、素混凝土垫层，厚度 100 mm，垫层每边伸出基础宽度不小于 50 mm。	

表 5.11　毛石基础、混凝土及毛石混凝土基础、灰土及三合土基础构造

类型	毛石基础	素混凝土及毛石混凝土基础	灰土及三合土基础
构造尺寸示意图			
构造说明	每一阶梯宜用两层或两层以上毛石，高度不小于 300 mm，为了锁接作用，每阶伸出宽度不宜大于 200 mm	1. 素混凝土基础，高度在 350mm 以内做一层台阶；350 mm～900 mm 做两层台阶；大于 900 mm 做三层台阶。每一阶梯高度不宜大于 500 mm。 2. 当基础体积较大，为节约水泥，可掺入基础体积 25% 左右的毛石，做成毛石混凝土基础。	灰土（熟石灰和粉土或黏性土按体积比 3∶7 或 2∶8）和三合土（石灰、砂和骨料（矿渣、碎砖、石子）按体积比 1∶2∶4 或 1∶3∶6）拌和均匀后，每层虚铺 220～250 mm，夯实到一步，一般基础高度是 2～3 步。

5.2.1.3　无筋扩展基础设计

下面通过举例说明无筋扩展基础剖面设计。

【例 5.4】　条件同例 5.2，试设计该墙下无筋扩展基础。

解　(1) 基础宽度确定

在满足地基承载力的条件下，由例 5.2 计算可知基础宽度 $b = 2.0$ m。

(2) 基础截面设计

方案 1：砖基础采用 MU10、M7.5 的水泥砂浆。

① 计算砖基础每侧台阶数量 n，并进一步确定基础宽度 b。

由 $60 \times 2n + b_0 \geq b$（此处 $b_0 = 370$ mm 墙厚），得

$$n \geq \frac{b - b_0}{120} = \frac{2\,000 - 370}{120} = 13.6，取\ n = 14$$

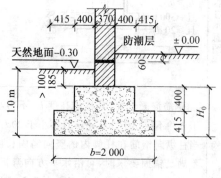

图 5.6　例 5.4 附图

则基础的宽度为

$$b = b_0 + 120n = (370 + 120 \times 14)\ \text{mm} = 2\,050\ \text{mm}$$

② 计算基础的总高度 H_0

若采用"二一间隔收"则基础总高度

$$H_0 = (7 \times 120 + 7 \times 60)\ \text{mm} = 1\,260\ \text{mm}$$

大于基础埋深 $d = 1.0$ m 不可以，若采用砖基础只有扩大埋深，故本方案不合理。

方案 2：素混凝土基础。

$$p_k = \frac{F_k}{b} + \gamma_G \bar{d} = \left(\frac{300}{2} + 20 \times 1.15\right)\ \text{kPa} = 173\ \text{kPa}$$

查表 5.7 得知：　　　　　　　　　　$[\tan \alpha] = 1\!:\!1$

① 计算基础总高度 H_0。

由 $\dfrac{b-b_0}{2H_0} \leqslant [\tan\alpha]$，得

$$H_0 \geqslant \dfrac{b-b_0}{2[\tan\alpha]} = \dfrac{2\,000-370}{2\times 1} = 815$$

取 $H_0 = 815$ mm，$d - H_0 = (1\,000 - 815)$ mm $= 185$ mm > 100 mm

满足要求，剖面如图 5.6 所示。

> **技术提示：**
> 砖基础截面设计步骤：
> (1) 由地基承载力确定基础宽度 b → 计算每侧台阶数量 $n \geqslant (b-b_0)/120$ (b_0 为基础顶面墙体厚度) → 进一步确定基础宽度 $b = b_0 + 120n$ (考虑砖的模数)。
> (2) 选择砖基础大放脚砌筑方式 ("二一间隔"、"二二等高")，由台阶数量 n → 总高度 H_0 → 验算总高度 H_0 是否满足构造要求 (即 $d - H_0 \geqslant 100$ mm 方案满足 → 绘制基础剖面图；若 $d - H_0 < 100$ mm 砖基础不满足构造要求)。

☆ **知识扩展：**

1. 其他材料的无筋扩展基础截面设计步骤：

由地基承载力确定基础宽度 b → 选择基础材料并查表 5.7 确定 $[\tan\alpha]$ → 计算基础总高度 $H_0 \geqslant \dfrac{b-b_0}{2[\tan\alpha]}$ → 验算基础高度 (基顶至室外地坪不小于 100 mm) → 根据基础每侧外伸宽度 $(b-b_0)/2$、H_0 及 $[\tan\alpha]$ 确定每个台阶的高度及宽度 → 绘制基础剖面图。

对于柱下独立基础 (柱截面长边和短边尺寸分别为 h_c、b_c，对应的基础底面长边和短边分别为 l、b)，基础高度除满足 $H_0 \geqslant \dfrac{b-b_c}{2[\tan\alpha]}$ 之外，还应满足 $H_0 \geqslant \dfrac{l-h_c}{2[\tan\alpha]}$ 的要求，其余设计同条形基础。

2. 无筋扩展基础的工作分析

从计算分析看出，当上部荷载较大，地基承载力较低，会导致基底宽度加大，基础高度 $H_0 \geqslant \dfrac{b-b_0}{2[\tan\alpha]}$ 增大，甚至大于基础埋深 d，基础露出地面。

其措施是可加大基础埋深或选择 $[\tan\alpha]$ 较大的无筋材料基础，但是埋深加大会导致工程量大、用料多、自重大等问题，从而给施工带来不便。

5.2.2 钢筋混凝土墙下条形基础

5.2.2.1 受力特点

条形基础底板在基底反力作用下相当于固接于承重墙边及变截面处倒置的悬臂板。基础的底板横向为受力钢筋，纵向为分布钢筋，如图 5.7(a) 所示。

1. 轴心受压基础基底净反力及内力计算

(1) 计算简图

基础底板计算简图如图 5.7(a)、(b) 所示，当墙脚大放脚不大于 1/4 砖长，取墙边 Ⅰ—Ⅰ 截面作为底板的固定端，其挑出长度为 a_1。

（2）基底净反力设计值 p_j

作用在底板上悬挑部分的荷载包括基底反力 p（方向向上）和基础及回填土重量对底板的压力 G/A（方向向下），其合力 p_j 等于上述两者之差：

$$p_j = \frac{F+G}{A} - \frac{G}{A} = \frac{G}{A} = \frac{F}{b} \tag{5.7}$$

式中　p_j——基底净反力设计值，kN/m^2；
　　　F——上部结构传来的竖向荷载设计值，kN。

一般取 $l=1\ m$，则在单位长度上，上部结构传来的竖向集中荷载为 $F \times l = F(kN)$，对应基底面积 $A = b \times l = b(m^2)$，对由永久荷载效应控制的基本组合，可简化为：$F = 1.35F_k$。

由上式（5.7）可以看出：基底净反力是由上部结构荷载引起的。

（3）内力计算

在 p_j 作用下，单位长度上（$l=1\ m$）Ⅰ－Ⅰ控制截面处的剪力 V 及弯矩 M 最大，计算公式如下：

$$V_{\mathrm{I}} = p_j a_1 \times l = p_j a_1 \tag{5.8a}$$

$$M_{\mathrm{I}} = \frac{1}{2} p_j l a_1^2 = \frac{1}{2} p_j a_1^2 \tag{5.8b}$$

式中　$p_j l$——沿基础宽度 b 的线荷载，kN/m。

其内力图如图5.7（c）所示。

2. 单向偏心受压基础基底净反力及内力计算

（1）计算简图

计算简图如图5.8（b）所示，同轴心受压基础，但要取受压较大一侧的底板为研究对象。

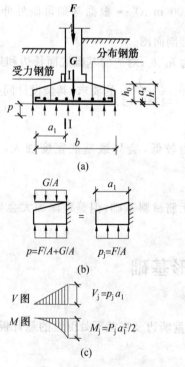

(a)

(b)

(c)

图5.7　轴心受压墙下条形基础底板受力分析

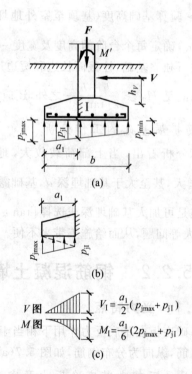

(a)

(b)

(c)

图5.8　偏心受压墙下条形基础底板受力分析

（2）基底净反力设计值 $p_{j\max}$ 及 $p_{j\mathrm{I}}$

由以上分析可知，基础底板所受基底净反力是由上部结构荷载引起的，对于偏压基础也是如此，其

$p_{j\min}^{j\max}$ 及 p_{jI} 设计值计算如下：

当 $e_0 = \dfrac{M}{F} \leqslant \dfrac{b}{6}$ 时

$$p_{j\min}^{j\max} = p_{\min}^{\max} - \dfrac{G}{A} = \dfrac{F}{b} \pm \dfrac{6M}{b^2} = \dfrac{F}{b}\left(1 \pm \dfrac{6e_0}{b}\right) \qquad (5.9)$$

式中　$p_{j\max}$、$p_{j\min}$——分别表示上部结构荷载对基础底板边缘产生最大、最小处基底净反力，kN/m^2；

p_{jI}——上部结构荷载对基础底板 I—I 处产生基底净反力（kN/m^2），由图 5.8(a)利用相似三角形可计算；

e_0——上部结构荷载对基础底板净偏心距；

M——上部结构荷载作用于基础底面的力矩设计值。

(3) 内力计算

图 5.8(b)所示在净反力作用下，I—I 截面处的剪力 V 及弯矩 M 最大，计算公式如下：

$$V_I = \dfrac{a_1}{2}(p_{j\max} + p_{jI}) \qquad (5.10a)$$

$$M_I = \dfrac{a_1^2}{6}(2p_{j\max} + p_{jI}) \qquad (5.10b)$$

其内力图如图 5.8(c)所示。

5.2.2.2　构造要求

1. 扩展基础一般构造

(1) 锥形基础的边缘高度不宜小于 200 mm，坡度不宜大于 1∶3；阶梯形基础的每阶高度宜为 300～500 mm，一般要求基础高度 $h \geqslant 300$ mm 且 $h \geqslant b/8$（b 为基础宽度）。

(2) 垫层的厚度不宜小于 70 mm，垫层混凝土强度等级不宜低于 C10；一般取垫层厚度为 100 mm，伸出基础边缘各 100 mm。另基坑（或基槽）开挖时应避免扰动，可保留 200 mm 厚的土层暂不挖去，待铺垫层前再挖至设计标高。

(3) 扩展基础受力钢筋最小配筋率不应小于 0.15%，底板受力钢筋的最小直径不宜小于 10 mm，间距不宜大于 200 mm，也不宜小于 100 mm。墙下钢筋混凝土条形基础纵向分布钢筋的直径不宜小于 8 mm；间距不宜大于 300 mm；每延米分布钢筋的面积应不小于受力钢筋面积的 15%。当有垫层时钢筋保护层的厚度不应小于 40 mm，无垫层时不应小于 70 mm。

(4) 混凝土强度等级不应低于 C20，但根据《混凝土结构设计规范》(GB 50010—2010)3.5.3 款结构耐久性设计规定：设计使用年限 50 年的混凝土结构，如：环境类别二 a 类混凝土等级不宜低于 C25，二 b 类混凝土强度等级不宜低于 C30，处于严寒和寒冷地区的二 b 类中的混凝土应使用引气剂，混凝土强度等级可采用 C25。

(5) 当柱下钢筋混凝土独立基础的边长和墙下钢筋混凝土条形基础的宽度大于或等于 2.5 m 时，底板受力钢筋的长度可取边长或宽度的 0.9 倍，并宜交错布置（详见平法《11G101—3》）。

(6) 钢筋混凝土条形基础底板在 T 形及十字形交接处，底板横向受力钢筋仅沿一个主要受力方向通长布置，另一方向的横向受力钢筋可布置到主要受力方向底板宽度 1/4 处。在拐角处底板横向受力钢筋应沿两个方向布置，同柱下条形基础底板，如图 5.40 所示。

2. 条形基础的其他构造要求

按基础底板是否设置地圈梁分为无梁式和有梁式（暗梁和肋梁）（图 5.9(a)、(b)、(c)）。

(1) 基础圈梁

基础圈梁梁顶宜设在标高 −0.06 m 处，其配筋不小于图 5.9(c)所示的配筋。当不设基础圈梁时，应设防潮层。当土质不均匀和上部荷载不均匀时应在基础底板内设置地圈梁（肋梁或暗梁）做成有梁式,其地圈梁配筋由设计人确定,但一般不小于图 5.9(d)所示配筋。地圈梁转角处的配筋构造见图 5.10,另圈梁纵筋搭接位置应离墙体交接部位大于等于 1 000 mm 处。构造柱可不单独设置基础,但应伸入室外地面下 500 mm,或与埋深小于 500 mm 的基础圈梁相连。

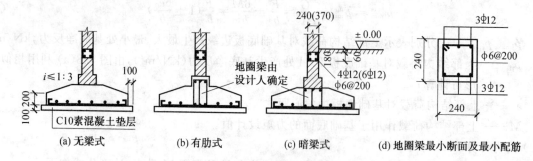

图 5.9　墙下条件基础剖面示意图

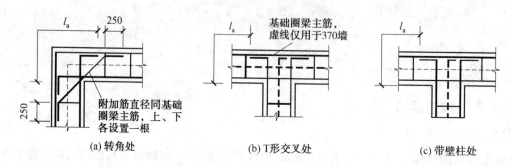

图 5.10　基础梁转角处配筋构造

(2) 其他主要构造

非承重内隔墙的做法如图 5.11 所示。另外管线穿过基础墙体时,墙上留洞尺寸要考虑管道顶与洞口顶留有一定的距离,避免基础沉降挤坏管道。

5.2.2.3　墙下钢筋混凝土条形基础设计

下面通过举例分析设计原理。

【例 5.5】　条件同例 5.2,试设计该墙下钢筋混凝土条形基础(环境类别为二 b 类,作用在基础上荷载以恒载效应控制为主。上部结构传来荷载设计值:$F=1.35F_k=1.35\times 300$ kN/m$=405$ kN/m;混凝土 C30($f_t=1.43$ N/mm^2),钢筋 HPB300($f_y=270$ N/mm^2)。

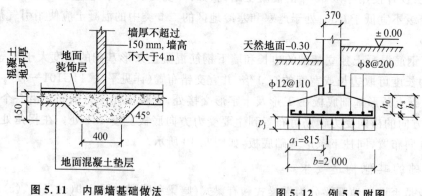

图 5.11　内隔墙基础做法　　图 5.12　例 5.5 附图

解　(1) 基础宽度的确定

由例 5.2 在满足地基承载力的条件下计算可知基础宽度 $b=2.0$ m。

(2)基础截面设计

分析:条形基础截面设计包括正截面承载力计算及斜截面承载力计算并满足构造要求。

其步骤:计算基底净反力→计算控制截面的剪力及弯矩→斜截面抗剪计算→确定基础的高度→正截面承载力配置纵向受力钢筋。

① 净反力及内力计算(取 $l = 1\ 000$ mm)

$$p_j = \frac{F}{b} = \frac{405 \times 1}{2}\ \text{kN/m} = 202.2\ \text{kN/m}$$

$$V_\text{I} = p_j a_1 = (202.5 \times 0.815)\ \text{kN/m} = 165.04\ \text{kN}$$

$$M_\text{I} = \frac{1}{2} p_j a_1^2 = \left(\frac{1}{2} \times 202.5 \times 0.815^2\right)\ \text{kN} \cdot \text{m} = 67.25\ \text{kN} \cdot \text{m}$$

② 基础高度的确定(设有垫层,$c = 40$ mm,$a_s \approx c + d = 40 + 10/2 = 45$ mm)

由
$$V_\text{I} \leqslant 0.7\beta_{ts} f_t l h_0 \tag{5.11}$$

其中 $\beta_{ts} = (800/h_0)^{\frac{1}{4}}$($\beta_{ts}$ 为受剪切承载力截面高度影响系数,当 $h_0 < 800$ mm 时,取 $h_0 = 800$ mm;当 $h_0 > 2\ 000$ mm 时,取 $h_0 = 2\ 000$ mm)。

$$h_0 \geqslant \frac{V_\text{I}}{0.7\beta_{ts} f_t l} = \frac{165.04 \times 10^3}{0.7 \times 1.0 \times 1.43 \times 10^3}\ \text{mm} = 165\ \text{mm}$$

取
$$h = 300\ \text{mm} > b/8 = (2\ 000/8)\ \text{mm} = 250\ \text{mm}$$

③ 配筋计算 $h_0 = h - 45 = (300 - 45)\ \text{mm} = 255\ \text{mm}$

$$A_s = \frac{M_\text{I}}{0.9 f_y h_0} = \frac{67.25 \times 10^6}{0.9 \times 300 \times 255}\ \text{mm}^2 = 977\ \text{mm}^2$$

查表 5.12 受力筋选用 φ12@110($A_s = 1\ 023\ \text{mm}^2$),分布钢筋选用 φ8@250(201 mm^2)并符合 $201/1\ 028 = 20\% > 15\%$,满足构造要求。其配筋示意图如图 5.12 所示。

表 5.12 钢筋混凝土板每米宽的钢筋用量表(mm^2)

钢筋间距/mm	钢筋直径/mm											
	3	4	5	6	6/8	8	8/10	10	10/12	12	12/14	14
70	101	180	280	404	561	719	920	1121	1369	1616	1907	2199
75	94.2	168	262	377	524	671	859	1047	1277	1503	1780	2052
80	88.4	157	245	354	491	629	805	981	1198	1414	1669	1924
85	83.2	148	231	333	462	592	758	924	1127	1331	1571	1811
90	78.2	140	218	314	437	559	716	872	1064	1257	1483	1710
95	74.5	132	207	298	414	529	678	826	1108	1190	1405	1620
100	70.6	126	196	283	393	503	644	785	958	1131	1335	1539
110	64.2	114	178	257	357	457	585	714	871	1023	1214	1399
120	58.9	105	163	236	327	419	537	654	798	942	1113	1283
125	56.5	101	157	226	314	402	515	623	766	905	1068	1231
130	54.4	96.6	151	218	302	387	495	604	737	870	1027	1184
140	58.5	89.8	140	202	281	359	460	561	684	808	954	1099
150	47.1	83.8	131	189	262	335	429	523	639	754	890	1026
160	44.1	78.5	123	177	246	314	403	491	599	707	831	962
170	41.5	73.9	115	168	231	295	379	462	564	665	785	905
180	39.2	69.8	109	157	218	279	358	436	532	628	742	855
190	37.2	66.1	103	149	207	265	339	413	504	595	703	810
200	35.3	62.8	98.2	141	196	251	322	393	479	565	668	770
220	32.1	57.1	89.2	129	179	229	293	357	436	514	607	700
240	29.4	52.4	81.8	118	164	210	268	327	399	471	556	641
250	28.3	50.3	78.5	113	157	201	258	314	383	452	543	616

> **技术提示：**
> 1. 钢筋混凝土条形基础截面设计主要步骤
> 由地基承载力确定基础宽度 b → 基底净反力及内力计算 → 抗剪计算确定基础的高度 → 抗弯计算确定基础底板受力钢筋 → 绘制基础施工图。
> 2. 钢筋混凝土基础充分发挥了钢筋抗拉及混凝土抗压的力学性能，基础高度明显降低，基础的挑出宽高比不受限制，适用于宽基浅埋。

5.2.3 钢筋混凝土柱下独立基础

5.2.3.1 受力特点

单独底板在基底反力作用下相当于固接于柱边及变截面处倒置的四边悬挑的悬臂板。两个方向均为受力钢筋，长边受力大于短边受力，长向受力筋置于板的最外侧，短向受力筋垂直于长向并置于底板的内侧，如图 5.13 所示。为了能直观反映基础的内力计算，以坡形基础为例说明其受力特点。

1. 轴心受压基础基底净反力及内力计算

(1) 计算简图（图 5.13）

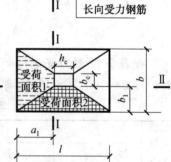

图 5.13 轴心受压独立基础内力计算分析图

单独基础在基底反力作用下计算简图，其长向和短向挑出长度分别为 a_1、b_1（设柱截面长边和短边尺寸分别为 h_c、b_c，对应的基础底面长边和短边分别为 l、b）。

(2) 基底净反力计算

$$p_j = \frac{F}{A} (kN/m^2)$$

(3) 弯矩计算

分析时将底板按对角线分成 4 个区域，受荷面积 I 及受荷面积 II 在基底净反力作用下，可求得两个方向的固端弯矩分别为

$$M_I = \frac{p_j}{6} a_1^2 (2b + b_c) \tag{5.12a}$$

$$M_{II} = \frac{p_j}{6} b_1^2 (2l + h_c) \tag{5.12b}$$

式中 a_1、b_1——分别表示从柱边开始沿基础长边和短边的挑出长度，$a_1 = (l - h_c)/2$，$b_1 = (b - b_c)/2$；

2. 单向偏心受压基础基底净反力及内力计算

(1) 计算简图（图 5.14）

计算简图同轴心受压基础，但 I—I 截面为底板受压较大一侧的控制截面。

(2) p_{jmin}^{jmax} 及 p_{jI} 设计值计算

当 $e_0 = \frac{M}{F} \leqslant \frac{l}{6}$ 时：

$$p_{jmin}^{jmax} = p_{min}^{max} - \frac{G}{A} \tag{5.13a}$$

或

$$p_{j\min}^{j\max} = \frac{F}{A} \pm \frac{M}{W} = \frac{F}{A}\left(1 \pm \frac{6e_0}{l}\right) \quad (5.13b)$$

式中 $p_{j\max}$、$p_{j\min}$——分别表示上部结构荷载对基础底板边缘产生最大、最小基底净反力;

p_{jI}——上部结构荷载对基础底板 I—I 处产生的基底净反力,由图 5.14 利用相似三角形可计算;

M——上部结构荷载作用于基础底面的力矩设计值,$M = M' + V \cdot h_V$;

e_0——上部结构荷载对基础底板净偏心距。

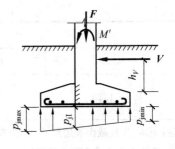

(3)弯矩计算

受荷面积 I 及受荷面积 II 在基底净反力作用下通过积分原理可求得两个方向的固端弯矩分别为

$$M_I = \frac{1}{12}a_1^2\left[(2b+b_c)\left(p_{\max}+p_I-\frac{2G}{A}\right)+(p_{\max}-p_I)l\right]$$

$$M_I = \frac{1}{12}a_1^2\left[(2b+b_c)(p_{j\max}+p_{jI})+(p_{j\max}-p_{jI})l\right]$$

$$M_{II} = \frac{1}{48}(b-b_c)^2(2l+h_c)\left(p_{\max}+p_{\min}-\frac{2G}{A}\right)$$

$$M_{II} = \frac{1}{12}b_1^2(2l+h_c)(p_{j\max}+p_{j\min})$$

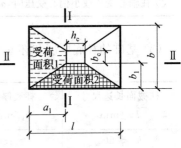

图 5.14 偏心受压独立基础内力计算分析图

5.2.3.2 构造要求

除符合前述扩展基础的一般要求外,独立基础还应符合下列要求:

1. 现浇柱

(1)基础插筋(图 5.15)

插筋的数量、直径以及钢筋种类应与柱内纵向受力钢筋相同。插筋伸入基础的总长度应不小于 $l_a(l_{aE})$,插筋的下端宜作成直钩放在基础底板钢筋网上。当基础高度小于 $l_a(l_{aE})$ 时,纵向受力钢筋的锚固总长度除符合上述要求外,其最小直锚段的长度不应小于 $20d$,弯折段的长度不应小于 150 mm。

图 5.15 现浇柱基础插筋示意图

当符合下列条件之一时,可仅将四角的插筋伸至底板钢筋网上,其余插筋锚固在基础顶面下 $l_a(l_{aE})$ 处:

① 柱为轴心受压或小偏心受压,基础高度大于等于 1 200 mm;

② 柱为大偏心受压,基础高度大于等于 1 400 mm。

(2)插筋与柱纵筋的连接

插筋与柱纵筋接头可采用绑扎搭接、机械连接或焊接,其接头位置宜设置在受力较小处,在一根受力钢筋上宜少设接头;同一构件相邻钢筋接头位置宜相互错开,同一连接区段内纵向受拉钢筋接头面积百分率不宜大于 50%;受压钢筋接头面积百分率可不受限制。采用绑扎接头时,受拉钢筋直径不宜大于 25 mm,受压钢筋直径不宜大于 28 mm。

2. 预制钢筋混凝土柱与杯口基础的连接

(1)柱插入杯口的深度,可按表 5.13 选用,并应满足钢筋锚固长度的要求及吊装时柱的稳定性。

表 5.13　柱插入杯口的深度 a_0

矩形或工字形柱				双肢柱
$h_c < 500$	$500 \leqslant h_c < 800$	$800 \leqslant h_c \leqslant 1000$	$h_c > 1000$	
$h_c \sim 1.2 h_c$	h_c	$0.9 h_c$ 且 $\geqslant 800$	$0.8 h_c$ $\geqslant 1000$	$(1/3 \sim 2/3) h_a$ $(1.5 \sim 1.8) h_b$

注：① h_c 为柱截面长边尺寸，h_a 为双肢柱全截面长边尺寸，h_b 为双肢柱全截面短边尺寸；
② 柱轴心受压或小偏心受压时，a_0 可适当减小，偏心距大于 $2h_c$ 时，a_0 应适当加大。

(2) 基础的杯底厚度和杯壁厚度，可按表 5.14 选用。

表 5.14　基础的杯底厚度和杯壁厚度

柱截面长边尺寸 h_c/mm	杯底厚度 a_1/mm	杯壁厚度 t/mm	备注
$h_c < 500$	$\geqslant 150$	$150 \sim 200$	① 双肢柱的杯底厚度值，可适当加大；
$500 \leqslant h_c < 800$	$\geqslant 200$	$\geqslant 200$	② 当有基础梁时，基础梁下的杯壁厚度，
$800 \leqslant h_c < 1000$	$\geqslant 200$	$\geqslant 300$	应满足其支承宽度的要求；
$1000 \leqslant h_c < 1500$	$\geqslant 250$	$\geqslant 350$	③ 其他构造说明详见图 5.16 及图 5.17。
$1500 \leqslant h_c < 2000$	$\geqslant 300$	$\geqslant 400$	

(3) 当柱为轴心受压或小偏心受压且 $t/h_2 \geqslant 0.65$ 时，或大偏心受压且 $t/h_2 \geqslant 0.75$ 时，杯壁可不配筋；当柱为轴心受压或小偏心受压且 $0.5 \leqslant t/h_2 < 0.65$ 时，杯壁可按表 5.15 构造配筋；其他情况下，应按计算配筋。

表 5.15　杯壁构造配筋

柱截面长边尺寸/mm	$h_c < 1000$	$1000 \leqslant h_c < 1500$	$1500 \leqslant h_c \leqslant 2000$	备注
钢筋直径/mm	$8 \sim 10$	$10 \sim 12$	$12 \sim 16$	钢筋置于杯口顶部，每边两根，见图 5.16 及图 5.17。

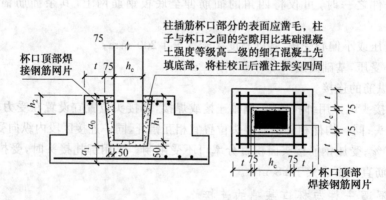

图 5.16　单杯口独立基础构造示意图

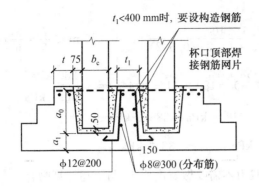 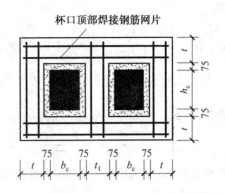

图 5.17 双杯口独立基础构造示意图

5.2.3.3 钢筋混凝土独立基础设计

前面在柱下独立基础的受力特点中,重点分析了柱下独立基础底板的基底净反力及柱边缘处弯矩的计算,下面通过举例分析独立基础设计的全过程,重点领悟独立基础高度的确定及配筋计算。

【例 5.6】 试设计某框架结构(柱截面尺寸 $b_c \times h_c = 400 \text{ mm} \times 600 \text{ mm}$)的柱下独立基础。其已知条件如下:

① 上部结构传来荷载:竖向标准值 $F_k = 900 \text{ kN}$,力矩 $M_{k1} = 90 \text{ kN} \cdot \text{m}$,水平力 $V_k = 100 \text{ kN}$,水平力作用点距离基础底面距离 1.5 m,荷载设计值以永久荷载效应控制为主。

② 地质条件:地基土均为粉质黏土,重度 $\gamma = 18.5 \text{ kN/m}^3$,通过静力载荷试验确定地基承载力特征值 $f_{ak} = 215 \text{ kPa}$,通过室内土的物理性质指标试验后,计算得到土的孔隙比 $e = 0.781$,液性指数 $I_L = 0.331$,由表 3.9 查的深度修正系数 $\eta_d = 1.6$,宽度修正系数 $\eta_b = 0.3$。

③ 基础条件:从室外地坪算起(设为天然地面)基础埋深 1.2 m,室内外高差 0.6 m,环境类别二 b 类,设有 C10 素混凝土垫层,最外层钢筋保护层厚度 $c = 40 \text{ mm}$,结构混凝土 C30($f_t = 1.43 \text{ N/mm}^2$),**钢筋** HPB300($f_y = 270 \text{ N/mm}^2$)。

解 (1) 确定修正后持力层地基承载力特征值 f_a(先不作宽度修正)

$$f_a = f_{ak} + \eta_d \gamma_m (d - 0.5) = [215 + 1.6 \times 18.5 \times (1.2 - 0.5)] \text{ kN/m}^2 = 236 \text{ kN/m}^2$$

(2) 基础底面积的确定

分析:由于偏压基础不能直接求出基底面积,其方法:① 初选:$A \geq (1.1 \sim 1.4) \dfrac{F_k}{f_a - \gamma_G d}$,设 $n = \dfrac{l}{b}$(一般宜使 $n \leq 2$,否则 l/b 过大,增大地基附加应力及附加变形)。② 验算:$p_{k\max} \leq 1.2 f_a$ 且 $p_k \leq f_a$ 满足要求,否则不满足;另外即使截面尺寸满足地基承载力要求但截面尺寸不合理,可重新调整尺寸,直到达到满意结果。

在确定截面尺寸宜使 $e = M_k/(F_k + G_k) \leq l/6$,以减小基底的偏心。

① 初选(考虑到偏心,基础面积按轴压计算后,初步扩大 1.3 倍)

$$A = 1.3 A_1 \geq \dfrac{1.3 F_k}{f_a - \gamma_G d} = \dfrac{1.3 \times 900}{236 - 20 \times (1.2 + 0.6/2)} \text{ m}^2 = 5.7 \text{ m}^2$$

设 $n = \dfrac{l}{b} = 1.5$,由 $nb^2 \geq A$ 得

$$b \geq \sqrt{\dfrac{A}{n}} = \sqrt{\dfrac{5.7}{1.5}} \text{ m} = 1.95 \text{ m}$$

取 $b = 2.0 \text{ m}$,$l = (1.5 \times 2) \text{ m} = 3 \text{ m}$。

② 验算

$$e = \frac{M_k}{F_k+G_k} = \frac{M_{k1}+1.5V_k}{900+A\gamma_G \bar{d}} = \frac{90+1.5\times 100}{900+3\times 2\times 20\times(1.2+0.6/2)} \text{m} = 0.222 \text{ m} < \frac{l}{6} = \frac{3}{6} \text{ m} = 0.5 \text{ m}$$

$$p_{k\min}^{k\max} = \frac{F_k+G_k}{A}\left(1\pm\frac{6e}{l}\right) = \frac{1\,080}{6}(1\pm\frac{6\times 0.222}{3}) = 180\times(1\pm 0.444) = \begin{cases} 260 \text{ kPa} \\ 100.1 \text{ kPa} \end{cases}$$

由验算条件：$p_{k\max} = 260$ kPa $\leqslant 1.2f_a = 1.2\times 238.5$ kPa $= 286.2$ kPa

$$p_k = \frac{F_k+G_k}{A} = 180 \text{ kPa} < f_a = 238.5 \text{ kPa}$$

满足要求，另外基础宽度 $b < 3$ m，其地基承载力不需要做宽度修正，与上述计算吻合。

(3) 基础截面计算

① 基底净反力 $p_{j\min}^{j\max}$ 及 p_{jI} 设计值计算

本题荷载设计值以永久荷载效应控制为主，故设计值等于1.35倍对应荷载标准值，即

$$p_{j\max} = 1.35(p_{k\max}-G_k/A) = 1.35(p_{k\max}-\gamma_G \bar{d}) = 1.35\times(260-20\times 1.5) \text{ kPa} = 310.5 \text{ kPa}$$

$$p_{j\min} = 1.35(p_{k\min}-G_k/A) = 1.35(p_{k\min}-\gamma_G \bar{d}) = 1.35\times(100.1-20\times 1.5) \text{ kPa} = 94.6 \text{ kPa}$$

由相似三角形（其中 $a_1 = (l-h_c)/2 = (3-0.6)$ m$/2 = 1.2$ m），得

$$p_{jI} = p_{j\min} + (p_{j\max}-p_{j\min})\times\frac{l-a_1}{l} = \left[94.6+(310.5-94.6)\times\frac{3-1.2}{3}\right] \text{kPa} = 224.14 \text{ kPa}$$

② 基础高度确定

《规范》8.2.7条规定：钢筋混凝土独立基础高度的计算应符合下列规定：

① 对柱下独立基础，当冲切破坏锥体落在基础底面以内时，应验算柱与基础交接处以及基础变阶处的受冲切承载力；

② 对基础底面短边尺寸小于或等于柱宽加两倍基础有效高度的柱下独立基础，以及墙下条形基础，应验算柱（墙）与基础交接处的基础受剪切承载力。

预备知识：

抗冲切计算分析：当基础高度较小时，基础底板在基底净反力的作用下，当超过混凝土的轴心抗拉强度时，沿柱边的四周产生45°破裂面，形成45°冲切破坏，如图5.18所示（相当于柱子与四棱台相连的组合体），柱截面破坏锥体底面积之外的基底净反力所产生的合力为 F_l 冲切力（方向向上），45°破裂面的混凝土的抗拉能力的合力为抗冲切力。

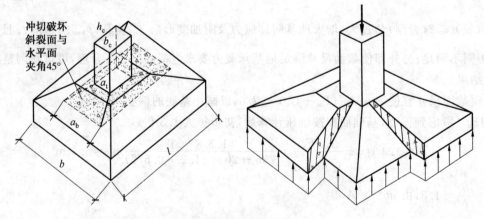

图5.18 基础冲切破坏示意图

在图 5.19 中可以看出:在 p_{jmax} 作用一侧,基底净反力作用面积 A_l 最大,冲切力 F_l 也最大,但该侧 45°破裂面(相当于梯形,设上边长为 a_t(这里 $a_t=b_c$),下边长 a_b,则中位线 $a_m=(a_t+a_b)/2$,对应的梯形水平投影面积为 $a_m h_0$)面积最小,故该侧为冲切破坏锥体最不利的一侧。为防止发生冲切破坏,应满足

$$F_l = p_{jmax} A_l \leqslant 0.7\beta_{hp} f_t a_m h_0 \tag{5.14}$$

式中　β_{hp}——受冲切承载力截面高度影响系数,当 h_c 不大于 800 mm 时,β_{hp} 取 1.0;当 h_c 大于等于 2 000 mm 时,β_{hp} 取 0.9,其间按线性内插法取用;

　　$A_l, a_m h_0$——分别表示冲切计算和抗冲切计算时,所取用的基底面积。

当 $b \geqslant a_t + 2h_0$ 时,则

$$A_l = \left(\frac{l-h_c}{2}-h_0\right)b - \left(\frac{b-b_c}{2}-h_0\right)^2 = (a_1-h_0)b - (b_1-h_0)^2$$

$$a_b = a_t + 2h_0, a_m = (a_t+a_b)/2 = a_t + h_0$$

用轴压基础公式(5.14)中的 p_{jmax} 用 p_j 代替即可。

1)初选底板厚度

本题采用采用锥形基础,试选基础(即底板厚度)高度 $h=600$ mm,边缘厚度 $h_1=300$ mm,坡高 $h_2=300$ mm,坡度 $i=300/(1\ 200-50)=1:3.5 < 1:3$ 符合构造要求。

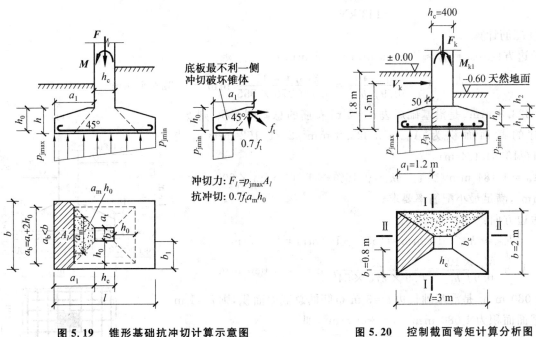

图 5.19　锥形基础抗冲切计算示意图　　图 5.20　控制截面弯矩计算分析图

另基础底板从柱边挑出长度,长边方向 $a_1=(l-h_c)/2=(3-0.6)\text{m}/2=1.2$ m,短边方向 $b_1=(b-b_c)/2=(2-0.4)\text{m}/2=0.8$ m。

2)抗冲切验算

设 $a_s = c + d/2 = (40+5)\text{mm} = 45$ mm,则

$$h_0 = h - a_s = (600-45)\text{mm} = 555 \text{ mm}$$

① 计算冲切面积 A_l 及抗冲切面积 $a_m h_0$

因为 $b = 2\ 000$ mm $> a_t + 2h_0 = (400+2\times555)\text{mm} = 1\ 510$ mm,故

$$A_l = \left(\frac{l-h_c}{2}-h_0\right)b - \left(\frac{b-b_c}{2}-h_0\right)^2 = (a_1-h_0)b - (b_1-h_0)^2 =$$
$$[(1\ 200-555)\times 2\ 000 - (800-555)^2]\text{mm}^2 = 1\ 229\ 975 \text{ mm}^2$$

$$a_m h_0 = (a_t + h_0)h_0 = [(400+555)\times 555]\text{mm}^2 = 530\,025\text{ mm}^2$$

② 验算

$$F_l = p_{j\max}A_l = (310.5\times 1\,229\,975\times 10^{-6})\text{kN} = 382\text{ kN} \leqslant$$
$$0.7\beta_{hp}f_t a_m h_0 = (0.7\times 1\times 1.43\times 530\,025\times 10^{-3})\text{kN} = 530.6\text{ kN}$$

故底板厚度满足抗冲切计算要求。

3) 基础底板配筋计算

① 控制截面弯矩计算

图 5.20 为控制截面弯矩计算分析图,其弯矩计算如下:

$$M_{\text{I}} = \frac{1}{12}a_1^2[(2b+b_c)(p_{j\max}+p_{j\text{I}})+(p_{j\max}-p_{j\text{I}})l] =$$

$$\frac{1}{12}\times 1.2^2\times[(2\times 2+0.4)\times(310.5+224.14)+(310.5-224.14)\times 3]\text{kN}\cdot\text{m} = 313.4\text{ kN}\cdot\text{m}$$

$$M_{\text{II}} = \frac{1}{12}b_1^2(2l+h_c)(p_{j\max}+p_{j\min})$$

$$= \frac{1}{12}\times 0.8^2\times(2\times 3+0.6)\times(310.5+94.6)\text{kN}\cdot\text{m}$$

$$= 143\text{ kN}\cdot\text{m}$$

② 配筋计算

长边方向:$h_{01} = h_0 \approx h - 45\text{ mm} = 555\text{ mm}$

$$A_{s1} = \frac{M_{\text{I}}\times 10^6}{0.9f_y h_{01}} = \frac{313.4\times 10^6}{0.9\times 270\times 555}\text{mm}^2 = 2\,323.8\text{ mm}^2$$

$2\,323.8\text{ mm}^2$ 是沿基础短边 $b=2$ m 布筋的总截面面积,则 $b=1$ m 时的截面面积为:$A_{s1} = 2\,323.8\text{ mm}^2/2 = 1\,162\text{ mm}^2$,选用 $\phi 14@130(1\,184\text{ mm}^2)$。

$A_{s1} = 1\,184\text{ mm}^2 > \rho_{\min}bh = 0.15\%\times 1\,000\text{ mm}\times 600\text{ mm} = 900\text{ mm}^2$,满足最小配筋率要求。

短边方向:

$$h_{02} \approx h_{01} - 10\text{ mm} = (555-10)\text{ mm} = 545\text{ mm}$$

$$A_{s1} = \frac{M_{\text{II}}\times 10^6}{0.9f_y h_{02}} = \frac{143\times 10^6}{0.9\times 270\times 545}\text{mm}^2 = 1\,080\text{ mm}^2$$

$1\,080\text{ mm}^2$ 是沿基础长边 $l=3$ m 布筋的总截面面积,则 $l=1$ m 时的截面面积为 $1\,080\text{ mm}^2/3 = 360\text{ mm}^2$,即

$$A_{s2} = 360\text{ mm}^2 < \rho_{\min}lh = 0.15\%\times 1\,000\text{ mm}\times 600\text{ mm} = 900\text{ mm}^2$$

故按最小配筋面积考虑,选用 $\phi 12@120(942\text{ mm}^2)$ 且不小于 $\phi 10@200$ 的配筋构造要求。

③ 绘制配筋图(图 5.21)

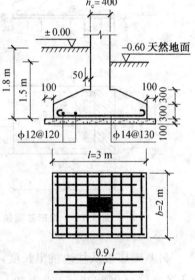

图 5.21 独立基础配筋图

《规范》规定:当柱下钢筋混凝土独立基础的边长大于或等于 2.5 m 时,底板受力钢筋的长度可取边长 0.9 倍,并宜交错布置;本题长边 $l=3$ m >2.5 m,除外围钢筋长度没有缩短外,其余内侧钢筋长度取 $0.9l = 3$ m $\times 0.9 = 2.7$ m,短边长度 $b=2$ m <2.5 m 不缩减。

技术提示：

1. 柱下独立基础主要设计步骤

确定基底面积 $A=lb$（用荷载标准值计算）→ 必要时计算地基变形（荷载用准永久值计算）→ 计算基底净反力设计值（用荷载设计值计算，当基本组合以永久荷载效应控制位置，$s=1.35s_k$）→ 由抗冲切验算确定基础高度（冲切力用荷载设计值计算，混凝土用轴心抗拉设计强度计算）→ 计算控制截面的弯矩设计值并进行配筋计算 → 绘制基础施工图。

2. 确定基础高度时应注意的问题

基础高度一般由抗冲切起控制作用，由于不能直接从抗冲切计算公式确定基础高度，其方法只有初选，然后进行验算，若验算不满足要求，最有效的措施是提高基础的高度。另外验算后，基础高度即使满足要求，但没有到达理想高度，可重新调整基础高度，直到达到满意程度为止。

3. 抗冲切计算与抗弯计算所取用计算面积区别

（1）从本题图 5.19 可以看出：抗冲切计算所需抗冲切面积是从柱边算起，冲切破坏锥体最不利一侧的 45°的斜裂面水平投影面积落在基础底面上的面积，即 $a_m h_0$。

（2）从本题图 5.20 可以看出：计算柱边两个方向 M_I、M_{II}，是将底板按对角线分成 4 个区域，受荷面积 1 及受荷面积 2 分别为计算 M_I、M_{II} 所需的基底面积，但基底面积除正方形外，其角度不是 45°。

☆ 知识扩展

（1）当 $b < a_t + 2h_0$ 时（图 5.22），A_l 及 a_m 取值如下：

$$A_l = \left(\frac{l-h_c}{2} - h_0\right)b = (a_1 - h_0)b, a_b = b, a_m = (a_t + b)/2$$

（2）当 $b \leqslant a_t + 2h_0$ 时，根据《规范》8.2.7 款的规定应验算柱(墙)与基础交接处的基础受剪切承载力。本题由于 $b > b_c + 2h_0$ 不需进行底板抗剪计算。

（3）当截面为阶梯形时，除计算上述柱边的抗冲切、抗弯计算外，还要对每一个阶梯处按照上述方法分别进行抗冲切计算、抗弯配筋计算，公式中的 a_t 及 h_c 取对应的阶梯处宽度和长度，底板配筋取同一方向配筋的最大值。

（4）基底附加应力与基底净反力的比较见表 5.16。

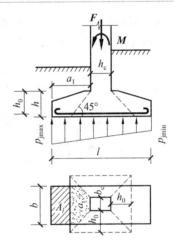

图 5.22　$b < a_t + 2h_0$ 冲切面积和抗冲切面积计算示意图

表 5.16 基底附加应力与基底净反力的比较

项目	作用对象及产生原因	作用	表达式	
			轴压基础	偏压基础
基底附加应力 p_0	基底附加应力 p_0 由建筑全部荷载对基底处的地基产生的应力增量,其方向向下。	①软弱下卧层地基承载力验算; ②地基变形计算	$p_0 = p - \gamma_m d$	$p_{0min}^{0max} = p_{min}^{max} - \gamma_m d$
基底净反力 p_j	基底净反力只有建筑物上部结构荷载,对基础底板产生的基底反力,其方向向上。	基础截面承载力计算(包括抗剪计算、抗冲切计算、抗弯配筋计算)	$p_j = p - \dfrac{G}{A}$ $= p - \gamma_G d$	$p_{jmin}^{jmax} = p_{min}^{max} - \dfrac{G}{A} =$ $p_{min}^{max} - \gamma_G d$
结论	荷载代表值取值相同时,$p_0 - p_j = \gamma_G d - \gamma_m d > 0$,基底附加应力略大于基底净反力;			

5.2.4 柱下钢筋混凝土条形基础

如果柱子荷载较大而地基承载力较低时,导致单独基础基底面积加大,各单独基础基底面积互相接近甚至重叠,在这种情况下,将同一排柱基础联通做成单向钢筋混凝土条形基础(图 5.23(a))。另外荷载较大的高层建筑,为进一步增加条形基础的整体刚度,减少不均匀沉降,可在柱网下纵横方向设置钢筋混凝土条形基础,形成柱下交叉条形基础(图 5.23(b))。

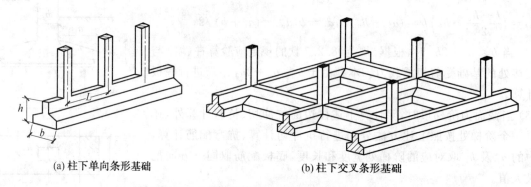

(a) 柱下单向条形基础　　　　(b) 柱下交叉条形基础

图 5.23 柱下钢筋混凝土条形基础示意图

5.2.4.1 受力特点

柱下条形基础是由纵向延伸肋梁即基础梁(JL)和横向向外伸出的翼板即条形基础底板(TJB)组成,其断面形式为倒 T 形。①横向的剪力与弯矩由底板承受,底板受力特点与墙下条形基础底板类同,计算简图相当于固接于基础梁边倒置的悬臂板,其横向为受力筋,纵向为分布筋;②纵向剪力与弯矩由基础梁承受,基础梁的纵向内力计算要受到地基、基础与上部结构的相互作用影响,其工作原理很复杂,通常采用倒梁法和弹性地基梁法,下面简要介绍其原理(该部分为选学)。

1. 地基、基础与上部结构相互作用的概念(选学内容)

在建筑结构设计中往往把上部结构、基础和地基分开考虑,根据静力平衡条件求解基底反力并简化为直线分布,但由于忽略了三者之间受荷后的变形协调关系,使基底反力大小及分布与实际情况差别很大。实际上上部结构、基础和地基三者相互联系构成一个完整的体系共同工作,即接触面上既要相互传递荷载满足静力平衡条件,又要相互制约和相互作用符合变形协调条件,这样求解基底反力及分布才较为符合实际受力情况,从而到达安全、经济的设计目的。

地基、基础与上部结构的相互作用因素很多,其中它们的刚度影响尤为突出,假设地基、基础、上部结构的刚度分别为 B_1、B_2、B_3,下面简述其相互作用对基底反力的影响。

(1) 上部结构刚度与基础的共同作用

上部结构刚度对基础受力及变形影响见表 5.17。

表 5.17 上部结构刚度与基础的共同作用

刚度条件	① 不考虑地基影响,假定地基是自由变形体且基底反力均匀分布;② 基础刚度 $B_2 = 0$	
	上部结构刚度 $B_1 = \infty$(绝对刚性)	上部结构刚度 $B_1 = 0$(绝对柔性)
结构刚度对地基变形影响简图	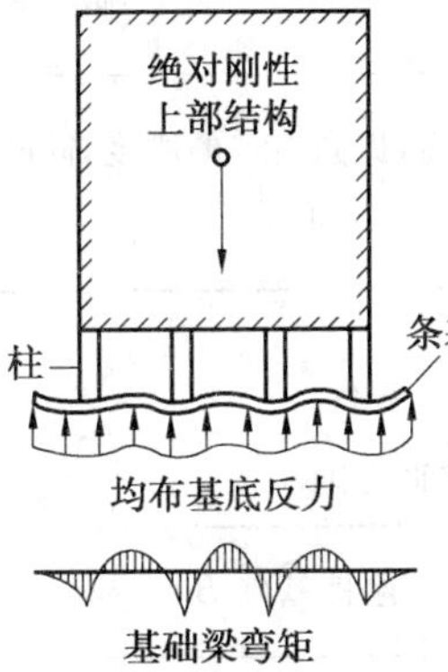 绝对刚性上部结构 柱 条基 均布基底反力 基础梁弯矩	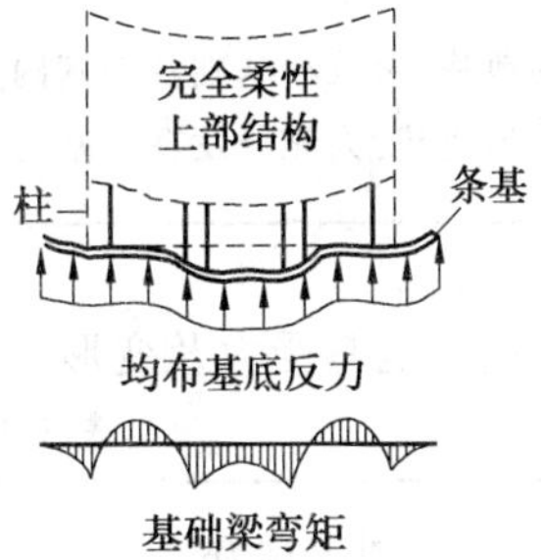 完全柔性上部结构 柱 条基 均布基底反力 基础梁弯矩
工作特点	① 由于上部结构刚度很大,在上部荷载作用下,不发生整体弯曲,各柱均匀下沉;在基底反力作用下,柱对基础的约束相当于不动铰支座,基础梁犹如倒置的连续梁,跨内上部受拉,支座下部受拉; ② 上部结构对基础梁约束作用大,基础梁仅发生局部弯曲,其弯矩仅是局部弯曲产生的弯矩; ③ 弯矩图分布明显较均匀,正负弯矩差值小,基础的挠曲也较小。	① 由于上部结构刚度很小,在上部荷载作用下,上部结构及基础梁均发生整体弯曲,中间部位柱下沉大,两边下沉小; ② 基础梁发生整体弯曲的同时,基础梁在基底反力作用下,柱对基础的约束相当于弹性支座,基础梁犹如倒置弹性支承连续梁,将产生局部弯曲。 ③ 弯矩图等于局部弯曲和整体弯曲产生弯矩之和,支座弯矩明显较均匀,正负弯矩差值较大,内力及变形加大,不均匀沉降也随之加大。
实际意义	工程中上部结构的刚度介于柔性和刚性之间,在荷载、地基及基础条件不变的条件下,显然随着上部结构刚度的提高,基础的挠曲和内力将减小。反之,上部结构刚度越小,基础不均匀沉降及附加应力加大,因此在进行基础设计时,应该考虑上部结构的影响,恰当选择上部结构的类型,减少地基变形并满足基础强度要求。	

(2) 地基与基础的相互作用

① 地基刚度对基础变形及内力的影响见表 5.18。

表 5.18　地基刚度对基础变形及内力的影响

地基条件	地基土均匀分布		地基土不均匀分布	
	密实地基（地基刚度 B_3 较大）	软弱地基（地基刚度 B_3 较小）	地基土中部硬，两边软	地基土中部软，两边硬
简图	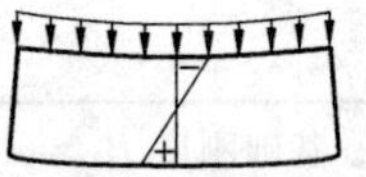 (示意图)	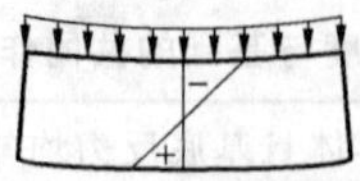 (示意图)	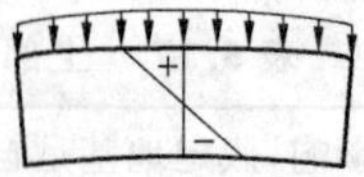 (示意图)	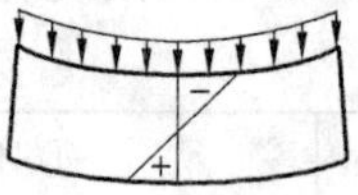 (示意图)
工作特点	三者相互影响作用下，三者可分开计算，如岩石及碎石、密实砂土地基。	地基越软，基础的挠曲及内力越大。	基础呈凸面挠曲，其基础上部受拉，下部受压，导致基础上部甚至上部结构开裂。	基础呈凹面挠曲，其基础下部受拉，上部受压，导致基础下部开裂。
实际意义	① 软弱地基：为较小基础及地基内力及变形，应采取各种有效措施，提高地基的刚度，同时要满足基础强度； ② 不均匀地基：为充分发挥地基与基础的共同作用，应尽量避免不均匀地基。			

② 基础刚度对地基受力及变形影响见表 5.19。

表 5.19　基础刚度对地基受力及变形影响

基础条件	柔性基础 $B_1 = 0$	刚性基础 $B_1 = \infty$	
上部荷载与基底反力分布简图	上部荷载 基底反力分布同上部荷载地基变形中间大，两端小 上部荷载 要使地基变形一致，上部荷载分布必需中间小，两端大	上部荷载 p_1 (基底反力理论分布) 基底反力分布两端大中间小 (a) 上部荷载 $p_2 > p_1$ 基底反力分布呈抛物线形 (c)	上部荷载 p_1 (基底反力理论分布) 基底反力分布呈马鞍形 (b) 上部荷载 $p_1 > p_2$ 基底反力分布呈钟形 (d)

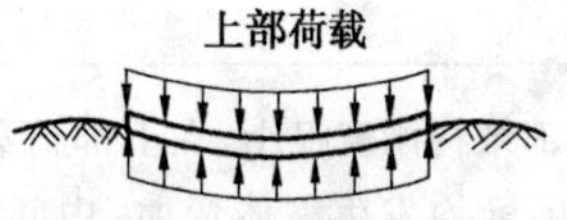

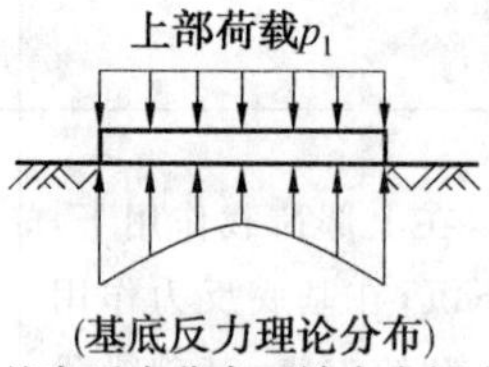

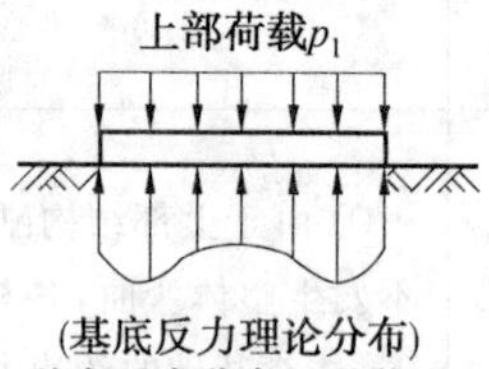

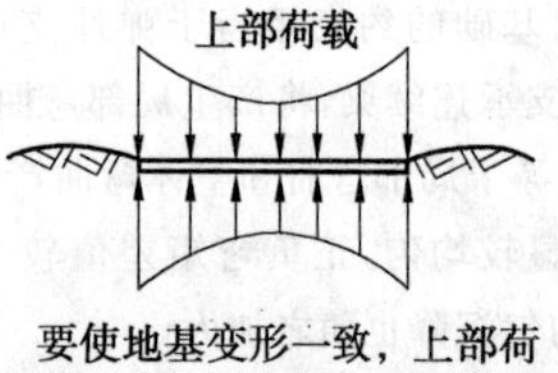

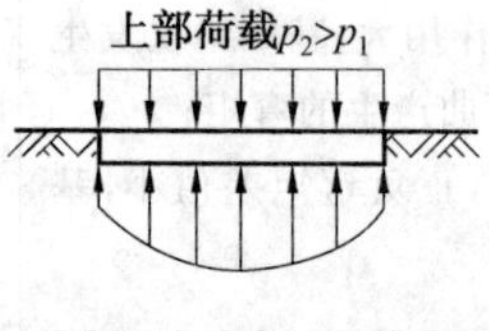

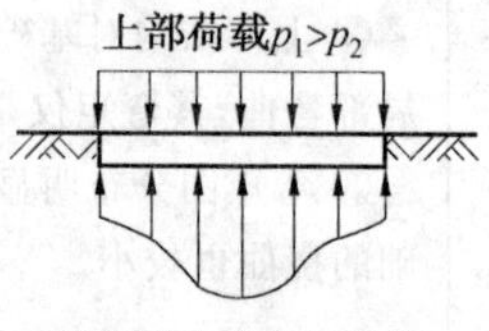

续表 5.19

基础条件	柔性基础 $B_1 = 0$	刚性基础 $B_1 = \infty$
工作特点	（1）柔性基础： ①柔性基础荷载传递不受基础约束也无应力扩散作用，基底反力大小及分布与上部荷载完全相同； ②均布荷载地基变形呈凹面形； ③要使地基变形均匀，荷载分布必须呈抛物线形。 （2）刚性基础： ①刚性基础在荷载作用下，基础不变形，原来是平面的受荷后总保持平面，如果上部荷载（均布荷载或对称集中荷载）合力通过基底形心，则沿基底沉降处处相同，如本表图(a)~(c)； ②刚性基础荷载传递要受基础约束，基底反力的大小及分布要受地基变形不断调整。具体表现在：图(a)是基底反力理想分布情况，假设地基是完全弹性体，由于基础绝对刚性不弯曲，因基础中部附加应力较大，变形也大，为减少基础中部附加应力分布，基底反力向两边集中。 实际上地基土并非是理想的弹性体，因为土体随着荷载的增大，两端土体将进入塑性状态，基底反力要重新分布，显然图(a)是与符合实际受力不符。 图(b)、图(c)可以反映地基反力实际工作情况，图(b)中荷载增加到 p_1 时，基底边缘的压应力过大，将产生局部剪切破坏，部分土体将向中间转移，其反力分布形式变为马鞍形；随着荷载继续增加至 p_2（图(c)所示），基础边缘处塑性范围不断加大，边缘处应力不再增加，使中部应力继续增大，基底反力呈抛物线形分布；随着荷载继续增加至即将破坏 p_3（图(d)所示），基底反力进一步从边缘向中间转移，基底压力分布呈钟形分布。	
实际意义	①实际工程中，柱下单独基础、墙下条形基础、桥梁墩台基础，都可视为基底反力分布呈马鞍形的刚性基础，这些基础荷载一般不会太大，再加上基础的埋深，所以其发展趋向于均匀分布。 ②抗弯刚度很大的基础，在调整基础均匀沉降的同时，也使其基底压力调整呈马鞍形分布，基底压力发生了由中部向边缘的转移，使基底压力分布均匀，即所谓的"架越作用"，所以在满足设计要求及经济条件下，应选有合理的基础形式，提高基础的刚度。	

（3）地基、基础与上部结构的共同作用

上述的分析只讨论了两两的相互作用，若把地基、基础与上部结三者作为一个整体来考虑，由于问题的复杂性，目前该方面常处于研究阶段。

2.《建筑地基设计规范》柱下条形基础的计算规定

在上述分析中，基础梁的基底反力大小、分布及内力与上部结构、基础、地基各自的刚度有关，从表5.15分析可知：上部结构刚度越好，基础的挠曲和内力将减小；基础刚度越好，整体弯曲越小。从表5.16可知：地基刚度越好，地基变形及基础沉降越小，基础及地基内力越小；地基越不均匀，基础拉、压不均匀应力越大，不均匀沉降也越大。从表5.17可知：基础刚度越好，若上部荷载合力与基础形心重合时，不仅能调整地基不均匀沉降越小，还能使基底压力调整呈马鞍形分布，使基底压力分布均匀。上部荷载分布越均匀，荷载合力作用点越接近于基础形心。若能满足上述要求，基础梁可简化为倒置的连续梁，基底反力简化为直线分布。

技术提示：

《建筑地基设计规范》就是基于上述分析对柱下条形基础的计算规定如下：

(1) 在比较均匀的地基上，上部结构刚度较好，荷载分布较均匀，且条形基础梁的高度不小于1/6柱距时，地基反力可按直线分布，条形基础梁的内力可按连续梁计算，此时边跨跨中弯矩及第一内支座的弯矩值宜乘以1.2的系数。

(2) 当不满足第(1)条规定的要求时，宜按弹性地基梁计算。

(3) 对交叉条形基础，交点上的柱荷载可按静力平衡条件及变形协调条件进行分配。其内力可按本条上述规定，分别进行计算。

(4) 应验算柱边缘处基础梁的受剪承载力。

(5) 当存在扭矩时，尚应作抗扭计算。

(6) 当条形基础的混凝土强度等级小于柱的混凝土强度等级时，应验算柱下条形基础梁顶面的局部受压承载力。

3. 倒梁法

倒梁法是将柱下条形基础假定为以柱脚为不动铰支座的倒置连续梁，此时认为上部结构是刚性的，各柱之间没有沉降差异，基底反力为直线分布，最后用弯矩分配法计算基础梁控制截面的弯矩及剪力。

下面仅通过单向条形基础梁内力计算例题，加深对倒梁法工作原理的理解，为下一步施工图的阅读及构造要求的理解提供了一定的依据。

【例5.7】 如图5.24所示的条形基础，埋深1.5 m，底板宽度 $b=2.3$ m，用倒梁法计算基础控制截面的弯矩及剪力。

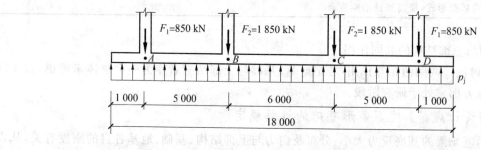

图5.24 例5.7附图

解 计算简图如图5.25所示。

(1) 计算基底纵向(线荷载)净反力

$$p_j = \sum F/l = \frac{1850 \times 2 + 850 \times 2}{18} \text{ kN/m} = 300 \text{ kN/m}$$

(2) 用弯矩分配法计算基础梁端弯矩

①A截面左边伸出固端弯矩：$M_A^{左} = p_j l_0^2/2 = (300 \times 1^2/2)$ kN·m $= 150$ kN·m

边跨固端弯矩：$M_{BA} = -p_j l_1^2/8 + M_A^{左}/2 = (-300 \times 5^2/8 + 150/2)$ kN·m $= -862.5$ kN·m

中跨固端弯矩：$M_{BC} = p_j l_2^2/12 = (300 \times 6^2/12)$ kN·m $= 900$ kN·m

② 计算分配系数

计算边跨与中跨线刚度之比：$i_1/i_2 = \dfrac{EI/l_1}{EI/l_2} = l_2/l_1 = 6/5 = 1.2$

计算节点 B 左跨分配系数：$\mu_{BA} = \dfrac{3i_1}{3i_1 + 4i_2} = \dfrac{3 \times 1.2i_2}{3 \times 1.2i_2 + 4 \times i_2} = 0.47$

计算节点 B 右跨分配系数：$\mu_{BC} = 1 - 0.47 = 0.53$

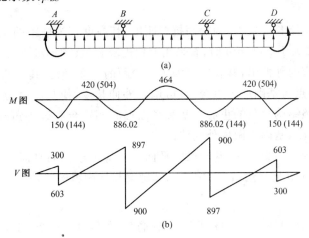

图 5.25　例 5.7 计算简图及内力图

③ 分配与传递弯矩(图 5.26)

	A		B		C		D
分配系数	0	1.0	0.47	0.53	0.53	0.47	1.0	0
固端弯矩	150	−150	−862.5	900	−900	862.5	150	−150
第一次分配			−17.6	−19.9	19.9	17.6		
第一次传递				9.9	−9.9			
第二次分配			−4.7	−5.2	5.2	4.7		
第二次传递				2.6	−2.6			
第三次分配			−1.22	−1.38	1.22	1.38		
最后弯矩	150	−150	−886.02	886.02	−886.02	886.02	150	−150

图 5.26　力矩分配图

④ 由静力平衡条件计算跨中弯矩及支座剪力，并绘制弯矩图(图中括号内数为边跨跨中及第一内支座乘以 1.2 的系数后放大后的弯矩值)及剪力图 5.25(b) 分别所示，计算过程略。

> **技术提示：**
> 基础梁内力分布特点：
> (1)基础梁跨内上部受拉，并且中部范围受拉最大，一般根据跨中弯矩计算纵向受拉钢筋，《规范》规定顶部纵向钢筋应按计算配筋全部贯通。另由《11G101—3》可知其顶部贯通筋的连接区应在柱子范围及左右各 1/4 梁净跨范围内连接。
> (2)基础梁在支座处下部受拉最大，离开支座变得越来越小，也可能变为受压区，《规范》规定底部通长钢筋不应少于底部受力钢筋截面总面积的 1/3。其贯通筋的连接区由《11G101—3》知其贯通筋的连接区应梁跨中净跨 1/3 范围内连接，底部非贯通筋应从柱边算起，1/3 净跨为断点位置。
> (3)基础梁在每个支座处剪力最大，所以靠近柱子箍筋数量多，离开柱子间距可加大，所以在《11G101—3》中箍筋之所以有第一种箍筋范围和第二种箍筋范围。

5.2.4.2 构造要求

柱下条形基础构造除符合前述扩展基础的一般构造外,尚应符合下列规定:

1. 尺寸要求

(1)柱下条形基础梁由于长度较大,为提高抗弯刚度,其高度宜为柱距的1/4~1/8。翼板厚度不应小于200 mm,当翼板厚度大于250 mm时,宜采用变厚度翼板,其顶面坡度宜小于或等于1∶3。

(2)条形基础的端部宜向外伸出,其长度宜为第一跨距的0.25倍。其目的是增大基底面积,同时为了使上部荷载的合力作用点与基础形心重合,也可调整外伸长度,使基底合力分布更为合理。如:柱下十字交叉条形基础,为调整结构荷载的重心与基底平面形心相重合和改善角柱、边柱地基受力条件,常在十字交叉转角处和边柱处,基础梁做成外延伸梁。

(3)现浇柱与条形基础梁的交接处,基础梁的平面尺寸应大于柱的平面尺寸,且柱的边缘至基础梁边缘的距离不得小于50 mm(见平法《11G101-3》基础梁与柱侧翼构造)。

2. 配筋要求

纵向受力钢筋宜采用 HRB400、HRB500,箍筋宜采用 HRB400、HPB300、HRB500,也可采用 HRB335。

(1)条形基础梁顶部和底部的纵向受力钢筋除应满足计算要求外,顶部钢筋应按计算配筋全部贯通,底部通长钢筋不应少于底部受力钢筋截面总面积的1/3。

(2)当梁宽 $b \leqslant 350$ mm 箍筋可采用封闭式双肢箍,350 mm$<b\leqslant$800 mm 用四肢箍筋,外围箍筋应采用封闭式,内箍可采用开口箍或封闭箍,直径一般不小于 8 mm,开口箍口应向下并设在基础底板内,封闭箍的弯钩可设在四角任何部位,其箍筋形式见图5.27。

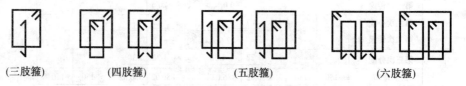

(三肢箍)　　(四肢箍)　　(五肢箍)　　(六肢箍)

图 5.27　基础梁复合箍筋方式

5.2.5　梁板式筏形基础

当地基承载力较低,上部荷载较大,导致柱下条基底面积较大,柱下十字交叉基础不能满足地基承载力要求,或相邻基础基槽之间距离很小,施工不便。另外有防渗需要的构筑物(如水池、油库)及建筑物,地下室基础底板等,将基础底板做成整体,该基础称为筏形基础,简称筏基,又称满堂红基础。

筏形基础按其与上部结构联系特点分为墙下筏形基础和柱下筏形基础;按基础构造分为梁板式筏形基础(图5.28(a))和平板式筏形基础(图5.28(b))。梁板式筏形基础是由基础梁(主梁及次梁)和基础平板组成;平板式筏形基础无基础梁,当柱荷载较大,等厚度筏板的受冲切承载力不能满足要求时,可在筏板上面增设柱墩或在筏板下局部增加板厚或采用抗冲切钢筋等措施满足受冲切承载能力要求。筏基的选型应根据地基土质、上部结构体系、柱距、荷载大小、使用要求以及施工条件等因素确定。框架-核心筒结构和筒中筒结构宜采用平板式筏形基础。

5.2.5.1　受力特点

在前面柱下条形基础我们已经建立了上部结构、基础及地基共同工作的概念,该理念也适用于筏形基础。基底反力大小、分布及内力与上部结构、基础、地基各自的刚度有关。

(a) 梁板式筏形基础

(b) 平板式筏形基础

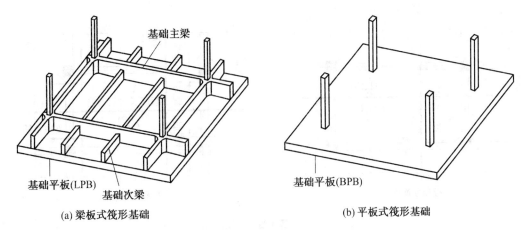

图 5.28 筏形基础

技术提示：

《建筑地基设计规范》就是基于上述分析结论对筏形基础的计算规定如下：

当地基土比较均匀、地基压缩层范围内无软弱土层或可液化土层、上部结构刚度较好、柱网和荷载较均匀、相邻柱荷载及柱间距的变化不超过 20%，且梁板式筏基梁的高跨比或平板式筏基板的厚跨比不小于 1/6 时，筏形基础可仅考虑局部弯曲作用。筏形基础的内力可按基底反力直线分布进行计算。当不满足上述要求时，筏基内力可按弹性地基梁板方法进行分析计算。

下面针对梁板式筏形基础简述倒楼盖法受力特点，加强对构造要求的理解及提升，具备对施工图的识读及钢筋算量的能力。

倒楼盖其受力特点相当于倒置的平面梁板结构，基础梁将基础底板分为若干个区格，根据每个区格的支承情况及尺寸分为单向板和双向板，基础梁相当于倒置的连续梁，基础底板一般是双向板，其传力途径如图 5.29 所示。

1. 基础底板

图 5.29 双向基础底板传力途径

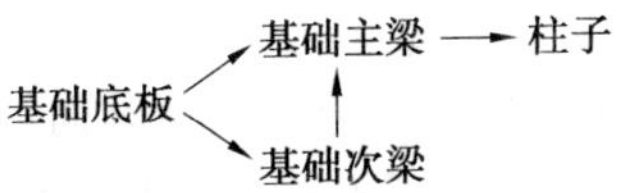

基础底板在基底反力作用下，跨内上部受拉，中部范围受拉最大，板的四周(支座处)下部受拉，且短向受力大于长向受力。板顶短向受力钢筋在最外侧(上 1)，长向受力钢筋垂直于短向受力钢筋并置于短向受力钢筋内侧(上 2)，顶部钢筋纵横向按计算配筋全部连通，见图 5.30(a)。板的四周下部受拉最大，中部一般不受拉或者受拉不大。纵横方向的底部钢筋尚应有不少于 1/3 贯通全跨，其余钢筋为非贯通筋(支座负筋)仅布置在支座四周，底部短向钢筋(贯通筋及非贯通筋)在下层(下 1)，长向钢筋(贯通筋及非贯通筋)在上层(下 2)。其基础底部钢筋配筋构造见图 5.30(b)。

2. 基础梁

基础主、次梁的受力特征基本同柱下条形基础梁，其内力分布特点已在例 5.7 中通过内力计算做了较详细的总结，在此不再赘述。

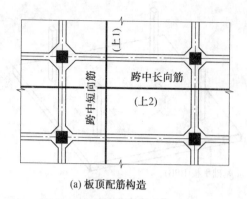 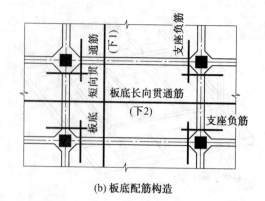

(a) 板顶配筋构造　　　　　　　　　　　　(b) 板底配筋构造

图 5.30　基础底板配筋构造

5.2.5.2　构造要求

1. 材料强度要求

除符合钢筋混凝土基础的一般构造要求外,其混凝土强度等级不应低于 C30,当有地下室时应采用防水混凝土,防水混凝土的抗渗等级应按表 5.20 选用。

表 5.20　防水混凝土抗渗等级

埋置深度 d/m	设计抗渗等级	埋置深度 d/m	设计抗渗等级
$d<10$	P6	$20\leqslant d<30$	P10
$10\leqslant d<20$	P8	$30\leqslant d$	P12

2. 基础尺寸要求

(1) 平面尺寸要求

①筏形基础的平面尺寸应根据地基承载力、上部结构的布置及荷载分布等因素确定。对单幢建筑物,在地基土比较均匀的条件下,基底平面形心宜与结构竖向永久荷载重心重合。当不能重合时,在作用的准永久组合下,偏心距 e 宜符合下式规定:

$$e\leqslant 0.1W/A \tag{5.15}$$

式中　W——与偏心距方向一致的基础底面边缘抵抗矩,m^3;
　　　A——基础底面积,m^2。

②为减少基底压力及调整基础底面形心轴位置,筏板基底可适当外伸,梁板式筏基外伸长度横向不宜大于 1 200 mm,纵向不宜大于 800 mm;平板式筏基从柱边算起不宜大于 2 000 mm。

③地下室底层柱、剪力墙与梁板式筏基的基础梁连接的构造应符合下列规定:

a. 柱、墙的边缘至基础梁边缘的距离不应小于 50 mm。

b. 当交叉基础梁的宽度小于柱截面的边长时,交叉基础梁连接处应设置八字角,柱角与八字角之间的净距不宜小于 50 mm,即基础梁与柱结合部要加腋,其构造同柱下条形基础。

3. 基础截面尺寸要求

采用倒梁法计算时,基础梁高度 $h\geqslant l_0/6$(l_0 为基础梁跨度,一般取支座中心线之间距离计算)。当底板区格为矩形双向板时,其底板厚度与最大双向板格的短边净跨之比不应小于 1/14,且板厚不应小于 400 mm。当底板区格为单向板时,其底板厚度不应小于 400 mm。

4. 配筋要求

梁板式筏基的底板和基础梁的配筋除满足计算要求外,纵横方向的底部钢筋尚应有不少于 1/3 贯通全跨,顶部钢筋按计算配筋全部连通,底板上下贯通钢筋的配筋率不应小于0.15%。

基础主梁的构造基本同柱下条形基础梁,另对于主、次梁配筋注意下面构造要求:

(1)主梁不同之处:主次梁相交处的主梁部位,由于受到次梁传来的自下而上的集中荷载,为防止主梁上部开裂,应设置反扣(吊筋反扣过来)或附加箍筋(图5.31(a)、图5.31(b))。

(2)次梁不同之处:①在次梁支座节点内不设置箍筋(已有主梁箍筋通过);②次梁端部无外伸构造要简单于主梁端部,端部构造如图5.32所示。

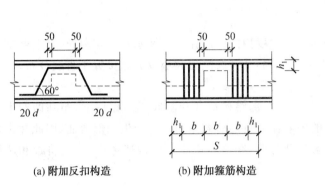

(a) 附加反扣构造　　(b) 附加箍筋构造

图5.31　附加横向钢筋构造

S—附加箍筋布置最大范围,但并非必须布满

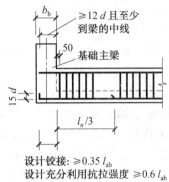

图5.32　基础次梁无外伸端构造

5.其他构造要求

(1)筏板与地下室外墙的接缝、地下室外墙沿高度处的水平接缝应严格按施工缝要求施工,必要时可设通长止水带。

(2)后浇带

施工后浇带每隔30~40 m设置一道,以防止收缩裂缝产生。后浇带宽度宜大于800 mm,设置在跨度的1/3范围内,后浇混凝土宜在其两侧混凝土浇筑完毕后至少一个月再进行浇筑,其强度等级应提高一级,且采用快硬、早强、微膨胀混凝土,其构造见《11G101-3》。

5.2.6　箱形基础简介

箱形基础又称箱基,由基础底板、顶板、外墙和纵横交叉的内墙构成单层或多层箱形的钢筋混凝土结构(图5.33)。按与上部结构的连接特点分为:柱下箱形基础和墙下箱形基础;按箱形基础的层数分为:单层和多层。

5.2.6.1　特点及适用条件

1.主要特点

与一般基础相比具有下列主要特点:

(1)刚度大,抵抗地基不均匀能力强、地基变形小;

(2)埋深和基础宽度大,提高了地基承载力和稳定性;

(3)可做成带有地下室的补偿性基础,减小基底附加应力和附加变形。同时地下室的充分利用,创造了经济效益;

(4)箱基混凝土体积大,水化热较高,内外温差较大,会导致混凝土开裂,基坑的施工难度大。如箱基基坑的开挖、坑壁的支护、降水措施以及受施工条件的限制等各种因素会对箱基的质量造成很大的不利影响,应该从各方面引起高度的重视。

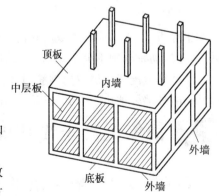

图5.33　箱形基础组成

2.适用条件

在比较软弱或不均匀地基上建造带有地下室的高耸、重型或对地基不均匀沉降有严格控制的建筑物。若荷载很大、楼层很高,箱形基础仍不满足地基变形要求,可考虑在箱基下打桩,形成桩箱基础,减少沉降。在非软弱地基上出于人防、抗震考虑而设置地下时,也可采用箱基。

5.2.6.2 受力特点及构造要求简介

1.受力特点

(1)基底反力分布

箱基相对地基而言刚度较大,当地基压缩层深度内的土层在竖向及水平均匀分布,且上部结构为平立面布置较规则的框架、剪力墙、框架—剪力墙结构,其基底反力大小及分布接近于直线分布。

(2)内力计算

箱基相对上部结构而言刚度又不是较大,在上部结构荷载和基底反力作用下,箱基即产生整体弯曲,同时基础底板、顶板、外墙和纵横交叉的内墙在各自的荷载作用下又产生局部弯曲,因此在满足上述条件(1)的前提下,基础底板、顶板可仅考虑局部弯曲,在整体弯曲上按构造考虑,一般将板和墙简化为基本受力构件。

技术提示:
(1)底板及顶板截面主要按受弯构件(正截面抗弯计算和斜截面抗剪计算、抗冲切计算)。
(2)内墙及外墙截面按偏心受压构件计算外,对于箱形基础的外墙还要承受土压力作用,尚应按受弯构件计算。

2.构造要求

箱形基础除满足筏基的一般构造要求外,还应满足下列要求:

(1)箱基的高度及其他部位截面尺寸

箱基高度应满足承载力、刚度和使用要求,还要满足埋深及使用功能要求。箱基的高度不宜小于箱基长度的1/20,且不宜小于3 m。

顶板和底板厚度不宜小于200 mm和300 mm,外墙和内墙厚度分别不小于250 mm和200 mm,实际上外墙为挡土墙厚度一般在350 mm以上。

(2)配筋要求

①底板、顶板均应配置双层双向钢筋,跨中钢筋(顶板在下部、底板在上部)应全部贯通,且通长筋的纵、横向配筋率分别不少于0.15%、0.1%;纵、横方向支座处应有1/2~1/3钢筋贯通。

②墙体应配置双层双向钢筋,其墙体竖向和水平向钢筋直径均不应小于10 mm,间距均不应小于200 mm,外墙外侧由于受到土压力作用,竖向钢筋布置在最外侧,水平钢筋布置在内侧。

5.3 钢筋混凝土浅基础平法施工图阅读及钢筋算量

5.3.1 墙下条形基础施工图的识读

基础施工图主要包括基础结构平面布置图、基础详图及文字说明,并尽可能绘制在同一张图上以方便阅读。

下面结合某工程的基础施工图,说明其基础施工图的组成及识读。

1. 基础平面图

建筑结构是由上部结构和下部结构(即基础)组成的,基础结构平面布置图就是房屋下部结构各承重构件在平面上的位置及尺寸(图 5.34),包括以下内容:

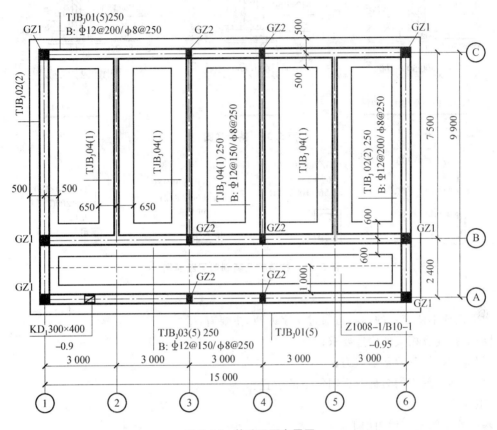

图 5.34 基础平面布置图

(1)首先应阅读横向定位轴线和纵向定位轴线的编号及轴网尺寸(用细点划线表示),并对照建筑图检查轴网尺寸及轴线编号是否一致。

(2)其次阅读墙体(粗实线表示)位置、构造柱(用■表示)编号及位置等结构构件;基础的种类及编号(如图中有 TJB_J01、TJB_J02、TJB_J03、TJB_J04,TJB 表示条形基础底板,下标"J"表示外形为阶梯形),基础底边线(细实线表示),每一类基础的宽度(垫层不绘制)以及定位轴线之间的距离。

(3)最后阅读墙体留洞的位置、尺寸(如:$KD_1300×400$),暖沟编号(如:$ZI008-1/B$)、位置及平面尺寸(图中虚线表示长度、宽度 1 000 mm)、沟底标高(-1.9 m),注意阅读图中的索引编号与采用标准图集中编号要对应一致。

2. 基础详图

基础详图表达各类基础剖面形式、竖向尺寸及配筋,应用较大的比例绘制,并尽可能与平面图要绘制在同一张图上以方便阅读(图 5.35)。主要内容有:

(1)首先识读各类基础编号与基础平面图相对应位置,注意定位轴线要与平面图相一致。

(2)其次识读基础外形尺寸,包括垫层、基础的底板尺寸、竖向尺寸,基础底板配筋;墙厚、基础圈梁等。识读室内外地坪标高、基础底面标高,基础圈梁位置等相关内容。

(3)最后识读其他断面图,如基础梁、构造柱,如图 5.36 所示。

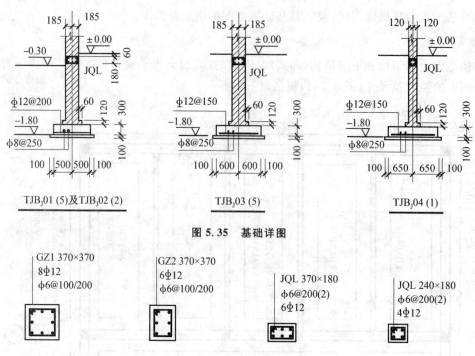

图 5.35 基础详图

图 5.36 构造柱及基础圈梁断面图

3. 文字说明

在图中无法或不便表示的内容可通过文字说明，主要有：

(1)材料的强度及相关的构造要求；

(2)工程地质条件及地基承载力；

(3)选用的标准图集的名称及在图集中的位置。

(4)施工注意事项。

如本基础施工图文字说明如下：

(1)基础设计是根据某勘察院提供的××勘察设计报告，地基持力层为第②土层的黏性土，修正后地基承载力特征值 $f_a=136$ kPa，开槽完成后，应进行轻型动力触探。

(2)环境类别二 b 类，垫层 C10 素混凝土，其余均为 C30，钢筋直径≥12 mm，用 HRB335，直径<12 mm用 HPB300；±0.00 以下砌体用页岩砖实心砖 MU10、M7.5 水泥砂浆砌筑。

(3)地沟编号 Z1008－1/B10－1(位置见平面图中虚线所示)引出线上方地沟编号/沟盖板编号，下方地沟标高，其构造见国标图集02J331第 8、23、74 页。

(4)构造柱(GZ)与基础圈梁(JQL)连接详见国标图集《砖墙结构构造》04G612第 19 页。

(5)孔洞(KD)引出线上方表示洞口的编号、洞宽×洞高，下方表示洞口底标高。

(6)基础平面图中各基础的编号、配筋及底板竖向尺寸的标注形式是参照国家建筑标准设计图集《11G101－3》中条形基础平法制图规则表示的。

5.3.2 柱下钢筋混凝土独立基础平法施工图的阅读及钢筋算量

钢筋混凝土基础施工图平面整体表示法(平法)概括来讲，是把各类基础的尺寸和配筋等，按照平面整体表示方法的制图规则，整体直接表达在基础结构平面布置图上，再与标准构造详图相结合，即构成一套完整的基础施工图。

平法施工图改变了传统的那种将每一基础配筋从基础结构平面布置图中索引出,再逐个绘制基础配筋详图的繁琐的表示方法。该表达方便快捷,已成为基础施工图普遍采用的图示方法,但其内部蕴藏着很深的技术含量,特别是钢筋识读与算量施工人员要经过一段时间的培训,再结合实例与《11G101—3》有机结合,才能领会内部的知识结构的相关性,清除难点、疑点,钢筋工程量计算的技术合理化、科学化。

基础平法施工图现采用的国家建筑标准图集《11G101—3》,包括独立基础、条形基础、筏形基础及桩基承台基础平法表示制图规则和构造详图。下面通过柱下钢筋混凝土独立基础平法施工图实例,来说明《11G101—3》中独立基础平法施工图的制图规则及构造详图。

1. 独立基础平法施工图制图规则

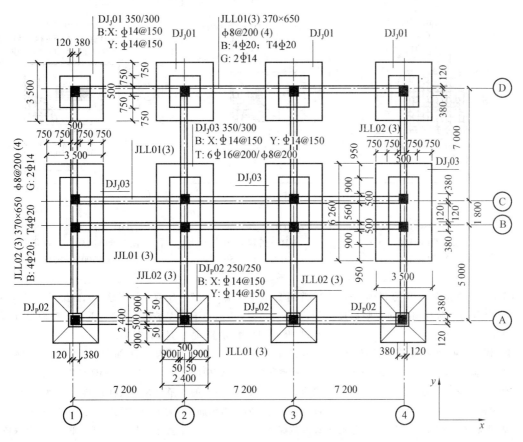

图 5.37 独立基础平法施工图

(1)独立基础平法施工图的表示方法

①独立基础平法施工图的表达方式有平面注写法与截面注写法两种表达方式,设计者可根据具体工程情况选择一种,或两种方式结合表示,本例基础施工图是用平面注写方式,截面注写法详见《11G101—3》。

②当绘制独立基础平面布置图时,应将独立基础平面与基础所支承柱子一起绘制。当设有基础梁时,可根据图面的疏密情况,将基础联系梁与基础平面图一起绘制(图 5.37),或将基础联系梁布置图单独绘制。

③在独立基础平面布置图上应标注基础定位尺寸;当独立基础柱中心线与建筑轴线不重合时,应标注其定位尺寸,编号相同的可选择一个进行标注。

(2)独立基础平面注写方式,分为集中标注和原位标注两部分。

①集中标注系在基础平面图上集中引注:基础编号、截面竖向尺寸、配筋三项内容必注(见表5.21),基础底面标高(与基础底面基准标高不同时)和必要的文字注解两项选注内容。

②原位标注系在基础平面布置图上标注独立基础的平面尺寸(见表5.21)。

表5.21 钢筋混凝土独立基础平面整体表示法及构造详图识读

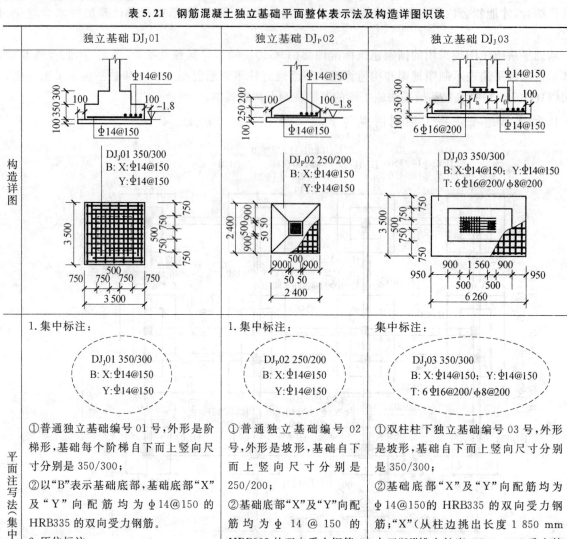

	独立基础 DJ_J01	独立基础 DJ_P02	独立基础 DJ_J03
平面注写法(集中标注+原位标注)	1.集中标注: DJ$_J$01 350/300 B: X:Φ14@150 Y:Φ14@150 ①普通独立基础编号01号,外形是阶梯形,基础每个阶梯自下而上竖向尺寸分别是350/300; ②以"B"表示基础底部,基础底部"X"及"Y"向配筋均为Φ14@150的HRB335的双向受力钢筋。 2.原位标注: ①基础底板"X"及"Y"向长度均为3.5 m×3.5 m; ②"X"及"Y"向每个阶梯宽度均为750 mm,柱子截面500 mm×500 mm; ③柱子与定位轴线之间关系见平法施工图(图5.38)。	1.集中标注: DJ$_P$02 250/200 B: X:Φ14@150 Y:Φ14@150 ①普通独立基础编号02号,外形是坡形,基础自下而上竖向尺寸分别是250/200; ②基础底部"X"及"Y"向配筋均为Φ14@150的HRB335的双向受力钢筋。 2.原位标注: ①基础底板"X"及"Y"向长度均为2.4 m×2.4 m; ②"X"及"Y"向坡形水平投影长度均为900 mm,柱子截面500 mm×500 mm;柱边到坡边距离50 mm; ③其他类同。	集中标注: DJ$_J$03 350/300 B: X:Φ14@150; Y:Φ14@150 T: 6Φ16@200/φ8@200 ①双柱柱下独立基础编号03号,外形是坡形,基础自下而上竖向尺寸分别是350/300; ②基础底部"X"及"Y"向配筋均为Φ14@150的HRB335的双向受力钢筋;"X"(从柱边挑出长度1 850 mm大于"Y"挑出长度1 500 mm)受力筋置于底板最外侧布筋;"T"为基础顶部,受力筋Φ16@200共6根,柱内侧算起锚入柱长度≥l_a;分布筋φ8@200。 2.原位标注: ①基础底板"X"及"Y"向长度均为2.4 m×2.4 m; ②"X"及"Y"向坡形水平投影长度均为900 mm,柱子截面500 mm×500 mm;柱边到坡边距离50 mm。

2.构造详图

独立基础详图一般要用较大的比例绘制,包括立面图和基础平面图,在立面图中主要表达基础的外形尺寸,基底标高及基础配筋;基础平面图表达基础各平面尺寸及配筋,是将抽象的基础平法施工图还原成本来的面目,是钢筋算量的模型及依据。

举例分析平法表示及构造详图见表5.21中解析说明。

3.文字说明

在基础施工图中,图示不能完全表达的内容还要通过文字来说明,例如本施工图说明如下:

(1)材料:结构混凝土强度等级C30,钢筋为HRB335(φ)及HPB300(φ),垫层C10素混凝土,±0.00以下,砖采用MU10,水泥砂浆M7.5;

(2)在基础底面换填1 m厚3∶7灰土垫层,压实系数不小于0.94;

(3)基础环境类别二b类;

(4)基础平法施工图依据国家图集《11G101-3》;

(5)室内外高差0.45 m,基础底面标高为-1.8 m,基础连系梁顶标高-0.6 m,基础连系梁配筋构造详见《11G101-3》第92页(二);

(6)本基础构造按非抗震考虑;

(7)KZ500×500,图中注明者外,其余柱中心线与轴线重合。

4.钢筋的算量

(1)《混凝土结构设计规范》(GB 50010—2010)有关的规定

①受拉钢筋的(非抗震)锚固长度 l_a 及抗震锚固长度 l_{aE} 计算如下:

$$l_a = \zeta_a l_{ab} \tag{5.16a}$$

$$l_{aE} = \zeta_a l_{abE} \tag{5.16b}$$

式中 l_{ab}、l_{abE} ——分别表示受拉钢筋的(非抗震)及抗震的基本锚固长度,见表5.22;

ζ_a ——受拉钢筋锚固长度修正系数,见表5.23。

表5.22 受拉钢筋的(非抗震)及抗震的基本锚固长度

钢筋种类	抗震等级	混凝土强度等级					
		C20	C25	C30	C35	C40	C45
HPB300	一、二级(l_{abE})	45d	39d	35d	32d	29d	28d
	三级(l_{abE})	41d	36d	32d	29d	26d	25d
	四级(l_{abE})非抗震(l_{ab})	39d	34d	30d	28d	25d	24d
HRB335 HRBF335F	一、二级(l_{abE})	44d	38d	33d	31d	29d	26d
	三级(l_{abE})	40d	35d	31d	28d	26d	24d
	四级(l_{abE})非抗震(l_{ab})	38d	33d	29d	27d	25d	23d
HRB400 HRBF400	一、二级(l_{abE})	—	46d	40d	37d	33d	32d
	三级(l_{abE})	—	42d	37d	34d	30d	29d
	四级(l_{abE})非抗震(l_{ab})	—	40d	35d	32d	29d	28d

表 5.23　受拉钢筋锚固长度修正系数 ζ_a

锚固条件		ζ_a	备　注
带肋钢筋的公称直径大于 25 mm		1.1	对于一般建筑物,通常带肋钢筋的公称直径不大于 25 mm,钢筋表面不涂环氧树脂,施工中钢筋不考虑扰动,当锚固区钢筋保护层厚度小于 $3d$ 时,则 $\zeta_a = 1.0$,相应的 $l_a = l_{ab}$,$l_{aE} = l_{abE}$。
环氧树脂涂层带肋钢筋		1.25	
施工中易受扰动的钢筋		1.1	
锚固区保护层厚度（d 为锚固钢筋的直径）	$3d$	0.8	
	$5d$	0.7	

②混凝土结构的环境类别及相应的保护层厚度（表 5.24）。

表 5.24　混凝土结构的环境类别及相应的保护层厚度

混凝土结构环境类别		混凝土保护层的最小厚度/mm	
环境类别	主要条件	板、墙	梁、柱
一	室内干燥环境	15	20
二 a	①室内潮湿环境;②非严寒和寒冷地区的露天环境;③非严寒和寒冷地区与无侵蚀性的或土壤直接接触的环境。	20	25
二 b	①干湿交替环境;②水位频繁变动环境;③严寒和寒冷地区的露天环境;④严寒和寒冷地区冰冻线以上与无侵蚀性的水或土壤直接接触的环境。	25	35
三 a	①严寒和寒冷地区冬季水位变动区环境;②受除冰盐环境;③海风环境。	30	40
三 b	①盐渍土环境;②受除冰盐作用环境;③海岸环境。	40	50
备注	①表中混凝土保护层厚度是指最外层钢筋外边缘至混凝土表面的距离,适用于设计年限 50 年的结构;②构件中受力钢筋的保护层厚度不应小于钢筋的公称直径;③混凝土强度等级不大于 C25 时,表中保护层厚度应增加 5 mm;④基础底面最外层保护层厚度,有混凝土垫层时不应小于 40 mm,无垫层时不应小于 70 mm。		

(2)钢筋算量分析与计算

①钢筋算量的业务划分(见表 5.25)。

表 5.25　钢筋算量的业务划分

钢筋算量的业务划分	计算依据和方法	计算长度	目的	关注点
钢筋翻样	按照相关规范及设计图纸,以"实际长度"进行计算	实际长度	指导实际施工	既符合相关规范和设计要求,还要方便施工和降低成本等施工要求
钢筋算量	按照相关规范及设计图纸以及工程量清单和定额要求以"设计长度"进行计算	设计长度	确定工程造价	以快速计算工程钢筋的总量,用于确定工程造价
备注	①实际长度:是指钢筋中心线长度,等于钢筋的外包线长度减去钢筋加工弯钩的量度之差,另外还要考虑钢筋的接头位置等实际情况。②设计长度:是指钢筋的外包线长度,并未考虑太多考虑钢筋的加工及施工过程中的实际情况。			

② 钢筋算量实例

下面就上述独立基础为例,结合平法《11G101-3》中的构造详图,从计量及计价角度出发,说明设计长度的计算(表 5.26～表 5.28),若求得基础的单根钢筋长度和数量,由表 5.29 查得钢筋单位长度质量,就可算出钢筋质量。

表 5.26 DJ_J01 钢筋算量过程

计算钢筋简图	计算参数			
	计算参数			
	基础底面钢筋保护层厚度 $c=40$ mm;钢筋起步距离 $\min(75,s/2)$			
DJ$_J$01 350/300 B: X: Φ14@150 Y: Φ14@150 3 500 $y \geq 2\,500$ 3 500 $x \geq 2\,500$ 依据《11G101-3》第 63 页 注:当独立基础底板长度≥2 500时,除外侧钢筋外,底板配筋长度可取相应方向底板长度的 0.9 倍。	X方向钢筋	计算长度	外侧	$l_x = x - 2c = (3\,500 - 2 \times 40)\text{mm} = 3\,420$ mm
			中部	$l_x' = 0.9x = (3\,500 \times 0.9)\text{mm} = 3\,150$ mm
		计算根数		总根数:$n = [y - 2\min(75,s/2)]/s + 1$ $= [3\,500 - 2(75,150/2)]/150 + 1 = 24$ 外侧:2 根,中部:24-2=22 根
	Y方向钢筋	计算长度	外侧	$l_y = y - 2c = (3\,500 - 2 \times 40)\text{mm} = 3\,420$ mm
			中部	$l_y' = 0.9y = (3\,500 \times 0.9)\text{mm} = 3\,150$ mm
		计算根数		总根数:$n = [x - 2\min(75,s/2)]/s + 1$ $= [3\,500 - 2(75,150/2)]/150 + 1 = 24$ 外侧:2 根,中部:24-2=22 根

表 5.27 DJ_P02 钢筋算量过程

计算钢筋简图	计算参数		
	计算参数		
	基础底面钢筋保护层厚度 $c=40$ mm;钢筋起步距离 $\min(75,s/2)$		
DJ$_P$02 250/200 B: X: Φ14@150 Y: Φ14@150 2 400 $y<2\,500$ 2 400 $x<2\,500$ 依据《11G101-3》第 60 页	X方向钢筋	计算长度	$l_x = x - 2c = (2\,400 - 2 \times 40)\text{mm} = 2\,320$ mm
		计算根数	$n = [y - 2\min(75,s/2)]/s + 1$ $= [2\,400 - 2(75,150/2)]/150 + 1 = 16$
	Y方向钢筋	计算长度	$l_y = y - 2c = (2\,400 - 2 \times 40)\text{mm} = 2\,320$ mm
		计算根数	$n = [x - 2\min(75,s/2)]/s + 1$ $= [2\,400 - 2(75,150/2)]/150 + 1 = 16$

表 5.28 DJ_J03 钢筋算量过程

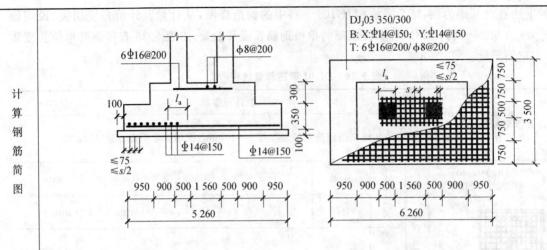

项目		板底钢筋算量	板顶钢筋算量
计算参数		基础底面保护层厚度 $c_1=40$ mm； 钢筋起步距离 $\min(75,s/2)$ 假设:本基础钢筋长度不考虑折减10%	①C30,HRB335, $l_{ab}=29d$,设 $\zeta_a=1.0$,则 $l_a=l_{ab}$; ②二 b 类环境(表5.22)基础顶面最外层钢筋保护层厚度 $c_2=25$ mm
X方向钢筋	计算长度	$3\,500-2c_1=(3\,500-2\times40)\,\text{mm}=3\,420$ mm	$(6-1)\times200+2\min(75,s/2)=1\,000+2(75,200/2)=1\,150$ mm
	计算根数	$[6\,260-2\min(75,s/2)]/s+1$ $=[5\,260-2\min(75,150/2)]/150+1=42$	$[2\,488-2\min(75,s/2)]/s+1$ $=[2\,488-2\min(75,200/2)]/200+1=13$
Y方向钢筋	计算长度	$6\,260-2c_1=(6\,260-2\times40)\,\text{mm}=6\,180$ mm	$1\,560+2l_a=(1\,560+2\times29\times16)\,\text{mm}=2\,488$ mm
	计算根数	$[3\,500-2\min(75,s/2)]/s+1$ $=[3\,500-2\min(75,150/2)]/150+1=24$	6 根
备注		①"X"及"Y"方向(以图5.24为准,与本表图面的方向正好相反); ②依据《11G101—3》第61页,另在X方向基础底板宽度: $x=3.5$ m>2.5 m,钢筋长度除外侧不折减外,其余钢筋长度也可取 $0.9x=(3.5\times0.9)$ m$=3.15$ m。	

表 5.29 钢筋的计算截面面积及公称质量表

直径 d /mm	不同根数钢筋的计算截面面积/mm²									单根钢筋公称质量 /(kg·m⁻¹)
	1	2	3	4	5	6	7	8	9	
3	7.1	14.1	21.2	28.3	35.3	42.4	49.5	56.5	63.6	0.055
4	12.6	25.1	37.7	50.2	62.8	75.4	87.9	100.5	113	0.099
5	19.6	39	59	79	98	118	138	157	177	0.154
6	28.3	57	85	113	142	170	198	226	255	0.222
6.5	33.2	66	100	133	166	199	232	265	299	0.260
8	50.3	101	151	201	252	302	352	402	453	0.395
8.2	52.8	106	158	211	264	317	370	423	475	0.432
10	78.5	157	236	314	393	471	550	628	707	0.617
12	113.1	226	339	452	565	678	791	904	1 017	0.888
14	153.9	308	461	615	769	923	1 077	1 230	1 387	1.21
16	201.1	402	603	804	1 005	1 206	1 407	1 608	1 809	1.58
18	254.5	509	763	1 017	1 272	1 526	1 780	2 036	2 290	2.00
20	314.2	628	941	1 256	1 570	1 884	2 200	2 513	2 827	2.47
22	380.1	760	1 140	1 520	1 900	2 281	2 661	3 041	3 421	2.98
25	490.9	982	1 473	1 964	2 454	2 945	3 436	3 927	4 418	3.85
28	615.3	1232	1 847	2 463	3 079	3 695	4 310	4 926	5 542	4.83
32	804.3	1609	2 413	3 217	4 021	4 826	5 630	6 434	7 238	6.31

注：表中直径 $d=8.2$ mm 的计算截面面积及公称质量仅适用于纵肋的热处理钢筋。

5.3.3 柱下钢筋混凝土条形基础平法施工图的阅读及钢筋算量

若将前面例图 5.38 中柱子截面尺寸及轴网尺寸不变，设计变更为柱下条形基础平法施工图（图 5.38），下面结合平法施工图的制图规则及构造详图为导向，解析其施工图的阅读，并完成钢筋算量。

5.3.3.1 柱下条形基础平法施工图制图规则

1. 柱下条形基础平法施工图的表示方法

①柱下条形基础平法施工图的表达方式由平面注写法与截面注写法两种，设计者可根据具体工程情况选择一种，或两种方式结合表示，本图采用平面注写方式。

②绘制柱下条形基础平面布置图时，应将条形基础平面与基础所支承柱子、墙一起绘制。当基础底面标高不同时，需注明与基础底面基准标高高差。本图是框架结构，各基础底面无高差。

③在条形基础平面布置图上应标注基础底板的宽度（如图中标注基础宽度有 1 500 mm、3 300 mm）；当条形基础中心线与建筑轴线不重合时，应标注其定位尺寸（如图中标注有偏轴线 120 mm），编号相同的可选择一个进行标注。

2. 条形基础（包括基础底板和基础梁）平面注写方式，分为集中标注和原位标注两部分

（1）基础底板

①集中标注系在基础平面图上集中引注：基础底板编号（阶梯形 $TJB_J××$、坡形 $TJB_P××$）、截面竖向尺寸、配筋三项内容必注（图 5.38），以及基础底面标高（与基础底面基准标高不同时）和必要的文字注解两项选注内容。如：$TJB_J01(3A)$：

集中标注：
```
TJBⱼ01(3A) 300
B:Φ12@200/Φ8@250
```
的含义如下：

a. $TJB_J01(3A)300$——表示条形基础底板 01 号，外形为阶梯形；纵向三跨且一边悬挑（A 表示一端悬挑,B 表示两端悬挑);底板竖向高度 300 mm。

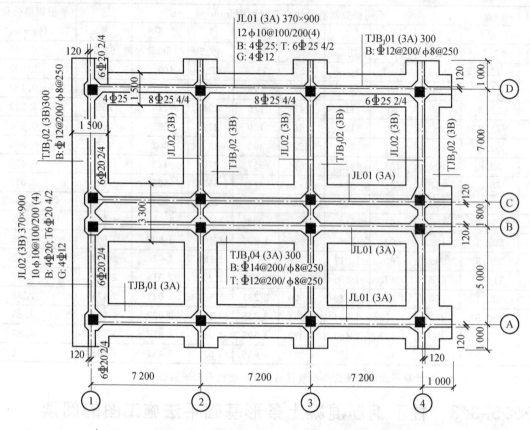

图 5.38 柱下条形基础平法施工图 1∶100

b.B:Φ12@200/ϕ8@250——基础底底板部配筋:横向Φ12@200 的 HRB400 受力钢筋,纵向ϕ8@250 的 HPB300 的分布钢筋。

②原位标注系在基础平面布置图上标注基础底板的平面尺寸,例如从图 5.39 可知 TJB$_J$01 基础宽度 1 500 mm。

(2)基础梁

①集中标注系在基础平面图上集中引注:基础梁编号(JL××)、截面尺寸 $b \times h$、配筋(底部及顶部贯通纵筋、箍筋、侧向构造筋及扭筋)三项内容必注,以及基础底面标高(与基础底面基准标高不同时)和必要的文字注解两项选注内容。如 JL02(3B):

集中标注:

> JL02 (3B) 370×900
> 10ϕ10@100/200(4)
> B:4Φ20;T6Φ20 4/2
> G:4ϕ12

含义如下:

a.JL02(3B)300×900——表示基础梁 02 号,截面尺寸 300×900,三跨且两边悬挑。

b.10ϕ10@100/200(4)——梁端第一箍筋配筋 10 根直径 10 mm,间距 100 mm 的 HPB300 的四肢箍;其余箍筋间距 200mm。

c.B:4ϕ20;T:6ϕ20 4/2——分别表示底部贯通纵向钢筋只有一排 B:4ϕ20,顶部贯通纵向筋 T:6ϕ20,第一排 4ϕ20,第二排 2ϕ20。

d.G:4ϕ12——表示侧向构造筋共 G:4ϕ12,每侧 2ϕ12 的 HRB400。

②原位标注系在基础平面布置图上,在基础梁的原位主要标注:梁端标注底部贯通筋和非贯通筋及

原位标注集中标注的某项修正值及主次梁相交处的附加箍筋及反扣(吊筋的反扣)。

5.3.3.2 构造详图及钢筋算量

条形基础详图一般要用较大的比例绘制,包括基础断面图,对于基础梁还应绘制正立面图。在立面图中主要表达基础梁跨数、支承情况,纵向钢筋在支座的锚固、非贯通筋断点位置及贯通筋接头位置,计算箍筋及拉筋的数量及附加箍筋数量及吊筋长度、基底标高及基础配筋。

1. 基础底板

(1)基础底板配筋构造(见图5.39(a)~(i)也可详见《11G101—3》)

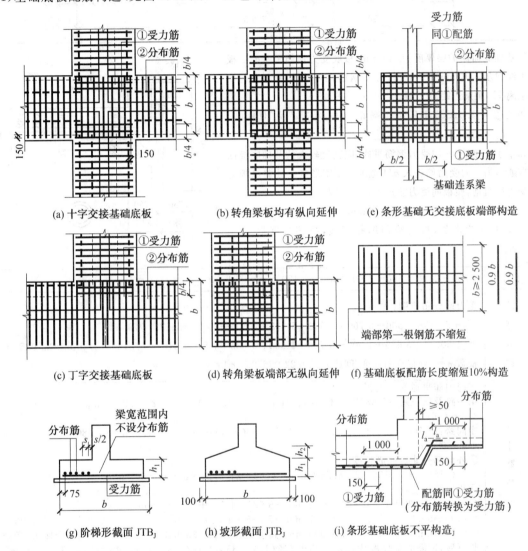

图5.39 条形基础底板配筋构造

注:①基础梁及基础圈梁宽度范围内不设分布筋,分布筋距梁边距离取1/2板筋间距,距板边距离75 mm(参见09G901—3第4—13至4—15页);

②两向受力钢筋交接处的网状部位,分布钢筋与同向受力钢筋搭接长度150 mm,如图5.39(a)所示。

③当条形基础底板宽度$b \geqslant 2\ 500$ mm时,受力钢筋长度可缩减10%,但底板交接区受力钢筋不减短和无交接区(如底板外伸段)的第一根钢筋不减短。

(2)底板钢筋算量

①单向条形基础梁底板钢筋(例如TJB$_J$01钢筋算量见表5.30)。

表 5.30 TJB$_J$01 钢筋算量过程

计算钢筋简图	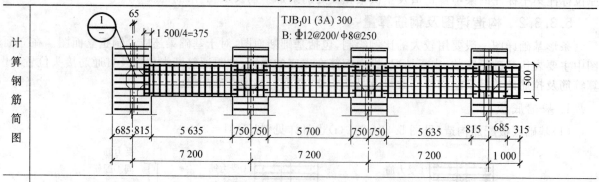
计算参数	①基础底面保护层厚度 $c=40$ mm;板底受力钢筋距基础底板边缘起步距离 min(75,$s/2$);分布钢筋距基础底板边缘起步距离 75,距梁边距离 $s/2$。 ②设 $\zeta_a=1.0$;C30,HRB400,则 $l_a=l_{ab}=35d$ 及 HPB300, $l_a=l_{ab}=30d$。 ③十字交接处,一向受力钢筋贯通(应宽度较大的基础底板筋贯通),另一向受力筋进入 $b/4$ 范围。丁字形接头处翼缘板向受力筋贯通,腹板向受力筋进入 $b/4$ 范围。 ④分布钢筋与受力钢筋搭接 150 mm。 ⑤设 9 m 为定长,板筋采用绑扎搭接,搭接长度取 $l_l=1.2l_a$。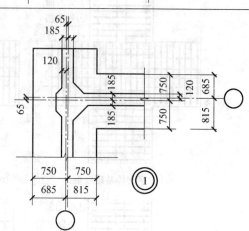
受力钢筋 长度	$1\,500-2c=(1\,500-2\times40)mm=1\,420$ mm
受力钢筋 计算根数	受力筋分布范围: $b/4+5\,635+1\,500+5\,700+1\,500+5\,635+1\,500+315-\min(75,s/2)$ $=[1\,500/4+5\,635+1\,500+5\,700+1\,500+5\,635+1\,500+315-(75,200/2)]mm=22\,085$ mm 根数 $n=$(分布范围长度/间距)$+1=22\,085/200+1=112$
分布钢筋 计算长度	①跨内非贯通筋长度: 第一跨及第三跨:$(5\,635+2c+2\times150)$mm$=(5\,635+80+300+2\times6.25d)mm=(6\,015+2\times6.25\times8)mm=6\,115$mm 中间跨:$(5\,700+2c+2\times150)mm=(5\,700+80+300+2\times6.25d)mm=(6\,080+2\times6.25\times8)mm=6\,180$ mm ②外伸部分非贯通筋长度: $(315-c+c+150+2\times6.25d)mm=(465+2\times6.25\times8)mm=565$ mm ③贯通筋长度: $(c+150+5\,635+1\,500+5\,700+1\,500+5\,635+1\,500+315-c)$mm $=(190+5\,635+1\,500+5\,700+1\,500+5\,635+1\,500+315-40+2\times6.25d)mm=(21\,935+2\times6.25\times8)mm=22\,035$ mm$>9\,000$ mm,其接头数量 $22\,035/9\,000=2.44$,三段共 2 个接头,考虑搭接长度后,钢筋的总长度为:$[22\,035+2\times(1.2\times35\times8+2\times6.25d)]mm=(22\,035+2\times388)mm=22\,811$ mm。
分布钢筋 计算根数	①基础梁宽 370 mm,基础底板每边挑出长度为:$(1500-370)$mm$/2=565$ mm ②分布钢筋的每侧根数: $n=[(565-75-s/2)]/s+1=(565-75-125)/250+1=3$ 根 ③每侧每跨及外伸部分非贯通筋根数:$(b/4-75)/250=(375-75)/250=1$ 根 ④每侧贯通筋根数:$3-1=2$ 根
结论	当基础宽度不大时,$b/4$ 范围内分布钢筋非贯通筋根数很少,如本题仅有一根,为方便,可不计算非贯通筋长度及根数,实际工程计算中,往往分布钢筋均按贯通筋计算,其误差不大。

②双向条形基础梁底板钢筋(例如 $TJB_J04(3A)$)

上部钢筋算量见表 5.31。

表 5.31 $TJB_J04(3A)$双向条形基础梁底板顶部钢筋算量过程

计算板顶钢筋简图	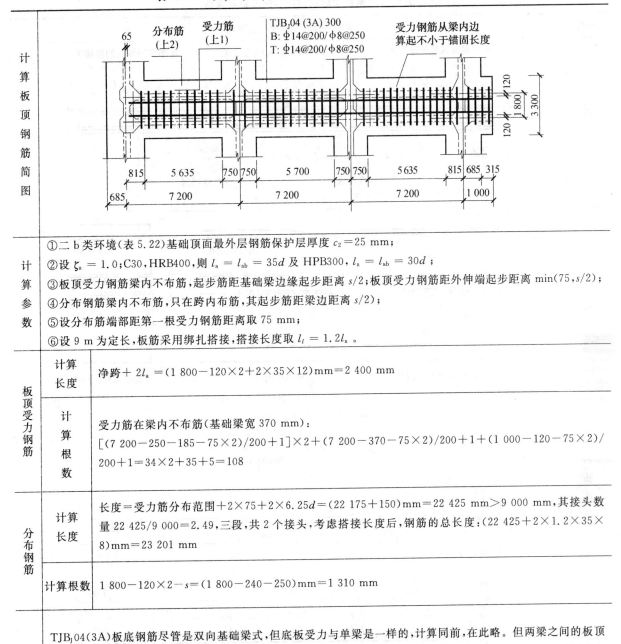		
计算参数	①二 b 类环境(表 5.22)基础顶面最外层钢筋保护层厚度 $c_2=25$ mm; ②设 $\zeta_a=1.0$;C30,HRB400,则 $l_a=l_{ab}=35d$ 及 HPB300,$l_a=l_{ab}=30d$; ③板顶受力钢筋梁内不布筋,起步筋距基础梁边缘起步距离 $s/2$;板顶受力钢筋距外伸端起步距离 $\min(75,s/2)$; ④分布钢筋梁内不布筋,只在跨内布筋,其起步筋梁边距离 $s/2$; ⑤设分布筋端部距第一根受力钢筋距离取 75 mm; ⑥设 9 m 为定长,板筋采用绑扎搭接,搭接长度取 $l_l=1.2l_a$。		
板顶受力钢筋	计算长度	净跨 $+2l_a=(1\ 800-120\times2+2\times35\times12)\text{mm}=2\ 400$ mm	
	计算根数	受力筋在梁内不布筋(基础梁宽 370 mm): $[(7\ 200-250-185-75\times2)/200+1]\times2+(7\ 200-370-75\times2)/200+1+(1\ 000-120-75\times2)/200+1=34\times2+35+5=108$	
分布钢筋	计算长度	长度=受力筋分布范围$+2\times75+2\times6.25d=(22\ 175+150)\text{mm}=22\ 425$ mm$>9\ 000$ mm,其接头数量 $22\ 425/9\ 000=2.49$,三段,共 2 个接头,考虑搭接长度后,钢筋的总长度:$(22\ 425+2\times1.2\times35\times8)\text{mm}=23\ 201$ mm	
	计算根数	$1\ 800-120\times2-s=(1\ 800-240-250)\text{mm}=1\ 310$ mm	
结论	$TJB_J04(3A)$板底钢筋尽管是双向基础梁式,但底板受力与单梁是一样的,计算同前,在此略。但两梁之间的板顶受力相当于两端刚接的倒置的单跨梁,其板顶的横向为受力筋,置于板上部的最外侧(上1),并深入基础梁不小于锚固长度 l_a;纵向为分布筋置于板上部受力筋的内侧(上2)。		

以上通过将平法制图规则和构造详图结合实例为载体,同时将结构知识与实际工程有机结合,引入了基础钢筋算量,为今后的预算奠定了一定的基础,其他基础类同,望同学们课后针对本题从结构角度加以思索,提高逻辑思维能力,提高分析及解决问题的能力,并完成其他基础底板钢筋的算量。

2. 基础梁

①基础梁纵向钢筋构造及钢筋算量（见表5.32）。

表5.32 基础梁纵向钢筋构造及钢筋算量

项目	基础梁纵向钢筋构造简图
跨内	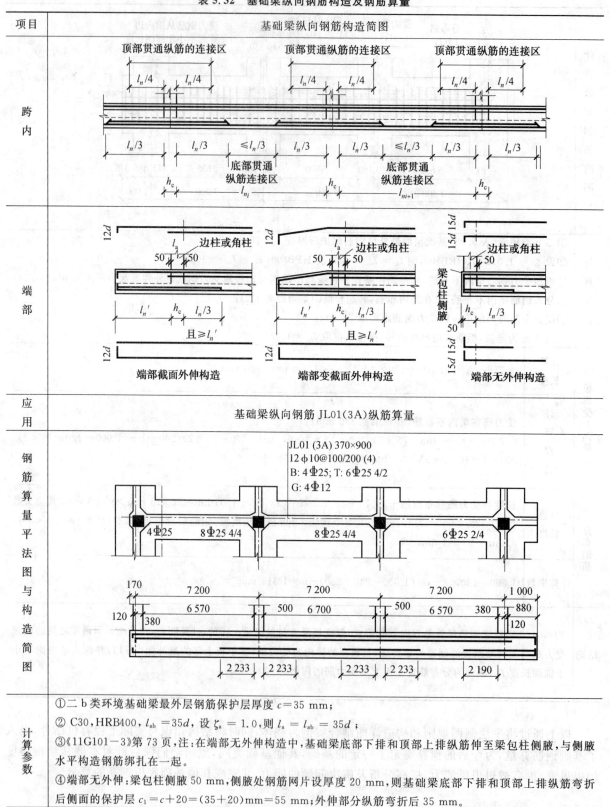
端部	
应用	基础梁纵向钢筋 JL01(3A) 纵筋算量
钢筋算量平法图与构造简图	
计算参数	①二 b 类环境基础梁最外层钢筋保护层厚度 $c=35$ mm； ② C30，HRB400，$l_{ab}=35d$，设 $\zeta_a=1.0$，则 $l_a=l_{ab}=35d$； ③《11G101-3》第73页，注：在端部无外伸构造中，基础梁底部下排和顶部上排纵筋伸至梁包柱侧腋，与侧腋水平构造钢筋绑扎在一起。 ④端部无外伸：梁包柱侧腋 50 mm，侧腋处钢筋网片设厚度 20 mm，则基础梁底部下排和顶部上排纵筋弯折后侧面的保护层 $c_1=c+20=(35+20)$ mm$=55$ mm；外伸部分纵筋弯折后 35 mm。

续表 5.32

项目	基础梁纵向钢筋构造简图
长度计算	顶部贯通筋 $6\phi25$ $4/2$（本表图所示） 第一排（上排）$4\phi25$ 长度＝梁总长$-c_1-c+15d+12d=(7\,200\times3+170+1\,000-55-35+27\times25)\,\text{mm}=23\,355\,\text{mm}$ 第二排（下排）$2\phi25$ 长度＝$15d+50+500-c_1+6\,570+500+6\,700+500+6\,570+l_a=(21\,390+35\times25)\,\text{mm}=22\,585\,\text{mm}$ 底部贯通筋 $4\phi25$ 长度同顶部贯通筋 底部非贯通筋 ① 中间支座 $4\phi25$ 长度＝$(6\,700/3+500+6\,700/3)\,\text{mm}=(2\,233+500+2\,233)\,\text{mm}=4\,966\,\text{mm}$ ② 外伸部分 $2\phi25$（第二排不弯钩） 长度＝$(6\,570/3+500+880-c)\,\text{mm}=(2\,190+500+880-35)\,\text{mm}=3\,535\,\text{mm}$
要点	初级阶段钢筋算量,应结合平法构造详图及制图规则,将平法施工图还原成实际构造简图,并在图中将每跨计算净跨以方便计算。

②基础梁箍筋构造及算量（见表 5.33）。

表 5.33 基础梁箍筋构造及算量

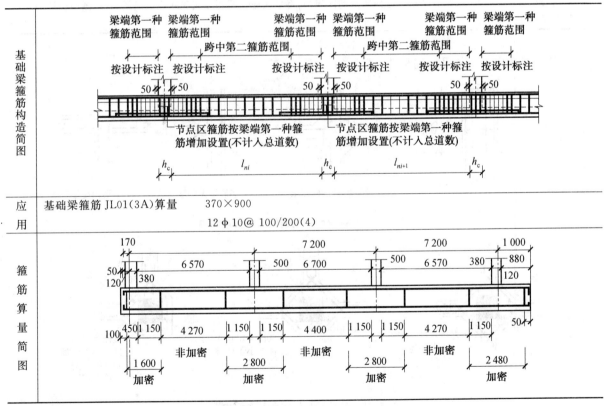

续表 5.33

计算参数	①二 b 类环境基础梁最外层钢筋保护层厚度 $c=35$ mm；设箍筋保护层厚度 35 mm。 ②设箍筋距无外伸端距离 100 mm，箍筋距外伸端 50 mm。 ③梁端箍筋加密区 $11\times100+50=1\,150$，其加密及非加密范围通过分析计算已标注箍筋算量图中。 ④大箍筋外皮长度计算公式（梁截面尺寸 $b\times h$，箍筋直径为 d）： $[(b-2c)+(h-2c)]\times2+11.9d\times2$ ⑤小箍筋长度：纵筋最外一排 $4\phi25$，设按照纵筋等间距布置计算箍筋长度，小箍筋肢宽为 b_1。 则小箍筋长度：$[b_1+(h-2c)]\times2+11.9d\times2$ 其中 $b_1=(b-2c-2d-25)/3+25+2d$
长度计算	外大箍筋外皮长度计算公式： $[(370-2\times35)+(900-2\times35)]\times2+11.9d\times2=2\,260+11.9\times10\times2=2\,498$ mm 内小箍筋外皮长度计算公式： $b_1=(b-2c-2d-25)/3+25+2d=(370-70-20-25)/3+25+20=130$ mm $[b_1+(h-2c)]\times2+11.9d\times2=[130+(900-70)]\times2+11.9\times10\times2=2\,058$ mm
箍筋数量	加密区：$(\dfrac{1\,600}{100}+1)+(\dfrac{2\,800}{100}+1)\times2+(\dfrac{2\,480}{100}+1)=101$ 非加密区：$(\dfrac{4\,270}{200}-1)\times2+(\dfrac{4\,400}{200}-1)=62$
要点	钢筋算量初级阶段，应结合平法构造详图及制图规则，将平法施工图还原成实际构造简图，并在图中标注加密区和非加密区范围。

③基础梁侧向构造筋及拉筋构造（图 5.40 及图 5.41）。

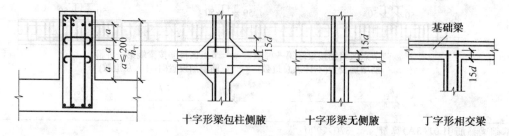

图 5.40　基础梁侧向构造钢筋与拉筋构造

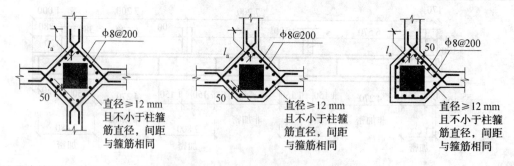

图 5.41　基础梁与柱结合部侧腋构造

注：

（1）拉筋直径除注明者外，均为 8 mm，间距为箍筋间距的 2 倍，当设有多排拉筋时，上下两排拉筋竖向错开。

(2)侧向构造钢筋搭接长度及锚入支座长度一般为15d,但对于丁字形相交的梁,当相交位置无柱时,横梁外侧构造纵筋应贯通。

5.3.3.3 梁板式筏形基础平法施工图的阅读

若将图5.39柱下条形基础平法施工图(柱子截面尺寸及轴网尺寸不变),设计为柱下梁板式筏形基础平法施工图(图5.42及图5.43),结合梁板式筏形基础平法施工图的制图规则及构造详图为导向,解析其施工图的阅读。

1. 基础梁平面注写方式

图5.42是筏形基础梁的平法施工图,其制图规则及构造详图、钢筋算量基本同柱下条形基础梁,同学们自己完成施工图的阅读及钢筋算量。筏形基础中的基础梁基本同条形基础梁,在此不再赘述。

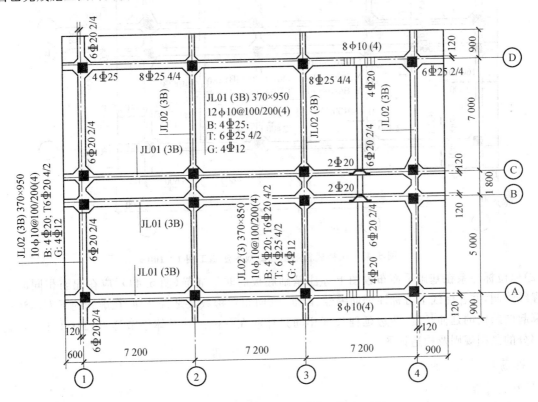

图5.42 柱下筏形基础梁平法施工图 1∶100

2. 基础底板平面注写方式

下面简要分析基础底板的平法施工图的阅读,图5.43为梁板式筏形基础的底板平法表示图,其表达方式采用的是平面注写方式,它包括集中标注和原位标注两部分。

(1)集中标注系在基础平板平面图上双向均为第一跨的板上集中引注:基础平板编号(LPB××)、平板厚度及基础平板底部和顶部贯通纵筋及其总长度,例如:

集中标注:

```
LPB01 h=500
X: B⌀16@400;  T⌀16@250(4B)的含义如下:
Y: B⌀16@300;  T⌀16@150(3B)
```

LPB01 h=100——基础平板01,板厚100 mm;

X:B⌀16@400;T⌀16@200(4B)——X方向底板和顶部贯通纵筋分别是⌀16@400和⌀16@200,

纵向总长度均为4跨两端外伸；

Y:B⌀16@300；T⌀16@150(3B)——Y方向底板和顶部贯通纵筋分别是⌀16@400和⌀16@150,纵向总长度均为3跨两端外伸。

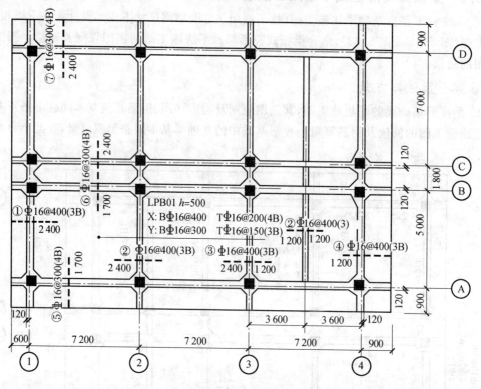

图 5.43　梁板式筏形基础底板平法施工图 1∶100

（2）原位标注系在基础平面布置图上标注基础底板的非贯通筋（图 5.44），应在配筋相同的第一跨用中虚线绘制,并在虚线上方标注钢筋编号、配筋、横向布置跨数及是否外伸,在虚线的下方标注从梁中心线算起向跨内的延伸长度,两边延伸长度相同只标注在一侧。其具体细节详见《11G101—3》梁板式筏基部分的制图规则及构造详图。

2.钢筋的算量

（1）基数计算

为计算方便快捷及直观易懂,首先应计算图 5.27 根据基础梁的截面宽度及轴线定位关系→计算每一区格板的净跨→板底非贯通筋从梁边算起的净延伸长度,并将计算结果标注于钢筋算量简图（图 5.44）中（括号内数字）。

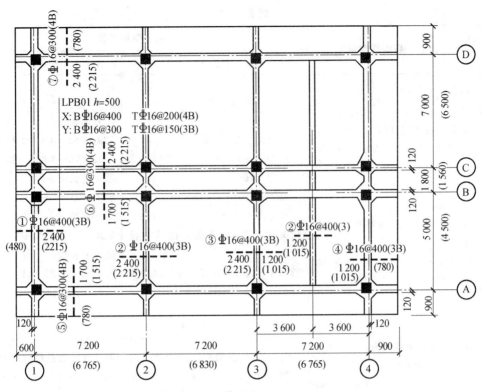

图 5.44 梁板式筏形基础底板钢筋算量简图

(2)板顶及板底钢筋计算过程(表 5.34)。

表 5.34 板顶及板底钢筋算量过程   mm

| 计算参数 | ①基础底面钢筋保护层厚度 $c_1=40$ mm,二 b 类环境(表 5.22)基础顶面最外层钢筋保护层厚度 $c_2=25$ mm;
② C30,HRB400,$l_{ab}=35d$,设 $\zeta_a=1.0$,则 $l_a=l_{ab}=35d$,设 9 m 为定长,板筋采用绑扎搭接,搭接长度取 $l_l=1.2l_a$;
③钢筋到板边起步距离 min(75,$s/2$)=75 mm;
④板底短跨钢筋(下 1)钢筋满布;长跨板底钢筋遇梁不布筋,钢筋起步距离 min(75,$s/2$)(见接本表"注");
⑤端部外伸构造中,本例计算未考虑边缘封边构造,其构造详见《03G101—4》第 84 页。 | 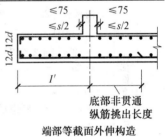
端部等截面外伸构造 |

续表 5.34

计算过程		板顶通长筋钢筋算量	板底钢筋算量	
			通长筋	非通长筋
X向钢筋	计算长度/mm	板长$-2c_2+2\times12d$ $=7\,200\times3+600+900-2\times25$ $+2\times12\times16$ $=23\,100-50+2\times12\times16$ $=23\,434$ 接头数量2个,考虑搭接后总长度为: $23\,434+2\times1.2\times35\times16$ $=24\,778$	板长$-2c_1+2\times12d$ $=7\,200\times3+600+900-2\times40+2$ $\times12\times16$ $=23\,100-80+2\times12\times16$ $=23\,404$ 接头数量2个,考虑搭接后总长度为: $23\,404+2\times1.2\times35\times16=24\,748$	①号筋长度: $12d+480+370+2\,215-c_2$ $=12\times16+3\,065-25=3\,232$ ②号筋长度: $2\,400\times2=4\,800$ ③号筋长度: $1\,200+2\,400=3\,600$ ④号筋长度: $12d+780+370+1\,015-c_2$ $=12\times16+2\,165-25=2\,323$
	计算根数	从上而下根数依次为: $[(780-150)/200+1]\times2+$ $(4\,500-150)/200+1+(1\,560$ $-150)/200+1+(6\,500-$ $150)/200+1=10+23+8+33$ $=74$ 根	X向为长向,遇梁不布筋:计算通长筋及非通长筋总根数 n 为: $[(780-150)/200+1]\times2+(4\,500-150)/200+1+(6\,500-150)/$ $200+1=10+23+33=66$ 根 则其中通长筋为66/2=33根,其余非贯通筋在每一对应的1、2、3、4轴线上分别为33根。	
Y向钢筋	计算长度/mm	Y向板长$-2c_2+2\times12d$ $=5\,000+1\,800+7\,000+900\times$ $2-2\times25+2\times12\times16$ $=15\,600-50+2\times12\times16$ $=15\,934$ 接头数量1个,考虑搭接后总长度为: $15\,934+1.2\times35\times16=$ $16\,606$	Y向板长$-2c_1+2\times12d$ $=5\,000+1\,800+7\,000+900\times2$ $-2\times40+2\times12\times16$ $=15\,600-80+2\times12\times16$ $=15\,904$ 接头数量1个,考虑搭接后总长度为: $15\,904+1.2\times35\times16=$ $16\,576$	⑤号筋长度: $12d+780+370+1\,515-c_2$ $=12\times16+2\,665-25=$ $2\,832$ ⑥号筋长度: $1\,515+370+1\,560+370+2\,215$ $=6\,030$ ⑦号筋长度: $2\,215+370+780-c_2+12d$ $=3\,532$
	计算根数	从左到右根数依次为: $(480-150)/150+1+[(6\,765$ $-150)/150+1]\times2+(6\,830-$ $150)/150+(780-150)/150+1$ $=4+90+46+6=146$ 根	Y向为短向,遇梁要布筋: 计算通长筋及非通长筋总根数 n 为: $n=[(7\,200\times3)+600+900-2\times75]/150+1=154$ 则其中通长筋为154/2=77根,其余非贯通筋在每一对应的A、B、C、D轴线上分别为77根。	

注:根据国家建筑标准图集《08G101—11》G101系列常见问题答疑第74页和第75页第6.5条款解释及详图,底平梁板式筏形基础配筋位置构造分析。

钢筋配置顺序:板底短跨钢筋(下1)→板底长跨钢筋(下2)及长跨方向基础主梁、次梁的梁底纵筋(下2)→短跨方向基础主梁、次梁的梁底纵筋(下3)。

通过分析可知：

①板底长跨钢筋（下2）及长跨方向基础主梁、次梁的梁底纵筋（下2）平行且在同一个水平层面，故板底长跨钢筋在于其平行的梁底不布筋，因为该处已有梁底纵筋。

②板底短跨钢筋（下1）及短跨方向基础主梁、次梁的梁底纵筋（下3）平行且在不同一个水平层面，因梁底纵筋（下3）的下部已有板底长跨钢筋（下2）横向穿过，这样将梁底纵筋抬高一个钢筋直径，导致梁的有效高度降低，降低梁的承载力，为此板底短跨钢筋应满布筋。

③板顶在梁内不布筋，因布置钢筋对梁无意义。

拓展与实训

1. 填空题

(1) 浅基础的结构形式有_____、_____、_____、_____、_____等。

(2) 基础设计等级分为_____安全等级，设计等级_____的建筑物除应满足地基承载力计算的有关规定外，还应进行地基的_____。

(3) 基底面积除满足_____计算外，还应满足_____及必要时还应进行_____。

(4) 基础配筋计算作用在基础上荷载取_____设计值；基底面积验算取_____；地基变形计算取_____。

(5) 无筋扩展基础截面设计可以通过控制材料的_____和_____来确定基础截面尺寸。

(6) 无筋扩展基础截面台阶允许宽高比确定要根据_____、_____大小，同时材料的质量必须符合要求。

(7) 当无筋扩展基础截面设计不满足要求，在基础埋深不能增大的条件下，可考虑选择台阶允许宽高_____的无筋材料，或者采用_____基础。

(8) 钢筋混凝土柱下独立基础底板厚度应满足_____计算、条基底板厚度应满足_____计算、筏基底板厚度应满足_____计算要求的前提下，还必须满足_____计算及刚度及耐久性等要求。

(9) 柱下条基、筏基、箱基，基底反力与基础内力大小与上部结构、地基、基础的_____，上部结构_____有关，其计算很复杂。

(10) 柱下条基在基底反力和上部荷载共同作用下，基础既要产生_____弯曲又要产生_____弯曲，在上部结构刚度好、荷载分布均匀、基础刚度好、地基比较均匀的条件下，可不考虑_____弯曲，基底反力按_____分布，基础梁内力按_____计算，否则应按_____计算。

(11) 梁板式筏形基础当上部结构_____好、荷载分布_____，基础_____好，地基比较_____、地基压缩层范围内无_____或可_____的条件下，可不考虑_____弯曲，基底反力按_____，基础梁、板内力按_____计算，否则应按_____计算。

(12) 《规范》规定：条形基础梁顶部和底部的纵向受力钢筋除应满足计算要求外，顶部钢筋应按计算配筋_____，底部通长钢筋不应少于底部受力钢筋截面总面积的_____。

(13) 筏形基础分为_____和_____两种类型，其选型应根据地基土质、上部结构体系、柱距、荷载大小、使用要求以及施工条件等因素确定。_____和_____宜采用平板式筏形基础。

(14) 箱基由_____和纵横交叉的_____构成单层或多层箱形的钢筋混凝土结构。

(15) 箱基按与上部结构的连接特点分为：_____箱形基础和_____下筏形基础；按箱形基础的层数分为：单层和多层。

(16) 钢筋混凝土柱下独立基础平面注写方式包括_____和_____，集中标注包括_____、_____、_____三项必标注，_____和必要的文字注解两项选注内容。

(17) 钢筋混凝土柱下条形基础是由_____和_____组成；单梁柱下条基底板_____为受力

钢筋，_____为分布钢筋。

(18)基础梁平面注写方式包括_____、_____，集中标注包括_____、_____、_____三项必标注，基础底面标高高差一项选注内容。

(19)基础梁集中标注中的配筋包括_____、_____、_____。

(20)梁板式筏形基础平板的平面注写方式中配筋分_____的集中标注和_____的原位标注，集中标注内容包括_____、_____、_____。

2.选择题

(1)根据地基复杂程度、建筑规模和功能特征等因素将地基基础设计分为(   )个设计等级。
A.两　　　　　B.三　　　　　C.四　　　　　D.五

(2)柔性基础在均布荷载作用下，基底反力呈(   )。
A.均匀分布　　B.中间大、两端小　C.中间小、两端大　D.三角形分布

(3)为了保证基础不受人类和生物活动的影响，基础顶面至少应低于设计地面(   )。
A.0.1 m　　　B.0.2 m　　　C.0.3 m　　　D.0.5 m

(4)除基岩地基外，基础埋深一般不宜小于(   )。
A.0.4 m　　　B.0.5 m　　　C.1.0 m　　　D.1.5 m

(5)软弱下卧层承载力特征值应进行(   )。
A.仅宽度修正　　　　　　　　B.仅深度修正
C.宽度和深度修正　　　　　　D.仅当基础宽度大于3 m时才需作宽度修正

(6)计算地基变形时，传至基础底面上的荷载效应(   )。
A.应按正常使用极限状态下，荷载标准效应组合
B.应按正常使用极限状态下，荷载准永久效应组合
C.应按承载力极限状态下，荷载效应基本组合
D.以上均不对

(7)计算基础内力时，荷载效应(   )。
A.应按正常使用极限状态下，荷载标准效应组合
B.应按正常使用极限状态下，荷载准永久效应组合
C.应按承载力极限状态下，荷载效应基本组合
D.以上均不对

(8)地基承载力特征值可由(   )确定。
A.室内压缩试验　B.原位载荷试验　C.土的颗粒分析试验　D.相对密度试验

(9)下列说法中，错误的是(   )。
A.新建高层建筑物对相邻旧建筑物肯定会造成一定的影响
B.为减少地基不均匀沉降，圈梁设置在跨中位置最佳
C.相邻建筑物合理的施工顺序是先重后轻、先深后浅、先高后低
D.在软弱地基开挖基坑，要特别注意保护原状土不要受扰动，否则承载力会显著降低

(10)对于框架结构，地基变形一般由(   )控制。
A.沉降量　　　B.沉降差　　　C.整体倾斜　　　D.局部倾斜

(11)对于砌体承重结构，地基变形一般由(   )控制。
A.沉降量　　　B.沉降差　　　C.整体倾斜　　　D.局部倾斜

(12)计算地基变形时，施加于地基表面的力应采用(   )。
A.基底压力　　B.基底反力　　C.基底附加应力　　D.基底净反力

(13)当采用天然地基时，高层建筑筏形基础的埋深应不小于建筑高度的(   )。

A.1/10　　　　B.1/12　　　　C.1/15　　　　D.1/18

(14)(　　)应验算稳定性。

A.地基设计等级为甲级的建筑物　　B.地基设计等级为乙级的建筑物

C.经常承受水平荷载的建筑物　　　D.以上均不对

(15)下列措施中,(　　)不属于减少地基不均匀沉降危害的措施。

A.建筑体形力求简单　　B.设置沉降缝　　C.设置伸缩缝　　D.相邻建筑物应有一定的距离

(16)高层建筑为了减少地基的不均匀沉降,下列(　　)基础形式较为有利。

A.钢筋混凝土十字交叉条形基础　　B.箱形基础　　C.筏形基础　　D.扩展基础

(17)在软土地基上的高层建筑,为了减少地基的变形和不均匀沉降,下列(　　)措施收不到预期效果。

A.减少基底附加应力

B.调整房屋各部分荷载分布和基础宽度或埋深

C.增加基础强度

D.增加房屋结构的刚度

(18)下列说法中正确的是(　　)。

A.增大基础埋深可以提高地基承载力,因而可以减小基底面积

B.增大基础埋深可以提高地基承载力,因而可以降低工程造价

C.增大基础埋深可以提高地基承载力,减小地基变形

D.增大基础埋深可以提高地基承载力,但一般不能有效减小基底面积

(19)下列说法中,错误的是(　　)。

A.沉降缝宜设置在地基土的压缩性有显著变化处

B.沉降缝宜设置在分期建造的房屋的交界处

C.沉降缝宜设置在结构类型截然不同处

D.伸缩缝可作沉降缝

(20)基础截面设计,必须满足台阶宽高比要求的是(　　)。

A.钢筋混凝土条形基础　　　　　B.钢筋混凝土独立基础

C.柱下条形基础　　　　　　　　D.无筋扩展基础

(21)某墙下条形基础,顶面的中心荷载 $F_k=180$ kN/m,基础埋深 $d=1.0$ m,$f_a=180$ kN/m²,则基础的最小底面宽度为(　　)。

A.1.0 m　　　　B.0.8 m　　　　C.1.13 m　　　　D.1.2 m

(22)当地基压缩层范围内存在软弱下卧层时,基础底面积宜(　　)。

A.只按软弱下卧层承载力确定即可

B.按软弱下卧层承载力确定后,再适当放大

C.按持力层承载力确定后,再适当放大

D.按持力层承载力确定后,再对软弱下卧层承载力进行验算,必要时还要进行地基变形验算

(23)多层砌体结构房屋设置圈梁时,若仅设两道圈梁,则(　　)效果最好。

A.基础圈梁和顶层檐口标高处

B.基础圈梁和中间楼盖标高处

C.中间楼盖标高和顶层檐口标高处

D.基础圈梁和二层楼盖标高处

(24)高耸结构物的地基允许变形值除了要控制绝对沉降量控制外,还要控制(　　)。

A.平均沉降　　　B.沉降差　　　C.整体倾斜　　　D.局部倾斜

(25)防止不均匀沉降的措施中,设置圈梁属于( )。
A. 建筑措施　　B. 结构措施　　C. 施工措施　　D. 以上三项措施
(26)补偿性基础(有地下室基础)最终目的是通过改变下列哪一个值来减小建筑物的沉降( )。
A. 基底总应力　B. 基底附加应力　C. 基底自重应力　D. 基底净反力
(27)具有地下室的筏形基础地基承载力要比同样条件下的条形基础承载力( )。
A. 高　　B. 低　　C. 一样　　D. 略高一些
(28)当基底压力比较大,地基比较软弱而埋深又受到限制时,不能采用( )。
A. 筏板基础　B. 刚性基础　C. 扩展基础　D. 柱下钢筋混凝土条形基础
(29)带有地下室的筏形基础,在对地基承载力特征值修正时,基础埋深应按下列( )方法选取。
A. 从室外地面标高算起　　B. 从地下室地面标高算起
C. 从室内外平均标高算起　D. 以上均不对
(30)带有地下室的条形基础,在对地基承载力特征值修正时,基础埋深应按下列( )方法选取。
A. 从室外地面标高算起　　B. 从地下室地面标高算起
C. 从室内外平均标高算起　D. 室内地面算起

3. 判断改错题

(1)无筋扩展基础截面尺寸除了通过限制材料强度和台阶宽高比的要求外,尚需进行内力分析和截面强度计算。( )
(2)柱下独立基础埋深大小对附加应力影响不大。( )
(3)所有设计等级的建筑物都应按地基承载力确定基底面积,并进行变形计算。( )
(4)建筑物的长高比越大,其整体刚度越大。( )
(5)伸缩缝可以作沉降缝,但沉降缝不能作伸缩缝。( )
(6)按土的抗剪强度指标确定地基承载力特征值无需再作深度和宽度修正。( )
(7)对于高层建筑,为了满足稳定要求,其基础埋深应随建筑物的高度提高而提高。( )
(8)按静力载荷试验确定地基承载力特征值无需再作基础宽度和深度修正。( )
(9)当地势平坦,地基承载力特征值 $f_{ak}=100\text{ kPa}$,砌体结构及框架结构不超过5层时,地基不需要进行变形计算。( )
(10)在软弱地基上修建建筑物的合理顺序是:先轻后重、先小后大、先低后高。( )
(11)钢筋混凝土柱下独立基础底板配筋长边受力钢筋应放在短边受力钢筋的外侧。( )
(12)钢筋混凝土筏形基础底板底部长向钢筋应放在短向受力钢筋的外侧。( )
(13)钢筋混凝土柱下独立基础底板厚度必须满足抗切计算的要求。( )
(14)钢筋混凝土墙下条形基础底板厚度必须满足抗剪计算的要求。( )
(15)钢筋混凝土片筏基础底板厚度必须满足抗剪和抗切计算的要求。( )
(16)有梁式筏片基础底板和基础梁的受力钢筋除满足计算外,还应满足构造要求,其顶部受力钢筋应贯通全跨,底部受力钢筋尚应有1/2~1/3贯通全跨。( )
(17)基础刚度越好,上部荷载分布越均匀,地基变形越小。( )
(18)基础梁上部纵筋要全部贯通,其连接区可在跨中;支座贯通纵筋连接区可在支座附近。( )
(19)基础主次梁相交处的主梁内,应设置附加箍筋及反扣;基础主次梁相交处的次梁内,要设箍筋。( )
(20)箱形基础外墙的外侧配筋同剪力墙配筋,即水平筋放置最外侧,竖向筋置于水平筋的内侧。( )

4. 简答题

(1)简述无筋扩展基础的特点。

(2)影响基础埋深的因素有哪些?
(3)什么是地基、基础共同工作的架越作用?
(4)简述箱形基础的特点。
(5)基底附近应力与基底净反力的区别是什么?
(6)柱下交叉条形基础梁与基础联系梁的区别是什么?

5.计算题

(1)一墙下条形基础底宽 $b=1$ m,埋深 $d=1.0$ m(室内外高差等于0),承重墙传来竖向荷载 $F_k=170$ kN/m,设地基承载力修正后特征值 $f_a=200$ kN/m²,试验算基底面积是否满足地基承载力要求?

(2)墙下条形基础,在荷载效应标准组合时,作用在基础顶面上的轴向力 $F_k=200$ kN/m,基础埋深 $d=1.2$ m,室内外高差 0.6 m,修正后地基承载力特征值 $f_a=170$ kPa,求该条形基础宽度 b?

(3)某承重砖墙 370 mm 厚,采用钢筋混凝土条形基础,埋深为 1.5 m,上部结构传来荷载标准值 $F_k=300$ kN/m,设计值 $F=405$ kN/m。修正后承载力特征值 $f_a=150$ kPa,试完成该基础截面设计并绘出剖面图(材料:混凝土 C30,钢筋 HRB400,环境类别二 b 类,保护层 $c=40$ mm,有效高度 $h_0=h-45$)。

(4)某轴心受压基础底面尺寸 $b\times L=2.5$ m$\times 3$ m,基础顶面作用标准值 $F_k=550$ kN,设计值 $F=750$ kN,基础埋深 $d=2.0$ m,已知地质剖面第一层为杂填土,厚 $h_1=0.5$ m,$\gamma_1=16.8$ kN/m³;以下为黏性土,$\gamma_2=18.5$ kN/m³,问题:

①地基承载力特征值 $f_a=180$ kPa,无软弱下卧层,试验算地基承载力是否满足要求?

②材料:混凝土 C30,钢筋 HRB400,环境类别二 b 类,保护层 $c=40$ mm,有效高度 $h_0=h-45$,进行该基础截面设计并绘制构造详图和平法表示;计算钢筋用量。

(5)计算图 5.19 条形基础平法施工图中,JL02 及 TJB$_J$02 钢筋用量。

(6)计算图 5.28 筏形基础基础梁平法施工图中,JL01 钢筋用量。

模块 6
桩 基 础

模块概述

当采用柱下条基、筏形基础、箱形基础及地基处理后,仍不能满足地基基础设计要求或不经济,为了提高地基承载力及稳定性、减少变形及不均匀沉降等,深基础就是最佳的方案选择。

由于深基础埋深很大,必须用特殊施工机械及程序进行施工,另外受力也不同于一般的浅基础。在深基础中桩基础既是一项较为古老的工程技术,又是一门年青的应用科学,是深基础中应用最为广泛的基础形式。本模块着重讨论桩基础的类型、构造及受力特点、工作原理。

学习目标

◆掌握桩基础的类型和适用条件;
◆掌握单桩静载试验的原理和方法,能根据荷载曲线确定单桩承载力极限值及特征值;
◆熟悉桩基础设计的步骤。

课时建议

6 课时

6.1 基础知识

随着桩基技术的发展,在工程实践中已形成了各种类型的桩基础。各种桩型在构造和桩土相互作用机理上都不相同,各具特点。因此了解桩的类型、特点及适用条件、单桩承载力对理解桩基础的工作原理是十分必要的。

6.1.1 桩的类型

6.1.1.1 桩基的组成及传力途径

桩基础(简称桩基)首先是根据特殊的施工方法将若干根桩沉入土中后,再在桩顶现浇钢筋混凝土承台(承台板、承台梁),使桩与承台连成整体共同受力(图 6.1(a))。群桩中的单桩叫基桩,基桩受力不同于单桩的受力,桩基要受到承台下土对桩柱间土的影响。

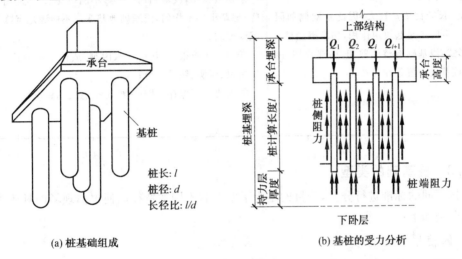

(a) 桩基础组成　　　　　　(b) 基桩的受力分析

图 6.1　桩基础

根据承台的形式不同,可分为柱下独立承台、柱下及墙下条形承台、筏形承台、箱形承台等;其对应桩基的形式有柱下独立桩基、柱下及墙下条形桩基(排桩)、筏形桩基(桩筏)、箱形承台(桩箱)。

> **技术提示:**
> 桩基础作用就是将上部结构的荷载通过承台传至桩顶,桩顶在竖向荷载 Q_i 作用下,不断向桩侧周围土体扩散,随着荷载增加,桩端土层也受到压力,反过来周围土体对桩侧及桩端产生向上的反作用力,分别称为桩侧阻力和桩端阻力(图 6.1(b)),其传力途径如图 6.2 所示。

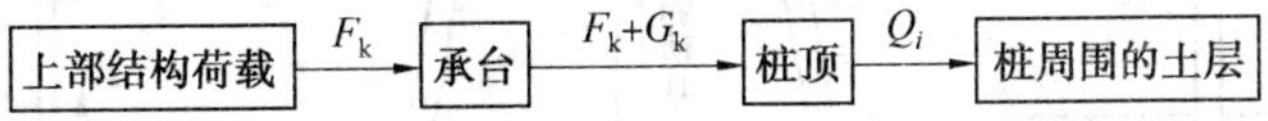

上部结构荷载 →F_k→ 承台 →F_k+G_k→ 桩顶 →Q_i→ 桩周围的土层

F_k——上部结构传来的竖向荷载的标准值;
G_k——承台及其上回填土的重量;
Q_i——作用在桩顶由上部结构、承台及回填土传来的竖向荷载。

图 6.2　传力途径

6.1.1.2 特点、适用条件

由于桩基础成本较高,选择桩基础应从桩基础特点并符合结构是安全的、技术上是可行的、经济上是合理的要求综合考虑,其特点及适用条件见表6.1。

表6.1 桩基础特点及适用条件

特 点	适 用 条 件
1.自身特点: 承载力高、沉降稳定性好、沉降及不均匀沉降小、抗震性能好;但施工难度大、技术含量高、成本高。 2.与浅基础比较 ①施工上:采用特殊施工机具及手段将基础结构置入深部土层中; ②传力上:长径比 l/d 较大,因此基础侧面阻力不能忽略,有时还是起决定作用,如摩擦型桩; ③破坏形式:浅基础有整体剪切、局部剪切、冲剪破坏,而桩基础一般是冲剪破坏。	①竖向荷载较大且有偏心,较大水平荷载、动力荷载及周期性荷载作用(对地基稳定性要求高及抗震性能有要求); ②高层建筑物荷载较大,特别是浅基础地基变形不满足要求时,采用桩基控制沉降; ③上部结构对地基不均匀沉降相当敏感,或建筑物受到相邻荷载影响或大面积的地面堆载; ④地基软弱,浅基础地基变形不满足要求时,采用桩基控制沉降;地基土质不均匀,浅基础地基变形不能满足沉降量及不均匀沉降要求; ⑤地下水位很高,基坑排水困难;或位于水中构筑物的基础,如桥梁、码头、钻采平台; ⑥需要长期保存,具有重要历史意义的建筑物。

6.1.1.3 桩基础的类型

桩基可按不同的标准进行分类,其目的是为了掌握其不同的特征以便根据现场的具体条件,合理选择桩型。其分类如下:

1.按桩的使用功能分类

桩基础使用功能分类见表6.2。

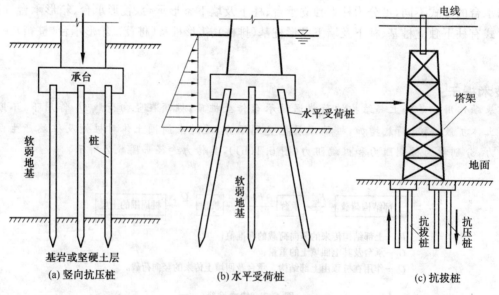

图6.3 桩基础使用功能分类

表 6.2 桩按使用功能分类

受力类型	竖向抗压桩	水平受荷桩	竖向抗拔桩	复合受荷桩
受力特征	承受竖向压力荷载为主	承受水平荷载为主	承受上拔力荷载为主	承受水平力及竖向力共同作用

应用：
1. 竖向抗压桩——当无水平力及地震作用时，工程中常见的桩以受压为主，例如图 6.3(a)所示。
2. 水平受荷桩——如挡土构筑物要承受较大土压力、水工结构物经常承受水压力，例如图 6.3(b)所示。
3. 竖向抗拔桩——如高压电线的塔架的桩以及静力载荷试验的锚桩要承受上拔力，例如图 6.3(c)所示。
4. 复合受荷桩——一般情况桩以受压为主，但当临时风载、吊车制动作用及地震作用时，桩不仅要压，还要受水平力。

对于竖向抗压桩其桩顶荷载由桩侧阻力和桩端阻力共同承受，但两者分担比例与土的性质、桩的长径比、上部结构类型有关，按桩顶荷载的传力途径分为：摩擦型桩和端承型桩两大类和四个亚类（图 6.4），其受力特征及适用条件见表 6.3。

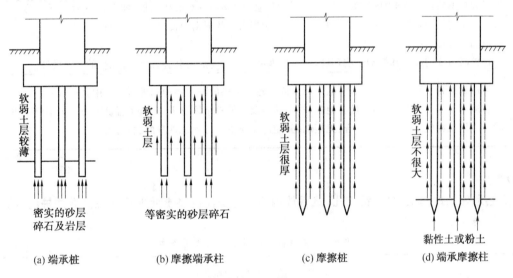

(a) 端承桩　　(b) 摩擦端承桩　　(c) 摩擦桩　　(d) 端承摩擦桩

图 6.4 竖向抗压桩类型

表 6.3 竖向抗压桩的受力特征及适用条件

类型	端承型桩		摩擦型桩	
	端承桩	摩擦端承桩	摩擦桩	端承摩擦桩
受力特征	桩顶荷载全部由桩端阻力承受，传到桩侧阻力很小忽略不计。	桩顶荷载大多数由桩端阻力承受，但桩侧阻力不能忽略。	桩顶荷载全部由桩侧阻力承受，传到桩端阻力很小，忽略不计。	桩顶荷载主要由桩侧阻力承受，但桩端阻力不能忽略，该类桩工程中所占比例较大
适用条件	软土层较薄或桩长径比 l/d 较小，桩端很快进入密实砂层和碎石土，或中、微风化的岩层	桩的长径比 l/d 较小，桩端进入中密以上砂土、碎石土层中	软土层较厚或桩的长径比 l/d 较大，无坚硬土层作为持力层	桩的长径比 l/d 不是很大，桩端持力层为较坚硬的黏性土、粉土和砂性土

注：嵌岩桩——桩端嵌入岩层深度不小于 0.5 m 时，一般按端承桩设计。

2.按施工方法分类

按施工方法不同桩可分为预制桩和灌注桩两大类。其施工工艺在建筑施工技术中已有详述，这里只做简单概括。

（1）预制桩

预制桩是指预先工厂或工地制成的桩，然后以不同的沉桩方式将桩沉入地基内达到所需要的深度。预制桩的成桩方法及适用条件见表6.4。

表6.4 预制桩的成桩方法及适用条件

沉桩方式	施工工艺及使用条件
打入桩	①利用冲击式桩锤的冲击能量将预制桩沉入土中，该方法是钢筋混凝土预制桩最常用的沉桩方法，所沉的桩也称冲击桩； ②适用于桩径较小，地基土为可塑状黏土、砂土、粉土地基； ③对于含有大量漂卵石地基，施工较困难； ④打入桩伴有较大的振动和噪音，在城市建筑密集区施工，应考虑对环境的影响。
振冲桩	①将大功率的振动锤（由内装偏心块旋转时产生垂直振动力）安装在桩顶，随着桩身的上下振动，一方面带动桩周土的振动，减少土对桩的阻力，另一方面利用向下的振动力使桩沉入土中； ②适用于可塑状的黏性土和砂土； ③打桩时造成的噪音和振动影响环境，在人口稠密的地区易成为公害，已引起社会的普遍关注。
静压桩	①借助桩架自重及桩架上的压重，通过液压或滑轮组提供的静力将预制桩压入土中； ②它适用于可塑、软塑态的黏性土地基，对于砂土及其他较坚硬的土层，由于压桩阻力过大不宜采用； ③静力压桩在施工过程中无噪音、无振动，并能避免锤击时桩顶及桩身的破坏。

（2）灌注桩

灌注桩是现场地基土中挖、钻成孔，然后放钢筋笼并浇注混凝土而形成的桩。灌注桩的成孔方式及适用条件见表6.5。

表6.5 灌注桩的成桩方法及适用条件

成孔方法	施工工艺、适用条件
干作业法钻（挖）成孔	干作业法成孔灌注桩是先用螺旋钻机（或机动洛阳铲）在桩位上成孔，然后将钢筋笼放入钻孔内，再浇筑混凝土而形成的桩体。适用于软土地区地下水位以上黏性土、粉土、砂土及人工填土地基。 其成孔方法主要有： ①螺旋钻成孔：是旋转钻杆带动钻头上的螺旋叶片旋转切土，削下的土沿着螺旋叶片上升而带出孔外，其施工设备简单、操作方便。 ②机动洛阳铲挖孔灌注桩：场地要求低，施工工艺简单，适用于地下水位以上的一般黏性土、黄土及无片石的杂填土。
泥浆护壁成孔法	泥浆护壁成孔法是在成孔过程中，为防止土壁坍塌，在孔内注入膨润土泥浆或利用钻削下来的黏性土与地下水混合自制泥浆保护孔壁，边钻边排出泥浆；当钻孔达到一定深度后，清除孔底沉渣，然后将钢筋笼放入钻孔内，再浇注混凝土而形成的桩体。 其成孔机械很多，有冲抓和冲击钻机、回转钻机和潜水钻机。这种方法对于不同的土层更换不同的钻头形式和钻机功率，就能适应不同的土层，使用地区较广。

续表 6.5

成孔方法	施工工艺、适用条件
沉管成孔（挤土成孔）	沉管灌注桩是将带有桩靴的钢管，用锤击、振动等方法将其沉入土中，然后在钢管中放入钢筋笼，灌注混凝土，形成桩体。桩靴有预制钢筋混凝土和活瓣式两种，前者是一次性的桩靴，后者沉管时桩尖闭合，拔管时张开，适用于可塑、软塑、流塑的黏性土及稍密松散的砂土。 采用了套管，可以避免钻孔灌注桩的坍孔及泥浆护壁等弊端，但桩体直径较小。在黏性土中，由于沉管的排土挤压作用对邻桩有挤压影响，挤压产生的孔隙水压力易使拔管时出现混凝土桩缩颈现象。
爆扩成孔	施工时一般采用简易的麻花钻（手工或机动），在桩位上钻出细而长的小孔，然后在孔内安放适量炸药，利用爆炸力量挤土成孔。成孔后，再在孔内用炸药爆炸扩大孔底，浇注混凝土而形成的桩又称爆扩桩。 ①适用于持力层较浅，黏性土地基； ②扩大了桩底与地基土的接触面积，提高了桩的承载力。

预制桩与灌注桩特点比较见表 6.6。

表 6.6 预制桩与灌注桩特点比较

类型	一般规格	特点
预制桩	①普通预制钢筋混凝土桩截面边长一般为 250～500 mm，由于限于运输及起吊能力长度一般不超过 13.5 m，桩长度不够时要接桩； ②预应力管桩刚度、稳定性、耐久性要高于普通桩，直径有 400 mm、500 mm 两种，每节长度有 8 m 或 10 m，桩长度不够时要接桩。	优点： ①可大量工厂化生产、施工速度快； ②不存在泥浆排放，特别适用于大面积施工； ③桩身质量易于保证和控制，不受地下水位影响； ④桩身密度大，抗腐蚀性强。 缺点： ①单价较灌注桩高，用钢量大； ②除静压桩外，在沉桩过程中，噪音大，存在挤土效应； ③限于运输及起吊能力，桩长度不够时，接桩时间长，费钢； ④不易穿越较硬土层。
灌注桩	①沉管灌注桩直径一般在 300～500 mm，桩长一般不超过 25 m； ②大直径的灌注桩迅速发展，直径可达 3 m，实现不要承台，如一柱一桩桩长度也越来越长，有的桩长度可达 100 m。	优点： ①适用于各种地层，桩长、桩径可灵活调整； ②含钢量较低，比预制桩经济。 缺点： ①桩身质量不易保证和控制，容易形成颈缩、沉渣，出现蜂窝或加泥现象； ②受地下水位影响； ③泥浆护壁灌注桩存在泥浆排放污染。

另外桩身的组成除了上述以混凝土为主制成的桩外，还有木桩、钢桩。木桩是古老的基础形式，目前已淘汰。钢桩常见的截面形式有钢管桩和 H 形钢桩。钢桩的优点是承载力高，冲击韧性好，沉桩及接桩方便，施工质量稳定，但具有耗钢量大、成本高、易锈蚀等缺点，适用于大型、重型及码头等基础工程中。混凝土及钢筋混凝土桩由于承载力大，造价相对较低，是目前广泛使用的桩基材料。本模块分析混凝土柱基的工作原理及构造要求。

 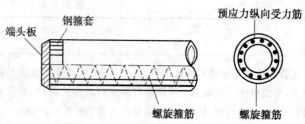

图 6.5 预应力钢筋混凝土管桩

3. 桩基的其他分类方法

桩基的其他分类方法见表 6.7。

表 6.7 桩基的其他分类方法及特点

分类方法		特 点
按挤土效应分类	挤土桩	①对土体影响:成桩过程造成土体大量排挤开,使周围土体受到扰动,如:土体侧移、地面的隆起,同时使土的工程性质发生改变; ②对桩影响:灌注桩可能造成断桩、缩颈;预制桩可能造成侧移、上抬、倾斜及断桩; ③挤土效应的桩型有:实心桩和闭口的预制混凝土桩、闭口钢管桩、沉管混凝土灌注桩。
	部分挤土桩	①成桩过程引起部分挤土效应,使周围土体受到一定程度的冲击; ②部分挤土效应的桩型有:H形钢桩、开口钢管桩和开口预应力混凝土管桩、冲孔灌注桩等。
	非挤土桩	①采用钻孔、挖孔将与桩体相同体积的土体排出,对周围土体基本没有扰动而形成的桩; ②非挤土桩型有:干作业法钻或挖孔灌注桩、泥浆护壁钻或挖孔灌注桩以及先钻孔再打入的预制桩等。
按桩径大小分类	小直径桩	①桩径 $d \leqslant 250$ mm,其长径比 l/d 较大的桩,又称树根桩; ②施工空间小、对原有建筑物影响小,施工方便,可在任何土层中成桩,并能穿过原有基础等,起到地基托换作用; ③支护结构、基础加固(静压锚杆托换桩)和复合基础、多层住宅地基等工程应用。
	中直径桩	桩径 $d = 250 \sim 800$ mm,工程中大量应用,成桩方法和工艺很多。
	大直径桩	$d = 250 \sim 800$ mm,在设计中应考虑挤土效应与尺寸效应,此类桩大多数为端承桩。
按承台与地面相对位置分类	低承台桩	①承台底面位于地面(冲刷线)以下的桩称为低承台桩(图 6.3(a)); ②低承台桩的承载力、稳定性等方面均较好,因此在建筑工程中广泛应用,本模块仅讨论低承台桩。
	高承台桩	①承台底面位于地面(冲刷线)以上的桩称为高承台桩(图 6.3(b)); ②高承台桩由于承台位置较高,可避免或减少水下施工,施工方便。由于承台及桩身露出地面,在水平力作用下,上部桩身的侧移较大,稳定性较差; ③近年来由于大直径钻孔灌注桩的采用,桩的刚度、强度都很大,因而高承台桩在桥梁基础工程中得到广泛应用。另外在海岸工程、海洋平台工程中都采用高承台桩,若采用钢桩,但要做好防腐处理。

技术提示：

以上从不同方面分析了桩的类型。对于混凝土桩灌注桩及预制桩由于成孔方式、对桩侧挤土效应不同，为了保证施工质量及安全、桩基的承载力满足要求，桩的中心距离不能太小，应满足表6.8要求，当施工采用挤土效应可靠措施时，可根据当地经验适当减小。

表6.8 基桩的最小中心距离

土类及成桩工艺		排数不少于3排且9根摩擦型桩基	其他情况
非挤土灌注桩		3.0d	3.0d
部分挤土桩		3.5d	3.0d
挤土桩	穿越非饱和土	4.0d	3.5d
	穿越饱和黏性土	4.5d	4.0d
其他成桩形式		详见《桩基规范》	

6.1.2 单桩竖向承载力

单桩承载力包括竖向承载力、抗拔承载力、水平承载力，本节仅讨论单桩竖向承载力。

6.1.2.1 引言

1. 单桩竖向承载力代表值

单桩竖向承载力代表值主要有单桩竖向极限承载力标准值 Q_{uk}、单桩竖向承载力特征值 R_a。

(1)《桩基规范》指出：单桩竖向极限承载力标准值 Q_{uk} 是指单桩在竖向荷载作用下达到破坏状态前或出现不适于继续承载的变形时所对应的最大荷载。

(2) 单桩竖向承载力特征值 R_a 是指单桩进行正常使用极限状态设计时所采用的单桩承载力。《桩基规范》规定：单桩竖向承载力特征值为

$$R_a = Q_{uk}/2$$

《地基规范》规定：按单桩承载力确定桩数时，传至基础或承台底面上的作用效应应按正常使用极限状态下作用的标准组合，相应的抗力取单桩竖向承载力特征值 R_a。

2. 确定单桩竖向极限承载力标准值 Q_{uk} 的方法

主要有静载荷试验、静力触探法、动力触探法、旁压试验法、经验参数法等。实践表明：单桩竖向承载力极限值的确定，就其可靠性而言，仍以传统的静载荷试验最高。

3. 有关规定

(1) 建筑桩基设计等级

根据建筑规模、功能特征、对差异变形的适应性、场地地基条件和建筑物体形的复杂性以及由于桩基问题造成建筑破坏或影响正常使用的程度，应将桩基设计等级分为三级（表6.9）。

表 6.9　建筑桩基设计等级

设计等级	建筑类型
甲级	① 重要的建筑； ② 30 层以上或高度超过 100 m 的高层建筑； ③ 体型复杂且层数相差超过 10 层的高低层(含纯地下室)连体建筑； ④ 20 层以上框架－核心筒结构及其他对差异沉降有特殊要求的建筑； ⑤ 场地和地基条件复杂的 7 层以上的一般建筑及坡地、岸边建筑； ⑥ 对相邻既有工程影响较大的建筑。
乙级	除甲级、丙级以外的建筑。
丙级	场地和地基条件简单、荷载分布均匀的 7 层及 7 层以下的一般建筑。

(2)《桩基规范》确定单桩承载力应符合下列规定：

① 设计等级为甲级的建筑桩基，应通过单桩静载荷试验确定；

② 设计等级为乙级的建筑桩基，地质条件简单时，可参照地质条件相同的试桩资料，结合静力触探等原位测试和经验参数确定；其余应通过单桩静载荷试验确定；

③ 设计等级为丙级的建筑桩基，可根据原位测试和经验参数确定。

4. 单桩极限承载力的构成

前面在荷载传力途径中已经知道，桩顶荷载 Q 由桩侧总阻力 Q_s 和总桩端阻力 Q_p 构成：

$$Q = Q_s + Q_p \qquad (6.1)$$

桩顶荷载 Q 增加至极限平衡状态(图 6.6)时，单桩竖向承载力及桩侧摩阻力、桩端阻力均达到极限值，单桩达到极限承载力应符合下式：

$$Q = Q_u = Q_{su} + Q_{pu} \qquad (6.2)$$

式中　Q_u、Q_{su}、Q_{pu}——分别表示单桩竖向极限承载力、桩侧总阻力极限值、桩端总阻力极限值。

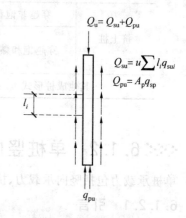

图 6.6　桩的承载力组成

q_{sui}——第 i 土层单位面积上桩侧阻力极限值(kPa)；l_i——第 i 土层厚度(m)；q_{pu}——单位面积上的桩端阻力极限值(kPa)；u——桩的周长(m)；A_p——桩端面积

研究表明：桩侧阻力与桩端阻力不是同时发挥作用，因为随着荷载的增加 → 桩身上部受到压缩相对土体向下移动 → 桩侧表面受到土向上的摩擦阻力 → 继续加荷 → 桩的压缩量和位移量不断增加 → 桩身上部桩侧阻力也逐渐调动并发挥 → 再加荷桩身荷载传至桩底 → 桩底土层受到压缩而产生桩端阻力。

技术提示：

桩工作时总是桩侧阻力先发挥作用，然后桩端阻力才逐渐发挥作用；桩侧阻力到达极限承载力后，继续加荷直到桩端阻力达到极限值，桩基即将破坏，桩表现出剧烈的、不停的下沉。

6.1.2.2 静力载荷试验确定单桩极限承载力标准值

1. 试验目的

在施工现场将"试验桩"与设计所采用"工程桩"(其规格、施工方法、工作条件完全相同的桩)沉入土中,间歇一定的时间后,通过液压千斤顶在桩顶施加静力荷载,在每级荷载 Q 作用下,测得桩体稳定后的沉降量 S,直至加载破坏;然后通过记录的 $Q-S$ 的数据而并绘出 $Q-S$ 曲线及其他辅助分析曲线,最后确定单桩极限承载力 Q_u。

2. 试验装置

试验装置包括加载系统和沉降观测系统。加载系统是由油压千斤顶对桩顶施加压力,压力的测量可用安置在千斤顶上的荷载传感器直接量测或采用并联千斤顶油路的压力表。沉降观测系统由基准梁、基准桩、(位移计)百分表、固定位移计的夹具等。沉降测定平面应安装在距桩顶 200 mm 以下位置,且距离桩顶不应小于 0.5 倍桩径位置,其测点要牢固于桩身。

(1)锚桩反力装置主要由锚桩、次梁、主梁和液压千斤顶等组成,如图 6.7 所示。用千斤顶逐级给桩顶施加荷载 Q_i,油压表或压力传感器量测荷载的大小;用百分表或位移计量测试桩的下沉量。

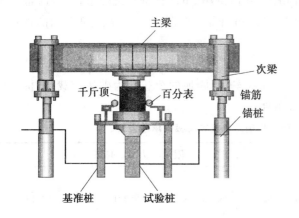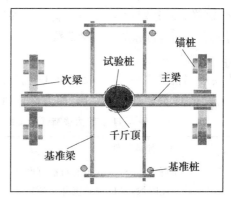

图 6.7 锚桩反力装置

其千斤顶反力传力途径: Q_i → 主梁 → 次梁 → 锚桩,在整个反力传力过程中,荷载作用方向始终向上,最终锚桩受到向上的上拔力,所以应对锚桩的抗拔力进行验算,采用工程桩做锚桩时,桩数不少于4根。锚桩、试验桩及基准桩之间的中心间距应不小于《建筑基桩检测技术规范》(JGJ 106—2003) 规定的最小间距要求。

(2)压重平台反力装置就是在枕木垛支承的荷载平台上堆放重物,下面通过一根大梁由千斤顶对试桩加荷(图 6.8)。该法很笨重,现已很少采用。

图 6.8 压重平台反力装置

3. 试验要点

(1)休止时间

《建筑桩基检测技术规范》(JGJ 106—2003) 规定:用静载法试验确定单桩承载力,从成桩到开始试验的休止时间(表 6.10),此外,试桩的桩顶应完好无损,桩顶露出地面的长度应满足试桩仪器设备安装的需要,一般不小于 600 mm。

表 6.10 从成桩到开始试验的休止时间

土的类别		休止时间
砂土		7 d
粉土		10 d
黏性土	非饱和土	15 d
	饱和土	25 d

注:对于泥浆护壁灌注桩宜适当增加休止时间。

(2)加载与沉降的量测

①加载应均匀、无冲击,采用逐级等量加载。分级荷载宜为最大加载量或预估极限承载力的 1/8~1/10,不应少于 8 级,其中第 1 级可取分级荷载的 2 倍,桩底支承在坚硬岩(土)层上,桩的沉降量很小时,最大加载量不应小于设计荷载的 2 倍。

②每级荷载施加后按第 5 min、15 min、30 min、45 min、60 min 测读桩顶沉降量,以后每隔 30 min 测读一次,沉降相对稳定标准(从分级荷载施加后第 30 min 开始,并连续出现 2 次每 1 h 内的桩顶沉降量不超过 0.1 mm),再施加下一级荷载。

(3)终止加载条件

当出现下列情况之一时,一般认为试验桩已达破坏状态,所施加的荷载即为破坏荷载,试桩即可终止加载,见表 6.11 分栏部分的左侧,即为终止加载条件。

表 6.11 静力载荷试验及由试验成果确定单桩竖向极限承载力 Q_{tu}

	终止加载条件		单桩竖向极限承载力 Q_{tu} 的综合确定
情况 1	当荷载—沉降($Q-S$)曲线上有可能判断极限荷载的陡降段,且桩顶总沉降量超过 40 mm。	情况 1	$Q-S$ 曲线陡降段明显时,取陡降段起点的荷载值。
情况 2	$\Delta S_{n+1}/\Delta S_n \geq 2$,且在 24 h 之内尚未稳定达到标准。	情况 2	当出现上述 $\Delta S_{n+1}/\Delta S_n \geq 2$,且在 24 h 之内尚未稳定达到标准,其前一级荷载,即 n 级荷载。
情况 3	25 m 以上的非嵌岩桩,荷载—沉降($Q-S$)曲线呈缓变型时,桩顶总沉降量大于 60~80 mm。	情况 3	荷载—沉降($Q-S$)曲线呈缓变型,取桩顶总沉降量 $S=40$ mm 所对应的荷载值,当桩长大于 40 m 时,宜考虑桩身弹性压缩量;对直径大于或等于 800 mm 的桩,可取 $S=0.05D$(D 为桩端直径)对应的荷载值。
其他情况	特殊情况下,可根据具体要求加载至桩顶总沉降量大于 100 mm。	情况 4	沉降随时间变化特征确定,取沉降—时间对数($S-\lg t$)曲线尾部出现明显向下弯曲的前一级荷载值。
		情况 5	按上述四种情况判定桩的竖向极限承载力均未到达极限值,取最大试验荷载值。

(4)卸载要求

逐级等量卸载,每级卸载量取加载时分级荷载的 2 倍,每级荷载维持 1 h,第 15 min、30 min、60 min 测读桩顶沉降量后,即可卸下一级荷载。卸载至零后,应测读桩顶残余沉降量,维持时间为 3 h,测读时间为第 15 min、30 min,以后每隔 30 min 测读一次。

4.单桩极限承载力的确定

(1)试验成果

绘制竖向荷载－沉降($Q-S$)、沉降－时间($S-t$)等曲线,如图6.9所示,需要时也可绘制其他辅助分析所需曲线。其具体方法详见有关参考书籍,在此略。

(2)单桩竖向极限承载力Q_{iu}(第i号桩)方法综合确定(见表6.11左侧分栏部分)。

(3)单桩竖向极限承载力标准值Q_{uk}确定

单桩竖向抗压极限承载力标准值应按统计值的确定并应符合下列规定:

① 参加统计的试桩结果,当满足其极差不超过平均值的30%时,取其平均值为单桩竖向抗压极限承载力。

② 当极差超过平均值的30%时,应分析极差过大的原因,结合工程具体情况综合确定,必要时可增加试桩数量。

③ 对桩数为3根或3根以下的柱下承台,或工程桩抽检数量少于3根时,应取低值。

《地基规范》规定:单桩竖向承载力特征值应通过单桩竖向静载荷试验确定。在同一条件下的试桩数量,不宜少于总桩数的1%且不应少于3根。单桩竖向承载力特征值为单桩极限承载力的标准值Q_{uk}除以安全系数2,其应用见例6.1分析。

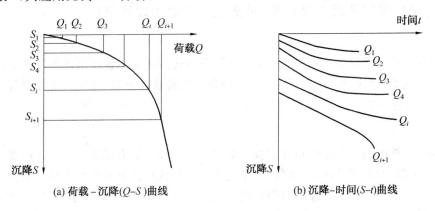

图6.9 试桩曲线图

6.1.2.3 静力触探法确定单桩极限承载力标准值

1.试验目的

静力触探法是桩打入土中过程相似,还可看成是小尺寸打入桩模的试验。静力触探是将圆锥形的金属探头,以静力方式按一定的速率均匀压入土中,借助探头的传感器,可测出探头侧壁上土的阻力f_s及端部阻力q_c,探头由浅入深测出各种土层相应的参数后,即可算出单桩承载力。

2.单桩竖向极限承载力标准值Q_{uk}

根据探头构造的不同,有单桥探头及双桥探头两种。双桥探头可直接测出侧阻力f_s及端阻力q_c。如双桥探头:

$$Q_{uk}=u\sum l_i \cdot \beta_i f_{si}+\alpha \cdot q_c \cdot A_p \tag{6.3}$$

式中 α、β_i——分别表示端部修正系数(黏性土取2/3,饱和砂土取1/2)、第i层土桩侧阻力综合修正系数(黏性土、砂土取$\beta_i=10.04f_{si}^{-0.55}$,砂土取$\beta_i=5.05f_{si}^{-043}$);

f_{si}——第i层土探头的平均阻力,其余符号同前。

单桥探头略,详见《桩基》规范。

6.1.2.4 经验参数法确定单桩极限承载力标准值

根据《桩基规范》,可按土的物理指标与承载力参数之间的经验关系确定单桩竖向承载力标准值 Q_{uk}:

$$Q_{uk} = Q_{sk} + Q_{pk} = u \sum l_i \cdot q_{sik} + q_{pk} \cdot A_p \tag{6.4}$$

式中 q_{sik}、q_{pk}——分别表示桩侧第 i 层土的极限侧阻力标准值、桩端极限阻力标准值(kPa),可采用当地经验值或参照《桩基规范》;

Q_{sk}、Q_{pk}——分别表示桩侧极限总阻力标准值、桩端极限总阻力标准值(kN)。

在式(6.3)静力触探和公式(6.4)经验参数法表达式中,将其除以安全系数2,就得到单桩竖向承载力特征值:

$$R_a = q_{pa} A_p + u_p \sum q_{sia} l_i \tag{6.5}$$

式中 A_p、u_p——分别表示桩底端横截面面积(m^2)、桩身周边长度(m);

q_{pa}、q_{sia}——分别表示桩端阻力特征值、桩侧阻力特征值(kPa),由当地静载荷试验结果统计分析算得;

l_i——第 i 层岩土的厚度(m)。

6.1.2.5 单桩竖向承载力设计值(桩身受压承载力设计值)

1.定义

单桩竖向承载力设计值是指单桩在竖向荷载作用下到达破坏状态前或出现不适于继续承载的变形时所对应的最大荷载 Q_{uk} 除以抗力分项系数,对应的荷载取荷载效应基本组合(要考虑荷载分项系数),属于承载力极限状态范畴。

2.公式

前面我们从土与桩的相互作用的角度分析了单桩竖向极限承载力标准值确定及单桩竖向承载力特征值的取值,但对于端承桩、超长桩(压弯效应、稳定承载力降低),其单桩承载力也可能由桩身强度控制其作用。单桩竖向承载力设计值是按桩身强度设计值计算所得单桩的承载力,实际上就是单桩受压承载力。桩身材料计算确定单桩竖向承载力设计值可视为插在土中的混凝土及钢筋混凝土轴心受压构件。

(1)《地基规范》规定:桩身混凝土强度应满足桩的承载力设计要求,计算中应按桩的类型和成桩工艺的不同将混凝土的轴心抗压强度设计值乘以工作条件系数 φ_c,轴心受压时桩身强度(表6.12)应符合式(6.6)条件。

(2)《桩基规范》规定:轴心受压桩正截面承载力计算(表6.12)应符合式(6.7)及式(6.8)规定。

表6.12 《地基规范》及《桩基规范》桩身正截面承载力计算公式及比较

类别	《地基规范》	《桩基规范》	
条件	轴心受压时桩身强度应符合下列条件	轴心受压桩正截面承载力计算符合条件	
公式	$N \leqslant A_{ps} f_c \varphi_c$ (6.6)	混凝土桩	$N \leqslant \varphi_c f_c A_{ps}$ (6.7)
		钢筋混凝土桩	$N \leqslant \varphi_c f_c A_{ps} + 0.9 f'_y A'_s$ (6.8)

续表 6.12

类别	《地基规范》	《桩基规范》
条件	轴心受压时桩身强度应符合下列条件	轴心受压桩正截面承载力计算符合条件
符号说明	φ_c——工作条件系数： ① 非预应力预制桩取 0.75； ② 预应力桩取 0.55～0.65； ③ 灌注桩取 0.6～0.8（水下灌注桩、长桩或混凝土强度等级高于 C35 时用低值）。	φ_c——基桩成桩施工工艺系数： ① 混凝土预制桩、预应力空心桩：$\varphi_c = 0.85$； ② 干作业非挤土灌注桩：$\varphi_c = 0.9$； ③ 泥浆护壁和套筒护壁的非挤土灌注桩、部分挤土桩灌注桩、挤土灌注桩：$\varphi_c = 0.7～0.8$； ④ 软土地区挤土灌注桩 $\varphi_c = 0.6$。
	f_c——混凝土轴心抗压强度设计值(kPa)，按《混凝土结构设计规范》(GB 50010) 取值； N——相应于作用基本效应组合时的桩顶竖向力设计值(kN)，以恒载效应控制为主时，简化为 $N = 1.35 Q_k$； Q_k——相应于作用标准效应组合时的桩顶竖向力标准值(kN)； A_{ps}——桩身横截面积(m^2)； A_s'、f_y'——分别表示纵向受压钢筋的面积及纵向受压钢筋的抗压设计强度。	

【例 6.1】 某桩及设计等级为甲级的建筑桩基，单桩承载力通过静力载荷试验，已测得三根试桩的单桩竖向极限承载力 $Q_{1u} = 830$ kN、$Q_{2u} = 865$ kN、$Q_{3u} = 880$ kN。试计算单桩竖向极限承载力特征值 R_a。

解 (1) 计算单桩极限承载力平均值

$$\overline{Q}_u = \frac{\sum Q_{iu}}{n} = \frac{830 + 865 + 880}{3} \text{kN} = 858.3 \text{ kN}$$

(2) 计算单桩极限承载力极差与单桩极限承载力平均值之比

$$(Q_{u\max} - Q_{u\min})/\overline{Q}_u = (880 - 830)/858.3 = 5.2\% < 30\%$$

(3) 单桩竖向极限承载力标准值 Q_{uk} 及特征值 R_a

符合《地基规范》规定要求，故 $Q_{uk} = \overline{Q}_u = 858.3$ kN，$R_a = Q_{uk}/2 = 858.3$ kN/2 = 429.3 kN。

【例 6.2】 已知地质条件及桩身入土深度如图 6.10 所示，桩径 $d = 400$ mm，其相应的桩侧阻力 q_{sia} 分别为 24 kPa、16 kPa 及 28 kPa，桩端阻力 $q_{pa} = 900$ kPa，用经验参数法确定单桩承载力特征值 R_a。

解 $R_a = q_{pa} A_p + u_p \sum q_{sia} l_i = [900 \times \frac{\pi d^2}{4} + \pi d(24 \times 2 + 16 \times 8.6 + 28 \times 3)] \text{kN} = 451.66 \text{ kN}$

【例 6.3】 某工程采用泥浆护壁灌注桩，桩径为 800 mm，混凝土 C30($f_c = 14.3$ N/mm^2)，分别用《地基规范》和《桩基规范》计算单桩承载力设计值。

解 (1)《地基规范》计算

由式(6.6)取工作条件系数 $\varphi_c = 0.65$，单桩承载力设计值：

$$A_{ps} f_c \varphi_c = \left(\frac{\pi d^2}{4} \times 14.3 \times 0.65\right) \text{N} = 4\,669.8 \text{ kN}$$

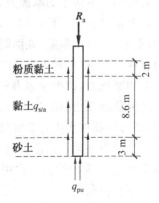

图 6.10 例 6.2 附图

(2)《桩基规范》计算

由式(6.7)取成桩施工工艺系数 $\varphi_c=0.75$,单桩承载力设计值:

$$\varphi_c f_c A_{ps} = \left(0.75 \times 14.3 \times \frac{\pi d^2}{4}\right)\text{N} = 5\,388.2\text{ kN}$$

上述计算中分别用《地基规范》及《桩基规范》计算单桩承载力设计值,其数值是有差距的,其中《桩基规范》规定更为具体,针对性更强。

☆ **知识扩展:**

1.影响单桩承载力的因素

影响桩承载力的因素很多,包括桩截面刚度(桩径、桩长)、桩身材料(强度及配筋数量)外,还有土对桩的支承作用,土对桩的支承作用主要表现在桩侧阻力及桩端阻力。

(1)桩侧阻力

桩侧单位面积上的阻力除与土的工程性质、桩身材料、桩径、桩长有关外,还与施工方法及挤土效应、时间有关。

① 施工方法:挤土桩,使桩四周土体排开、挤压,桩侧阻力增大;非挤土桩,如挖或钻孔灌注桩,桩身对桩周围土无挤土效应,因而桩侧阻力小。

② 打桩休止时间:在砂土地基打桩,越靠近桩周土层砂越密实,向外逐渐减少;打桩停止后,靠近桩表面的土层挤密效应由于应力调整会有部分消失,所以砂土层桩侧阻力是先增加,后部分降低。在黏性土打桩,将桩周的黏性结构被破坏,灵敏度越高,破坏越严重,还会导致土的孔隙水压力增加,抗剪强度降低,但打桩停止后,随着时间的延长,孔隙水压力消失,抗剪强度增加。所以桩的承载力大小与搁置时间有关,所以静力载荷试验,从成桩到试桩要有一定的休止时间的原因。

(2)桩端阻力

桩端阻力除了与桩端持力层性质有关外,还与桩端入土深度 l 有关,试验研究表明:对于均匀地基当深度桩端入土深度 $l \leqslant h_c$(临界深度)时桩端阻力呈线性分布;当 $l > h_c$ 时桩端阻力几乎不再增加。所以《建筑桩基技术规范》结合国内外大量试桩资料,按不同类型的桩分别给出了极限端阻力变化深度范围。

2.桩的负摩阻力

(1)负摩阻力的概念

一般情况下,桩相对于周围土体产生向下的位移,因而土对桩侧产生向上的摩擦力,是构成单桩承载力的一部分,称之为正摩擦力(图 6.11(a));但是当土层由于某种原因(自重固结、自重湿陷、地面附加荷载)相对于桩体产生向下的位移时,则桩相对于土体产生向上的位移,土体对桩产生向下的摩擦力,这种摩擦力相当于施加在桩上的下拉荷载,称之为负摩阻力(图 6.11(b)),负摩阻力降低了桩的承载力,并可导致桩发生过量沉降。

当桩身在某一深度处桩土位移相等时,该侧桩侧阻力等于0,该点为中性点。作用在中性点以上,负摩擦力之和称为下拉荷载。

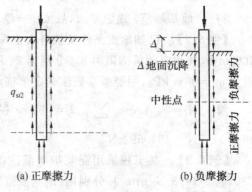

图 6.11 桩侧阻力示意图

(2)产生负摩阻力的原因

① 桩周土为新填土或新近沉积的欠固结土,而桩端支承于相对密实的土层时;

② 在桩侧土层的表面有大面积堆荷或填土引起的地面下沉;

③ 大面积的地下水位下降,原地下水以下土层的有效应力增大而引起的土层下沉;

④ 自重湿陷性黄土由于浸水引起的湿陷下沉;
⑤ 季节性冻土融化引起的下沉等;
⑥ 挤土桩桩施工时,使土体发生隆起,施工结束后,随着孔隙水压力的消散,隆起的土体逐渐固结下沉,而桩基持力层较硬,桩本身位移量较小,也会产生较大的负摩阻力。

6.1.3 基桩竖向承载力

群桩中的单桩称为基桩,基桩的竖向承载力不同于单桩竖向承载力,要受到相邻群桩及桩间土对承台的影响。在单桩竖向承载力特征值 R_a 取值后,还需要进一步确定基桩竖向承载力特征值。

6.1.3.1 基本术语

1. 承台效应

摩擦型桩在竖向力作用下,由于桩土相对位移,桩间土对承台产生一定的向上支承力,构成桩基竖向承载力的一部分,此种效应为承台效应。承台底地基土承载力特征值的发挥率为承台效应系数 η_c。对于摩擦型桩当上部结构整体性好、体型简单的建筑物及构筑物,确定基桩承载力时要考虑承台效应系数 η_c。考虑承台效应的基桩其承台效应系数按表 6.13 确定(仅作了解)。

表 6.13 承台效应系数 η_c

B_c/l (B_c:承台宽度;l:桩长)	s_a/d(s_a:桩距,d:桩径)				
	3	4	5	6	>6
≤0.4	0.06~0.08	0.14~0.17	0.22~0.26	0.32~0.38	0.50~0.80
0.4~0.8	0.08~0.10	0.17~0.20	0.26~0.30	0.38~0.44	
>0.8	0.10~0.12	0.20~0.22	0.30~0.34	0.44~0.50	
单排桩条形承台	0.15~0.18	0.25~0.30	0.38~0.45	0.50~0.60	

注:① 当基桩非正方形排列时,$s_a = \sqrt{A/n}$(n 为桩数;A 为承台计算域面积,柱下独立桩基取承台总面积;桩筏、桩箱基础 A 的取值见《建筑桩基技术规范》(JGJ 94—2008)第 5.2.5 条款及相应的条文说明,较复杂在此略)。
② 对于桩布置在墙下箱、筏承台,η_c 按条形单排桩承台取值。
③ 对于单排桩条形承台,当承台宽度小于 1.5d 时,η_c 按非条形承台取值。
④ 对于采用后注浆灌注桩(灌注桩成孔后一定时间,通过预设于桩身内的注浆导管及与之相连的桩端、桩侧注浆阀注入水泥浆,使桩端、桩侧土体包括沉渣和泥皮得到加固,从而提高单桩承载力,减小沉降)的承台,η_c 取低值。
⑤ 对于饱和黏性土中的挤土桩基,软土地基上的桩基承台,η_c 取低值的 0.8 倍。

《建筑桩基技术规范》第 5.2.5 款规定:
① 对于端承桩及桩数少于 4 根的摩擦型桩柱下独立桩基,不宜考虑承台效应,$\eta_c = 0$;
② 当承台底面为可液化土、湿陷性土、高灵敏度土、欠固结土、沉桩引起孔隙水压力和土体隆起,不考虑承台效应,$\eta_c = 0$。

2. 复合基桩

单桩及其对应面积的承台下地基土组成复合承载的基桩,即考虑承台效应的基桩;通过理论及实践研究表明,由于承台效应作用使基桩承载力要大于单桩承载力。

3. 复合桩基

基桩和承台下地基土共同承担荷载的桩基础,即考虑承台效应的桩基础。

6.1.3.2 基桩竖向承载力特征值 R

1. 不考虑地震作用时

$$R = R_a + \eta_c f_{ak} A_c \tag{6.9}$$
$$A_c = (A - n A_{ps})/n \tag{6.10}$$

式中 A_c——计算基桩所对应的承台底净截面面积;

A_{ps}——桩身面积;

f_{ak}——承台下 1/2 承台宽度且不超过 5 m 深度范围内各层土的承载力特征值按厚度 $\sum h_i$ 加权平均值, $f_{ak} = \sum f_{aki} h_i / \sum h_i$。

2. 考虑地震作用时

$$R = R_a + \frac{\zeta_a}{1.25} \eta_c f_{ak} A_c \tag{6.11}$$

式中 ζ_a——地基抗震承载力调整系数,由《建筑抗震设计规范》(GB 50011—2010)确定,见表 6.14,其余符号含义同上。

表 6.14 地基抗震承载力调整系数

岩土名称及性状	ζ_a
岩石、密实的碎石土、密实的砾砂、粗砂、中砂, $f_{ak} \geq 300$ kPa 的黏性土和粉土	1.5
中密、稍密的碎石土,中密、稍密的砾砂、粗砂、中砂,密实、中密的细砂、粉砂, 150 kPa $\leq f_{ak} <$ 300 kPa 黏性土和粉土,坚硬黄土	1.3
稍密的细砂、粉砂, 100 kPa $\leq f_{ak} <$ 150 kPa,可塑性黄土	1.1
淤泥、淤泥质土、松散的砂、杂填土、新近堆积的黄土及流塑黄土	1.0

通过上述分析基桩承载力大于单桩承载力,即 $R \geq R_a$,用单桩承载力确定桩数,还是偏于安全的。从《地基规范》中采用单桩承载力特征值确定桩数。

> **技术提示:**
>
> 《建筑结构设计抗震规范》(GB 50011—2010)第 4.4.1 款规定:承受竖向荷载为主的底承台桩基,地面下无液化层且桩承台周围无淤泥、淤泥质土和地基承载力特征值不小于 100 kPa 的填土, 7 度和 8 度的下列建筑不考虑抗震:
>
> ① 一般单层厂房和单层空旷房屋;
> ② 不超过 8 层且高度在 24 m 以下的一般民用框架和框架—抗震墙房屋;
> ③ 基础荷载与②项相当的多层框架厂房和多层混凝土抗震墙房屋。

6.2 桩基础设计

桩基础的设计主要包括两大部分:桩身的设计和承台的设计,下面通过一个实例说明桩基设计原理。

【例6.4】 某单层重型工业厂房,上部结构采用排架结构,柱下采用钢筋混凝土独立桩基;设防烈度8度;已知上部结构传来竖向荷载标准值 $F_k=2\,300$ kN,弯矩标准值 $M_k=400$ kN·m,水平力 $H_k=90$ kN(作用点位置在 ±0.00 处);设计值按永久荷载效应控制为主考虑。工程地质资料见表6.15。已知地下水位在 −3.000 m 处,经静载荷试验:单桩竖向极限承载力标准值为 $Q_{uk}=1\,300$ kN,水平荷载承载力特征值 $R_{ha}=50$ kN,设计该桩基础。

表6.15 建筑场地土的物理、力学性质指标

类别	土层名称	第一层 杂填土	第二层 粉土	第三层 淤泥质土	第四层 黏土
物理性质指标	深度	0~1	1~5	4.5~17.5	17.5~23.5
	厚度	1	4	13	6
	天然重度	16.2	18.8	16.9	18.4
	天然含水量	—	30	36	25.5
	天然孔隙比	—	0.6	1.1	0.7
	液限指数	—	0.6	1.2	0.36
力学性质指标	黏聚力	—	4	5	15
	摩擦角	—	15	8	16
	压缩模量	—	8.2	4.4	10.0
单桩承载力指标	桩侧阻力特征值 q_{sia}/kPa	—	36	12	42
	桩端阻力特征值 q_{pa}/kPa	—	—	—	920

6.2.1 桩身的设计

前面我们一直在讨论单桩的受力特点及单桩承载力的确定,在此通过实例说明其设计原理。

6.2.1.1 设计步骤

选择桩型 → 确定单桩承载力 → 计算桩数 → 布桩 → 确定承台平面尺寸 → 基桩承载力验算 → 绘制桩位平面布置图及单桩配筋图。

6.2.1.2 选择桩型、确定桩长

1.桩型、截面及材料选择

根据试桩及勘探报告初步选择直径500 mm钻孔灌注桩,用C30混凝土水下灌注桩,钢筋采用HRB400纵向受力筋。

2.桩长

初步选择第4层(黏土层)为持力层,假定桩端进入持力层1.5 m。初步选择承台底面埋深1.5 m,则最小桩长为(3.5+13+1.5)m=18 m,如图6.12所示。

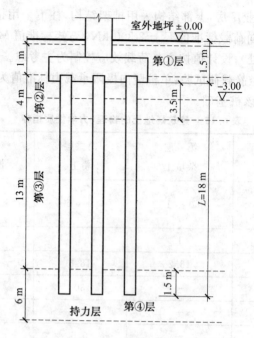

图 6.12 桩身埋深示意图

6.2.1.3 确定单桩竖向承载力特征值

1. 静力载荷试验

根据单桩竖向静载荷试验,单桩竖向承载力特征值为 $R_a = Q_{uk}/2 = 1\ 300\ \text{kN}/2 = 650\ \text{kN}$。

2. 按规范给出经验公式估算

$$R_a = q_{pa}A_p + u\sum q_{si}l_{si} =$$
$$[920 \times \pi 0.5^2/4 + 0.5\pi(36 \times 3.5 + 12 \times 13 + 42 \times 1.5)]\text{kN} = 722.2\ \text{kN}$$

故
$$R_a = \min(650, 722.2) = 650\ \text{kN}$$

6.2.1.4 计算桩的数量、布桩及确定承台底面积

1. 计算桩的数量

(1) 预备知识

1) 桩顶竖向荷载计算见表 6.16。

表 6.16 上部荷载标准值(F_k, M_k)、承台自重及其上回填土重量(G_k)传至桩顶竖向荷载 Q_{ik} 计算

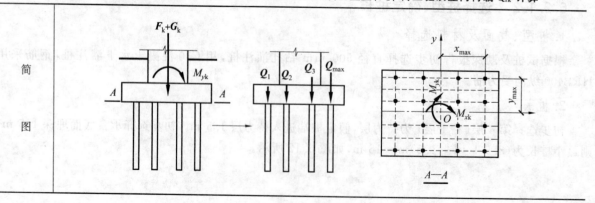

续表 6.16

类别	轴压桩基	偏压桩基
桩顶标准竖向荷载	$Q_k = \dfrac{F_k + G_k}{n}$ (6.12)	$Q_{ik} = \dfrac{F_k + G_k}{n} \pm \dfrac{M_{yk}x_i}{\sum x_i^2} \pm \dfrac{M_{xk}y_i}{\sum y_i^2}$ (6.13)

注：①O 点表示桩群形心轴位置，任意基桩中心到 O 点的坐标为 (x_i, y_i)；
②M_{yk}、M_{xk} 分别表示上部结构荷载绕桩群形心轴 x、y 的弯矩标准值。

2）单桩承载力验算
《地基规范》规定：单桩竖向承载力应满足下列条件：
① 轴心受压桩基础
$$Q_k \leqslant R_a \tag{6.14}$$
② 偏心受压桩基础
$$Q_k \leqslant R_a \text{ 且 } Q_{k\max} \leqslant 1.2R_a \tag{6.15}$$

《桩基规范》规定：基桩竖向承载力应满足的条件是将上述公式中的 R_a 用基桩承载力 R 代替即可，由此可以看出用《地基规范》验算可靠度要高些，但《桩基规范》针对性更强。设本题按《地基规范》验算单桩承载力。

(2) 初选桩数 n
由于承台底面尺寸还不能确定，那么用上述公式还不能确定桩数，只有先初选后验算单桩承载力。

$$n \geqslant (1.2 - 1.4)\dfrac{F_k}{R_a} = \dfrac{2\,300}{650} \times (1.2 \sim 1.4) = 4 \sim 5 \quad (\text{取 } 6 \text{ 个})$$

2. 布桩及确定承台底面积

其布置见图 6.13，则承台底面积为 $4\,500 \text{ mm} \times 3\,000 \text{ mm}$。

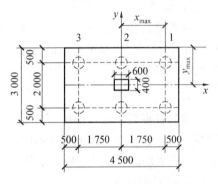

图 6.13 桩平面布置示意图

技术提示：
布桩尽量紧凑，使得承台面积最小，同时成桩过程中的单桩质量，避免挤土效应，为了保证桩距不能太小，本题是摩擦型桩（桩数 <9 根）非挤土桩，由表 6.6 查得最小桩距 $s = 3d$，《规范》规定，边桩中心到承台边距离不应小于桩径或边长，且桩的外边缘至承台边缘距离不应小于 150 mm。

6.2.1.5 基桩承载力验算（本题按地基规范验算基桩承载力）

1. 土对桩身承载力验算

(1) 计算作用在桩顶竖向荷载标准值

第 1、3 列：$Q_{k\min}^{k\max} = \dfrac{F_k + G_k}{n} \pm \dfrac{M_{yk}x_{\max}}{\sum x_i^2} = \dfrac{2\,300 + 405}{6} \pm \dfrac{535 \times 1.75}{4 \times 1.75^2} = 451 \pm 76.4 = \begin{cases} 527 \text{ kN} \\ 375 \text{ kN} \end{cases}$

第 2 列：$Q_{2k} = \dfrac{F_k + G_k}{n} = 451 \text{ kN} \quad (\sum x_i^2 = 0)$

其中：
$$G_k = \gamma_G dA = (20 \times 1.5 \times 4.5 \times 3) \text{kN} = 405 \text{ kN}$$
$$M_{yk} = M_k + 1.5 H_k = (400 + 90 \times 1.5) \text{kN} = 535 \text{ kN}$$

(2) 验算

$$Q_k = \frac{F_k + G_k}{n} = 451 \text{ kN} < R_a = 650 \text{ kN} \text{ 且 } Q_{k\max} = 527 \text{ kN} < 1.2 R_a = 1.2 \times 650 \text{ kN} = 780 \text{ kN}$$

桩顶水平承载力验算：$Q_{hk} = (90/6) \text{kN} = 15 \text{ kN} < R_{ha} = 50 \text{ kN}$，满足要求。

2. 桩身强度验算

$$N = 1.35 Q_{k\max} = 1.35 \times 527 \text{ kN} = 711.5 \text{ kN} < A_{ps} f_c \varphi_c = \frac{\pi d^2}{4} \times 14.3 \times 0.65 =$$
$$\left(\frac{3.14 \times 500^2}{4} \times 14.3 \times 0.65 \right) \text{N} = 1\ 824 \text{ kN}$$

桩身强度满足要求，桩身配筋按构造。

6.2.1.6 桩身（基桩）的构造要求

1. 桩深、桩径与桩距

桩端进入持力层深度$(1\sim 3)d$，预制桩边长不应小于 200 mm，预应力混凝土实心桩不宜小于 350 mm。长径比，摩擦型桩的长径比一般不作严格要求；对端承桩：穿越黏性土、砂土时，$l/d \leqslant 60$；穿越淤泥、湿陷性黄土 $l/d \leqslant 40$。

2. 材料

预制桩混凝土强度等级不宜低于 C30，预应力桩混凝土强度等级不宜低于 C40，主筋保护层不宜小于 30 mm；灌注桩混凝土强度不应低于 C25，当采用混凝土预制桩尖时，其桩尖混凝土强度等级不得小于 C30。主筋宜采用 HRB400、HRB500，也可采用 HRB335，箍筋宜采用 HRB400、HRB500、HPB300，也可采用 HRB335。

3. 主筋保护层厚度

灌注桩主筋保护层不应小于 35 mm，水下灌注桩主筋保护层厚度不小于 50 mm；预制桩主筋保护层厚度不宜小于 30 mm。

4. 配筋及其他构造

(1) 预制桩

桩身配筋应按吊运、起吊、打桩及使用过程受力特点等计算确定并符合下列构造要求：

①主筋直径不宜小于 14 mm，采用锤击沉桩及静压沉桩时，主筋最小配筋率分别不宜小于 0.8% 和 0.6%。

箍筋直径不小于 $6\sim 8$ mm，预制桩箍筋间距不应大于 200 mm，并在预制桩的桩顶（打入桩桩顶 $(4\sim 5)d$）和桩尖处箍筋适当加密，桩尖在沉入土中以及使用期间要克服土的阻力，故应把预制桩的桩尖所有的主筋焊在一根圆钢上，在密实砂及碎石类土中，可在桩尖处包以钢板桩靴，加强桩尖。

②预制桩的分节长度应根据施工条件和运输条件确定。接头不宜超过 3 个，预应力管桩接头数量不宜超过 4 个。

③桩身混凝土强度达到设计要求强度后方可起吊和搬运。桩长 20 m 以内，吊点一般采用 2 个，吊点位置应按吊点间跨中和吊点处支座负弯矩相等的原则布置。在打桩架龙门起吊时，只能采用一个吊点。

(2) 灌注桩

桩身配筋按轴心受压构件计算,并符合下列构造要求:

① 当桩身直径为 300～2 000 mm 时,可取 0.65%～0.2%,对于承受水平荷载桩,主筋不宜小于 8φ12;对于抗压桩和抗拔桩不小于 6φ10;主筋应沿桩身周边均匀布置,其净距不小于 60 mm。

箍筋应采用螺旋式,箍筋直径不小于 6 mm,间距 200～300 mm。受水平荷载较大的基桩、承受水平地震作用以及考虑主筋作用计算桩身受压承载力时,在桩顶 $5d$ 范围内箍筋要加密,间距不大于 100 mm。当钢筋笼长度大于 4 m 时,应每隔 2 m 设一道直径不小于 12 mm 的焊接加劲箍筋。

② 端承桩及承受负摩擦力及位于坡地、岸边的抗拔桩,应沿桩身通长布置,因地震作用、冻胀力或膨胀力作用而受上拔力作用桩,应按计算配置通长筋。

摩擦型桩配筋长度不应小于 2/3 桩长,当受水平荷载较大时,配筋长度尚不小于 $4.0/\alpha$(α 为桩的水平变形系数,见《桩基规范》);对于受地震作用的基桩,桩身配筋应穿过可液化土层及软弱土层,进入稳定土层深度不小于一定深度(见《桩基规范》3.4.6 条规定)。

根据上述构造要求上例主筋选用 6φ14(923 mm²)HRB400 钢筋,按配筋率计算所需主筋面积为

$$A_s' = A(0.65 \sim 0.2)\% = \frac{500^2 \times \pi}{4} \times (0.65 \sim 0.2)\% = 1\,276 \sim 392.5 \text{ mm}^2$$

箍筋选用 φ8@200 的 HPB300,根据抗震规范要求,本题可不考虑抗震。由于没有承受较大水平力,故纵筋配筋长度不小于 18 000 mm×2/3=12 000 mm,取 12 m。

6.2.2 承台设计

6.2.2.1 受力特点

在完成桩身设计及确定承台地面尺寸后,最后一道工序就是承台截面设计及承台施工图的设计,即确定承台板厚度及配筋计算。

> **技术提示:**
> 承台板在各桩顶净反力设计值作用下受力特点与柱下独立基础底板既有相似的一面:承台底板厚度要满足柱对承台的抗冲切验算要求及抗弯计算要求(进行配筋计算);又有其不同的一面:承台板在各桩顶净反力设计值作用下,承台底板厚度还要满足桩对承台的抗冲切验算及桩对承台抗剪计算。

桩顶净反力设计值计算如下:

第 1 及第 3 列:

$$N_{j\max} = 1.35(Q_{k\max} - G_k/6) = 1.35 \times (527 - 405/6) \text{kN} = 620.3 \text{ kN}$$
$$N_{j\min} = 1.35(Q_{k\min} - G_k/6) = 1.35 \times (375 - 405/6) \text{kN} = 415.3 \text{ kN}$$

第 2 列:
$$N_{j2} = 1.35(Q_{2k} - G_k/6) = 1.35 \times (451 - 405/6) \text{kN} = 518 \text{ kN}$$

6.2.2.2 设计原理

1. 承台厚度的确定

承台的厚度一般试选厚度并首先满足抗冲切及抗剪计算要求,设承台的厚度 $h=700$ mm,按构造要求桩顶嵌入承台深度不小于 50 mm,钢筋保护层厚度不小于 50 mm,设底板受力直径 20 mm,则 $h_0 = h - (50+50+10)$ mm $= (700-110)$ mm $= 590$ mm。

(1) 柱对承台的抗冲切计算

1) 冲切力

取冲切破坏锥体(图6.14虚线所示)为脱离体,该锥体承受的净反力(只有上部荷载引起)设计值F_l,由于破坏锥体水平投影面内无基桩,故

$$F_l = 1.35 F_k = 1.35 \times 2\,300 \text{ kN} = 3\,105 \text{ kN}$$

2) 抗冲切力及验算

① 计算柱冲垮比 λ_{0x}、λ_{0y} 及柱冲切系数 β_{0x}、β_{0y}

$$\lambda_{0x} = a_{0x}/h_0 = 1\,200/590 = 2.03 > 1 \text{ 取 } \lambda_{0x} = 1.0$$

$$\beta_{0x} = \frac{0.84}{\lambda_{0x} + 0.2} = \frac{0.84}{1.2} = 0.7$$

$$\lambda_{0y} = a_{0y}/h_0 = 550/590 = 0.93 \text{ 取 } \lambda_{0y} = 0.93$$

$$\beta_{0y} = \frac{0.84}{\lambda_{0y} + 0.2} = \frac{0.84}{1.13} = 0.74$$

② $\beta_{hp} = 1.0$(β_{hp} 为承台受冲切截面高度影响系数,$h \leqslant 800$ mm 时,取 $\beta_{hp} = 1.0$;$h \geqslant 2\,000$ mm 时,$\beta_{hp} = 0.9$,之间内插)。

$$2[\beta_{0x}(b_c + a_{0y}) + \beta_{0y}(h_c + a_{0x})]\beta_{hp} f_t h_0 = 2[0.7(0.4+0.55) + 0.74(0.6+1.2)] \times 10^3$$
$$\times 1.0 \times 1.43 \times 590 = 3\,370 \text{ kN} > F_l (\text{满足要求})$$

(2) 角桩对承台的冲切计算(图6.15)

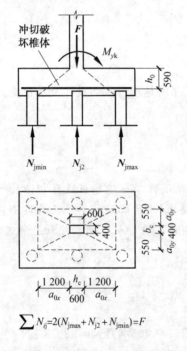
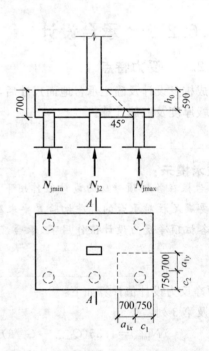

图6.14 柱对承台冲切计算示意图　　图6.15 角桩对承台冲切计算示意图

1) 冲切力

$$N_l = N_{j\max} = 620.3 \text{ kN}$$

2) 抗冲切力及验算

① 计算角桩冲垮比 λ_{1x}、λ_{1y} 及角桩冲切系数 β_{1x}、β_{1y}

$$\lambda_{1x} = a_{1x}/h_0 = 700/590 = 1.19 > 1 (\text{取 } \lambda_{1x} = 1.0)$$

$$\beta_{1x} = \frac{0.56}{\lambda_{1x} + 0.2} = \frac{0.56}{1.2} = 0.47$$

$$\beta_{1y} = \beta_{1x} = 0.47$$

② 计算抗冲切力

$$[\beta_{1x}(c_2 + a_{1y}/2) + \beta_{1y}(c_1 + a_{1x}/2)]\beta_{hp}f_t h_0$$
$$= [0.47(0.75 + 0.7/2) + 0.47(0.75 + 0.7/2)] \times 10^3$$
$$\times 1.0 \times 1.43 \times 590 = 872 \text{ kN} > N_{jmax} = 620.3 \text{ kN}(满足要求)$$

(3) 抗剪计算(图 6.16)

1) A-A 截面

① 剪力设计值：
$$V = 2N_{jmax} = 2 \times 620.3 \text{ kN} = 1\ 241 \text{ kN}$$

② 抗剪能力：
$$\beta_{hs}\alpha f_t b_{y0} h_0 = (1.0 \times 0.51 \times 1.43 \times 3\ 000 \times 590)\text{kN} = $$
$$1\ 291 \text{ kN} > 1\ 241 \text{ kN}(满足要求)$$

其中
$$\alpha = \frac{1.75}{\lambda_x + 1} = \frac{1.75}{2.46 + 1} = 0.51$$
$$\lambda_x = a_x/h_0 = 1\ 450/590 = 2.46 < 3 \quad (取 \lambda_x = 2.46)$$

2) B-B 截面

① 剪力设计值：
$$V = N_{jmax} + N_{j2} + N_{jmin} = (620.3 + 518 + 415.3)\text{kN} = 1\ 554 \text{ kN}$$

② 抗剪能力：
$$\beta_{hs}\alpha f_t b_{x0} h_0 = (1.0 \times 0.74 \times 1.43 \times 4\ 500 \times 590)\text{kN} = $$
$$2\ 809 \text{ kN} > 1\ 554 \text{ kN}(满足要求)$$

其中 $\alpha = \dfrac{1.75}{\lambda_y + 1} = \dfrac{1.75}{1.36 + 1} = 0.74$
$$\lambda_y = a_y/h_0 = 800/590 = 1.36 < 3 （取 \lambda_y = 1.36）$$

2. 承台板配筋计算

1) A-A 截面

① 弯矩设计值：
$$M = 2N_{jmax} \times 1.45 = (2 \times 620.3 \times 1.45)\text{kN} \cdot \text{m} = 1\ 799.5 \text{ kN} \cdot \text{m}$$

② 配筋计算：
$$A_s = \frac{M}{0.9 f_y h_0} = \frac{1\ 799.5 \times 10^6}{0.9 \times 360 \times 590} = 9\ 413 \text{ mm}^2/3 \text{ m} = 3\ 138 \text{ mm}^2/\text{m}$$

2) B-B 截面 ($h_{02} = h_0 - 20 \text{ mm} = 570 \text{ mm}$)

① 弯矩设计值：
$$M = (N_{jmax} + N_{j2} + N_{jmin}) \times 0.8 = 0.8 \times (620.3 + 518 + 415.3)\text{kN} \cdot \text{m} = 1\ 243.2 \text{ kN} \cdot \text{m}$$

② 配筋计算：
$$A_s = \frac{M}{0.9 f_y h_{02}} = \frac{1\ 243.2 \times 10^6}{0.9 \times 360 \times 570} = 6\ 732 \text{ mm}^2/4.5 \text{ m} = 1\ 496 \text{ mm}^2/\text{m}$$

承台配筋图如图 6.17 所示。

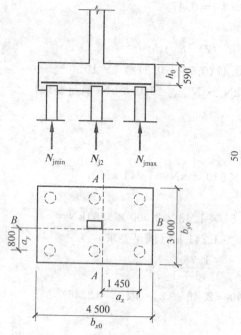
图 6.16 承台板抗剪及抗弯计算简图

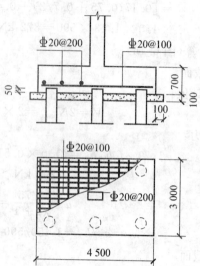
图 6.17 承台配筋示意图

6.2.2.3 承台的构造

桩基承台的构造,除满足抗冲切、抗剪切、抗弯承载力和上部结构的要求外,尚应符合下列要求:

1. 有关尺寸要求

柱下独立桩基承台的宽度不应小于 500 mm。边桩中心至承台边缘的距离不宜小于桩的直径或边长,且桩的外边缘至承台边缘的距离不小于 150 mm。对于墙下条形承台梁,桩的外边缘至承台梁边缘的距离不小于 75 mm(图 6.18),承台的最小厚度不应小于 300 mm。

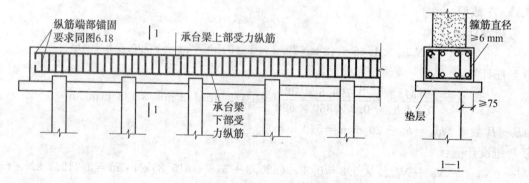
图 6.18 承台梁配筋构造

2. 材料

承台混凝土材料及其强度等级应符合结构混凝土耐久性及抗渗要求。

3. 配筋要求及保护层厚度要求

(1)柱下独立桩基承台板配筋,对四桩以上(包括四桩)其钢筋应按双向均匀通长布置(图 6.17),钢筋直径不宜小于 12 mm,间距不宜大于 200 mm;柱下独立桩基承台的最小配筋率不应小于 0.15%。钢筋锚固长度见图 6.19。

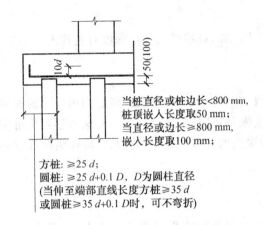

图 6.19　承台板钢筋端部锚固及桩顶嵌入承台构造

(2)承台梁的主筋除满足计算要求外尚应符合现行国家标准《混凝土结构设计规范》(GB 50010)关于最小配筋率的规定,主筋直径不宜小于 12 mm,架立筋不宜小于 10 mm,箍筋直径不宜小于 6 mm(图 6.18)。

(3)纵向钢筋的混凝土保护层厚度,无垫层不应小于 70 mm,当有混凝土垫层时,不应小于 50 mm。

(4)桩顶主筋锚入承台内的锚固长度不应小于钢筋直径 35 倍(图 6.20)。

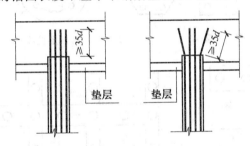

图 6.20　桩顶纵筋在承台内锚固构造

4.承台之间的连接应符合下列要求

(1)单桩承台宜在两个互相垂直的方向上设置连系梁;

(2)两桩承台,宜在其短向设置连系梁;

(3)有抗震要求的柱下独立承台,宜在两个主轴方向设置连系梁;

(4)连系梁顶面宜与承台顶面位于同一标高。连系梁的宽度不宜小于 250 mm,梁的高度可取承台中心距的 1/10~1/15,且不宜小于 400 mm;

(5)连系梁的主筋应按计算要求确定。连系梁内上下纵向钢筋直径不应小于 12 mm 且不应少于 2 根,并应按受拉要求锚入承台。

对于筏形承台、箱形承台及未尽事项详见《建筑桩基技术规范》(JGJ 94—2008)及《高层建筑筏形与箱形基础技术规范》的规定。

☆知识扩展:

以上通过实例分析了桩基础设计的基本原理,为今后对桩基础施工图的阅读、算量、具体指导施工及桩基础的设计打下基础;不但进一步提升同学们的知识结构,提高分析、解决问题的综合能力尚需加强对深基础相关的知识理解。

1.桩基础相关知识的扩展

(1)持力层选择

①根据工程地质报告、建筑结构类型、使用功能、荷载情况应尽可能使桩端支承在承载力相对较高

的坚实土层上。

②为提高桩基承载力及减少沉降,桩端进入土层深度对黏性土不小于$2d$,砂土不小于$1.5d$,碎石土不小于$1d$。

(2)确定桩型、截面尺寸

①根据荷载大小、地质条件、参考文献资料和实践经验列出可用的桩型;

②根据施工能力、打桩设备及环境限制,通过调查和实地考察列出可用的桩型;

③根据经济指标分析比较采用的桩型。其中工期长短应作为一项重要参考因素;桩型确定后,即确定相应的截面尺寸。

(3)桩的平面布置

1)形式

桩的平面布置形式与桩数、上部结构形式、荷载大小有关,而承台的平面形式与大小取决于桩的平面布置形式与桩数,常见的平面布置形式(图6.21)多采用并列式,也可采用梅花式、同心圆布置形式。间距有等间距和不等间距。

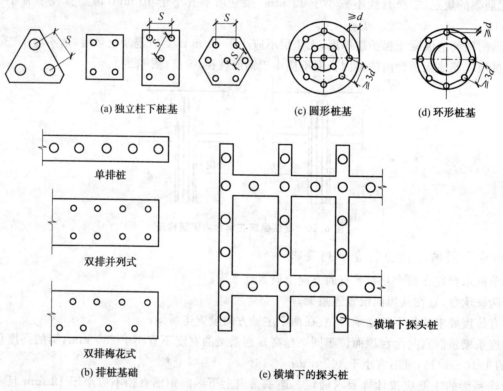

图6.21 桩平面布置不同形式

2)布置原则

合理地布桩是使各桩顶所受竖向荷载尽量相等,特别是偏心较大桩基,桩布置的经济合理性尤为重要。桩的布置应符合下列原则:

①布桩尽量紧凑,使得承台面积尽量小;但桩的中心距(桩距)不宜太小,否则会影响桩的质量,降低桩的承载力;特别是挤土桩,存在挤土效应其桩距要适当大些。

②尽可能使桩群形心与竖向荷载作用线重合,减小偏心→M_{yk},M_{xk}降低→Q_{kmax}降低。

③在承台面积不增加的条件下,将桩布置在承台外围部分,以增加桩基的惯性矩→$\sum x_i^2$及$\sum y_i^2$→Q_{kmax}降低。

④在承受弯矩较大方向应有较大的桩基惯性距,如承台的底面长边应与弯矩作用较大方向一致,又如在横墙外延长线上(横向)布置探头桩,如图6.21(e)所示。

⑤将桩尽量布置在对结构受力有利位置:a.对于桩箱基础,宜在箱形基础的墙下布桩;b.对于有梁式桩筏基础,宜将桩布置在梁肋下,尽量避免板下布桩;另尽量不在无墙的门洞部位布桩;对于大直径桩宜采用一柱一桩。

2.其他深基础简介

(1)沉井

沉井是一座四周有壁,上无顶下无底的筒形结构(矩形、圆形或其他异形)的钢筋混凝土筒形结构。

施工时先在基础原位地面上预制钢筋混凝土筒形结构,当沉井高度大时,可分节浇筑。在第一节沉井完成并达到设计强度后,即可在井内挖土,使井筒在自重作用下下沉,下沉到一定深度后,再在其上预制第二节沉井……直到沉井底部下沉到设计深度→井底素混凝土封底或钢筋混凝土底板封底→完成井内其他结构构件。利用上述原理,沉井下沉深度可达100 m左右。井壁厚度较大,一般在0.5~1.8 m之间。沉井既是深基础又是施工中挡土和挡水围堰结构物的支护结构。

其特点是施工顺序简单,无需特殊专业设备,可做成补偿性基础,减小沉降;但工期长,对粉砂、细砂类土有流砂现象,造成沉井倾斜。主要用于泵房、各类地下厂房、桥墩、水池等工程。

(2)地下连续墙

地下连续墙是20世纪50年代国际上开发成功的一项新的深基础工程的施工方法,它是在泥浆护壁的条件下,使用专门的成槽机械,在地面开挖一条狭长的深槽,然后在槽内设置钢筋笼,浇筑混凝土成墙体,如图6.22所示。当混凝土硬化达到一定的强度后,在墙的一侧开挖基坑土方,地下连续墙体既是永久建筑物的地下部分,又能对另一侧的填土、临近基础、地下水流等起到挡土、支护和截流的作用。目前地下连续墙的最大开挖深度为140 m,最薄的地下连续墙厚度为20 cm。

地下连续墙具有许多优点:①施工顺序简单,浇筑混凝土不需要混凝土墙体,不需要支模、养护;②施工无噪音、无振动、不扰动土体、不影响临近建筑物,与临近建筑物基础净距最小为0.3 m左右;③可在墙长及密集的建筑群中施工;④适用于各种土质的地基基础工程而且可代替沉井,同时沉井不能解决的问题,地下连续墙也能迎刃而解。

图6.22 地下连续墙

随着工业与城市建设的发展,解决噪音、挤土、振动等公害,在密集的建筑群中施工要求特别迫切,而地下连续墙施工方法完全适应这些要求和解决这个问题。

6.3 桩基础工程事故案例分析

以上海"莲华河畔"在建楼房倒塌事故为例。

6.3.1 事故概况

2009年6月27日5时30分左右,在没有任何先兆的情况下,上海市"莲花河畔景苑"商品房小区工地内,发生一幢在建的13层住宅楼向南侧基坑开挖一侧整体倾倒,该工程位于淀浦河以南,莲花路以西,罗阳路以北。发生事故的小区共有十一栋楼盘,全是13层的建筑,倒塌楼为7号楼。该工程平面尺寸长 46.40 m,宽 13.20 m,总高 43.90 m,建筑面积 6 451 m²。其主体为钢筋混凝土框架－剪力墙结构,基础采用墙下条形桩基(排桩),承台梁截面 600 mm×700 mm,承台埋深 2.1 m。桩身预应力钢筋混凝土管桩(PHC桩),桩长 33 m,桩径 400 mm,桩数 118 根。倾倒后 7 号楼上部结构及基础承台基本完好,未见大的开裂破损现象,但下部基桩绝大多数在承台以下 0.4～0.8 m 断裂,紧靠淀浦一侧的少数基桩在承台梁以下 1.2～2.1 m 处断裂(图 6.23)。

图 6.23 莲华河畔楼房倒塌图片

6.3.2 事故原因分析

1. 直接原因

(1)外因

①高堆土:紧贴 7 号楼北侧在短期内堆土过高,位于 7 号楼的南侧正进行基坑的开挖,挖出的土按甲方要求堆载 7 号楼的北侧与淀蒲河防汛堤之间,土堆距防汛堤 10 m,距 7 号楼 20 m,最高处达 10 m 左右,据估算堆土增加地面荷载 126 kPa,超过地基承载力特征值的 2 倍(地基承载力特征值只有 50 kPa)。

②地下室基坑开挖:紧临大楼南侧的地下车库基坑支护为水泥搅拌悬臂式挡土墙,其稳定性较差;另外其强度还未到达设计要求就进行开挖,开挖深度达 4.6 m,对 7 号楼基桩反方向水平压力要比土堆对基桩的正方向土压力要小得多,如图 6.24 所示。

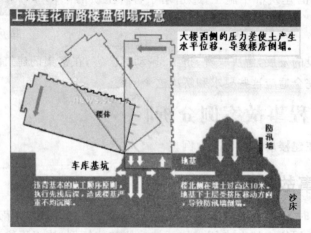

图 6.24 倒塌示意图

(2)内因

①建筑场地位于古河道中:地表以下3.5~13.0 m深度为淤泥质土,流塑状态,天然含水量67.9%,具有高压缩性、低强度和低渗透、高灵敏度的特点,所以地基承载力及土的抗剪强度很差,据估算地基承载力特征值只有50 kPa。

②基桩是预应力管桩:竖向抗压桩高,而抗拔能力及抗水平抗剪能力很差,其中单桩水平承载力仅有84 kN。

基于上述主要原因破坏机理应该是高堆土下面的地基在堆土竖向压力作用下,其剪切破坏面的剪应力已超过土的抗剪强度,导致土体产生失稳破坏,其滑动破坏面土体向7号楼推进(据分析地面以下五六米深度以内的土层有了滑移)及基坑方向滑移,基坑支护坍塌;同时7号楼基桩在桩侧较大压力作用下,导致楼宇产生较大的水平位移,据分析桩侧产生2 155 t平均水平侧压力,超过基桩的水平承载力,是基桩在强大水平力作用下被剪断的原因之一;另外由于建筑物的倾覆使预应力混凝土产生很大的偏心弯矩,使得原来竖向抗压桩在偏心弯矩共同作用下北侧的桩变成抗拔桩,超过了桩的抗拉能力(管桩),导致桩体被拉断。

2.间接原因

(1)快速堆放土方及堆放位置不当,土方下土层孔隙中水及气来不及排走,有效应力较低,土的抗剪强度较低,同时附加应力及附加变形加大对7号楼造成不利影响;另外,由于高堆土,桩基周围又是很厚的软弱土层,桩侧产生负摩阻力,对单桩承载力也会造成不利影响。

(2)开挖基坑违反有关规定,未进行有效监测,没有按照相关技术要求开挖基坑,施工、监理不到位。

(3)倒塌楼房下面的古河道淤积层有30 m深,事故前上海大雨,导致淀蒲河水位上升,建筑场地土质含水量增加,土的摩擦角减小,土的抗剪强度降低,土体失稳破坏。

6.3.3 事故采取的措施

(1)由于基坑中开挖出的土堆在5号、6号和7号楼与淀蒲防汛堤之间,6号楼与倒塌的7号楼有类似的情况,倾覆后政府立即组织对堆置在6号楼北侧的高堆土进行卸土抢险,也避免防汛墙坍塌等重大隐患;同时抓紧回填楼房南面深约4.6 m的基坑,清除堆土及基坑工作全部完成后,6号楼已经复位29 mm。

(2)对6号楼地基基础加固,在原有112根PHC管桩的基础上,新增加116根钢管桩,在原纵横向墙下条形承台梁形成的区格之间浇筑钢筋混凝土底板(承台板),桩基形式相当于变为桩筏基础,同时新增的桩基与桩间土形成复合地基,故基础的强度、刚度、地基的承载力、稳定性及刚度得到很大提高。另1~5号楼、8~11号楼的倾斜均未超过千分之四的标准,上部结构及桩基的施工质量及结构设计均满足相关规范要求,故无需对它们进行加固。

6.3.4 事故教训及总结

这次倒楼事故的教训警示,人们软土地基建筑基桩设计时,应充分考虑周围环境有无发生类似事故的可能性,如有可能则宜设计采用桩侧粗糙侧摩阻力较大的桩型或慎用预应力管桩,以提高基桩的安全储备。另外随着城市建设的发展,高层建筑的容积率高的优点被开发商看好,较深的地下车库也就越来越多,不少地下室都是在已有建筑物附近施工,由此引出的安全隐患逐年上升,因此如何保证基坑开挖的安全是建设者必须面对的问题。

拓展与实训

1. 填空题

(1)桩基础中,承台作用：_____；基桩作用：_____。

(2)桩基础的特点是_____、_____、_____、_____等。

(3)桩按使用功能分为_____、_____、_____、_____。

(4)竖向抗压桩根据荷载传力途径分为_____、_____两大类及_____、_____、_____、_____四个亚类。

(5)桩按成桩过程中对土的影响分为_____、_____、_____。

(6)预制桩成孔的方法有_____、_____、_____。

(7)灌注法成孔方法有_____、_____、_____。

(8)单桩竖向承载力取决于地基土_____及_____强度。一般取决于_____,因材料强度一般不能充分发挥。

(9)确定单桩承载力的方法有_____、_____及_____;《桩基规范》规定设计等级为甲级的桩基其单桩承载力应通过_____确定。

(10)根据_____、_____、对差异变形的适应性、_____和_____以及_____造成建筑破坏或影响正常使用的程度,应将桩基设计等级分为_____级。

(11)柱下独立承台板厚度应满足_____、_____等要求。

(12)承台板的抗冲切计算包括_____抗冲切及_____的抗冲切计算。

(13)承台底面钢筋的混凝土保护层厚度,无垫层不应小于_____mm,当有混凝土垫层时,不应小于_____mm。

(14)柱下独立桩基承台的宽度不应小于_____mm。边桩中心至承台边缘的距离不宜小于_____,且桩的外边缘至承台边缘的距离不小于_____mm。对于墙下条形承台梁,桩的外边缘至承台梁边缘的距离不小于_____mm,承台的最小厚度不应小于_____mm。

(15)预制桩边长不应小于_____mm,预应力混凝土实心桩不宜小于_____mm。

(16)预制桩混凝土强度等级不宜低于_____,预应力桩混凝土强度等级不宜低于_____,主筋保护层不宜小于_____mm;灌注桩混凝土强度不应低于_____,当采用混凝土预制桩尖时,其桩尖混凝土强度等级不得小于_____。

(17)灌注桩主筋保护层厚度不应小于_____mm,水下灌注桩主筋保护层厚度不小于_____mm;预制桩主筋保护层厚度不宜小于_____mm。

2. 选择题

(1)钢筋混凝土预制桩设置后宜间隔一定时间才可以静载荷试验,原因是(　　)。
A. 打桩引起的孔隙水压力有待消散　　B. 因打桩黏性土被挤实,其强度随时间而降低
C. 桩身混凝土强度有待进一步提高　　D. 需待周围的桩施工完毕

(2)产生桩侧负摩擦力的情况有多种,例如(　　)。
A. 大面积地面堆载使桩周围土压密　　B. 桩顶荷载加大
C. 桩端未进入坚硬土层　　D. 桩侧土层过于软弱

(3)不属于挤土桩的是(　　)。
A. 静压桩　　B. 闭口的预应力管桩
C. 冲孔灌注桩　　D. 套管护壁钻(挖)孔灌注桩

(4)属于非挤土桩的是(　　)。
A. 实心的混凝土预制桩　　B. 下端封闭的管桩
C. 沉管灌注桩　　D. 干作业法钻(挖)孔灌注桩

(5)确定不属于预制桩成孔的方法是(　　)。
A. 打入桩　　　　　　　　　　B. 静压桩
C. 泥浆护壁钻孔桩　　　　　　D. 振冲桩
(6)在同一条件下,进行静力载荷试验的桩数不宜少于总桩数的(　　)。
A. 1%　　　　B. 2%　　　　C. 3%　　　　D. 4%
(7)柱下独立承台边缘至边桩中心距离不宜小于桩径或边长,边缘挑出长度不应小于(　　)。
A. 100 mm　　B. 150 mm　　C. 200 mm　　D. 250 mm
(8)柱下独立承台最小宽度不应小于(　　)。
A. 300 mm　　B. 400 mm　　C. 500 mm　　D. 600 mm
(9)桩顶嵌入承台的长度对于中等直径不宜小于(　　)。
A. 40 mm　　B. 50 mm　　C. 70 mm　　D. 100 mm
(10)下列术语中,(　　)是指群桩中的单桩。
A. 基桩　　　B. 单桩基础　　C. 桩基　　　D. 复合基桩
(11)柱下独立承台板底部长向受力筋应置于短向受力筋的(　　)。
A. 外侧　　　B. 内侧　　　C. 内侧或外侧　　D. 以上均不对
(12)《桩基》规范规定,对于竖向抗压桩顶主筋锚入承台内的锚固长度不应小于(　　)。
A. 40 d　　B. 30 d　　C. 35 d　　D. 均不对
(13)竖向抗压灌注桩主筋配筋按(　　)构件计算,主筋应沿桩身周边均匀布置,其净距不小于60 mm。
A. 偏心受压　　B. 偏心受拉　　C. 轴心受压　　D. 轴心受拉
(14)受水平荷载较大的灌注桩、承受水平地震作用在桩顶范围内(　　)箍筋要加密,间距(　　)。
A. 5d,不大于100 mm　　　　B. (1～3)d,不大于100 mm
C. (1～3)d,不小大于100 mm　D. 以上均不对
(15)端承型桩及承受负摩擦力及位于坡地、岸边的(　　),应沿桩身主筋(　　)布置。
A. 抗压桩,配筋长度不应小于2/3桩长　　B. 抗拔桩,通长
C. 抗拔桩,配筋长度不应小于2/3桩长　　D. 抗压桩,通长
(16)可以认为,一般端承桩基桩的承载力(　　)单桩承载力。
A. 等于　　　B. 小于　　　C. 大于　　　D. 以上均不对
(17)某建筑场地在桩身范围内有较厚的粉细砂层,地下水位较高,如不采取降水措施,则不宜采用(　　)。
A. 钻孔桩　　B. 人工挖孔桩　　C. 预制桩　　D. 沉管灌注桩
(18)桩顶竖向荷载由桩侧阻力承担70%,桩端阻力承担30%,该桩属于(　　)。
A. 端承桩　　B. 摩擦桩　　C. 端承摩擦桩　　D. 摩擦端承桩
(19)对于受地震作用桩基,承台下存在一定厚度的淤泥、淤泥质土或液化土层等不稳定土层,其灌注桩主筋配筋长度(　　)。
A. 应通长配筋
B. 配筋长度不应小于2/3桩长
C. 应穿过这些不稳定土层后,进入稳定土层一定深度
D. 配筋长度不应小于1/2桩长
(20)尽可能使桩群形心与竖向荷载作用点重合,使(　　)。
A. 上部结构荷载对桩群形心的偏心距增大
B. 上部结构荷载对桩群形心的弯矩增大
C. 上部结构荷载对桩群形心的偏心距减小,各桩顶受压均匀
D. 以上均不对

3.判断改错题

(1)在确定单桩承载力时,预制试验桩沉入土中后,即可进行静力载荷试验,对单桩承载力影响不明显。( )

(2)单桩承载力仅取决于土对桩的支承力。( )

(3)桩基础作用就是将上部结构的荷载通过承台传至桩顶,桩顶在受到竖向荷载 Q_i 作用下,不断向桩侧周围土体扩散。( )

(4)在黏性土打桩,将桩周的黏性结构被破坏,还会导致土的孔隙水压力增加,抗剪强度降低,但打桩停止后,随着时间的延长,孔隙水压力消失,抗剪强度增加。桩的承载力大小与搁置时间有关。( )

(5)桩基础既可认为是深基础的一种形式,也可认为是地基处理(桩侧土与桩体形成复合地基)的方法。( )

(6)在砂土地基打桩,越靠近桩周土层砂越密实,向外逐渐减少;打桩停止后,靠近桩表面的土层挤密效应由于应力调整会有部分消失,所以砂土层桩侧阻力是先增加,后部分降低。( )

(7)布桩尽量紧凑,使得承台面积尽量小;但桩的中心距(桩距)不宜太小,否则会影响桩的质量,降低桩的承载力;特别是挤土桩,存在挤土效应其桩距要适当大些。( )

(8)承台面积不增加的条件下,将桩布置在承台外围部分,以降低桩基的惯性矩 → $\sum x_i^2$ 及 $\sum y_i^2$ → Q_{kmax} 降低。( )

(9)承台的底面长边应与弯矩作用较大方向一致,到达较大弯矩方向桩基惯性矩。( )

(10)将桩尽量布置在对结构受力有利位置:①对于桩箱基础,宜在箱形基础的墙下布桩;②对于有梁式桩筏基础,宜将桩布置在梁肋下,尽量避免板下布桩。( )

4.简答题

(1)单桩竖向极限承载力。

(2)承台效应。

(3)桩的负摩擦力。

(4)沉桩到静力载荷试验休止时间的原因。

5.计算题

(1)某承台下设置了3根直径为480 mm的灌注桩,桩长10.5 m,桩侧土层自上而下依次为:淤泥厚6 m,$q_{1sa}=7$ kPa;粉土厚2.5 m,$q_{2sa}=28$ kPa;黏土很厚,桩端进入该层2 m,$q_{3sa}=35$ kPa,$q_{pa}=1\,800$ kPa,试计算单桩承载力 R_a。

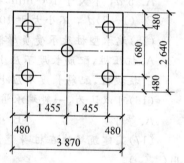

图 6.25 计算题(2)

(2)某柱下承台埋深1.5 m,承台下设有5根灌注桩,承台平面布置如图6.25所示,框架柱作用在地面处的竖向荷载标准值 $F_k=3\,700$ kN,弯矩 $M_k=1400$ kN·m(沿承台长边方向),水平力 $H_k=350$ kN,已知单桩承载力特征值 $R_a=1\,000$ kN,试验算单桩承载力是否满足要求?

模块 7
土压力、土坡稳定及基坑支护

模块概述

在土木、水利、交通等工程中,经常会遇到修建挡土结构物的问题,它是用来支撑天然或人工斜坡不至坍塌,以保证土坡稳定性的构筑物,即挡土墙。施加给挡土墙的土压力的大小和方向成为挡土墙设计的关键问题。

在建筑物基坑开挖和天然土坡附近修建工程时,当场地条件允许,不设挡土墙时,为了保证施工人员和建筑物的安全,必须研究土坡的稳定性。

随着城市高层建筑的迅速发展,地下停车场、人防工程及地下室的建设都会涉及基坑稳定问题,如何正确选择支护结构类型和支护方法是保证基坑在开挖和施工过程中稳定的重要课题。许多基坑坍塌事故的发生都是由于采用的支护方法不合理造成的。

本章将主要讨论土坡稳定分析及土压力计算的理论和方法,为挡土墙及基坑支护设计提供必要的理论基础,并对几种基坑支护的类型、原理及构造进行简要的介绍。

学习目标

◆掌握土压力的类型及基本概念,土坡失稳的原理及基坑支护的特点和类型;
◆熟悉土压力的计算理论、计算方法,学会进行一般土压力的计算;
◆了解土坡稳定分析的理论和方法,能够对无黏性土坡进行稳定分析;
◆理解支护结构的组成、工作原理,并能对基坑坍塌工程事故进行分析。

课时建议

4 课时

7.1 土压力

土压力就是墙后填土对挡土墙的侧压力,根据挡土墙的位移情况和墙后土体所处的应力状态,通常将土压力分为静止、主动、被动三种类型,其分析见表7.1。

表7.1 土压力类型分析表

类别	静止土压力	主动土压力	被动土压力
示意图	静止不动	土体推墙	墙推土体
定义	挡土墙在墙后土体的压力下,不发生任何方向的移动及转动而保持原来位置,即挡土墙静止不动,墙后填土处于弹性平衡状态时,土对墙的压力称为静止土压力,一般用 E_0 表示。	挡土墙在墙后土体的压力下向离开土体方向移动,墙后土体因侧面所受限制的放松而有所下滑,土压力不断减小,当位移达到一定程度时,墙后土体达到极限平衡状态时,此时作用于墙上的土压力称为主动土压力,用 E_a 表示。	当挡土墙在外力作用下向土体方向移动,墙后土体受到挤压而有上滑趋势,土压力不断增加,当墙的位移量足够大时,墙后土体达到极限平衡状态时,此时作用于墙上的土压力成为被动土压力,常用 E_p 表示。
应用举例	如地下室外墙,由于楼面的支撑作用,相对于土体几乎静止不动,则墙外土体给墙体的侧压力即为静止土压力。	如自然土坡外侧的挡土墙,在受到墙后土体的压力作用下会向离开土体方向移动,墙后土给其作用的是主动土压力。	地如拱桥桥台,桥台受到桥上荷载推向土体,墙后土体受到挤压而有向上滑移趋势,此时认为作用在桥台上的土压力属于被动土压力。
比较	根据挡土墙模拟试验观测及理论分析表明,当其他条件完全相同时,其关系为: ① 产生被动土压力所需要的位移 Δp 比产生主动土压力所需的位移量 Δa 要大得多。 ② 主动土压力小于静止土压力,而静止土压力又小于被动土压力,亦即 $E_a < E_0 < E_p$。		

7.1.1 静止土压力

7.1.1.1 土应力计算

如图7.1所示,在墙后土体中任意深度 z 处取一微小单元体,作用在单元体上除了竖直自重应力 $\sigma_z = \gamma z$ 外,还作用水平自重应力 σ_x,则该点水平自重应力对挡土墙背面的侧应力称为静止土压力,可按下式计算：

$$\sigma_x = K_0 \gamma z \tag{7.1}$$

式中　σ_x——静止土应力，kPa；
　　　γ——墙后土的重度，kN/m³；
　　　K_0——静止土压力系数或土的侧压力系数，静止土压力系数 K_0 与土的性质、密实程度等因素有关，可通过侧限条件下的试验测定，也可按经验公式 $K_0 = 1 - \sin \varphi'$（φ' 为土的有效内摩擦角）计算。对于一般砂土和黏性土，K_0 分别在 0.34～0.45 和 0.5～0.7 之间。

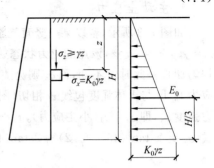

图 7.1　静止土压力计算示意图

7.1.1.2　静止土压力计算公式

由式(7.1)可知，静止土压力沿墙高为三角形分布，如图 7.1 所示。若取单位墙长，则作用在墙上的静止土压力 E_0 即为此三角形的面积，即

$$E_0 = \frac{1}{2} \gamma H^2 K_0 \tag{7.2}$$

式中　H——挡土墙高度，m；
　　　E_0——静止土压力，kN/m，即沿挡土墙单位长度上的土压力，土压力方向垂直指向墙背，作用点距离墙底 $H/3$ 处，即静止土压力分布图形的形心处。

【例 7.1】　如图 7.2 所示，某挡土墙高 4.0 m，墙背垂直光滑，墙后填土面水平，填土重度 $\gamma = 18$ kN/m³，静止土压力 $K_0 = 0.65$，试计算静止土压力大小及其作用点，并绘出土压力沿墙高的分布图。

解　(1) 墙底处土应力
$$\sigma_x = K_0 \gamma H = (0.65 \times 18 \times 4) \text{kN/m}^2 = 46.8 \text{ kN/m}^2$$

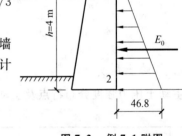

图 7.2　例 7.1 附图

(2) 计算静止土压力
$$E_0 = \frac{1}{2} \gamma H^2 K_0 = \left(\frac{1}{2} \times 18 \times 4^2 \times 0.65\right) \text{kN/m} = 93.6 \text{ kN/m}$$

其作用点位置为
$$H/3 = 4 \text{ m}/3 \approx 1.33 \text{ m}$$

7.1.2　朗肯土压力

朗肯土压力理论是由英国学者朗肯（Rankine. W. J. M）于 1869 年提出的，是通过研究在竖向自重应力下得出的土压力理论。

> **技术提示：**
> 基本假定：假定挡土墙背垂直光滑（墙与垂向夹角为零，墙与土的摩擦系数为零）；墙后填土面水平。

根据墙面光滑这个假定，就可以推断：墙背与填土之间不存在摩擦力，即沿墙背方向剪应力 $\tau = 0$，根据切应力互等原理，水平和竖直方向的切应力均为零，根据材料力学强度理论可知：竖直方向和水平方向的压应力就分别为最大、最小主应力。

7.1.2.1 主动土压力

1. 主动土应力

如图 7.3 所示,若以某一竖直光滑面 mn 代替挡土墙墙背,当土体静止不动时,深度 z 处应力状态为 $\sigma_z=\gamma z$,$\sigma_x=K_0\gamma z$,该点的应力状态如图 7.3(b) 应力圆 Ⅰ 所示。并假定 mn 面向外水平平移(水平方向均匀伸长),此时 σ_z 不变,而 σ_x 则会随着水平位移的不断发生而逐渐减小。当 mn 的水平位移足够大时,应力圆 Ⅱ 与土体强度包线 τ_f 相切(图 7.3(b)),土体该点达到主动极限平衡状态,此时 σ_x 即为主动土压力强度 σ_a,即 $\sigma_a=\sigma_3$(小主应力),$\sigma_1=\sigma_z=\gamma z$(大主应力);由土体极限平衡条件可得主动土应力计算公式:$\sigma_a=\gamma z\tan^2(45°-\varphi/2)-2c\tan(45°-\varphi/2)$。

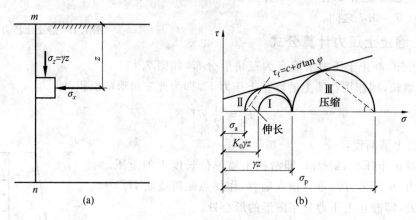

图 7.3 朗肯土压力极限平衡条件

2. 主动土压力

主动土压力强度分布特点及主动土压力计算通过表 7.2 说明。

表 7.2 朗肯主动土压力计算原理

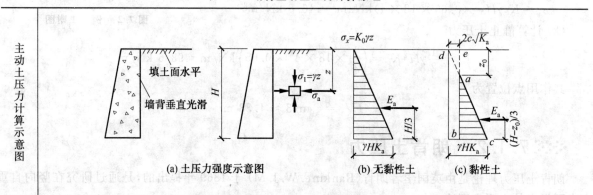

(a) 土压力强度示意图　(b) 无黏性土　(c) 黏性土

	主动土压力计算分析过程	
类别	无黏性土($c=0$)	黏性土($c\neq 0$)
土应力计算	$\sigma_a=\sigma_3=\gamma z\tan^2\left(45°-\dfrac{\varphi}{2}\right)=\gamma zK_a$　　(7.3)	$\sigma_a=\begin{cases}0 & \left(z\leqslant z_0=\dfrac{2c}{\gamma\sqrt{K_a}}\right)\\ \gamma zK_a-2c\cdot\sqrt{K_a} & (z>z_0)\end{cases}$ (7.4)

续表 7.2

土压力	$E_a = \frac{1}{2}\gamma H^2 \tan^2\left(45° - \frac{\varphi}{2}\right) = \frac{1}{2}\gamma H^2 K_a$ (7.5)	$E_a = \frac{1}{2}(H-z_0)(\gamma z K_a - 2c\sqrt{K_a}) =$ $\frac{1}{2}\gamma H^2 K_a - 2cH\sqrt{K_a} + \frac{2c^2}{\gamma}$ (7.6)
符号说明	\multicolumn{2}{l}{K_a——主动土压力系数,$K_a = \tan^2\left(45° - \frac{\varphi}{2}\right)$; z_0——临界深度,由 $\sigma_a = \gamma z \tan^2(45° - \varphi/2) - 2c\tan(45° - \varphi/2)$ 可求得。 其余符号同前面各模块中相关符号。}
应力分布特点	\multicolumn{2}{l}{1.无黏性土(上图(b)) ① 主动土压力强度沿墙高为直线分布,即与深度 z 成正比; ② 无黏性土主动土压力 E_a 通过三角形的形心,即作用在距墙底 $H/3$ 处。 2.黏性土(上图(c)) ① 主动土压力强度有两部分组成:一部分由土自重引起的土压力 $\gamma z K_a$;另一部分是由黏聚力 c 引起的负侧压力 $2c\sqrt{K_a}$。这两部分叠加如上图(c)所示,其中 ade 部分为负值(设拉力为负"一"),即出现拉力,但实际上墙与土在很小的拉力下就会分离,因此计算土压力时该部分应略去不计,黏性土的土压力分布实际上仅是 abc 部分。 ② 黏性土主动土压力强度沿墙高也呈直线分布,E_a 通过三角形 abc 的形心,即作用点距墙底 $(H-z_0)/3$ 处。}
比较	\multicolumn{2}{l}{① 当黏性土与无黏性土 φ 值相同的情况下,黏性土由于黏聚力 c 的作用增强了土体自身的稳定性,因此其主动土压力要比无黏性土小; ② 无论是无黏性土还是黏性土,主动土压力都会随着 φ 的增大而减小。}

【例 7.2】 已知一挡土墙高度 $H=6$ m,墙背直立、光滑,墙后填土表面水平,填土为黏性土,重度 $\gamma = 18$ kN/m³,内摩擦角 $\varphi = 30°$,黏聚力 $c = 10$ kPa。求主动土压力及其沿墙高的分布。

解 墙背垂直光滑,填土面水平,满足郎肯土压力理论,故可按式(7.5)计算沿墙高的土压力强度,其中

$$K_a = \tan^2\left(45° - \frac{30°}{2}\right) = 0.333$$

因为填土为黏性土,故需要计算临界深度:

$$z_0 = \frac{2c}{\gamma\sqrt{K_a}} = \frac{2\times10}{18\times\sqrt{0.577}} \text{ m} = 1.93 \text{ m}$$

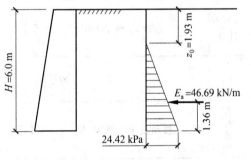

图 7.4 例 7.2 土应力分布图

墙底处的土压力强度:

$$\sigma_a = \gamma H K_a - 2c\sqrt{K_a} = (18\times6\times0.333 - 2\times10\times\sqrt{0.333}) \text{ kPa} = 24.42 \text{ kPa}$$

绘制土压力分布图如图 7.4 所示,其总主动土压力为

$$E_a = \frac{1}{2}\times24.42\times(6-1.93) \text{ kN/m} = 49.69 \text{ kN/m}$$

主动土压力 E_a 的作用点离墙底的距离为

$$c_0 = \frac{H-z_0}{3} = 1.36 \text{ m}$$

7.1.2.2 被动土压力

1. 被动土应力

如图 7.3(a) 所示，若 mn 面在外力作用下向填土方向水平移动（水平方向均匀压缩），挤压土体，则 σ_x 会随着水平位移的不断发生而逐渐增加，土中剪应力最初减小，后来又逐渐反向增加，当应力圆 Ⅲ 与土体强度包线相切（图 7.3(b)）而达到被动极限平衡状态，此时 σ_x 即为被动土压力强度 σ_p，即 $\sigma_p = \sigma_1$，$\sigma_3 = \sigma_z = \gamma z$；由土体极限平衡条件得

$$\sigma_p = \gamma z \tan^2(45° + \varphi/2) + 2c\tan(45° + \varphi/2)$$

2. 被动土压力

朗肯被动土压力计算原理见表 7.3。

表 7.3 朗肯被动土压力计算原理

被动土压力计算示意图	(a) 土压力强度示意图　　(b) 无黏性土　　(c) 黏性土

被动土压力计算分析过程		
类别	无黏性土	黏性土
土应力计算	$\sigma_p = \sigma_1 = \gamma z \tan^2\left(45° + \dfrac{\varphi}{2}\right) = \gamma z K_p$　　(7.7)	$\sigma_p = \sigma_1 = \gamma z \tan^2\left(45° + \dfrac{\varphi}{2}\right) + 2c\tan\left(45° + \dfrac{\varphi}{2}\right) = \gamma z K_p + 2c\sqrt{K_p}$　　(7.8)
土压力	$E_p = \dfrac{1}{2}\gamma H^2 K_p$　　(7.9)	$E_p = \dfrac{1}{2}\gamma H^2 K_p + 2cH\sqrt{K_p}$　　(7.10)
符号说明	K_p——被动土压力系数，$K_p = \tan^2\left(45° + \dfrac{\varphi}{2}\right)$；其余符号同前。	
应力分布特点	1. 无黏性土： ① 被动土应力沿墙高为直线分布，即与深度 z 成正比，如上图(b)。 ② 无黏性土被动土压力 E_p 通过三角形的形心，即作用在距墙底 $(H-z_0)/3$ 处。 2. 对于黏性土： ① 被动土应力有两部分组成：一部分由土自重引起的土压力 $\gamma z K_p$；另一部分是由黏聚力 c 引起的侧压力 $2c\sqrt{K_p}$。这两部分叠加如上图(c)所示。 ② 黏性土被动土应力 E_p 沿墙高也呈直线分布，E_p 通过三角形 abc 的形心。	
比较	① 当黏性土与无黏性土 φ 值相同的情况下，黏性土由于黏聚力 c 的作用增强了土体自身的稳定性，因此其值要比无黏性土大； ② 无论是无黏性土还是黏性土，主动土压力都会随着 φ 值的增大而增大。	

7.1.2.3 几种常见土压力的计算

实际情况下土层分布比较复杂，墙后土体的水位线的位置及土体表面的堆载情况都会对挡土墙的土压力造成影响，下面对这些情况通过实例分布进行介绍。

【例 7.3】 一挡土墙如图 7.5 所示，其墙背光滑，填土水平且填土表面有均布荷载 $q=20$ kPa，挡土墙后填土的有关指标为：$c=0$，$\varphi=30°$，$\gamma=17.8$ kN/m³，地下水位与地面下 2.0 m 处，$\gamma_{sat}=18.9$ kN/m³。求挡土墙所受到的主动土压力和水压力。

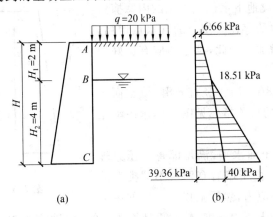

图 7.5　例 7.3 土压力分布图

分析：墙背竖直光滑，填土面水平，满足朗肯土压力理论。

(1) 当墙后填土表面作用有均布荷载 q(kPa) 时，可把荷载 q 视为由高度 $h=q/\gamma$ 的等效填土所产生的。

在 z 处的土应力为：$\sigma_x = K_0(h+z)\gamma = K_0(q+\gamma z)$。

(2) 当墙后填土有地下水时，作用在墙背上的侧压力由土压力和水压力两部分组成。计算地下水位以下土压力时，应取有效重度进行计算，总侧压力为土压力和水压力之和。

解　计算过程见表 7.4，土压力分布见图 7.5。

表 7.4　例 7.3 计算附表

类别		土压力	水压力
参数		$K_a = \tan^2\left(45° - \dfrac{30°}{2}\right) = 0.333$	$\gamma_w = 10$ kN/m³
计算点强度	A	$\sigma_{aA} = qK_a = 20 \text{ kPa} \times 0.333 = 6.66$ kPa	
	B	$\sigma_{aB} = (q+\gamma h_1)K_a = (20+17.8\times 2)\text{kPa} \times 0.333$ $= 18.51$ kPa	$\sigma_{wB} = 0$
	C	$\sigma_{aC} = (q+\gamma h_1 + \gamma' h_2)K_a$ $= [18.51 + (18.9-10)\times 4 \times 0.333]\text{kPa} = 30.36$ kPa	$\sigma_{wC} = \gamma_w h_2 = (10\times 4)\text{kPa} = 40$ kPa
分类总压力		$E_a = \left[\dfrac{1}{2}(6.66+18.51)\times 2 + \dfrac{1}{2}(18.51+30.36)\times 4\right]$ kN/m $= 122.91$ kN/m	$E_w = 80$ kN/m
总侧压力		$E = E_a + E_w = (122.91+80)\text{kN/m} = 202.91$ kN/m	

☆ **知识扩展**

(1) 对于黏性土,临界深度 $z_0=\dfrac{2c\sqrt{K_a}-qK_a}{\gamma K_a}$。当 $z_0<0$ 时,土压力为梯形分布;$z_0=0$ 时,土压力为三角形分布;$z_0>0$ 时,土压力为梯形分布。

(2) 填土表面的荷载和墙后水压力会增大挡土墙的侧压力,造成挡土墙的不稳定,因此挡土墙后填土表面应尽量减少堆载的存在。

(3) 在土压力计算时,假设地下水位上下土的内摩擦角没有变化。但实际上,地下水的存在会使土的含水量增加,抗剪强度降低,而使土压力增加。因此,挡土墙应有良好的排水措施。

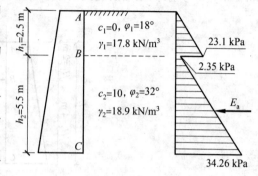

【**例 7.4**】 一挡土墙高 8 m,墙背竖直光滑,填土面水平,墙后填土分两层,各层土的有关指标见图 7.6,求主动土压力。

分析:墙背竖直光滑,填土面水平,满足朗肯土压力理论。用朗肯理论计算土压力,由于墙后有两层不同类型的土层,先求出相应的竖向自重应力,然后乘以该土层的主动土压力系数,得到相应的主动土压力强度,然后再计算图形的面积得到总主动土压力。

图 7.6 例 7.4 土压力分布图

解 计算过程见表 7.5,土压力分布见图 7.6。

表 7.5 例 7.4 计算附表

类别		第一层土	第二层土
主动土压力系数		$K_{a1}=\tan^2\left(45°-\dfrac{18°}{2}\right)=0.528$	$K_{a2}=\tan^2\left(45°-\dfrac{32°}{2}\right)=0.307$
计算点强度	A	$\sigma_{aA}=0$	
	B	$\sigma_{aB上}=\gamma_1 h_1 K_{a1}=(17.5\times2.5\times0.528)\text{kPa}=23.1\text{ kPa}$	
		$\sigma_{aB下}=\gamma_1 h_1 K_{a2}-2c\sqrt{K_{a2}}=(17.5\times2.5\times0.307-2\times10\times\sqrt{0.307})\text{kPa}=2.35\text{ kPa}$	
	C	$\sigma_{aC}=(\gamma_1 h_1+\gamma_2 h_2)K_{a2}-2c\sqrt{K_{a2}}=\sigma_{aB下}+\gamma_2 h_2 K_{a2}=(2.35+18.9\times5.5\times\sqrt{0.307})\text{kPa}$ $=34.26\text{ kPa}$	
总压力		$E_a=\left[\dfrac{1}{2}\times23.1\times2.5+\dfrac{1}{2}(2.35+34.26)\times5.5\right]\text{kN/m}=129.55\text{ kN/m}$	

技术提示:

通过本题计算得出下列结论:

1.对墙后填土成层的情况,由于各层土内摩擦角的不同,主动土压力系数 K_a 也不同。因此在土层的分界面上,主动土压力强度会出现两个数值。

2.成层填土主动土压力的大小为分布图形的面积,其作用点位置在分布图形的形心处。

7.1.3 库仑土压力

库仑土压力理论是法国学者库仑1776年提出的,其理论研究的挡土墙,墙背可倾斜,倾斜角为α(俯斜时取正号,仰斜时取负号),墙背可光滑、可粗糙,墙背与土的摩擦角为δ,墙后填土表面可水平、可倾斜,坡角为β。

> **技术提示:**
> 库仑土压力理论基本假设:
> 1. 墙后填土为无黏性土,即黏聚力 $c=0$;
> 2. 墙后填土沿一平面滑动,即平面滑裂面假设且通过墙踵;
> 3. 滑动楔体处于极限平衡状态,在滑裂面上抗剪强度 τ_f 充分发挥。

7.1.3.1 主动土压力

挡土墙向前移动或转动,使土体沿某一破坏面(图中 BC,其倾角为 θ)滑动时,楔体 ABC 向下滑动处于主动极限平衡状态,取此楔体作为脱离体,分析其受力,根据静力平衡条件进行计算。对于不同的假定 θ 值,对应有不同的 E_a 和 E_p 值,根据数学中求极值的方法可求得。库仑主动土压力与被动土压力,其对应的滑动面就是危险滑动面。表7.6是库仑主动土压力的计算原理(其推导过程略)。

表7.6 库仑主动土压力计算原理

主动土压力示意图	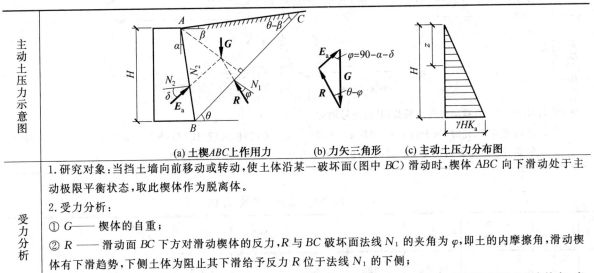 (a) 土楔 ABC 上作用力 (b) 力矢三角形 (c) 主动土压力分布图
受力分析	1. 研究对象:当挡土墙向前移动或转动,使土体沿某一破坏面(图中 BC)滑动时,楔体 ABC 向下滑动处于主动极限平衡状态,取此楔体作为脱离体。 2. 受力分析: ① G —— 楔体的自重; ② R —— 滑动面 BC 下方对滑动楔体的反力,R 与 BC 破坏面法线 N_1 的夹角为 φ,即土的内摩擦角,滑动楔体有下滑趋势,下侧土体为阻止其下滑给予反力 R 位于法线 N_1 的下侧; ③ E_a —— 墙背对楔体 ABC 的反力,反力 E_a 的方向与墙背的法线方向 N_2 成 δ 角,即墙背与填土的摩擦角,当土体下滑时,墙对土体的阻力是向上的,故 E_a 必在 N_2 的下侧。
主动土压力计算公式	$$E_a = \frac{1}{2}\gamma H^2 K_a \quad (7.11)$$ $$K_a = \frac{\cos^2(\varphi-\alpha)}{\cos^2\alpha\cos(\alpha+\delta)\left[1+\sqrt{\frac{\sin(\varphi+\delta)\cdot\sin(\varphi-\beta)}{\cos(\alpha+\delta)(\alpha-\beta)}}\right]^2} \quad (7.12)$$ 1. K_a —— 库仑主动土压力系数,可由表7.7查得; 2. δ —— 墙背与墙后填土的摩擦角可由表7.8查得; 3. 当墙背直立、光滑,填土面水平,即取 $\alpha=0$,$\delta=0$,$\beta=0$ 时,上式得 $K_a = \tan(45°-\varphi/2)$ 与无黏性土的朗肯土压力表达式完全相同,说明朗肯土压力是库仑土压力的特例。

7.1.3.2 被动土压力

库仑被动土压力计算原理见表 7.7。

表 7.7　库仑被动土压力计算原理

被主动土压力示意图	(a) 土楔ABC上作用力　　(b) 力矢三角形　　(c) 被动土压力分布图
受力分析	1. 研究对象：当挡土墙在外力作用下，使土体沿某一破坏面（图中 BC）滑动时，楔体 ABC 向上滑动处于被动极限平衡状态，取此楔体作为脱离体。 2. 受力分析： ① G —— 楔体的自重； ② R —— 滑动面 BC 下方对滑动楔体的反力，R 与 BC 破坏面法线 N_1 的夹角为 φ，即土的内摩擦角，滑动楔体有上滑趋势，下侧土体为阻止其上滑给予反力 R 位于法线 N_1 的上侧； ③ E_p —— 墙背对楔体 ABC 的反力，反力 E_p 的方向与墙背的法线方向 N_2 成 δ 角，即墙背与填土的摩擦角，当土体上滑时，墙对土体的阻力是向下的，故 E_p 必在 N_2 的上侧。
被动土压力计算公式	$$E_p = \frac{1}{2}\gamma H^2 K_p \tag{7.13}$$ $$K_p = \frac{\cos^2(\varphi+\alpha)}{\cos^2\alpha\cos(\alpha-\delta)\left[1-\sqrt{\dfrac{\sin(\varphi+\delta)\cdot\sin(\varphi+\beta)}{\cos(\alpha-\delta)(\alpha-\beta)}}\right]^2} \tag{7.14}$$ 1. K_p —— 库仑被动土压力系数；其余符号同前。 2. 当墙背直立、光滑，填土面水平，即取 $\alpha=0,\delta=0,\beta=0$ 时，由式(7.12)得：$K_p = \tan(45°+\varphi/2)$ 与无黏性土的朗肯土压力表达式完全相同，说明朗肯土压力是库仑土压力的一种特例。

表 7.8　库仑被动土压力系数 K_a 值

δ	α	φ \ β	15°	20°	25°	30°	35°	40°	45°	50°
0°	0°	0°	0.589	0.490	0.406	0.333	0.271	0.217	0.172	0.132
		10°	0.704	0.569	0.462	0.374	0.300	0.238	0.186	0.142
		20°		0.883	0.573	0.441	0.344	0.267	0.204	0.154
		30°			0.750	0.436	0.318	0.235	0.172	
	10°	0°	0.652	0.560	0.478	0.407	0.343	0.288	0.238	0.194
		10°	0.784	0.655	0.550	0.461	0.384	0.318	0.261	0.211
		20°		1.015	0.685	0.548	0.444	0.360	0.291	0.231
		30°			0.925	0.566	0.433	0.337	0.262	

续表 7.8

δ	α	φ\β	15°	20°	25°	30°	35°	40°	45°	50°
0°	20°	0°	0.736	0.648	0.569	0.498	0.434	0.375	0.322	0.274
		10°	0.896	0.768	0.663	0.572	0.492	0.421	0.358	0.302
		20°		1.205	2.834	0.688	0.576	0.484	0.405	0.337
		30°				1.169	0.740	0.586	0.474	0.385
	−10°	0°	0.540	0.433	0.344	0.270	0.209	0.158	0.117	0.083
		10°	0.644	0.500	0.389	0.301	0.229	0.171	0.125	0.088
		20°		0.785	0.482	0.353	0.261	0.190	0.136	0.094
		30°				0.614	0.331	0.226	0.155	0.104
	−20°	0°	0.589	0.490	0.406	0.333	0.271	0.217	0.172	0.132
		10°	0.704	0.569	0.462	0.374	0.300	0.238	0.186	0.142
		20°		0.883	0.573	0.441	0.344	0.267	0.204	0.154
		30°				0.750	0.436	0.318	0.235	0.172
10°	0°	0°	0.533	0.447	0.373	0.309	0.253	0.204	0.163	0.127
		10°	0.664	0.531	0.431	0.350	0.282	0.225	0.177	0.136
		20°		0.897	0.549	0.420	0.326	0.254	0.195	0.148
		30°				0.762	0.423	0.306	0.226	0.166
	10°	0°	0.603	0.520	0.448	0.384	0.326	0.275	0.230	0.189
		10°	0.759	0.626	0.524	0.440	0.369	0.307	0.253	0.206
		20°		1.064	0.674	0.534	0.432	0.351	0.284	0.227
		30°				0.969	0.564	0.427	0.332	0.258
	20°	0°	0.695	0.615	0.543	0.478	0.419	0.365	0.316	0.271
		10°	0.890	0.752	0.646	0.558	0.482	0.414	0.354	0.300
		20°		1.308	0.844	0.687	0.573	0.481	0.403	0.337
		30°				1.268	0.758	0.594	0.478	0.388
	−10°	0°	0.477	0.385	0.309	0.245	0.191	0.146	0.109	0.078
		10°	0.590	0.455	0.354	0.275	0.211	0.159	0.116	0.082
		20°		0.773	0.450	0.328	0.242	0.177	0.127	0.088
		30°				0.605	0.313	0.212	0.146	0.098
	−20°	0°	0.427	0.330	0.252	0.188	0.137	0.096	0.064	0.039
		10°	0.529	0.388	0.286	0.209	0.149	0.103	0.068	0.041
		20°		0.675	0.364	0.248	0.170	0.114	0.073	0.044
		30°				0.475	0.220	0.135	0.082	0.047

续表 7.8

δ	α	φ β	15°	20°	25°	30°	35°	40°	45°	50°
15°	0°	0°	0.518	0.434	0.363	0.301	0.248	0.201	0.160	0.125
		10°	0.656	0.522	0.423	0.343	0.277	0.222	0.174	0.135
		20°		0.914	0.546	0.415	0.323	0.251	0.194	0.147
		30°				0.777	0.422	0.305	0.225	0.165
	10°	0°	0.592	0.511	0.441	0.378	0.323	0.273	0.228	0.189
		10°	0.760	0.623	0.520	0.437	0.366	0.305	0.252	0.206
		20°		1.103	0.679	0.535	0.432	0.351	0.284	0.228
		30°				1.005	0.571	0.430	0.334	0.260
	20°	0°	0.690	0.611	0.540	0.476	0.419	0.366	0.317	0.273
		10°	0.904	0.757	0.649	0.560	0.484	0.416	0.357	0.303
		20°		1.383	0.862	0.697	0.579	0.486	0.408	0.341
		30°				1.341	0.778	0.606	0.487	0.395
	−10°	0°	0.458	0.371	0.298	0.237	0.186	0.142	0.106	0.076
		10°	0.576	0.442	0.344	0.267	0.205	0.155	0.114	0.081
		20°		0.776	0.441	0.320	0.237	0.174	0.125	0.087
		30°				0.607	0.308	0.209	0.143	0.097
	−20°	0°	0.405	0.314	0.240	0.180	0.132	0.093	0.062	0.038
		10°	0.509	0.372	0.275	0.201	0.144	0.100	0.066	0.040
		20°		0.667	0.352	0.239	0.164	0.110	0.071	0.042
		30°				0.470	0.214	0.131	0.080	0.046
20°	0°	0°			0.357	0.297	0.245	0.199	0.160	0.125
		10°			0.419	0.340	0.275	0.220	0.174	0.135
		20°			0.547	0.414	0.322	0.251	0.193	0.147
		30°			0.798	0.425	0.306	0.225	0.166	
	10°	0°			0.438	0.377	0.322	0.273	0.229	0.019
		10°			0.521	0.438	0.367	0.306	0.254	0.208
		20°			0.690	0.540	0.436	0.354	0.286	0.230
		30°				1.051	0.582	0.437	0.338	0.264
	20°	0°			0.543	0.479	0.422	0.370	0.321	0.277
		10°			0.659	0.568	0.490	0.423	0.363	0.309
		20°			0.891	0.715	0.592	0.496	0.417	0.349
		30°				1.434	0.807	0.624	0.501	0.406
	−10°	0°			0.291	0.232	0.182	0.140	0.105	0.076
		10°			0.337	0.262	0.202	0.153	0.113	0.080
		20°			0.437	0.316	0.233	0.171	0.124	0.086
		30°				0.614	0.306	0.207	0.142	0.096
	−20°	0°			0.231	0.174	0.128	0.090	0.061	0.038
		10°			0.266	0.195	0.140	0.097	0.064	0.039
		20°			0.344	0.233	0.160	0.108	0.069	0.042
		30°				0.468	0.210	0.129	0.079	0.045

表 7.9 土对挡土墙背的摩擦角

挡土墙情况	摩擦角 δ	挡土墙情况	摩擦角 δ
墙背平滑、排水不良	$(0\sim0.33)\varphi$	墙背很粗糙、排水良好	$(0.5\sim0.67)\varphi$
墙背粗糙、排水良好	$(0.33\sim0.5)\varphi$	墙背与填土间不可能滑动	$(0.67\sim1.0)\varphi$

【例 7.5】 挡土墙高 4.5 m,墙背倾斜角 $\alpha=10°$(俯斜),填土坡角 $\beta=15°$,填土为砂土,$\gamma=17.5$ kN/m³,$\varphi=30°$,填土与墙背的摩擦角 $\delta=\dfrac{2}{3}\varphi$,试按库仑理论求主动土压力及作用点。

解 (1) 根据 $\alpha=10°$,$\beta=15°$,$\varphi=30°$,$\delta=\dfrac{2}{3}\varphi=20°$,查表 7.8 得 $K_a=(0.438+0.540)/2=0.489$。

(2) $E_a=\dfrac{1}{2}\gamma h^2K_a=\left(\dfrac{1}{2}\times17.5\times4.5^2\times0.489\right)$ kN/m $=86.64$ kN/m,作用点距墙底 $h/3$ 处。

技术提示:

结论:主动土应力沿墙高呈三角形分布。主动土压力的合力作用点在离墙底 $h/3$ 处,方向与墙背法线顺时针成 δ 角,与水平面成 $(\alpha+\delta)$ 角。

7.1.3.3 两种土压力理论的比较

表 7.10 郎肯理论与库仑理论比较

	郎肯土压力	库仑土压力
分析方法	利用极限平衡理论求半空间中土单元体达到极限平衡状态时的应力状态	利用静力平衡原理求墙后某一滑动楔块达到极限平衡状态时的土压力
基本假定	墙背垂直、光滑,墙后填土水平	填土为散粒体,滑动面为平面,滑动体为刚体
适用范围	黏性土和无黏性土均可	仅为无黏性土,但可用于墙背倾斜、粗糙、填土面不水平等情况
与实际情况的差异	由于忽略了墙与土之间的摩擦对土压力的影响,计算的主动土压力偏大,被动土压力偏小。	由于假定土体中的滑动面为平面,计算的主动土压力偏小,被动土压力偏大。
实际应用	对于计算主动土压力,两种理论与实际的差别都不大;至于被动土压力的计算,当 δ 和 φ 较小时,尚可应用;而当 δ 和 φ 较大时,误差都很大,均不宜采用。	

7.2 土坡稳定

土坡(边坡)是指具有倾斜坡面的土体。自然地质作用形成土坡(如山坡、江河的岸坡)称为天然土坡,由人工开挖或回填形成的土坡(路基、堤坝)又称为人工土坡,土坡的简单外形和各部位名称如图 7.7 所示。

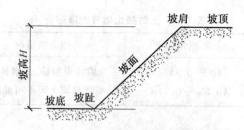

图 7.7　简单土坡示意图

自然界大、中型边坡的滑动或崩塌是人类经常遇到的自然地质灾害之一（如暴雨、地震及人类的不当工程活动等），边坡的破坏常是各种地质因素长期综合作用的结果，整个作用过程是一个缓慢、渐进的过程，但其最后的破坏却具有突发的特点，并常具有很大的灾难性，故对边坡稳定必须引起足够的重视。

在工程实践中，边坡坡度设计过陡时，极易发生坍滑，很不安全；而坡度设计过缓时，则会大大增加土方工程量，加大占地面积，浪费建设资金。因此，要想使土坡设计既经济又安全，就必须进行土坡的稳定性分析与计算。本节主要介绍土坡稳定性分析的基本原理。

7.2.1　无黏性土坡稳定分析

如图 7.8 所示，设坡面上某颗粒 M 所受重力为 W，砂的内摩擦角为 φ，重力 W 沿着坡面的分力为 $T=W\sin\beta$，使土粒下滑，重力 W 垂直于坡面的分力为 $N=W\cos\beta$，在坡面上引起摩擦力（抗滑力）$T'=N\tan\varphi=W\cos\beta\tan\varphi$ 阻止土粒下滑。抗滑力和滑动力的比值为稳定安全因素 k，即

$$k=\frac{T'}{T}=\frac{W\cos\beta\tan\varphi}{W\sin\beta}=\frac{\tan\varphi}{\tan\beta} \tag{7.15}$$

图 7.8　无黏性土坡稳定分析

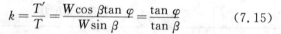

技术提示：

由上式可知：

(1) 无黏性土的稳定性与坡高无关；

(2) $\beta>\varphi$ 时，$k<1$，土坡处于不稳定状态；$\beta=\varphi$ 时，$k=1$，土坡处于极限平衡状态；$\beta<\varphi$ 时，$k>1$，土坡处于稳定状态，为了保证土坡的稳定性，一般要求 $k=1.1\sim1.5$。

(3) 自然休止角：无黏性土在自然状态下的极限坡角，极限坡角等于土的内摩擦角。

【例 7.6】　某砂土场地需放坡开挖基坑，已知砂土的自然休止角 $\varphi=32°$，试求：

(1) 若取安全系数 $k=1.3$，求稳定坡角 β；

(2) 若取坡角 $\beta=23°$，求稳定安全系数 k。

解　(1) 由 $k=\tan\varphi/\tan\beta=1.3$，得：$\beta=25.7°$。

(2) 由 $\beta=23°$，得：$k=\tan\varphi/\tan\beta=1.47$。

技术提示：

对于均质的无黏性土土坡，干燥或完全浸水，土粒间无黏结力，可用上述原理判断其土坡的稳定性。但有渗流（土中水在一定压力差作用下，在孔隙中流动的现象）作用时的无黏性土土坡，试验研究表明：无黏性土土坡的稳定安全系数将近乎降低一半。有渗流作用的土坡稳定比无渗流作用的土坡稳定，坡角要小得多。

7.2.2 黏性土坡稳定分析

均质黏性土坡失稳破坏时，其滑动面常常是一曲面。为了简化问题，通常近似地假定其破坏滑动面为圆弧滑动面。常用的稳定分析的方法有整体圆弧滑动法、泰勒图表法、费连纽斯条分法。整体圆弧法和泰勒图表法适用于均质简单土坡，费连纽斯条分法对非匀质土坡外形复杂、土坡部分在水下适用。下面简要分析整体圆弧滑动法及费连纽斯条分法的基本思路，重点介绍泰勒图表法实际应用。

1. 整体圆弧滑动法

基本思路：如图 7.9 所示，ADC 为一假定的滑动圆柱面，将滑动面上土体（土体 $ABCDA$）视为刚体，并以其作为脱离体，其转动圆心在 O 点，半径为 R。

单位长度的滑动土体 $ABCDA$ 在重力 W 作用下处于极限平衡状态，滑动体具有绕圆心 O 旋转而下滑的趋势。使滑动体绕圆心 O 下滑的滑动力矩为 $M_S = Wd$；阻止土体滑动的力是滑弧上的抗滑力，其值等于土的抗剪强度 τ_f 与滑弧 ADC 长度 L 的乘积，故阻止滑动体 ADC 向下滑动的抗滑力矩（对 O 点）为 $M_R = \tau_f LR$；则抗滑力矩与滑动力矩的比值即为该土坡在给定滑动面上的安全系数 K 为

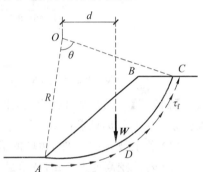

图 7.9　土坡稳定分析示意图

$$k \leqslant \frac{M_R}{M_S} = \frac{\tau_f LR}{Wd} \tag{7.16}$$

技术提示：

计算需要试算找出最危险滑动面的位置，对于均质土坡最危险滑动面通常通过坡角，在分析时就要假设几个可能的滑动面进行计算，并确定相应的稳定安全系数，其中稳定安全系数最小 $k_{\min}$ 的相应滑动面就是最危险的滑动面，如果最危险滑动面的安全系数值大于 1.0，则意味着给定的土坡已经满足了稳定的要求，一般要求 $\dfrac{M_R}{M_S} \geqslant 1.2$。

2. 泰勒图表法

泰勒图表法适用于均质的、坡高在 10 m 以内的土坡，也可用于较复杂情况的初步估算。

基本思路：由于黏性土坡的稳定性与土的抗剪强度指标 c、φ、土的重度 γ、坡角 β 和坡高 h 等 5 个参数有密切关系，但其黏性土土坡稳定分析大都需要试算，计算工作量大。泰勒根据计算资料及理论分析得

出,因此土坡处于极限平衡状态时,这5个参数间的关系,并将三个参数 c、γ 和 H 合并为一个新的无量纲参数 N 称为稳定系数,然后通过 $N-\beta$ 关系曲线(图7.10)来反映。

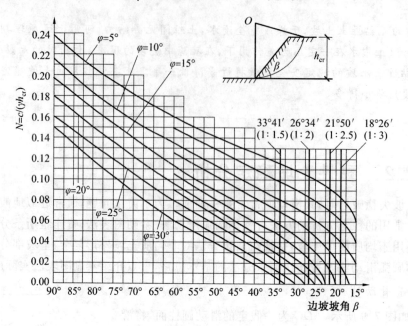

图7.10　$N-\beta$ 关系曲线

N— 稳定系数,$N=c/(\gamma h_{cr})$;h_{cr}— 土坡的临界高度,其应用通过下面例题理解。

【例7.7】 已知某开挖土坡,土的天然重度 $\gamma=18.9\ kN/m^3$,内摩擦角 $\varphi=10°$,黏聚力 $c=12\ kPa$,若安全系数 $k=1.5$,试求:

(1)若土坡 $\beta=60°$ 时,边坡的最大允许高度;

(2)若开挖高度为 6 m,坡角最大能做多大?

解　(1)由 $\beta=60°$,$\varphi=10°$ 查图7.10 得 $N=0.141$ 再代入 $N=\dfrac{c}{\gamma h_{cr}}$,得土坡临界高度为

$$h_{cr}=\frac{c}{\gamma N}=\frac{12}{18.9\times 0.141}\ m=4.5\ m$$

若安全系数 $k=1.5$,边坡的最高允许高度为

$$h=h_{cr}/k=4.5\ m/1.5=3.0\ m$$

(2)由 $h_{cr}=(1.5\times 6)\ m=9\ m$ 代入 $N=\dfrac{c}{\gamma h_{cr}}=12/18.9\times 9=0.071$。又由 $N=0.071$,$\varphi=10°$ 查图 7.10 得边坡坡角 $\beta=28°$。

技术提示:

采用泰勒图表法可以解决简单土坡稳定分析中的下述问题:

(1)已知坡角 β 及土的性质指标 c、φ、γ,求稳定的坡高 h;

(2)已知坡高 H 及土的性质指标 c、φ、γ,求稳定的坡角 β;

(3)已知坡角 β、坡高 H 及土的性质指标 c、φ、γ,求稳定安全系数 k,$k=h_{cr}/h$。

3. 费连纽斯条分法

(1) 基本思路:如图7.11所示土坡,假定土坡沿圆弧面 ADC 滑动,其圆心位于 O 点,半径为 R,滑动土体 $ABCDA$ 分成若干个竖向土条→计算各土条力系对圆弧圆心的抗滑移力矩 M_R 和滑动力矩 M_S,将抗滑移力矩和滑动力矩之比称为土坡的稳定安全系数 $k=M_R/M_S$。

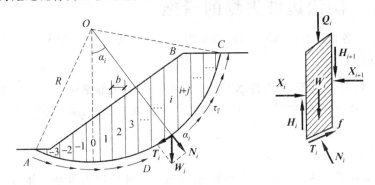

图 7.11 条分法计算土坡稳定示意图

$$k=\frac{M_R}{M_S}=\frac{\sum_{i=-k}^{n} R\left[(Q_i+W_i)\cos\alpha_i\tan\varphi_i+c_il_i\right]}{\sum_{i=-k}^{n} R(Q_i+W_i)\sin\alpha_i} \qquad (7.17)$$

式中 Q_i——土条表面的竖向作用力 Q_i,作用在土条的中心线上,大小已知;

W_i——土条的重力 W_i,其大小、方向、作用点位置均已知;

l_i——滑弧段 ef 的弧长;

c_i、φ_i——ef 上土的内聚力和内摩擦角;

α_i——土条 i 底面的法线(亦即半径)与竖直线的夹角。

假定几个可能的滑动面,分别计算相应的 k 值,并取 $k_{\min}$ 所对应的滑动面为最危险滑动面。当 $k_{\min}>1$,则土坡稳定(一般取 $k_{\min}=1.1\sim1.5$)。

关于抗滑移力矩 M_R 和滑动力矩 M_S 计算较复杂仅做给出表达式。另条分法用于分析外形比较复杂黏性土土坡,特别是多层土土坡,计算工作量大,一般由计算机完成。

7.2.3 影响土坡稳定的因素

1. 内部因素

(1) 斜坡的土质:各种土质的抗剪强度(c、φ、γ 不同)、抗水能力是不一样的,如钙质或石膏质胶结的土、湿陷性黄土等,遇水后软化,使原来的强度降低很多。

(2) 斜坡的土层结构:如在斜坡上堆有较厚的土层,特别是当下伏土层(或岩层)不透水时,容易在交界上发生滑动。

(3) 斜坡的外形(坡度、坡高):比如上陡下缓的凹形坡易于下滑。由于黏性土有黏聚力,当土坡不高时尚可直立,但随时间和气候的变化,也会逐渐塌落。

2. 外部因素

(1) 降水或地下水的作用:持续的降雨或地下水渗入土层中,使土中含水量增高,土中易溶盐溶解,土质变软,强度降低;还可使土的重度增加,以及孔隙水压力的产生,使土体作用有动、静水压力,促使土体失稳,故设计斜坡应针对这些原因,采用相应的排水措施。

(2) 振动的作用:如地震的反复作用下,砂土极易发生液化;黏性土,振动时易使土的结构破坏,从而降低土的抗剪强度;施工打桩或爆破,由于振动也可使邻近土坡变形或失稳等。

(3) 人为影响:由于人类不合理的开挖,特别是开挖坡脚或开挖基坑、沟渠、道路边坡时将弃土堆在坡顶附近,在斜坡上建房或堆放重物时,都可引起斜坡变形破坏。

7.2.4 防治边坡失稳的措施

不同的边坡都有其各自的特点,特点不同所采用的施工方法也不尽相同。

1. 减少水的影响

滑坡的产生与水的关系密切,设置排水系统是防治滑坡的可靠措施。在整治过程中,应以治水为本,支挡为辅,采用疏、截、排等综合措施以引开地表水,降低地下水,提高土体强度。排水防止边坡失稳的措施包括:地表排水与地下排水。

2. 开挖后及时支护

边坡开挖以后,破坏了土体原有的力学平衡,造成边坡土体的应力重新分布,边坡表层一定范围的土体强度会因应力状态的改变而降低,使边坡向不稳定方向发展。随着时间的推移,边坡失稳的可能性逐渐增大,同时施工周期越长越容易受到降雨的影响,因此边坡施工应在开挖后,如果需要应及时支护。

3. 减少人为因素的影响

(1) 减少振动的影响

边坡开挖施工过程中,尽量减少边坡周围振动对边坡的影响。边坡周围影响范围内尽量减少爆破、强夯、锤击法预制桩施工作业。

(2) 杜绝和减少坡顶对边坡的应力

边坡顶部影响范围内禁止堆积土方、大宗建筑材料和设备,边坡顶部禁止载重汽车和施工机械的通行。减少外部因素施加给边坡的破坏应力。

(3) 严格按照施工规范组织施工

按照相关的规范规定,一般情况下,边坡开挖超过8 m时,采取分两级进行放坡:从坡顶往下8 m内按1:1.5进行放坡,超过8 m后,按1:2进行放坡。坚决杜绝不按规范和施工方案施工的现象发生。

4. 做好边坡的变形观测

施工过程中做好边坡的变形观测,以便及时预报可能发生的滑塌,采取相应的对策。

(1) 人工观察

在地质条件较好的地区,对于高度较低的边坡施工,施工过程中安排专职安全人员观察巡视边坡的变化、变形情况。发现异常及时发出报警信号,以便施工人员和机械设备的迅速撤离,避免出现人员伤亡和设备损坏事故的发生。

(2) 仪器测量观察

对于高度较高的边破施工,需要使用仪器对边坡变形进行观测。在观测区及其周围设立固定观测标桩,根据观测区的范围、地形条件和观测要求组成导线网,并与地区测量标志连接,用经纬仪、水准仪等仪器测定相对位移和绝对位移。

7.3 重力式挡土墙简介

7.3.1 挡土墙的常见结构类型

挡土墙是防止土体坍塌的构筑物,挡土墙的常见结构类型有:重力式、钢筋混凝土悬臂式和扶壁式、

桩板式、锚杆式、锚定板式等,其中最为常见的是重力式、钢筋混凝土悬臂式和扶壁式挡墙,如图7.12所示。

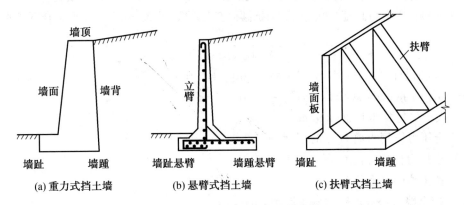

图7.12　挡土墙常见的结构类型

在进行挡土墙形式选择时,应考虑以下原则:挡土墙的用途、高度与重要性;场地的地形与地质条件;尽量就地取材、因地制宜;安全、经济。

重力式挡土墙(图7.12(a))的特点是体积大,通常由砖、石、素混凝土等材料砌筑而成,作用于墙背上的土压力引起的倾覆力矩靠自重产生的抗倾覆力矩来平衡而保持稳定,因此墙身断面较大。其优点是结构简单,施工方便,可就地取材,故应用较广。其缺点是工程量大,沉降也较大。重力式挡土墙一般适用于小型工程,挡土墙高度一般不大于5 m。

悬臂式挡土墙(图7.12(b))由三个悬臂板组成(即立臂、墙趾拖板和墙踵拖板),一般用钢筋混凝土来建造。这种挡土墙立臂和地板较薄,体积小,利用墙踵拖板上的土重保持稳定,而墙体内的拉力则由钢筋来承担。优点是墙体截面较小,工程量小,缺点是废钢材,技术复杂,一般用于重要工程。

扶臂式挡土墙(图7.12(c))是沿悬臂式挡土墙纵向每隔一定距离设置一道扶臂(肋板)而形成的挡土墙,用以增强悬臂式挡土墙的抗弯能力及整体刚度,减小悬臂所产生的位移。与重力式挡土墙相比较,这种挡土墙的技术更为复杂。

7.3.2　重力式挡土墙的验算

挡土墙设计时,一般先凭经验初步拟定挡土墙的类型和尺寸,然后进行挡土墙的验算,如不满足要求,则改变截面尺寸或采取其他措施,仍不能满足要求时,可考虑改变其结构类型。

技术提示:

1.挡土墙破坏形式包括:倾覆失稳、滑移失稳、地基承载力失稳和墙身强度破坏。
2.挡土墙的验算内容:
(1)稳定性验算,包括抗倾覆和抗滑移的稳定性验算;
(2)地基的承载力验算;
(3)墙身强度验算。

1. 抗倾覆稳定验算

如图 7.13 所示,作用在挡土墙上的力有墙身自重、墙后土压力和基底反力。抗倾覆稳定验算取 O 点进行计算。挡土墙的抗倾覆力矩与倾覆力矩之比称为抗倾覆安全系数,以 K_t 表示。K_t 应符合下式要求:

$$K_t = \frac{Gx_0 + E_{az}x_f}{E_{ax}z_f} \geqslant 1.6 \tag{7.18}$$

式中　E_{az}——E_a 的竖向分力(kN/m),$E_{az} = E_a\sin(\alpha + \delta)$;

　　　E_{ax}——E_a 的水平分力(kN/m),$E_{ax} = E_a\cos(\alpha + \delta)$;

　　　G——挡土墙每延米自重(kN/m);

　　　z_f——土压力作用点离 O 点的高度,m;

　　　x_f——土压力作用点离 O 点的水平距离,m;

　　　α_0——挡土墙的基底倾角;

　　　x_0——挡土墙重心离墙趾的水平距离,m;

　　　b——基底的水平投影宽度,m;

　　　z——土压力作用点离墙踵的高度,m。

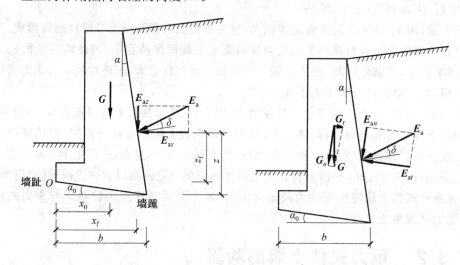

图 7.13　挡土墙抗倾覆稳定性验算　　图 7.14　挡土墙抗滑移稳定性验算

2. 抗滑稳定验算

在土压力作用下,挡土墙有可能沿基础底面发生滑动(图 7.14)。在抗滑稳定验算中,将 G 和 E_a 分解为垂直和平行于基底的分力,抗滑力与滑动力之比称为抗滑安全系数 K_s,K_s 应符合下式要求:

$$K_s = \frac{(G_n + E_{an})\mu}{E_{at} - G_t} \geqslant 1.3 \tag{7.19}$$

式中　E_{an}——E_a 在垂直于基底平面方向的分力(kN/m),$E_{an} = E_a\sin(\alpha + \alpha_0 + \delta)$;

　　　E_{at}——E_a 在平行于基底平面方向的分力(kN/m),$E_{at} = E_a\cos(\alpha + \alpha_0 + \delta)$;

　　　G_n——挡土墙自重在垂直于基底平面方向的分力,kN/m;

　　　G_t——挡土墙自重在平行于基底平面方向的分力,kN/m;

　　　μ——土对挡土墙基底的摩擦系数,可以查表 7.10,kN/m。

3. 地基承载力验算

挡土墙在自重及土压力的垂直分力下,基底压力按线性分布。其验算方法与天然地基上的浅基础验算相同。

4. 墙身强度验算

挡土墙的墙身强度验算,应按《混凝土结构设计规范》(GB 50010—2010)和《砌体结构设计规范》(GB 50003—2011)规定,进行抗压承载力和抗剪承载力验算。

【例7.8】 已知某挡土墙高 $H=0.6$ m,墙背倾角 $\alpha=10°$,墙后填土倾角 $\beta=10°$,墙背与填土摩擦角 $\delta=20°$。墙后填土为中砂,其重度 $\gamma=19$ kN/m³,内摩擦角 $\varphi=30°$,中砂地基承载力 $f=170$ kPa。试设计此挡土墙。

解 (1)挡土墙断面尺寸的初步选择

根据构造要求,初步选定挡土墙顶宽 0.8 m,底宽 4.5 m。拟采用素混凝土建造 $\gamma_{混}=24$ kN/m³,$\alpha_0=0°$,则挡土墙自重为

$$G=\frac{(0.8+4.5)\times H\gamma_{混}}{2}=(2.65\times 6\times 24)\text{kN/m}=381.6 \text{ kN/m}$$

(2)土压力计算

用库仑理论计算作用在墙上的主动土压力。由 $\alpha=10°$,$\beta=10°$,$\delta=20°$,$\varphi=30°$ 可得 $K_a=0.438$。则

$$E_a=\frac{1}{2}\gamma H^2 K_a=\frac{1}{2}(19.0\times 6^2\times 0.438)\text{kN/m}=299.59 \text{ kN/m}$$

因此:

$$E_{az}=E_a\sin(\alpha+\delta)=74.9 \text{ kN/m}$$
$$E_{ax}=E_a\cos(\alpha+\delta)=129.7 \text{ kN/m}$$
$$E_{an}=E_a\cos(\alpha+\alpha_0+\delta)=E_a\cos(\alpha+\delta)=129.7 \text{ kN/m}$$
$$E_{at}=E_a\sin(\alpha+\alpha_0+\delta)=E_a\sin(\alpha+\delta)=74.9 \text{ kN/m}$$

(3)墙底对地基中砂的摩擦系数 $\mu=0.4$,则抗滑稳定安全系数为

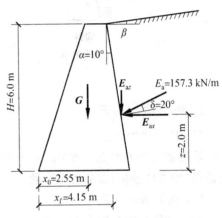

图 7.15 例 7.8 图

$$K_s=\frac{(G+E_{az})\mu}{E_{ax}}=\frac{(381.6+74.9)\times 0.4}{129.7}=1.41>1.3(\text{安全})$$

(4)抗倾覆稳定性验算

作用在挡土墙上的诸力对墙趾的力臂:$x_0=2.55$ m,$x_f=4.15$ m,$z_f=2.0$ m。则抗倾覆安全系数为

$$K_t=\frac{Gx_0+E_{az}x_f}{E_{ax}z_f}=\frac{381.6\times 2.55+74.8\times 4.15}{129.7\times 2}=4.95>1.6(\text{安全})$$

(5)地基承载力验算

① 作用在基底的总垂直压力:

$$N=G+E_{az}=(381.6+74.9)\text{kN/m}=456.5 \text{ kN/m}$$

② 合力对墙趾的总力矩:

$$M=Gx_0+E_{az}x_f-E_{ax}z_f=(381.6\times 2.55+74.9\times 4.15-129.7\times 2)\text{kN}\cdot\text{m/m}=1\,024.5 \text{ kN}\cdot\text{m/m}$$

则偏心距 e 为

$$e=\frac{4.5}{2}-\frac{M}{N}=\left(2.25-\frac{1\,024.5}{456.5}\right)\text{m}=0.005\,8 \text{ m}<\frac{4.5}{6}\text{m}=0.75 \text{ m}$$

③ 承载力验算:

$$p_{max}=\frac{N}{A}\left(1+\frac{6e}{B}\right)=\frac{456.5}{4.5}\times\left(1+\frac{6\times 0.005\,8}{4.5}\right)\text{kPa}=102.2 \text{ kPa}<1.2f_a=204 \text{ kPa}$$

$$p_{min}=\frac{N}{A}\left(1-\frac{6e}{B}\right)=\frac{456.5}{4.5}\times\left(1-\frac{6\times 0.005\,8}{4.5}\right)\text{kPa}=100.7 \text{ kPa}$$

$$p=\frac{1}{2}(p_{max}+p_{min})=101.5 \text{ kPa}<f=170 \text{ kPa}$$

均满足要求(墙身强度验算略)。

7.3.3 重力式挡土墙的构造措施

挡土墙的设计,除进行前述验算外,还必须合理地选择墙型和采取必要的构造措施,以保证其安全、合理和经济。

1.墙背的倾斜形式

墙背的倾斜形式(图7.16)应根据使用要求、地形和施工条件等综合考虑。

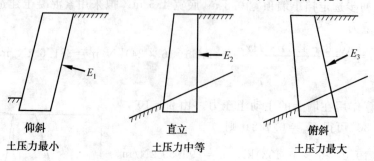

仰斜　　　　　　直立　　　　　　俯斜
土压力最小　　　土压力中等　　　土压力最大

图 7.16　墙背倾斜形式

2.挡土墙剖面尺寸

(1)挡土墙的高度

墙后被支挡的填土呈水平时填土的高度为墙顶的高度。对长度很大的挡土墙,也可使墙顶低于填土顶面,用斜坡连接,以节省工程量。

(2)挡土墙的顶宽

挡土墙的顶宽为构造要求确定。对砌石重力式挡土墙,顶宽应大于 0.5 m。对混凝土重力式挡土墙顶宽也应不小于 0.5 m。

(3)挡土墙的底宽

挡土墙的底宽由整体稳定性确定,初定挡土墙底宽 $B \approx 0.5H \sim 0.7H$(H 为挡土墙高)。初定尺寸后,经挡土墙抗滑移验算和抗倾覆验算,若安全系数过大,则适当减小底宽;反之,若安全系数太小,则适当加大底宽。

(4)挡土墙的坡度

为了增加稳定性将基底做成逆坡。对于土质地基,基底逆坡坡度≤1∶10;对于岩质地基,基底逆坡坡度≤1∶5。

3.墙后回填土

(1)理想的回填土:卵石、砾石、粗砂、中砂的内摩擦角 φ 大。主动土压力系数 $k_a = \tan(45° - \varphi/2)$ 小,使主动土压力减小,节省墙工程量。无疑,上述粗粒土为挡土墙后理想的回填土。

(2)可用的回填土:细砂、粉砂、含水量接近最优水量的粉土、粉质黏土和低塑性黏土为可用的回填土,如当地无粗粒土,外运不经济,可就地取材。

(3)不能用的回填土:凡软黏土、成块的硬黏性土、膨胀土和耕植土,因性质不稳定,在冬季冰冻时或雨季吸水膨胀都将产生额外的土压力,对挡土墙的稳定性产生不利影响,故不能用作墙后的回填土。

另填土压实质量是挡土墙施工中的一个关键因素,填土应分层夯实。

4.排水设施

若挡土墙后有较大面积填土或用以阻挡山坡滑动,则应在填土顶面离挡土墙适当的距离处设置截水沟,将径流截断排出,并用混凝土衬砌,防止沟中积水下渗。

为使渗入墙后填土中的积水易于排出,通常在墙身不同部位布置适当的泄水孔。泄水孔入口处应用易于渗水的粗颗粒材料(卵、碎石等)做滤水层以免淤塞,并在泄水孔入口处下方铺设黏土夯实层,防止积水渗入挡土墙地基。排水构造如图 7.17 所示。

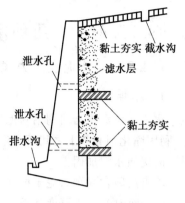

图 7.17　排水构造

7.4　基坑支护简介

基坑是为了修建建筑物基础或地下室、埋设市政工程管道以及开发地下空间(地铁、地下商场、地下停车场、人防工程挖地面以下的坑)。

基坑围护工程是指基坑开挖时,为了保证坑壁不致坍塌、保护主体地下结构的安全以及周围环境不受损害所采取的工程措施的总称。

在基坑工程的设计和施工中,有的有支护措施,称之为有支护的基坑工程;有的没有支护措施,称之为无支护工程(需要研究土坡的稳定)。为了应对周围环境和土质的差异性,基坑支护的类型也包括很多种。下面重点介绍基坑支护类型及其应用范围,并对简单支护的工作原理进行了简要阐述。

7.4.1　基坑支护的类型

支护结构体系的形式很多,在基坑工程中可以采用单一形式的也可以采用几种形式的组合。工程上常用的典型支护体系按其工作机理和围护墙的形式如图 7.18 所示。

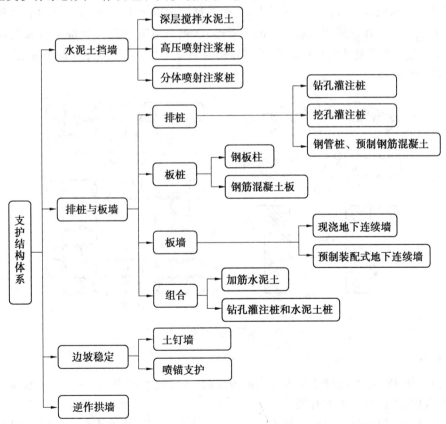

图 7.18　常用支护结构体系

7.4.2 几种常见的基坑支护

7.4.2.1 水泥土重力式挡墙

1. 原理

重力式水泥土挡墙利用水泥作为固化剂,通过特制的搅拌机械,在地基深处将软土和固化剂强制搅拌,利用固化剂和软土之间所产生的一系列物理化学反应,使软土硬结成具有整体性、水稳定性和一定强度的优质水泥加固土。

墙身材料常采用水泥土搅拌桩、旋喷桩等,使桩体相互搭接形成块状或格栅状等形状,并在基坑侧壁形成一个具有相当厚度和重度的刚性实体结构。其依靠墙体本身的自重来平衡基坑内外的土压力,满足该结构的抗滑移和抗倾覆要求。

重力式水泥土挡墙的优点是结构简单、施工方便(坑内无支撑,便于机械化快速挖土)、施工噪声低、振动小、速度快、止水效果好、造价低;缺点是宽度大,需占用基地红线内一定面积,而且墙身位移较大。重力式挡土墙主要适用软土地区,环境要求不高,开挖深度≤6 m的情况。

2. 构造要求

(1) 墙身

水泥土墙桩长:$L=(1.8\sim2.2)H$;挡墙宽度:$B=(0.7\sim0.95)H$(H为基坑开挖深度)。

(2) 布桩形式

搅拌桩的平面布置可视地质条件和基坑维护要求,结合施工设备条件,分别选用壁式、实体式、格栅式或拱式(图7.19)。它在深度方向,可采用长短结合形式。从安全和经济角度考虑,目前较多采用空腹封闭式格栅状布置和拱式布置。尤其是后者,它能使拱壁加固土主要承受压力作用,回避了水泥土抗弯性能较差的弱点。而搅拌桩采用长短结合的布置形式,则可以有效而又经济的增加挡墙底部的抗滑动性能,更适用于地质条件复杂的情况。为了加强挡墙的整体性,相邻搅拌桩的搭接宜大于100 mm,常规设计中搭接200 mm。

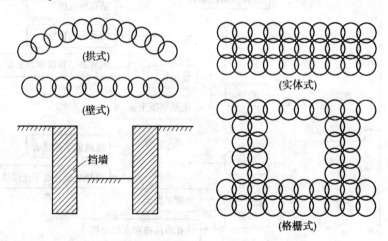

图7.19 水泥土挡墙平面布置图

3. 材料要求

水泥土一般采用425号普通硅酸盐水泥或矿渣水泥,水灰比可选用0.4~0.5。水泥土的强度与土的性质、水泥掺入比、外掺物等因素有关。

水泥掺入比是指水泥重量与被加固软土重量之比。在实际工程中水泥掺入比常选用70%~80%,一般情况下不宜小于12%。另外掺加粉煤灰的水泥土,其强度均比不掺加粉煤灰的有所增加。

4. 施工流程

搅拌桩成桩工艺可采用"一次喷浆、二次搅拌"(图 7.20)或"二次喷浆、三次搅拌"工艺,主要依据水泥掺入比及土质情况而定。水泥掺量较小,土质较松时,可用前者,反之可用后者。当采用"二次喷浆、三次搅拌"工艺时可在图 7.20 步骤(e)作业时也进行注浆,以后再重复(d)与(e)的过程。应注意施工前,应进行成桩工艺及水泥掺入量或水泥浆的配合比试验,以确定相应水泥掺入比或水泥浆水灰比,其次应特别注意搅拌时间的控制,以确保搅拌桩的均匀性。

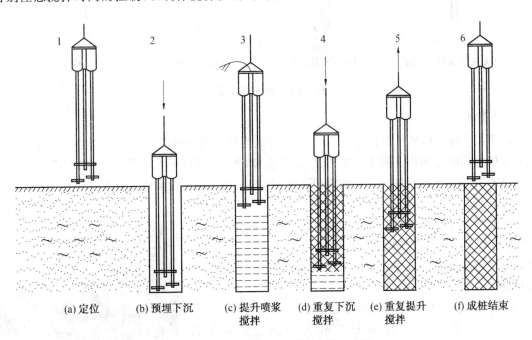

图 7.20 "一次喷浆、二次搅拌"施工流程

7.4.2.2 排桩支护

1. 按桩的排列形式分类(7.21)

(1) 柱列式

桩的排列较稀疏,这种形式称之为柱列式排桩。通常采用钻孔灌注桩或挖孔桩作为柱列式排桩,用以支护土坡。适用于边坡土质较好、地下水位较低、可利用土拱作用的情况。

(2) 连续式

桩的排列形式紧密且相互搭接,称之为连续式排桩。采用钻孔灌注桩可以相互搭接,或在钻孔灌注桩桩身强度尚未形成时,在相邻桩之间作一素混凝土树根桩,把钻孔灌注桩排连起来。

(3) 组合式

将不同形式的排桩组合一起的形式,称之为组合式排桩。

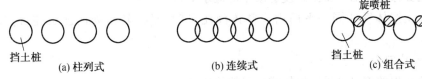

图 7.21 排桩的排列形式

2. 排桩按支撑分类(图 7.22)

(1) 无支撑的维护墙体(悬臂式桩墙);

(2) 有支撑的维护墙体(单层或多层内支撑桩墙式挡土墙及单层或多层锚杆桩墙式挡土墙)。

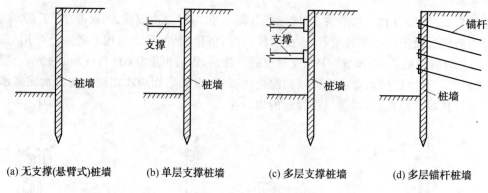

图 7.22 排桩支撑形式

3. 构造要求

(1) 悬臂式排桩结构桩径不宜小于 600 mm,桩间距应根据排桩受力及桩间土稳定条件确定。

(2) 排桩顶部应设钢筋混凝土冠梁连接,冠梁宽度(水平方向)不宜小于桩径,冠梁高度(竖直方向)不宜小于 400 mm。排桩与桩顶冠梁的混凝土等级宜大于 C20,当冠梁作为连系梁时可按构造配筋(图 7.23)。

(3) 基坑开挖后,排桩的桩间土防护可采用钢丝网混凝土护面、砖砌等处理方法,当桩间渗水时,应在护面设泄水孔。当基坑面在实际地下水位以上且土质较好,暴露时间较短时,可不对桩间土进行防护处理。

(4) 锚杆长度设计应符合下列规定:

① 锚杆自由段长度不宜小于 5 m 并应超过潜在滑裂面 1.5 m;

② 土层锚杆锚固段长度不宜小于 4 m;

③ 锚杆杆体下料长度应为锚杆自由段、锚固段及外露长度之和。外露长度须满足台座、腰梁尺寸及张拉作业要求。

图 7.23 桩锚组合支护

(5) 锚杆布置应符合以下规定:

① 锚杆上下排垂直间距不宜小于 2.0 m,水平间距不宜小于 1.5 m;

② 锚杆锚固体上覆土层厚度不宜小于 4.0 m;

③ 锚杆倾角宜为 15°～25°,且不应大于 45°;

④ 沿锚杆轴线方向每隔 1.5～2.0 m 宜设置一个定位支架;

⑤ 锚杆锚固体宜采用水泥浆或水泥砂浆,其强度等值不宜低于 M10。

(6) 钢筋混凝土支撑应符合下列要求:

① 钢筋混凝土支撑构件的混凝土强度等级不应低于 C20;

② 钢筋混凝土支撑体系在同一平面内应整体浇注,基坑平面转角处的腰梁连接点应按刚节点设计。

(7) 钢结构支撑应符合下列要求:

① 钢结构支撑构件的连接可采用焊接或高强螺栓连接;

② 腰梁连接节点宜设置在支撑点的附近,且不应超过支撑间距的 1/3;

③ 钢腰梁与排桩、地下连续墙之间宜采用不低于 C20 细石混凝土填充,钢腰梁与钢支撑的连接节点应设加劲板。

4. 计算要点

排桩这一类型的支护结构设计主要取决于进入开挖面以下的土中有足够的深度和刚度,以抵挡开挖面以上的侧向土压力,当入土深度不够时常导致排桩绕底脚发生倾覆破坏,而当排桩自身强度不足以抵挡墙后土压力所产生的弯矩时,会使桩体产生弯折破坏。

如图 7.24 所示,悬臂式板桩在基坑底面以上外侧主动土压力作用下,板桩将向基坑内侧倾斜,而下部则反方向变位,即板桩将绕基坑底以下某点(如图 7.24(a)中 b 点)旋转。点 b 以上墙体向基坑内侧移动,其左侧作用被动土压力,右侧作用主动土压力;点 b 以下则相反,其右侧作用被动土压力,左侧作用主动土压力。因此,作用在墙体上的该点的净土压力为各点两侧的被动土压力和主动土压力之差,其沿墙身的分布情况如图 7.24(b)所示,规范建议采用图 7.24(c)所示土压力分布进行计算。计算悬臂式板桩嵌固深度的方法很多,下面仅对《建筑基坑支护技术规程》(JGJ 120—2012)所规定的方法进行介绍。

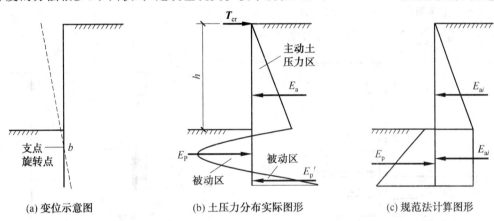

(a) 变位示意图　　(b) 土压力分布实际图形　　(c) 规范法计算图形

图 7.24　悬臂板桩变位及土压力分布图

(1) 嵌固深度计算

① 悬臂式桩体的嵌固深度计算

悬臂式支护结构嵌固深度设计值 h_d(图 7.25)宜按下式确定:

$$h_p \sum E_{pj} - 1.20\gamma_0 h_a \sum E_{ai} \geqslant 0 \tag{7.20}$$

式中　$\sum E_{pj}$——桩底以上的基坑内侧各土层水平抗力标准值 e_{pjk} 的合力,e_{pjk} 用下式计算:

砂土及碎石土:$e_{pjk} = \sigma_{pjk} k_{pi} + 2c_{ik}\sqrt{k_{pi}} + (z_j - h_{wp})(1 - k_{pi})\gamma_w$

黏性土及粉土:$e_{pjk} = \sigma_{pjk} k_{pi} + 2c_{ik}\sqrt{k_{pi}}$

σ_{pjk}——作用于基坑底面以下深度 z_j 处的竖向应力标准值,按式 $\sigma_{pjk} = \gamma_{mj} z_j$ 计算;

γ_{mj}——基坑底面深度 z_j 以上土的加权平均天然重度;

c_{ik}——第 i 层土固结不排水(快)剪黏聚力标准值;

z_j——计算点深度;

k_{pi}——基底以下第 i 层土的被动土压力系数,$k_{pi} = \tan^2\left(45^\circ + \dfrac{\varphi_{ik}}{2}\right)$,$\varphi_{ik}$ 为该层土内摩擦角标准值;

h_{wp}——基坑内侧水位的深度;

h_p——合力 $\sum E_{pj}$ 作用点至桩底的距离;

$\sum E_{ai}$——桩底以上的基坑外侧各土层水平荷载标准值 e_{ajk} 的合力,e_{ajk} 用下式计算:

砂土及碎石土:地下水位以上　$e_{aik} = \sigma_{aik} k_{ai} - 2c_{ik}\sqrt{k_{ai}}$

地下水位以下　　$e_{ajk} = \sigma_{ajk}k_{ai} - 2c_{ik}\sqrt{k_{ai}} + [(z_j - h_{wa}) - (m_j - h_{wa})\eta_{wa}k_{ai}]\gamma_w$

黏性土及粉土：$e_{pjk} = \sigma_{pjk}k_{pj} + 2c_{jk}\sqrt{k_{pj}}$

σ_{ajk}——作用于基坑外侧顶面以下深度 z_j 处的竖向应力标准值，按下式计算：$\sigma_{ajk} = \sigma_{rk} + \sigma_{0k}$；

σ_{rk}——计算点深度 z_j 处自重应力，当 $\sigma_{rk} \leq h$ 时，$\sigma_{rk} = \gamma_{mj}z_j$，当 $\sigma_{rk} > h$ 时，$\sigma_{rk} = \gamma_{mh}h$；

γ_{mh}——开挖面以上土的天然平均重度；

σ_{0k}——基坑外侧满布荷载 q_0 时，$\sigma_{0k} = q_0$；

k_{ai}——基坑外侧第 i 层土的主动土压力系数，$k_{pi} = \tan^2(45° - \dfrac{\varphi_{ik}}{2})$；

h_{wa}——基坑外侧水位的深度；

m_j——计算参数，当 $z_j < h$ 时，取 z_j，当 $z_j \geq h$，取 h，h 为基坑的深度；

η_{wa}——计算系数，当 $h_{wa} \leq h$ 时，取 1，当 $h_{wa} > h$ 时，取 0；

h_a——合力 $\sum E_{ai}$ 作用点至桩底的距离。

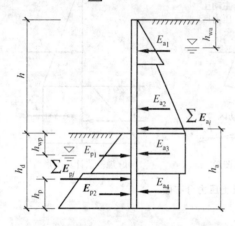

图 7.25　悬臂式支护嵌固深度计算简图

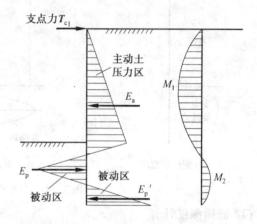

图 7.26　单层支护桩体受力图

② 单层支护桩体的嵌固深度计算

单层支护桩体受力如图 7.26 所示，由图可知挡墙在基坑底面以下存在弯矩零点。根据平衡条件有：桩体弯矩零点上侧支点力和土压力对弯矩零点的合力矩为零。因此用以下方法计算：

首先确定弯矩零点的位置。规范对基坑底面以下，支护结构设定弯矩零点位置（图 7.27），按下式计算：

$$e_{a1k} = e_{p1k} \quad (7.21)$$

式中　e_{a1k}、e_{p1k}——分别为基坑外侧水平荷载标准值、基坑内侧水平抗力标准值。

单层支点支护结构的嵌固深度 h_d 随着支点力的位置及其大小发生变化，因此应首先确定支点力。以下式计算计算支点力 T_{c1}（图 7.27）：

$$T_{c1} = \dfrac{h_{a1}\sum E_{ac} - h_{p1}\sum E_{pc}}{h_{T1} + h_{c1}} \quad (7.22)$$

式中　e_{a1k}——水平荷载标准值；

e_{p1k}——水平抗力标准值；

$\sum E_{ac}$——设定弯矩零点位置以上基坑外侧各土层水平荷载标准值的合力；

h_{a1}——合力 $\sum E_{ac}$ 作用点至设定弯矩零点的距离；

$\sum E_{pc}$——设定弯矩零点位置以上基坑内侧各土层水平抗力标准值的合力；

h_{p1}——合力 $\sum E_{pc}$ 作用点至设定弯矩零点的距离;

h_{T1}——支点至基坑底面的距离;

h_{c1}——基坑底面至设定弯矩零点位置的距离。

根据抗倾覆条件计算挡墙嵌固深度设计值 h_d(图 7.28),见下式:

$$h_p \sum E_{pi} + T_{ci}(h_{T1} + h_d) - 1.20\gamma_0 h_a \sum E_{ai} = 0 \tag{7.23}$$

③ 多层支护桩体的嵌固深度的计算

多层支点支护结构的嵌固深度计算值 h_d,按整体稳定条件用圆弧滑动简单分条法计算。

当按上述方法计算求得的悬臂式及单层支点支护结构的嵌固深度设计值 $h_d \leqslant 0.3h$ 时,宜取 $h_d = 0.3h$;多层支点支护结构的嵌固深度设计值 $h_d \leqslant 0.2h$ 时,宜取 $h_d = 0.2h$。

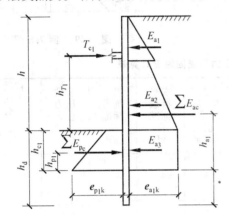

图 7.27　单层支点支护结构支点力计算简图

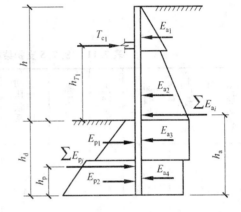

图 7.28　单层支点支护结构嵌固深度计算简图

(2)结构计算

桩体的破坏形式一般有弯矩过大造成弯折破坏、剪力过大造成的剪切破坏及支点力不足而引起的桩体位移过大。因此,结构内力计算一般包括弯矩计算、剪力算和支点结构第 j 层支点力设计计算。

① 截面弯矩设计

$$M = 1.25\gamma_0 M_c \tag{7.24}$$

式中　M——桩体截面弯矩设计值,即桩体对弯矩的抗力标准值;

　　　γ_0——重要性系数;

　　　M_c——截面弯矩计算值,即桩体所承受的最大弯矩值,一般发生在剪力为零的截面上。

② 截面剪力设计

$$V = 1.25\gamma_0 V_c \tag{7.25}$$

式中　V——桩体截面剪力设计值,即桩体对剪力的抗力标准值;

　　　V_c——截面剪力计算值,即桩体所承受的最大剪力值。

③ 支点结构第 j 层支点力设计

$$T_{dj} = 1.25\gamma_0 T_{cj} \tag{7.26}$$

式中　T_{dj}——支点结构第 j 层支点力设计值;

　　　T_{cj}——支点结构第 j 层支点力计算值。

【例 7.9】　某高层建筑物的基坑开挖深度为 $H = 6.0$ m,拟采用钢筋混凝土排桩支护土质分层如下:一层为填土,厚 1.5 m,黏聚力 $c = 0$,内摩擦角 $\varphi = 25°$,重度 $\gamma = 16.8$ kN/m³;二层为粉质黏土,厚 2.0 m,$c = 20$ kPa,$\varphi = 25°$,$\gamma = 16.7$ kN/m³;三层为粉质黏土,厚 2.6 m,$c = 30$ kPa,$\varphi = 20°$,$\gamma = 15.8$ kN/m³;以下为细砂,$c = 0$,$\varphi = 32°$,$\gamma = 17$ kN/m³,地下水位在地面下深 20 m 左右。若采用悬臂式

支护结构,试确定其嵌固深度。

解 桩上各点的主动和被动土压力可以用式(7.24)中所规定的进行计算,见表7.13。

将表中各层土的压力值代入式(7.20)并取 $\gamma_0 = 1.0$,可得:
$27.76h_d^2 \times 0.333h_d - 1.2 \times$
$1.0[(h_d + 5.31) \times 47.25 + (h_d + 3.47) \times 35.8 +$
$(h_d + 1.15) \times 74.6 + 50.6h_d \times 0.5h_d] = 0$

通过试算得到 $h_d = 6.99$ m,受力示意图见图7.29。

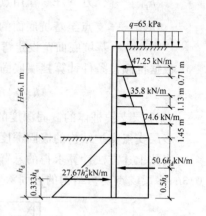

图 7.29　例 7.5 图

表 7.11　例 7.5 支护结构上侧土压力与锚固深度计算表

深度 z/m	土层名称	土层厚度/m	重度/(kN·m^{-3})	内摩擦角	黏聚力/kPa	主动土压力强度系数	被动土压力强度系数	竖向应力标准值/kPa	水平荷载标准值/kPa	水平抗力标准值/kPa	主动压力合力/(kN·m^{-1})	被动土压力合力/(kN·m^{-1})	土压力合力作用点距层底/m
0	填土①	1.5	16.8	25	0	0.406		65	26.4		47.25		0.71
1.5	粉质黏土②	2.0	16.7	25	20	0.406		90.2	36.6 11.1 24.7		35.8		1.13
3.5	粉质黏土③	2.6	15.8	20	30	0.49		123.6	18.6 38.7		74.6		1.15
6.1	细砂④		17	32	0	0.307	3.255	164.7	50.6	0	50.6h_d	27.67h_d^2	主动 0.5h_d
6.1+h_d								164.7+17×h_d	50.6				被动 0.333h_d^2

7.4.2.3 板桩支护

1. 适用范围

当基坑较深、地下水位较高且未施工降水时,采用板桩作为支护结构,既可挡土、防水,还可防止流砂的发生。

2. 按板桩墙材料分类

板桩根据材料的划分有钢板桩、木板桩与钢筋混凝土板桩数种。钢板桩形式比较多,常见的有U形板桩、Z形板桩、H形板桩(图7.30)。

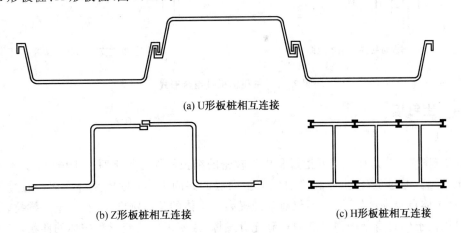

图 7.30 钢板桩常见形式

3. 板桩按支撑情况分类

板桩支撑可分为有锚板桩(图7.31)和无锚板桩(悬臂式板桩)两大类。因此板式支护结构由两大系统组成:挡墙系统和支撑(或拉锚)系统。挡墙系统常用的形式有钢板桩、钢筋混凝土板桩。支撑系统常见有大型钢管、H形钢或格构式钢支撑,也可采用现浇钢筋混凝土支撑。拉锚系统常见有用钢筋、钢索、型钢或土锚杆。上述几种支撑体系和板桩墙的可以组合成若干形式(图7.32)。

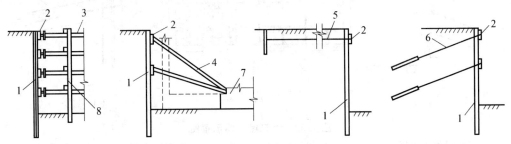

图 7.31 锚板桩结构图

1—板桩墙;2—围檩;3—钢支撑;4—斜撑;5—拉锚;6—土锚杆;7—先施工的基础;8—竖撑

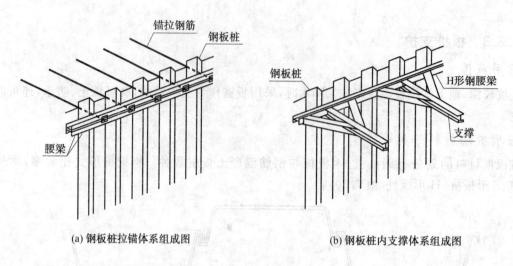

图 7.32 常见钢板桩组合形式

7.4.2.4 土钉墙

1. 工作原理

土钉墙支护(图 7.33)是在基坑开挖过程中将较密的细长杆件钉置于原位土体中,并在坡面上喷射钢筋网混凝土面层。通过土钉、土体和喷射混凝土面层的共同工作,形成复合土体。通过土钉与土体共同作用,弥补土体自身强度的不足,不仅有效地提高了土体的整体刚度,弥补了土体抗拉、抗剪强度低的弱点并且可以使土体自身结构强度潜力得到充分发挥,改变了边坡变形和破坏的性状,显著提高了整体稳定性,更重要的是土钉墙不仅延迟塑性变形发展阶段,而且具有明显的渐进性变形和开裂破坏,不会发生整体性塌滑。

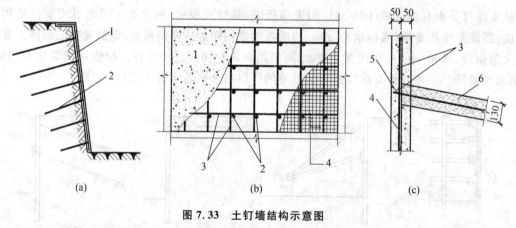

图 7.33 土钉墙结构示意图

1—混凝土面层;2—土钉;3—加强钢筋;4—钢筋网片;5—锚定筋锚固点;6—水泥砂浆

2. 构造要求

(1)土钉墙的墙面坡度不宜大于 1∶0.1。

(2)土钉墙必须和面层有效连接,应设置承压板或加强钢筋等构造,承压板或加强钢筋应与土钉螺栓连接或焊接连接。

(3)土钉长度宜为开挖深度 0.5~1.2 倍,土钉的间距宜为 0.6~1.2 m,土钉与水平夹角为 10°~20°。

(4)土钉宜选用Ⅱ、Ⅲ级螺纹钢筋,直径 16~32 mm,钻孔直径 70~120 mm。

(5) 面层喷射混凝土强度等级不宜低于 C20。
(6) 喷射混凝土面层厚度宜为 80～200 mm，通常采用 100 mm。
(7) 喷射混凝土面层中配钢筋网，采用Ⅰ级钢筋，直径 6～10 mm，间距 150～300 mm，钢筋网搭接长度大于 300 mm。
(8) 注浆材料水泥净浆或水泥砂浆，其强度不低于 M10。
(9) 当地下水位高于基坑底面时，应采取降水或截水措施；土钉墙墙顶应采用砂浆或混凝土护面，坡顶和坡脚应设排水措施，坡面上可根据具体情况设置泄水孔。

3. 土钉墙适用范围及特点

(1) 土钉墙适用条件：地下水低于土坡开挖段或经过降水措施后使地下水位低于开挖层的情况。适用于有黏性土、粉性土、含有 30% 以上黏土颗粒的砂土边坡。

常用于开挖深度不大、周围相邻建筑或地下管线对沉降与位移要求不高的基坑支护。

(2) 土钉墙的特点：

① 形成土钉复合体、显著提高边坡整体稳定性和承受边坡超载的能力。
② 施工设备简单，由于钉长一般比锚杆的长度小得多，不加预应力所以设备简单。
③ 随基坑开挖逐层分段开挖作业，不占或少占单独作业时间，施工效率高，占用周期短。
④ 施工不需单独占用场地，对现场狭小、放坡困难、有相邻建筑物时显示其优越性。
⑤ 土钉墙成本费较其他支护结构显著降低。
⑥ 施工噪音、振动小，不影响环境。
⑦ 土钉墙本身变形很小，对相邻建筑物影响不大。

拓展与实训

1. 填空题

(1) 根据墙的位移情况和墙后土体所处的应力状态，土压力可分为_____、_____和被动土压力三种。

(2) 在相同条件下，产生主动土压力所需的墙身位移量 Δa 与产生被动土压力所需的墙身位移量 Δp 的大小关系是_____。

(3) 在挡土墙断面设计验算中考虑的主要外荷载是_____。

(4) 根据朗肯土压力理论，当墙后土体处于主动土压力状态时，表示墙后土体单元应力状态的应力圆与土体抗剪强度包线的几何关系是_____。

(5) 根据朗肯土压力理论，当墙后土体处于被动土压力状态时，表示墙后土体单元应力状态的应力圆与土体抗剪强度包线的几何关系是_____。

(6) 挡土墙墙后土体处于朗肯主动土压力状态时，土体剪切破坏面与竖直面的夹角为_____；当墙后土体处于朗肯被动土压力状态时，土体剪切破坏面与水平面的夹角为_____。

(7) 若挡土墙墙后填土抗剪强度指标为 c、φ，则主动土压力系数等于_____，被动土压力系数等于_____。

(8) 墙后为黏性填土时的主动土压力强度包括两部分：一部分是由土自重引起的土压力；另一部分是由_____引起的土压力。

(9) 当挡土墙墙后填土面有均布荷载 q 作用时，若填土的重度 γ，则将均布荷载换算成的当量土层厚度为_____。

(10) 当墙后填土有地下水时，作用在墙背上的侧压力有土压力和_____两部分。

(11) 当墙后无黏性填土中地下水位逐渐上升时,墙背上的侧压力产生的变化是_____。

(12) 墙后填土选用粗粒土相对于选用黏性土,主动土压力的变化是_____。

(13) 当挡土墙承受静止土压力时,墙后土体处于_____应力状态。

(14) 挡土墙在满足_____的条件下,库仑土压力理论与朗肯土压力理论计算得到的土压力是一致的。

(15) 墙后填土面倾角增大时,挡土墙主动土压力产生的变化是_____。

(16) 库仑理论假定墙后土体中的滑裂面是通过_____的平面。

2. 选择题

(1) 挡土墙后填土的内摩擦角 φ、内聚力 c 大小不同,对被动土压力 E_p 大小的影响是(   )。

A. φ 越大、c 越小,E_p 越大 B. φ 越大、c 越小,E_p 越小

C. φ、c 越大,E_p 越大 D. φ、c 越大,E_p 越小

(2) 朗肯土压力理论的适用条件为(   )。

A. 墙背光滑、垂直,填土面水平 B. 墙背光滑、俯斜,填土面水平

C. 墙后填土必为理想散粒体 D. 墙后填土必为理想黏性体

(3) 均质黏性土被动土压力沿墙高的分布图为(   )。

A. 矩形 B. 梯形 C. 三角形 D. 倒梯形

(4) 相同条件下,作用在挡土构筑物上的主动土压力、被动土压力、静止土压力的大小之间存在的关系是(   )。

A. $E_p > E_a > E_0$ B. $E_a > E_p > E_0$ C. $E_p > E_0 > E_a$ D. $E_0 > E_p > E_a$

(5) 设计地下室外墙时,作用在其上的土压力应采用(   )。

A. 主动土压力 B. 被动土压力 C. 静止土压力 D. 极限土压力

(6) 根据库仑土压力理论,挡土墙墙背的粗糙程度与主动土压力 E_a 的关系为(   )。

A. 墙背越粗糙,K_a 越大,E_a 越大 B. 墙背越粗糙,K_a 越小,E_a 越小

C. 墙背越粗糙,K_a 越小,E_a 越大 D. E_a 数值与墙背粗糙程度无关

(7) 按挡土墙结构特点,下列类型挡土墙属于重力式挡土墙的是(   )。

A. 石砌衡重式挡土墙 B. 钢筋混凝土悬臂式挡土墙

C. 柱板式挡土墙 D. 锚定板式挡土墙

(8) 下列各项属于挡土墙设计工作内容的是(   )。

A. 确定作用在墙背上的土压力的性质 B. 确定作用在墙背上的土压力的大小

C. 确定作用在墙背上的土压力的方向 D. 确定作用在墙背上的土压力的作用点

(9) 若挡土墙完全没有侧向变形、偏转和自身弯曲变形时,正确的描述是(   )。

A. 墙后土体处于静止土压力状态 B. 墙后土体处于侧限压缩应力状态

C. 墙后土体处于无侧限压缩应力状态 D. 墙后土体处于主动土压力状态

(10) 若墙后为均质填土,无外荷载,填土抗剪强度指标为 c,φ,填土的重度为 γ,则根据朗肯土压力理论,墙后土体中自填土表面向下深度 z 处的主动土压力强度是(   )。

A. $\gamma z \tan^2\left(45° + \dfrac{\varphi}{2}\right) - 2c \tan^2\left(45° + \dfrac{\varphi}{2}\right)$ B. $\gamma z \tan^2\left(45° + \dfrac{\varphi}{2}\right) + 2c \tan^2\left(45° + \dfrac{\varphi}{2}\right)$

C. $\gamma z \tan^2\left(45° - \dfrac{\varphi}{2}\right) + 2c \tan^2\left(45° - \dfrac{\varphi}{2}\right)$ D. $\gamma z \tan^2\left(45° - \dfrac{\varphi}{2}\right) - 2c \tan^2\left(45° - \dfrac{\varphi}{2}\right)$

(11) 下列描述正确的是(   )。

A. 墙后填土由性质不同的土层组成时,土压力沿深度的变化在土层层面处一定是连续的

B. 墙后填土由性质不同的土层组成时,土压力沿深度的变化在土层层面处常出现突变

C. 墙后填土中有地下水时,地下水位以下填土采用其浮重度计算土压力
D. 墙后填土中有地下水时,地下水位以下填土采用其干重度计算土压力
(12) 库仑土压力理论的基本假设包括( )。
A. 墙后填土是无黏性土　　　　　　B. 墙后填土是黏性土
C. 滑动破坏面为一平面　　　　　　D. 滑动土楔体视为刚体
(13) 确定挡土墙墙背与土间的摩擦角时,重点考虑的因素包括( )。
A. 墙背的粗糙程度　　　　　　　　B. 墙后土体排水条件
C. 挡土墙的重要性　　　　　　　　D. 墙后填土的内摩擦角
(14) 朗肯土压力理论与库仑土压力理论计算所得土压力相同的情况是( )。
A. 墙后填土为无黏性土　　　　　　B. 墙背直立、光滑,填土面水平
C. 挡土墙的刚度无穷大　　　　　　D. 墙后无地下水
(15) 重力式挡土墙的设计应满足的基本要求包括( )。
A. 不产生墙身沿基底的滑动破坏
B. 不产生墙身绕墙趾倾覆
C. 地基承载力足够,不出现因基底不均匀沉降而引起墙身倾斜
D. 墙身不产生开裂破坏
(16) 挡土墙墙后的回填土应优先选用砂土、碎石土等透水性较大的土,主要原因是( )。
A. 因为采用此类土施工效率高,可以全天候施工
B. 因为此类土的抗剪强度较稳定,易于排水
C. 因为采用此类土时,填土面的沉降量较小
D. 因为采用此类土时,施工压实质量易于保证
(17) 重要的、高度较大的挡土墙,墙后回填土一般不选用黏性土,主要原因是( )。
A. 黏性土的黏聚强度需要很长的时间才能够生成
B. 黏性土性能不稳定,渗水后可在挡土墙上产生较大的侧压力
C. 采用黏性土分层填筑时,过干及过湿土的含水量难以调节
D. 采用黏性土分层填筑时,需修筑排水设施,施工效率较低

3. 简答题
(1) 影响土压力的因素有哪些?
(2) 简述挡土墙位移对土压力的影响。
(3) 简述朗肯土压力理论的优缺点。
(4) 简述库仑土压力理论的优缺点。
(5) 简述挡土墙的排水措施及施工注意事项。
(6) 简述挡土墙的主要结构形式及其特点。

4. 计算题
(1) 某挡土墙墙高 $h=6$ m,墙背直立、光滑,填土面水平,墙后填土共分两层,每层厚度3 m。上层土的物理力学性质指标:$c=10$ kPa,$\varphi=25°$,$\gamma=18$ kN/m³。下层土的物理力学性质指标:$c=0$,$\varphi=30°$,$\gamma=19$ kN/m³。分别求主动土压力、被动土压力及其作用点位置,并绘出土压力分布图。
(2) 某砌体重力式挡土墙墙高 $H=5$ m,填土面水平,墙后填土为无黏性土,其物理力学性质指标:$c=0$,$\varphi=30°$,$\gamma=19$ kN/m³。砌体重度 $\gamma_t=22$ kN/m³,填土对墙背的摩擦角 $\delta=20°$,基底摩擦系数 $\mu=0.55$,地基承载力设计值 $f=180$ kPa。试按等腰梯形断面设计此挡土墙(设计时始终认为墙身强度足够,不进行墙身强度验算)。

模块 8
区域性地基及地基处理

模块概述

我国地域辽阔,地质条件复杂,分布土类繁多,工程性质各异。某些土类,由于地理环境、气候条件、地质成因、物质成分及次生变化等原因而各具有与一般土类显著不同的特殊工程性质,当其作为建筑场地、地基及建筑环境时,如果不注意它们的特殊性质并采取相应的治理措施,就会造成工程事故。

当天然地基不能满足建筑物强度、变形、渗透性和动力性能等要求,需要对天然地基进行地基处理,形成人工地基,从而满足建筑物对地基的各种要求。随着土木工程建设规模的扩大和要求的提高,人工地基的工程日益增多,地基处理技术不断进步,逐渐形成了技术交叉、综合应用的复合加固技术。

本模块主要介绍区域性地基的特性及常见地基处理方法。

学习目标

◆掌握区域性土的特性及处治措施;
◆理解砂土液化机理及判别和处理的措施;
◆了解地基处理的机理和各方法的适用条件。

课时建议

4 课时

8.1 区域性土地基

区域性土是指分布在某些特定地区,具有一定特殊工程性质的土,它们和一般黏性土的工程特性不同,又称为特殊土。特殊土是在特定地理环境或人为条件下形成的,我国自然环境变化大,特殊土种类繁多,性质复杂,具有明显的地域性,世界上主要的特殊性土类在我国都有分布,主要包括黄土、膨胀土、红黏土、软土、冻土、盐渍土、填土等。其特殊性主要表现在其特殊的物质成分、结构构造、工程特性和特定的分布区域等,我国主要特殊性土类、分布、成土环境及工程特性见表8.1。

表 8.1 我国主要特殊性土类、分布、成土环境及工程特性

序号	土类名称	主要分布区域	自然环境与成土环境	主要工程特性
1	软土	东南沿海,如天津、连云港、上海、宁波、温州、福州等	滨海、三角洲沉积、湖泊沉积,地下水位高,由水流搬运沉积而成	触变性、流变性
2	黄土	西北内陆地区,如青海、甘肃、宁夏、陕西、山西、河南等	干旱半干旱气候,降水量少,蒸发量大,由风力沉积而成	湿陷性
3	膨胀土	云南、贵州、广西、四川、安徽、河南	温暖湿润,雨量充沛,化学风化	吸水膨胀,失水收缩
4	红土	云南、贵州、广西、四川、鄂西、湘西	碳酸盐岩系,北纬33°以南,温暖湿润气候,残积、坡积为主	不均匀性、上硬下软
5	冻土	青藏高原和大小兴安岭、东西部高山顶部	高纬度寒冷地区	冻胀性、湿陷性
6	盐渍土	新疆、青海、西藏、甘肃、宁夏、内蒙古等内陆地区,滨海部分地区	荒漠半荒漠地区,降水量少,蒸发量大,海水浸渍或海退影响	盐胀性、溶陷性、腐蚀性
7	填土	古老城市地表面,垃圾填埋区	素填、杂填、冲(吹)填	不均匀性、高压缩性

8.1.1 湿陷性黄土地基

8.1.1.1 黄土的主要特征及分布

黄土是一种含有大量碳酸盐类,且能肉眼观测到大孔隙的黄色粉状土。在大陆上干旱和半干旱气候条件下,经过风力搬运沉积而成的土。

黄土按其成因可分为原生黄土和次生黄土。

(1)原生黄土:由风力搬运堆积,没有经过次生扰动,不具备层理构造。又称老黄土,原生黄土大多是形成年代久远的老黄土,大孔结构退化,土质趋于密实,强度增加,压缩性减小,一般不具有湿陷性或轻微湿陷性,按一般黏性土处理。

(2)次生黄土:由原生黄土经过流水冲刷、搬运而重新堆积,具有层理,并含有较多的砂砾、以致细砾石夹层的黄土。次生黄土是形成年代较晚的新黄土,其强度较原生结构疏松,大孔发育、强度低且湿陷性高。

1.主要特征

在黄土的主要特征(图8.1)中,湿陷性是黄土的主要特性,它对工程危害最大,应引起高度重视。从图可以看出天然剖面形成垂直节理,肉眼可见大孔隙。

图 8.1 黄土的垂直发育节理

技术提示：

天然含水量的黄土，如未被水浸湿，一般强度高、压缩性小；但有些黄土在一定压力作用水浸湿后，就会迅速发生显著附加沉降、强度急剧降低。

黄土在自重应力与建筑物附加应力作用下浸水后，按其是否显著下沉（湿陷性）可分为非湿陷性黄土和湿陷性黄土；甚至有些黄土在其自重应力下浸水后，也发生显著湿陷。

黄土按其在自重应力下是否湿陷可分为自重湿陷性黄土和非自重湿陷性黄土，其中自重湿陷性黄土地基对建设工程影响最大。

2．分布

黄土是我国地域分布最广的特殊土，面积约 64 万平方公里，其中湿陷性约占 3/4。以黄河中游最为发育，其中以黄土高原最为集中、沉积最为典型，多分布于甘肃、陕西、山西地区，青海、宁夏、河南也有部分分布，河北、山东、辽宁、黑龙江、内蒙古和新疆等地区也有零星分布。

湿陷性黄土在我国分布较广，面积约 45 万平方公里，根据工程地质特征和湿陷性强弱，我国湿陷性黄土划分为 7 个分区：①Ⅰ区——陇西地区；②Ⅱ区——陇东陕北地区；③Ⅲ区——关中地区；④Ⅳ区——山西－冀北地区；⑤Ⅴ区——河南地区；⑥Ⅵ区——冀鲁地区；⑦Ⅶ区——北部边缘地区。

8.1.1.2 影响黄土湿陷性的因素

黄土的湿陷是一个复杂的地质、物理、化学过程，对其湿陷机理国内外学者有各种不同的假说，尽管解释黄土湿陷原因的观点各异，但归纳起来可分为外因和内因两个方面。

1．外因

(1)浸水：黄土受水浸湿和荷载作用是湿陷发生的外因，主要是建筑物本身的上下水道漏水、大量降雨渗入地下，以及附近修建水库、渠道蓄水渗漏等引起的黄土湿陷。

(2)外部压力：在天然孔隙比和含水量不变的情况下，外加压力越大，黄土的湿陷量显著增加，但当压力超过某一数值后，再增加压力，湿陷量反而减少。

2.内因

黄土的结构特征及物质成分是产生湿陷性的内在原因,主要是黄土中含有多种大量可溶盐,如硫酸钠、碳酸钠、碳酸镁和氯化钠等物质,受水浸湿后被溶解,土中胶结力大为减弱,导致土粒变形,同时薄膜水增厚在黄土压密过程中起到了润滑作用。

(1)物质成分与结构

如图 8.2 所示,黄土中的粉粒和砂粒共同构成了支承结构的骨架,其中粉粒达 50% 以上,较大的砂粒则浮在结构体中;黄土中的黏粒部分胶结成集粒或附着在砂粒及粗粉粒的表面上形成胶结物。由于排列比较疏松,接触连接点较少,构成一定数量的架空孔隙,故黄土又称为"大孔土"。

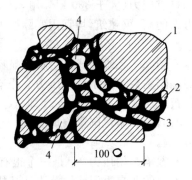

图 8.2 黄土结构示意图
1—砂粒;2—粗粉粒;3—胶结物;4—大孔隙

黄土中黏粒含量越多,湿陷性越小。我国黄土湿陷性存在着由西北向东南递减的趋势,这是与自西北向东南方向砂粒含量减少而黏粒含量增多是一致的。此外黄土中的盐类以及其存在状态对湿陷性也有着直接的影响,如以较难溶解的碳酸钙为主而具有胶结作用时,湿陷性减弱,但石膏及其他碳酸盐、硫酸盐和氯化物等易溶盐的含量越大时,湿陷性增强。

(2)物理性质

天然孔隙比越大或天然含水量越小,则湿陷性越强。饱和度 $S_r \geq 80\%$ 的黄土,称为饱和黄土,饱和黄土的湿陷性已退化。在天然含水量相同时,黄土的湿陷变形随湿度的增加而增大。

8.1.1.3 湿陷性黄土的地基评价

正确评价黄土地基的湿陷性具有很重要的工程意义,主要作如下三方面判定:①判别黄土湿陷性;②判别黄土场地的湿陷类型;③判定湿陷黄土地基的湿陷等级。

1.黄土湿陷性评价

黄土湿陷性评价可用湿陷系数的大小来描述,黄土的湿陷系数 δ_s 为试样浸水饱和所产生的附加下沉量与土样原始高度之比,当 $\delta_s < 0.015$ 时,为非湿陷性黄土;$\delta_s \geq 0.015$ 时,为湿陷性黄土。

工程中利用湿陷系数 δ_s 来判别黄土的湿陷性的强弱,其黄土的湿陷性强弱程度参见表 8.2。

表 8.2 黄土的湿陷性判别

湿陷系数	湿陷类别	湿陷性强弱
$\delta_s < 0.015$	非湿陷性黄土	无湿陷性
$\delta_s \geq 0.015$	湿陷性黄土	$0.015 \leq \delta_s < 0.03$ 时:弱湿陷性
		$0.03 \leq \delta_s < 0.07$ 时:中等湿陷性
		$\delta_s \geq 0.07$ 时:强湿陷性

(1)湿陷系数 δ_s

湿陷系数 δ_s 可通过室内无侧限浸水抗压试验(图 8.3)确定。在压缩仪中将原状试样保持在天然湿度下(设土样原始高度为 h_0)分级加荷到规定的压力 p,当压缩稳定后测得试样高度 h_p,然后加纯水浸湿,测得下沉稳定后的高度为 h'_p,其计算公式为

$$\delta_s = \frac{h_p - h'_p}{h_0} \tag{8.1}$$

(2) 测定湿陷系数的压力 p 的取值

测定湿陷系数的压力 p 应与黄土地基所受压力相当，《湿陷性黄土地建筑规范》规定：自基础底面（初勘时，自地面下 1.5 m）算起，对晚更新世（Q_3）黄土、全新世（Q_4）黄土和基底压力不超过 200 kPa 的建筑，10 m 内土层为 200 kPa，10 m 以下至非湿陷性土层顶面应用上覆土的饱和自重应力（大于 300 kPa 用 300 kPa），对中更新世（Q_2）黄土或基底压力大的高、重建筑，均宜用实际压力来判别黄土的湿陷性。

(3) 湿陷起始压力 p_{sh}

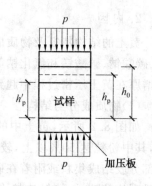

图 8.3　无侧限浸水试验

图 8.4 是通过试验绘制的湿陷性系数 σ_s 与压力 p 的关系曲线，黄土的湿陷系数与所承受的压力大小有关，黄土的湿陷系数是压力的函数；若黄土所受压力 $p < p_{sh}$，即低于某一压力值，黄土的湿陷系数 $\delta_s < 0.015$，可忽略湿陷影响现象，这个压力界限值称为湿陷起始压力 p_{sh}。

湿陷起始压力 p_{sh} 是一个很有实用价值的指标，当设计荷载不大的非自重湿陷性黄土地基的基础和土垫层时，可适当选取基础底面尺寸及埋深或土垫层厚度，使基底或垫层底面总压应力 $\leqslant p_{sh}$，则可避免湿陷发生。湿陷起始压力可根据室内压缩试验或野外载荷试验确定。

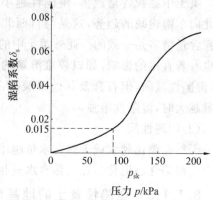

图 8.4　湿陷性系数与压力关系曲线

【例 8.1】　陕北某招待所为黄土地基，由探井取 3 个原状土进行浸水压缩试验，取样深度分别为 2.0 m、4.0 m、6.0 m；原状土高度 $h_0 = 20$ mm，在 200 kPa 的压力作用下三个试样稳定后的高度分别为 $h_{p1} = 19.6$ mm，$h_{p2} = 19.44$ mm，$h_{p3} = 19.62$ mm；浸水稳定后的高度分别为 $h'_{p1} = 19.38$ mm，$h'_{p2} = 19.38$ mm，$h'_{p3} = 19.12$ mm，试判断黄土的湿陷性。

解　由式(8.1)计算各试样湿陷系数：

$$\delta_{s1} = \frac{h_{p1} - h'_{p1}}{h_0} = \frac{19.6 - 18.38}{20} = 0.061 > 0.015 \quad （中等湿陷黄土）$$

$$\delta_{s2} = \frac{h_{p2} - h'_{p2}}{h_0} = \frac{19.44 - 18.06}{20} = 0.069 > 0.015 \quad （中等湿陷黄土）$$

$$\delta_{s3} = \frac{h_{p3} - h'_{p3}}{h_0} = \frac{19.62 - 19.12}{20} = 0.025 > 0.015 \quad （弱湿陷黄土）$$

所以，该地基属于湿陷性黄土。

2. 黄土场地的湿陷类型和湿陷等级

(1) 黄土场地的湿陷类型

根据实测黄土场地自重湿陷量 Δ'_{zs} 或计算自重湿陷量 Δ_{zs} 统计结果，将黄土场地湿陷类型分为自重湿陷性黄土场地和非自重湿陷性黄土场地两类。当实测自重湿陷量 Δ'_{zs} 或计算自重湿陷量 $\Delta_{zs} \leqslant 7$ cm 时，判定为非自重湿陷性黄土场地；当实测自重湿陷量 Δ'_{zs} 或计算自重湿陷量 $\Delta_{zs} > 7$ cm 时，判定为自重湿陷性黄土场地。

在新建地区，对甲、乙类建筑宜采用试坑浸水试验确定实测自重湿陷量 Δ'_{zs}，其结果可靠，但费水费时，且有时受各种条件限制而不易做到。

计算自重湿陷量 Δ_{zs} 计算步骤如下：

① 第 i 层自重湿陷性系数

第 i 层土自重湿陷系数 δ_{zsi}，其测定和计算方法同湿陷系数 δ_s，其计算公式为

$$\delta_{zsi} = \frac{h_z - h'_z}{h_0} \tag{8.2}$$

式中 h_z——为保持天然湿度和结构的土样,加压至土的饱和自重压力时,下沉稳定后的高度,cm;

h'_z——上述加压稳定后的土样加水浸湿后,下沉稳定后高度,cm。

② 自重湿陷量 Δ_{zs}

Δ_{zs} 指各土层自重应力作用下湿陷量的累计计算值。计算自重湿陷量 Δ_{zs} 可按下式计算:

$$\Delta_{zs} = \beta_0 \sum_{i=1}^{n} \delta_{zsi} h_i \tag{8.3}$$

式中 δ_{zsi}——第 i 层土在上覆土的饱和自重应力下 ($S_r > 0.85$) 的自重湿陷系数;

h_i——第 i 层土的厚度,cm;

n——计算土层内湿陷土层的数目。总计算厚度应从天然地面算起(当挖、填方厚度及面积较大时,自设计地面算起)至其下全部湿陷性黄土层的底面为止,但湿陷系数 $\delta_s < 0.015$ 的土层不计;

β_0——因土质地区而异的修正系数。由《湿陷性黄土地建筑规范》具体规定:陇西地区可取 1.5,陇东陕北地区取 1.2,对关中地区取 0.7,其他地区可取 0.5。

技术提示:

工程实践表明:(1)自重湿陷性黄土场地无外荷作用时,浸水后也会迅速发生剧烈的湿陷,甚至一些很轻的建筑物也难免遭受其害。(2)对非自重湿陷性黄土地基则很少发生。对两种湿陷性黄土地基,所采取的设计和施工措施应有所区别。因此必须正确划分场地的湿陷类型。

(2)黄土地基的湿陷性等级

湿陷性黄土地基的湿陷等级,应根据基底下各土层累计总湿陷量 Δ_s 和计算自重湿陷量 Δ_{zs} 按表 8.3 判定。总湿陷量 Δ_s 是湿陷性黄土地基受水浸湿后到向下沉降稳定为止的总变形量,可按下式计算:

$$\Delta_s = \sum_{i=1}^{n} \beta \delta_{si} h_i \tag{8.4}$$

式中 δ_{si}——第 i 层土的湿陷系数;

h_i——第 i 层土的厚度,cm;

β——考虑地基土的侧向挤出和浸水概率等因素的修正系数。基底以下 5 m(或压缩层)深度内可取 1.5;5 m(或压缩层)深度以下,对非自重湿陷性黄土场地可不计算;自重湿陷性黄土场地可按式(8.3)中 β_0 取用。

表 8.3 湿陷性黄土地基的湿陷等级

计算自重湿陷量 Δ_{zs}/cm		湿陷类型		
		非自重湿陷性场地	自重湿陷性场地	
		$\Delta_{zs} \leqslant 7$	$7 < \Delta_{zs} \leqslant 35$	$\Delta_{zs} > 35$
总湿陷量 Δ_s	$\Delta_s \leqslant 30$	Ⅰ(轻微)	Ⅱ(中等)	—
	$30 < \Delta_s \leqslant 60$	Ⅱ(中等)	Ⅱ 或 Ⅲ	Ⅲ(严重)
	$\Delta_s > 60$	—	Ⅲ(严重)	Ⅳ(很严重)

注:① 当总湿陷量 30 cm $< \Delta_s <$ 50 cm,计算自重湿陷量 7 cm $< \Delta_{zs} <$ 30 cm 时,可判为 Ⅱ 级;

② 当总湿陷量 $\Delta_s \geqslant$ 50 cm,计算自重湿陷量 $\Delta_s \geqslant$ 30 cm 时,可判为 Ⅲ 级。

【例 8.2】 关中地区某建筑物场地初堪时 3 号探井的土工试验资料见表 8.4,试确定该场区的湿陷等级。

表 8.4 例 8.2 土样湿陷系数 δ_{si} 和自重湿陷系数 δ_{zsi}

土样野外编号	取土深度 /m	土粒相对密度 d_s	孔隙比 e	重度 /(kN·m^{-3})	δ_{si}	δ_{zsi}	备注
3-1	1.5	2.70	0.975	17.8	0.085	0.002#	"#"表示 δ_{si} 或 δ_{zsi} < 0.015,属于非湿陷土层,不参与累计 注:γ 按 $S_r=85\%$ 计
3-2	2.5	2.70	1.100	17.4	0.059	0.013#	
3-3	3.5	2.70	1.215	16.8	0.076	0.022	
3-4	4.5	2.70	1.117	17.2	0.028	0.012#	
3-5	5.5	2.70	1.126	17.2	0.094	0.031	
3-6	6.5	2.70	1.300	16.5	0.091	0.075	
3-7	7.5	2.70	1.179	17.0	0.071	0.060	
3-8	8.5	2.70	1.072	17.4	0.039	0.012#	
3-9	9.5	2.70	0.787	18.9	0.002#	0.001#	
3-10	10.5	2.70	0.778	18.9	0.0012#	0.008#	

解 (1) 自重湿陷量计算

因场地挖方的厚度和面积都较大,自重湿陷量应自设计地面起累计至其下全部湿陷黄土层的底面为止。对关中地区,按《湿陷性黄土地区建筑规范》,β_0 值取 0.9,由式(8.3)计算其自重湿陷量:

$$\Delta_{zs} = \sum_{i=1}^{n} \beta \delta_{zsi} h_i = 0.9 \times (0.022 \times 1\,000 + 0.031 \times 1\,000 + 0.075 \times 1\,000 + 0.06 \times 1\,000)\text{cm} =$$
$$0.9 \times 188 \text{ cm} = 169.2 \text{ cm} > 70 \text{ cm}(故应定为自重湿陷性黄土场地)$$

(2) 黄土地基的总湿陷量计算

对自重湿陷性黄土地基,按地区建筑经验,对关中地区应自基础底面起累计至其下方等于或大于 10 m 深度为止,其中非湿陷性土层不参与累计。修正系数 β 取值:地基下 5 m 深度内可取 1.5;5～10 m 深度内取 1.0;10 m 以下至非湿陷性黄土层顶面,在自重湿陷性黄土场地取 0.9。将有关数据代入式(8.4)中得

$$\Delta_s = \beta_0 \sum_{i=1}^{n} \delta_{si} h_i = 1.5 \times (0.085 \times 500 + 0.059 \times 1\,000 + 0.076 \times 1\,000 +$$
$$0.028 \times 1\,000 + 0.094 \times 1\,000 + 0.091 \times 500)\text{mm} +$$
$$1.0 \times (0.091 \times 500 + 0.071 \times 1\,000 + 0.039 \times 1\,000)\text{mm} =$$
$$(517.5 + 155.5)\text{mm} = 673.0 \text{ mm} > 60 \text{ cm}$$

根据表 8.3,该湿陷性黄土地基湿陷等级可判定为 Ⅲ 级(严重)。

注:以上算式中的两对括号内的计算内容分别是 1.5 m 以下 5 m 范围内和其下深达 10 m 范围内的湿陷量(非湿陷土层不参与累计)。

> **技术提示：**
> 通过上题计算得出下列结论：
> 1. 判断建筑场地湿陷类型，应先按室内压缩试验数据来累计计算自重湿陷量 Δ_{zs}，然后根据 $\Delta_{zs} \leqslant 7$ cm，判断为非自重湿陷性黄土场地，根据 $\Delta_{zs} > 7$ cm，判断为自重湿陷性黄土场地。
> 2. 判别建筑场地湿陷等级，应计算基底下各层累计的总湿陷量 Δ_s 和自重湿陷量 Δ_{zs}。
> 3. 计算各层累计的总湿陷量 Δ_s 和自重湿陷量 Δ_{zs} 时，δ_{si} 或 $\delta_{zsi} < 0.015$，属于非湿陷土层，不参与累计。

☆知识扩展

湿陷性黄土地基的湿陷性会对构造物带来不同程度的危害，使结构物大幅度沉降、开裂、倾斜甚至严重影响其安全和使用，故应采取相应的工程措施。

(1) 地基处理

目的是部分或全部消除建筑物地基的湿陷性，并达到减小地基沉降和提高地基承载力的目地。

选择地基处理方法，应根据建筑物的类别和湿陷性黄土的特性，并考虑施工设备、施工进度、材料来源和当地环境等因素，经技术经济综合分析比较后确定。常见地基处理方法见表 8.5。

表 8.5　湿陷性黄土地基常用的处理方法

名称	适用范围	可处理的湿陷性黄土层厚度/m
垫层法	地下水位以上，局部或整体处理	1～3
强夯法	地下水以上，$S_r \leqslant 60\%$ 的湿陷性黄土，局部或整片处理	3～10
重夯法		1～2
挤密法	地下水位以上，$S_r \leqslant 65\%$ 的湿陷性黄土	5～15
桩基础	基础荷载大，有可靠的持力层	≤30
预浸水法	自重湿陷性黄土场地，地基湿陷等级为 Ⅲ～Ⅳ 级	可消除地面下 6 m 以下湿陷性黄土的全部湿陷性
单液硅化或碱液加固法	加固地下水位以上的已有建筑地基	≤10 m，若单液硅化加固的最大深度可达 20 m

(2) 防水措施

应做好建筑物建设期间的防排水工作并考虑其在使用期间的防水措施，无疑也可减少或避免地基的浸水湿陷事故。

(3) 结构措施

在设计中应当采取相应的结构措施，以利于抑制地基不均匀沉降，减轻或避免上部结构的损坏。常见的结构措施有：选择适宜的结构体系；采用有利于减少不均匀沉降的基础形式（如筏形基础、十字交叉梁基础等）；设置圈梁等以增强建筑物的整体刚度；预留适应沉降的净空等。

8.1.2 软土地基

> **技术提示：**
> 软土具有天然含水量高、天然孔隙比大、压缩性高、抗剪强度低、固结系数小、固结时间长、灵敏度高、扰动性大、透水性差、土层层状分布复杂、各层之间物理力学性质相差较大等特点。

8.1.2.1 软土的成因及分布

软土是软弱黏性土的简称，是指在静水或缓慢水流环境中沉积经生物化学作用形成的，包括淤泥、淤泥质土、泥炭、泥炭质土以及其他高压缩性饱和黏性土等。当天然含水量大于液限（$\omega > \omega_L$）、天然孔隙比 $e \geq 1.5$ 时称淤泥；天然孔隙比 $1.0 \leq e < 1.5$ 时称为淤泥质土，淤泥、淤泥质土统称为淤泥类土。当软土中 $W_u > 60\%$ 时称为泥炭；有机质含量 $10\% < W_u \leq 60\%$ 时，称为泥炭质土。

按形成和分布情况我国软土基本上可以分为两类：一类是沿海沉积的软土；一类是内陆和山区河、湖盆地及山前谷地沉积的软土。一般来说，前者分布较稳定，厚度较大，后者成零星分布，沉积厚度较小，变化性质大。

8.1.2.2 软土的工程特性

软土的工程性质见表 8.6。

表 8.6 软土的工程性质

软土的特点	工程特性及对工程性质的影响
高含水量	①软土的天然含水量一般为 50%～70%，山区软土有时高达 200%，其饱和度一般大于 95%。②软土的高含水量特征是决定其压缩性和抗剪强度的重要因素。
高孔隙比	①天然孔隙比在 1～2 之间，最高达 3～4；②软土的高孔隙性特征是决定其压缩性和抗剪强度的重要因素。
高压缩性	①软土是属于高压缩性的土，压缩系数大；②反应在建筑物的沉降方面为沉降量大。
低强度	由于软土具有上述特性，地基强度很低。
低透水性	软土透水性能弱，对地基排水固结不利，影响地基的强度，同时也反映在建筑物沉降延续的时间很长。
触变性	①当原状土受到振动以后，破坏了结构连接，降低了土的强度或很快地使土变成稀释状态；②软土的 S_t 灵敏度一般在 1～3 之间，个别可达 8～9。为此当软土地基受震动荷载后，易产生侧向滑动、沉降及基底面两侧挤出等现象。
不均匀性	由于沉积环境的变化，黏性土层中常局部夹有厚薄不等的粉土使水平和垂直分布上有所差异，作为建筑物地基则易产生差异沉降。

8.1.2.3 软土地基对建筑物的影响及工程措施

1. 软土地基对建筑物的影响

软土地基是指由淤泥、淤泥质土、松软冲填土与杂填土或其他高压缩性软弱土层构成的地基。软土地基在滨海平原、河口谷地、湖泊湿地等均有广泛分布。

软土地基具有压缩性高、强度低、不均匀等特性,故软土地基的主要问题是地基变形问题,地基变形使建筑物的沉降量大且不均匀,沉降速率大及沉降稳定时间较长,导致建筑物开裂、倾斜,甚至倒塌。软土地基的变形和稳定问题,需从软土的物理特性出发,并考虑上部结构与地基的共同作用采取必要的建筑及结构措施,确定合理的施工顺序和地基处理方法等。

2. 工程措施

为减少地基变形及不均匀沉降,除可以采取的建筑措施、结构措施、施工措施之外,还可以采取地基处理措施,关于前者已在模块 2 减少地基变形及不均匀沉降中详述,在此不再赘述。下面简要分析地基处理措施。

(1)采用置换及拌入法,用砂、碎石等材料置换软弱地基中部分软弱土体,形成复合地基,或在软土中掺入部分水泥、石灰等,形成加固体,与未加固部分形成复合地基,达到提高地基承载力、减小压缩量的目的。常用的方法有振冲置换法、石灰桩法、深层搅拌法、高压喷射注浆法等。

(2)对大面积厚层软土地基,采用砂井预压、真空预压、堆载预压等措施,加速地基排水固结,提高其抗剪强度,适应荷载对地基的要求。

(3)对局部软土和暗埋的塘、沟、坑、穴等,可采用局部深埋、局部挖除、换填垫层、灌浆、悬浮式短桩等方法处理。

软土地基的工程分析和评价应根据软土的工程特性,结合不同工程要求进行综合评定,不能单靠理论计算,要以地区经验为主,且其变形控制原则比强度控制原则更为重要。

8.1.3 膨胀土地基

8.1.3.1 膨胀土的成因及分布

膨胀土主要是由亲水性较强的黏土矿物(主要为蒙脱土和伊利土)组成的多裂隙、胀缩性(具有显著的吸水膨胀和失水收缩,图 8.5)显著的特殊黏性土。

膨胀土的成因环境:温和湿润,具备化学风化条件。风化过程中,硅酸盐为主的矿物不断分解,钙被大量淋失,钾离子被次生矿物吸收,形成蒙脱土混合矿物为主的黏性土。

膨胀土在我国分布广泛,与其他土类不同的是主要成岛状分布。根据现有资料,在广西、云南、贵州、湖北、河北、河南、四川、安徽、山东、陕西、江苏和广东等地均有不同范围的分布,国外主要分布在非洲和南亚地区。

图 8.5 膨胀土的收缩

图 8.6 膨胀土裂隙构造

8.1.3.2 膨胀土的工程特性

膨胀土的工程特性及分析说明见表8.7。

表8.7 膨胀土的工程特性及分析说明

工程特性	分析说明
胀缩性	①我国膨胀土的黏粒含量一般很高,粒径小于0.002 mm的胶体颗粒含量一般超过20%。液限大于40%,塑性指数大于17,且多在22~35之间; ②膨胀土吸水体积膨胀,使其上的建筑物隆起,如果膨胀受阻即产生膨胀力;失水体积收缩,造成土体开裂,并使其上的建筑物下沉。
崩解性	膨胀土浸水后体积膨胀,发生崩解。强膨胀土浸水后几分钟即完全崩解,弱膨胀土崩解缓慢且不完全。
多裂隙性	膨胀土中的裂隙,主要可分垂直裂隙、水平裂隙和斜交裂隙三种类型; 裂隙间常充填灰绿、灰白色黏土。竖向裂隙常出露地表,裂隙宽度随深度的增加而逐渐尖灭;斜交剪切缝隙越发育,胀缩性越严重。此外,膨胀土地区旱季常出现地裂,上宽下窄,长可达数十米至百米,深数米,壁面陡立而粗糙,雨季则闭合。
超固结性	膨胀土大多具有超固结性,天然孔隙比小,密实度大,初始结构强度高。
风化特性	土体开挖后很快被风化,剥落、崩塌现象严重。
强度衰减性	由于胀缩效应和风化作用时间增加,抗剪强度大幅度衰减。

世界上已有40多个国家发现膨胀土造成的危害,据报道,目前膨胀土造成的危害每年给工程建设带来的经济损失已超过百亿美元,比洪水、飓风和地震所造成的损失总和的两倍还多。膨胀土的工程问题已引起包括我国在内的各国学术界和工程界的高度重视。

8.1.3.3 膨胀土地基对工程的危害

(1)对建筑物的影响

膨胀土地基上易于遭受损坏的大都为埋置深度较浅的低层建筑物。房屋墙面角端的裂缝常表现为山墙上的对称或不对称的倒八字形缝。由于土的胀缩交替,还会使墙体出现交叉裂缝(图8.7)。

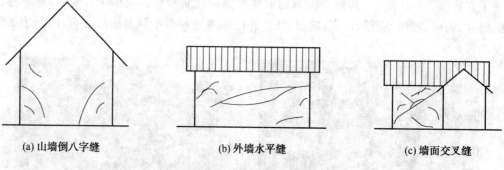

(a)山墙倒八字缝　　(b)外墙水平缝　　(c)墙面交叉缝

图8.7 膨胀土地基上房屋墙面裂缝

(2)对道路交通工程的影响

膨胀土地区的道路,由于路基含水量的不均匀变化,引起不均匀胀缩,产生幅度很大的横向波浪形变形。雨季路面渗水,路基受水浸软化,在行车荷载下形成泥浆,并沿路面裂缝、伸缩缝溅浆冒泥。

(3)对边坡稳定的影响

膨胀土地区的边坡坡面,在干旱季节蒸发强烈,坡面剥落。雨季坡面冲蚀,土体吸水饱和,沿坡面向下产生塑流倒塌,当雨量集中时还会形成泥流。

8.1.3.4 减小膨胀的工程措施

膨胀土地基的工程建设,应根据当地气候条件、地基胀缩等级、场地工程地质和水文地质条件,结合当地建筑施工经验,因地制宜采取综合措施,一般可从以下几方面考虑:

(1)场地选择。建筑应尽量布置在地形条件比较简单、地质较均匀、胀缩性较弱的场地上。由于膨胀土坡地具有多向失水性和不稳定性,坡地建筑比平坦场地的破坏严重,故应尽量避免在陡坡上建造。若无法避开,坡地建筑应避免大开挖,依山就势布置,同时应利用和保护天然排水系统,并设置必要的排洪和导流等排水措施,加强隔水、排水,防止局部浸水和渗漏现象。

(2)建筑措施。建筑上力求体型简单,建筑物不宜过长,在地基土不均匀、建筑平面转折、高差较大及建筑结构类型不同处,应设置沉降缝。民用建筑层数宜多于2层,以加大基底压力,防止膨胀变形。并应合理确定建筑物与周围树木间距离,避免选用吸水量大、蒸发量大的树种绿化。

(3)结构措施。结构上应加强建筑物的整体刚度,基本同减少地基变形及不均匀沉降措施(略)。

(4)地基处理。常用的方法有换填垫层、土性改良、深基础等。其中土性改良可通过在膨胀土中掺入一定量的石灰来提高土的强度。也可采用压力灌浆将石灰浆液灌注入膨胀土的裂缝中起加固作用。

(5)施工措施。在施工中应尽量减少地基中含水量的变化。基槽开挖施工宜分段快速作业,避免基坑岩土体受到曝晒或浸泡。最好在旱季施工,基坑随挖随砌基础,同时做好地表排水。雨季施工应采取防水措施。当基槽开挖接近基底设计标高时,宜预留150~300 mm厚土层,待下一工序开始前挖除;基槽验槽后应及时封闭坑底和坑壁;基坑施工完毕后,应及时分层回填夯实。

8.1.4 山区地基与红黏土地基

8.1.4.1 山区地基

山区地基包括:土岩组合地基、岩溶与土洞地基及压实填土地基、山区半挖半填地基等。

1. 土岩组合地基

土岩组合地基过去又称岩土不均匀地基、岩土混合地基,是山区常见的地基之一。在建筑地基的主要受力层范围内,遇到下列情况之一时属于土岩组合地基。

> **技术提示:**
> 山区地基的特点主要表现在地基的不均匀性和场地的稳定性这两个方面。

(1)下卧基岩表面坡度较大地区(图8.8)

若下卧基岩表面坡度较大,其上覆土层厚薄不均,将使地基承载力和压缩性相差悬殊而引起建筑物不均匀沉降。

(2)石牙密布地基和大块孤石地基(图8.9、图8.10)

该类地基多系岩溶的结果,我国贵州、广西和云南等省广泛分布。其特点是基岩表面凹凸不平,起伏较大,石牙间多被红黏土充填,若充填于石牙间的土强度较高,则地基变形较小;反之变形较大,有可能使建筑物产生过大的不均匀沉降。使建筑物倾斜或土层沿岩面滑动而丧失稳定。

(a) 单向倾斜
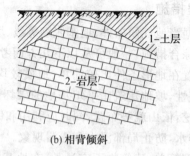
(b) 相背倾斜

(c) 相向倾斜

图 8.8　基岩面与倾斜情况

图 8.9　石牙密布地基　　　　图 8.10　大块孤石地基

土岩组合地基的处理方法主要有以下两类措施：

①结构措施：对建造在软、硬相差比较悬殊的土岩组合地基长度较大或较复杂的建筑物，为减小不均匀沉降造成的危害，宜用沉降缝将建筑物分开，缝宽 30～50 mm。必要时加强上部结构刚度，如加密隔墙，增设圈梁。

②地基处理：一类是处理压缩性较高的地基，使之适用压缩性较低的地基。如采用桩基础、局部深挖、换填或用梁、板、拱跨越等方法。

另一类是处理压缩性较低的地基，使之适用压缩性较高的地基。如采用褥垫法（图 8.11），在石牙露出的部位作褥垫，也能取得较好的效果。

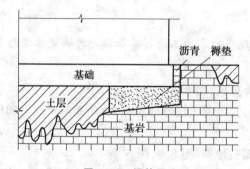

图 8.11　褥垫层

技术提示：

褥垫在基底下一定深度范围内，将局部压缩性低的岩石凿去（石牙露出的部位），换填上压缩性较大的材料（褥垫可采用炉渣、中砂、土夹石或黏土等，厚度宜取 300～500 mm。），然后分层夯实形成垫层，作为基础的部分持力层，使基础整个持力层的变形协调。

2. 岩溶

（1）岩溶

可溶性岩石（如石灰岩、白云岩、石膏等）受水的化学和机械作用，在岩层中形成沟槽、裂隙及溶洞（图8.12），例如本溪水洞是数百万年前形成的大型充水溶洞。

（2）土洞

岩溶地区上覆土层在地表水或地下水作用下形成的洞穴（图8.13）。

图 8.12 溶洞

图 8.13 土洞

1）岩溶对地基稳定性的影响主要表现在以下几方面：

①在地基受力层范围内若有熔岩、暗河等有可能引起地基突然下沉。

②岩溶造成的基岩面起伏较大，可使地基产生不均匀沉降。

③有可能使基础下岩层产生滑动。

④由于岩溶地区较复杂的水文地质条件，易产生新的工程地质问题。

2）岩溶地基的处理措施：在不稳定的岩溶地区进行建设，首先重要建筑物应避开岩溶强烈发育区，对一般岩溶地基，也必须结合岩溶的形态、工程要求、施工条件和经济安全原则进行处理。

8.1.4.2 红黏土地基

1. 成因及分布

红黏土是碳酸盐岩系出露区的岩石，经红土化作用形成的棕红或褐黄等色的高塑性黏土称为原生红黏土；已形成的红黏土经再搬运、沉积后的黏土（含有一定的粗颗粒，其孔隙比、液限小于红黏土等）称为次生红黏土。

我国红黏土主要分布在贵州、云南、广西（区），在安徽、川东、粤北、鄂西和湘西也有分布。一般分布在山坡、山麓、盆地或洼地中。

2. 物理及力学性能

（1）土的天然含水量、孔隙比、饱和度以及塑性界限（液限、塑限）很高，但却具有较高的力学强度和较低的压缩性。

（2）上硬下软现象

地层从地表向下由硬变软，相应地，土的强度则逐渐降低，压缩性逐渐增大。工程实践中，红黏土的软硬程度多以含水比来划分。据统计结果，上部坚硬、硬塑状态的土约占红黏土层的75%以上，厚度一一般都大于 5 m,可塑状态的土约占 10%～20%,多分布在接近基岩处;软塑、流塑状态的土小于 10%,位于基岩凹部溶槽内。

> **技术提示:**
> 红黏土地基一般尽量将基础浅埋,尽量利用浅部坚硬或硬塑状态的土作为持力层,这样既充分利用其较高的承载力,又可使基底下保持相对较厚的硬土层,使传递到软塑土上的附加应力相对减小,以满足下卧层的承载力要求。

3.红黏土与膨胀土的区别

红黏土与膨胀土都属于黏性土,均是按两种不同类型的特殊性土考虑的。

红黏土除了具有较高的地基承载力和较低的压缩性外,还具有高收缩性和低膨胀性的另一特征,这在某种意义上讲,和膨胀土有一定的相似之处。在红黏土地区,也确有因胀缩变形而造成房屋开裂的情况,但又不很普遍,红黏土不是典型的膨胀土。建在红黏土地基上的低层民用建筑开裂破坏的主要原因是不均匀收缩,因此不宜将红黏土归类到膨胀土里面去。红黏土与膨胀土的区别见表8.8。

表 8.8 红黏土与膨胀土的区别

类别	矿物成分	胀缩性	分布	特性
膨胀土	蒙脱石、伊利石	胀缩相等	盆地,山前丘陵地带和二、三级阶地上	胀缩性
红黏土	高岭石、伊利石、绿泥石	收缩＞膨胀	山坡、山麓、盆地或洼地	上硬下软

8.1.5 冻土地基

8.1.5.1 冻土的分布

1.冻土的分类

冻土是指 0 ℃以下并含有冰的各种岩土。冻土按冻结时间可以分为永久性冻土和季节性冻土。

(1)季节性冻土:是指受季节性的影响,冬季冻结夏季全部融化,呈周期性冻结融化的土。

(2)永久性冻土:又称多年冻土,指的是持续三年或三年以上的冻结不融的土层。多年冻土分为两层:上部是夏融冬冻的活动层;下部是终年不融的多年冻结层。

2.冻土的分布

我国的冻土分布如图 8.14 所示,季节冻土占我国领土面积一半以上,其分界由青藏高原、云南、四川盆地至河南、江苏以北地区,我北方国境线、黑龙江大、小兴安岭以南的大部分地区。季节冻结深度在黑龙江省南部、内蒙古东北部、吉林省西北部可超过 3 m,往南随纬度降低而减少。

永久冻土(多年冻土)按照地理位置的不同,可分为高纬度永久冻土和高海拔永久冻土两种。

其中高纬度多年冻土主要分布在黑龙江的大、小兴安岭,面积为 38～39 万平方公里。

高海拔永久冻土分布在青藏高原、阿尔泰山、天山、祁连山、横断山、喜马拉雅山以及东部某些山地,如长白山、黄冈梁山、五台山、太白山等。高海拔永久冻土形成与存在,受当地海拔高度的控制。

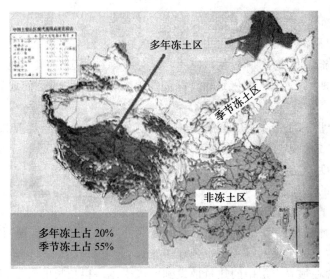

图 8.14 我国冻土分布

8.1.5.2 物理力学性质指标

冻土物理力学性质指标见表 8.9。

表 8.9 冻土物理力学性质指标

各项指标		解释说明
物理性质	含水量	是指冻土中所有冰与未冻水的总质量与冻土骨架质量之比,用百分率表示。
	含冰率	衡量冻土中含冰量多少的指标,用百分数表示。体积含冰量(i_V)是指冻土中冰的体积与冻土的体积(包括冰)之比;重量含冰量(i_g)是指单位体积冻土中冰的重量与冻土的干密度之比;相对含冰量(i_0)是指未冻水的含量与总含水量之比。
力学性质	冻胀量	土的冻胀是土冻结过程中土体体积增大的现象。土的冻胀性以冻胀率 η(冻胀变形量与冻结深度之比,以百分数表示)衡量。
	冻胀强度	土与基础侧表面冻结在一起的剪切强度。
	冻胀力	土中水冻结时,体积膨胀。冻胀力分为法向和切向冻胀力,法向冻胀力是指地基土冻结时,随着土体的冻结,作用于基础底面向上的抬起力;平行向上作用于基础侧表面的抬起力,称为切向冻胀力。
	冻结力	土中水冻结时,产生胶结力,将土与建筑物基础胶结在一起,这种胶结力称为冻结力。冻结力只有在外荷载作用时才表现出来,且其作用方向总是与外荷载的作用方向相反。

8.1.5.3 建筑物冻害防治措施

1. 季节性冻土区防治措施

在季节冻土区建筑物的破坏主要是因地基土的冻胀而引发的,所以,为防止冻害发生,应从对地基土的处理和增强建筑物结构整体性两方面着手。其中地基处理方法主要有:

(1)换填法:即用粗砂、砾石等非(弱)冻胀性材料置换天然地基的冻胀性土。

(2)保温法:在建筑物底部或四周设置隔热层,增大热阻,以推迟地基土的冻结,提高土中温度,降低冻结深度,进而起到防止冻胀的目的。

(3)排水、隔水法:即降低季节冻土层范围内土体的含水量,隔断外水补给来源和排除地表水。

2. 永久冻土区防治措施

在永久冻土地区,以融沉引起的破坏为主,采用保护多年冻土原则或允许融化原则。其中保护多年冻土原则是指在建筑物施工和使用期间,使地基土永远处于冻结状态;而允许融化原则是允许地基土在建筑物使用期间和施工期间,使冻土融化到计算深度。青藏铁路采取的是使地基土永远处于冻结状态的原则。

青藏铁路创了两个世界之最:其一世界上海拔最高的铁路,全线经过海拔 4 000 m 以上地段有 965 km;其二:世界铁路工程史上穿越多年冻土最长的铁路,达到了 550 km。长年不融化的永久冻土层,每到夏季,因地面温度升高,导致路基表层土质松软,给火车安全运行带来隐患,解决冻土融胀问题成为青藏铁路建设成败的关键。

专家们经讨论选择了主动保护冻土的措施,其中以热管技术保护冻土效果最佳。采用了 TSC89－7/2－Ⅱ型低温热管,这种热管长 7 m,是一种碳素无缝钢管,5 m 埋入地下,地面露出 2 m。里面灌装有液态氨,通过液态氨将地下冻土层的"冷气"带到地表土层,让它保持冷冻状态不松软;通过露出地面管径外表的"翅片",把蕴含在地表土层中的热量散发到空气中。一根长长的管子,就像是一个个自动传导冷热温度的"空调器",让路基永远保持冷冻状态。如图 8.15 所示,首批 2 400 根低温热管已"植根"于青藏铁路两侧,它们仿佛是一排"忠诚的卫士",在为世界上海拔最高的铁路"站岗放哨"。

图 8.15 低温热管技术在青藏铁路中保护多年冻土应用

8.2 液化地基

地基土液化是指对于饱和松砂、细砂,在振动荷载下(剪切力)土有由松变密的趋势。这个过程中,由于水来不及排走,颗粒在一段时间内处于悬浮状态。有效应力变为零,抗剪强度丧失。如:喷砂冒水使河道和水渠淤塞,道路破坏,地面下沉,房屋开裂及倒塌(图 8.16),坝体失稳等严重灾害。因此预测地震砂土液化造成的危害以及治理可能液化的地基土,是当今国内外土动力学研究的一个重要方向。

> **技术提示:**
> 液化条件:饱和、松散、细砂或粉土。
> 不易液化可能的条件:①黏土由于有黏聚力 c;②密砂由于密实度好;③埋深较大,由于自重应力大。

图 8.16　日本新潟地震因地基液化导致房屋倒塌

8.2.1　建筑场地

国内外大量震害表明:建在不同建筑场地上的即使是相同的建筑物,其震害差异也是十分显著的,震害经验指出,土质越软,震害层土层越厚,建筑物震害越严重,反之越轻。因此,研究场地条件对建筑震害的影响是建筑抗震设计中十分重要的问题。

8.2.1.1　建筑场地的选择

选择建筑场地时应选择建筑有利地段、避开不利地段,严禁选择危险的地段。其地段类别《建筑抗震设计规范》(GB 50011—2010)规定见表8.10。

表 8.10　有利、一般、不利和危险地段的划分

地段类别	地质、地形、地貌
有利地段	稳定基岩,坚硬土,开阔、平坦、密实、均匀的中硬土等
一般地段	不属于有利、不利和危险的地段
不利地段	软弱土,液化土,条状突出的山嘴,高耸孤立的山丘,陡坡,陡坎,河岸和边坡的边缘,平面分布上成因、岩性、状态明显不均匀的土层(含古河道、疏松的断层破碎带、暗埋的塘浜沟谷和半填半挖地基),高含水量的可塑黄土,地表存在结构性裂缝等。
危险地段	地震时可能发生滑坡、崩塌、地裂、泥石流等及地震断裂带上可能发生地表错位的部位。

8.2.1.2　建筑场地的类别

建筑场地(场地条件)类别不同,其房屋震害不同,《建筑抗震设计规范》是将建筑场地的类别根据土层等效剪切波速(土层刚度)和覆盖土层厚度为依据而划分的,下面介绍建筑场地的类别划分。

1.土层等效剪切波速

(1)土的类别

要确定建筑场地土层的等效剪切波速,必须确定每一土层的剪切波速,土层的剪切波速越大,该土层的刚度越好,《建筑抗震设计规范》根据土层的剪切波速大小,将土的类型划分为4类(表8.11)。

表 8.11 土的类型划分和剪切波速范围

土的类型	岩土名称和性状	土层剪切波速范围 /(m·s^{-1})	图例
坚硬土或软质岩石	破碎和较破碎的岩石或软和较软的岩石,密实的碎石土。	$800 \geqslant v_s > 500$	
中硬土	中密、稍密的碎石土,密实、中密的砾、粗、中砂,$f_{ak} > 150$ 的黏性土和粉土,坚硬黄土。	$500 \geqslant v_s > 250$	
中软土	稍密的砾、粗、中砂,除松散外的细、粉砂,$f_{ak} \leqslant 150$ 的黏性土和粉土,$f_{ak} > 130$ 的填土,可塑新黄土。	$250 \geqslant v_s > 150$	
软弱土	淤泥、淤泥质土、松散的砂、新近沉积的黏性土和粉土,$f_{ak} \leqslant 130$ 的填土,流塑黄土。	$v_s \leqslant 150$	

注:f_{ak} 为由载荷试验等方法得到的地基承载力特征值(kPa);v_s 为岩土剪切波速。

场地的刚度一般用土的剪切波速来表示,因为土的剪切波速是土的重要动力参数,最能反应土的动力特性。

(2) 土层的等效剪切波速,应按下列公式计算:

$$v_{se} = d_0/t \tag{8.5a}$$

$$t = \sum_{i=1}^{n}(d_i/v_{si}) \tag{8.5b}$$

式中 v_{se}——土层等效剪切波速,m/s;
　　d_0——计算深度(m),取覆盖层厚度和 20 m 两者的较小值;
　　t——剪切波在地面至计算深度之间的传播时间;
　　d_i——计算深度范围内第 i 土层的厚度,m;
　　v_{si}——计算深度范围内第 i 土层的剪切波速,m/s;
　　n——计算深度范围内土层的分层数。

2. 建筑场地覆盖层厚度的确定

建筑场地覆盖层厚度的确定,应符合下列要求:

(1) 一般情况下,应按地面至剪切波速大于 500 m/s 且其下卧各层岩土的剪切波速均大于 500 m/s 的土层顶面的距离确定。

(2) 当地面 5 m 以下存在剪切波速大于其上部各土层剪切波速 2.5 倍的土层,且该层及其下卧各层岩土的剪切波速均不小于 400 m/s 时,可按地面至该土层顶面的距离确定。

(3) 剪切波速大于 500 m/s 的孤石、透镜体,应视同周围土层。

3. 建筑场地的类别

建筑的场地类别,应根据土层等效剪切波速和场地覆盖层厚度按表 8.12 划分为四类,其中 Ⅰ 类分

为 I_0、I_1 两个亚类。

表 8.12　各类建筑场地的覆盖层厚度(m)

岩石的剪切波速或土的等效剪切波速 $/(m \cdot s^{-1})$	场 地 类 别				
	I_0	I_1	II	III	IV
$v_s > 800$	0				
$800 \geqslant v_{se} > 500$		0			
$500 \geqslant v_{se} > 250$			<5	$\geqslant 5$	
$250 \geqslant v_{se} > 150$			<3	3～50	>50
$v_{se} \leqslant 150$			<3	3～15	15～50	>80

注：表中 v_s 系岩石的剪切波速。

【例 8.3】　某工程场地地质钻孔资料见表 8.13，试确定该场地类别。

解　因砾砂 $v_s = 500$ m/s，故场地覆盖层厚度 $d_0 = 4.9$ m。

$$t = \sum_{i=1}^{n}(d_i/v_{si}) = (2.5/200 + 1.5/280 + 0.9/310)s = 0.020\ 7\ s$$

$v_{se} = d_0/t = (4.9/0.020\ 7)$ m/s $= 236$ m/s，查表可得，该场地为 II 类场地。

表 8.13　例 8.3 土层剪切波速

土层底部深度 /mm	土层深度 d_i/m	岩土名称	剪切波速 $v_s/(m \cdot s^{-1})$
2.5	2.5	杂填土	200
4.0	1.5	粉土	280
4.9	0.9	中砂	310
6.1	1.2	砾砂	500

8.2.2　地基土液化的判别

对存在饱和砂土和粉土（不含黄土）的地基，除 6 度外，应进行液化判别。对 6 度区一般情况下可不进行判别和处理，但对液化沉陷敏感的乙类建筑可按 7 度的要求进行判别和处理。

需要进行液化判别和处理的地基，《抗震设计规范》规定判别地基土液化性分两步进行：第一步：初步判别；第二步：根据标准贯入试验判别。若初步判别为不液化土，可不进行第二步判别。

1. 初步判别

饱和的砂土或粉土（不含黄土），当符合下列条件之一时，可初步判别为不液化或可不考虑液化影响：

(1) 地质年代为第四纪晚更新世（Q3）及其以前时，7、8 度时可判别为不液化土。

(2) 粉土的黏粒（粒径小于 0.005 mm 的颗粒）含量百分率，7 度、8 度和 9 度分别不小于 10%、13% 和 16% 时，可判别为不液化土。

(3) 浅埋天然地基的建筑，当上覆非液化土层厚度和地下水位深度符合下列条件之一时，可不考虑液化影响：

$$d_u > d_0 + d_b - 2 \tag{8.6a}$$

$$d_w > d_0 + d_b - 3 \tag{8.6b}$$

$$d_u + d_w > 1.5d_0 + 2d_b - 4.5 \tag{8.6c}$$

式中 d_w——地下水位深度(m),宜按设计基准期内年平均最高水位采用,也可按近期内年最高水位采用;

d_u——上覆盖非液化土层厚度(m),计算时宜将淤泥和淤泥质土层扣除;

d_b——基础埋置深度(m),不超过 2 m 时应采用 2 m;

d_0——液化土特征深度(m),可按表 8.14 采用。

表 8.14 液化土特征深度(m)

饱和土类别	7 度	8 度	9 度
粉土	6	7	8
砂土	7	8	9

【例 8.4】 图 8.17 所示为某场地地基剖面图,上覆非液化土层厚度 $d_u = 5.5$ m,其下为砂土,地下水位深度为 $d_w = 6$ m,基础埋深 $d_b = 2$ m,该场地为 8 度区。确定是否考虑液化影响。

解 查表 8.14 得:液化土特征深度 $d_0 = 8$ m,当上覆非液化土层厚度和地下水位深度符合下列条件之一时,可不考虑液化影响:

(1) 由式(8.6a) $d_u > d_0 + d_b - 2$

$d_u = 5.5 \text{ m} < d_0 + d_b - 2 = (8+2-2)\text{m} = 8 \text{ m}$

(不满足上式条件)

(2) 由式(8.6b) $d_w > d_0 + d_b - 3$

$d_w = 6 \text{ m} > d_0 + d_b - 3 = (8+2-3)\text{m} = 7 \text{ m}$

(不满足上式条件)

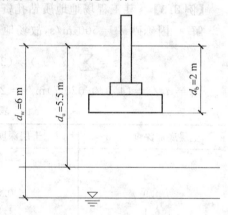

图 8.17 例 8.4 附图

(3) 由式(8.6c) $d_u + d_w > 1.5 d_0 + 2 d_b - 4.5$

$d_u + d_w = (5.5+6)\text{m} = 11.5 \text{ m} > 1.5 d_0 + 2 d_b - 4.5 = (1.5 \times 8 + 2 \times 2 - 4.5)\text{m} = 11.5 \text{ m}$

(不满足上式条件)

通过计算均不满足上述条件之一,所以需要考虑地基液化影响。

2. 标准贯入判别

由模块 4 可知:标准贯入试验(图 4.12)所用穿心锤重 63.5 kg,落距 76 cm,穿心锤自由下落,将特制的圆管状贯入器贯入土中,先打入土中 15 cm 不计数,以后累计打入 30 cm 的锤击数,经统计整理后即为标准贯入试验锤击数 N。其作用可用来判断砂土密实度及地基承载力等,同时用标准贯入试验锤击数 N 与规范规定的标准贯入临界锤击数 N_{cr} 比较可用来确定是否会液化,其判断条件如下:$N < N_{cr}$ 为液化土;$N \geqslant N_{cr}$ 为不液化土。

《抗震规范》(GB 50011—2010)规定:在地面下 20 m 深度范围内,液化判别标准贯入锤击数临界值可按下式计算:

$$N_{cr} = N_0 \beta [\ln(0.6 d_s + 1.5) - 0.1 d_w] \sqrt{3/\rho_c} \tag{8.7}$$

式中 N_{cr}——液化判别标准贯入锤击数临界值;

N_0——液化判别标准贯入锤击数基准值,可按表 8.15 采用;

d_s——饱和土标准贯入点深度,m;

d_w——地下水位,m;

ρ_c——黏粒含量百分率,当小于 3 或为砂土时,应采用 3;

β——调整系数,设计地震第一组取 0.80,第二组取 0.95,第三组取 1.05。

表 8.15　液化判别标准贯入锤击数基准值 N_0

设计基本地震加速度(g)	0.10	0.15	0.20	0.30	0.40
液化判别标准贯入锤击数基准值	7	10	12	16	19

8.2.3　液化地基评价与液化地基的抗震措施

8.2.3.1　液化地基的评价

地基土液化程度不同,对建筑物的危害也不同,采取的抗液化措施也不同。为了衡量地基土液化的危害程度,抗震规范通过液化指数来划分场地的液化等级,以反映场地液化可能造成的危害程度。

1. 液化指数

对存在液化砂土层、粉土层的地基,应探明各液化土层的深度和厚度,按下式计算每个钻孔的液化指数:

$$I_{lE} = \sum_{i=1}^{n} (1 - N_i/N_{cri}) d_i W_i \tag{8.8}$$

式中　I_{lE}——液化指数;

n——在判别深度范围内每一个钻孔标准贯入试验点的总数;

N_i、N_{cri}——分别为 i 点标准贯入锤击数的实测值和临界值,当实测值大于临界值时应取临界值,当只需要判别 15 m 范围以内的液化时,15 m 以下的实测值可按临界值采用;

d_i——i 点所代表的土层厚度(m),可采用与该标准贯入试验点相邻的上、下两标准贯入试验点深度差的一半,但上界不高于地下水位深度,下界不深于液化深度;

W_i——i 土层单位土层厚度的层位影响权函数值(m^{-1}),当该层中点深度不大于 5 m 时应采用 10,等于 20 m 时应采用零值,5～20 m 时应按线性内插法取值。

2. 液化等级

由液化指数,并按表 8.16 综合划分地基的液化等级。

表 8.16　液化等级

液化等级	轻微	中等	严重
液化指数 I_{lE}	$0 < I_{lE} \leq 6$	$6 < I_{lE} \leq 18$	$I_{lE} > 18$

8.2.3.2　液化地基的抗震措施

地基抗液化措施应根据建筑的重要性、地基的液化等级,结合具体情况综合确定。当液化砂土层、粉土层较平坦且均匀时,宜按表 8.17 选用地基抗液化措施。

表 8.17　抗液化措施

建筑抗震设防类别	地基的液化等级		
	轻微	中等	严重
乙类	部分消除液化沉陷,或对基础和上部结构处理	全部消除液化沉陷,或部分消除液化沉陷且对基础和上部结构处理	全部消除液化沉陷

续表 8.17

建筑抗震设防类别	地基的液化等级		
	轻微	中等	严重
丙类	基础和上部结构处理,亦可不采取措施	基础和上部结构处理,或更高要求的措施	全部消除液化沉陷,或部分消除液化沉陷且对基础和上部结构处理
丁类	可不采取措施	可不采取措施	基础和上部结构处理,或其他经济的措施

注:甲类建筑的地基抗液化措施应进行专门研究,但不宜低于乙类的相应要求。

砂土液化的防治措施主要从预防砂土液化的发生和防止或减轻建筑物不均匀沉陷两方面入手。具体包括:

(1)合理选择场地;
(2)采取振冲、夯实、爆炸、挤密桩、换土等措施处理地基,提高砂土密度;
(3)排水降低砂土孔隙水压力;
(4)采用整体性较好的筏基、深桩基等方法。

8.3 地基处理

8.3.1 基本知识

8.3.1.1 地基处理目的及对象

地基处理的目的及对象见表 8.18。

表 8.18 地基处理的目的及对象

目的	(1)提高地基承载力及改善其变形性质(增加土的刚度——减少地基沉降量)。 (2)改善渗透性质:①防渗:堤坝、闸基、池;②排水:软基固结渗流、挡土墙排水。 (3)改善特殊土的不良特性及改善土的动力性能(如改善抗震性能)。
对象	(1)软弱地基:包括软黏土、杂填土、冲填土、饱和土及泥炭土; (2)区域性地基:湿陷性黄土、膨胀土、多年冻土、盐渍土、岩溶、山区地基及垃圾填埋土地基等。

8.3.1.2 地基处理方法分类

地基处理的分类方法多种多样,按处理深度分为浅层处理和深层处理;按处理土性对象分为砂性土处理和黏性土处理(又分为饱和土处理和非饱和土处理);常见的分类方法主要是按照地基处理的加固机理进行分类,见表 8.19。

表 8.19 按地基处理的加固机理分类

编号	分类	处理方法	原理及作用	适用范围
1	碾压及夯实	重锤夯实、机械碾压、振动压实、强夯(动力固结)	利用压实原理,通过机械碾压夯击,把表层地基土压实;强夯则利用强大的夯击能,在地基中产生强烈的冲击波和动应力,迫使土动力固结密实。	处理碎石土、砂土、粉土、低饱和度的黏性土、杂填土等,对饱和黏性土应慎用

续表 8.19

编号	分类	处理方法	原理及作用	适用范围
2	换填垫层	砂石垫层、素土垫层、灰土垫层、矿渣垫层、加筋土垫层	以砂石、素土、灰土和矿渣等强度较高的材料,置换地基表层软弱土,提高持力层的承载力,扩散应力,减少沉降量。	处理地基表层软弱土和暗沟、暗塘等软弱土地基
3	排水固结	天然地基预压、砂井及塑料排水带预压、真空预压、降水预压和强力固结等	在地基中增设竖向排水体,加速地基的固结和强度增长,提高地基的稳定性;加速沉降发展,使基础沉降提前完成。	处理饱和软弱黏土层;对于渗透性极低的泥炭土,必须慎重对待
4	振密挤密	振冲挤密、沉桩振密、灰土挤密、砂桩、石灰桩、爆破挤密等	通过振动或挤密,使土体的孔隙减少,强度提高;必要时在振动挤密的过程中,回填砂、砾石、灰土、素土等,与地基土组成复合地基,从而提高地基的承载力,减少沉降量。	处理松砂、粉土、杂填土及湿陷性黄土、非饱和黏性土等
5	置换及拌入	振冲置换、深层搅拌、高压喷射注浆、石灰桩等	采用专门的技术措施,以砂、碎石等置换软弱土地基中部分软弱土,或在部分软弱土地基中掺入水泥、石灰或砂浆等形成加固体,与周边土组成复合地基,从而提高地基的承载力,减少沉降量。	黏性土、冲填土、粉砂、细砂等
6	加筋	土工膜、土工织物、土工格栅等合成物	一种用于土工的化学纤维新型材料,可用于排水、隔离、反滤和加固补强等方面。	软土地基、填土及陡坡填土、砂土

8.3.2 机械碾压法及重锤夯实法

8.3.2.1 机械碾压法

机械碾压与夯实是修路、筑堤、加固地基表层最常用的简易处理方法。利用羊足碾、平碾、振动碾(图 8.18)等碾压机械将地基土压实。80～120 kN 的压路机碾压杂填土,压实深度为 30～40 cm,地基承载力可达 80～120 kPa。适用于地下水位以上,大面积回填压实,也可用于含水率较低的素填土或杂填土地基。

施工要点:每层铺土(虚铺)厚度为 200～300 mm。压实系数＝施工时所控制的土的干密度 ρ_d/最大干密度 ρ_{dmax}。振动压实法是通过在地基表面施加振动把浅层松散土振实的方法,可用于处理砂土和由炉灰、炉渣、碎砖等组成的杂填土地基。

振动压实法是通过在地基表面施加振动把浅层松散土振实的方法,可用于处理砂土和由炉灰、炉渣、碎砖等组成的杂填土地基。

(a) 平碾

(b) 羊足碾

(c) 振动压路机

图 8.18　压实法机械

8.3.2.2　重锤夯实法

1. 加固机理

重锤夯实法是利用起重机械将夯锤(由钢筋混凝土制成,为截头圆锥体,锤重一般不小于 15 kN,锤底直径约为 0.7～1.5 m)提到一定高度(落距 2.5～4.5 m)后,让夯锤自由落下,重复夯击基土表面,有效夯实深度约为锤底直径一倍左右,使地基表面形成一层比较密实的硬壳层,从而使地基得到加固。

重锤夯实法的效果与锤重、锤底直径、夯击遍数、落距、土的种类、含水量等有密切的关系,应当根据设计的夯实密度及影响深度,通过现场试夯确定有关参数。对于地下水位离地表很近或软弱土层埋置很浅时,重锤夯实可能产生"橡皮土"的不良效果。

2. 适用范围

重锤夯实法适用于处理距离地下水位 0.8 m 以上稍湿的杂填土、黏性土、湿陷性黄土和分层填土等地基,但在有效夯实深度内存在软黏土层时不宜采用。对于湿陷性黄土,重锤夯实可减少表层土的湿陷性,对于杂填土,则可减少其不均匀性。

8.3.3　强夯法及强夯置换

强夯法是用起重机械将重锤(一般为 80～300 kN)从 6～30 m 高处下落,以强大的冲击能强制压实加固地基深层的密实方法(图 8.19)。该法可提高地基承载力、降低其压缩性、减轻甚至消除砂土振动的液化危害、消除湿陷性黄土的湿陷性等。

8.3.3.1　强夯法

1. 加固机理

强夯法的加固机理与重锤夯实法有本质的区别。强夯法主要是将势能转化为夯击能,在地基中产生强大的动应力和冲击波,进而对土体产生以下作用:

(1)(动力)压密作用

对多孔隙、粗颗粒、非饱和土为动力密实机理,即强大的冲击能,使土中气相体积大幅度减小,土中孔隙体积被压缩。

(2)(动力)固结作用

对细粒饱和土为动力固结机理,即强大的冲击能与冲击波,破坏土的结构,使土体局部液化并产生许多裂隙,作为孔隙水的排水通道,使土体固结;由于软土的触变性,强度得到提高。

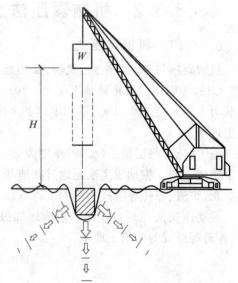

图 8.19　强夯示意图

(3)液化作用

导致土体内孔隙水压力骤然上升,土体即产生液化,土丧失强度,土粒重新自由排列(土体只是局部液化)。

2.适用范围

强夯法适用于:碎石土、砂土、建筑垃圾、低饱和度的粉土、黏性土、素填土、杂填土和湿陷性黄土等地基,也可用于防止粉土及粉砂的液化;对于淤泥与饱和软黏土,若采取一定措施,如结合坑内夯填块石、碎石或其他粗粒料,强行夯入形成复合地基,也可以采用,处理效果较好。但强夯不得用于不允许对工程周围建筑物和设备有一定振动影响的地基加固,必需时,应采取防振、隔振措施。

3.特点

(1)设备、施工工艺、操作简单。

(2)工期短,成本低:①施工速度快、较换土回填和桩基缩短工期一半;②节省加固原材料。

(3)加固效果显著:①可取得较高的承载力(一般地基强度可提高2～5倍);②变形沉降量小,压缩性可降低2～10倍;③加固影响深度大,可达6～10 m。

(4)适用范围十分广泛:不但能在陆地上施工,而且也可在水下夯实。

其缺点是施工时噪声和振动较大,不宜在人口密集的城市内使用。

8.3.3.2　强夯置换法

强夯置换法(图8.20)的加固机理与强夯法不同,它是利用重锤高落差产生的高冲击能将碎石、片石、矿渣等性能较好的材料强力挤入地基中,在地基中形成一个一个的粒料墩,墩与墩间土形成复合地基,以提高地基承载力,减小沉降。在强夯置换过程中,土体结构破坏,地基土体产生超孔隙水压力,但随着时间的增加,土体结构强度会得到恢复。粒料墩一般都有较好的透水性,利于土体中超孔隙水压力消散产生固结。

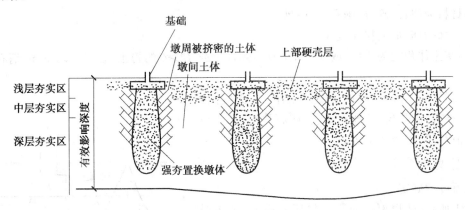

图8.20　强夯置换后地基基础形式

技术提示:

强夯置换法是20世纪80年代后期开发的方法,适用于高饱和度的粉土与软塑及流塑的黏性土等地基及变形控制要求不严的工程。强夯置换法具有加固效果显著、施工期短、施工费用低等特点。强夯置换法一般处理效果良好,个别工程因设计、施工不当,加固后会出现下沉较大或墩体与墩间土下沉不等的情况。因此,《建筑地基处理技术规范》(JGJ 79—2002)特别强调,采用强夯置换法前必须通过现场试验确定其适用性和处理效果,否则不得采用。

8.3.4 换填垫层法

换填垫层法是指当软弱地基的承载力或变形不满足要求,将基础底面下处理范围内的软弱土层或不均匀土层挖去,然后分层回填坚硬、较粗粒径的材料,并夯实至要求的密实度为止。换填垫层法简称换填法。

8.3.4.1 作用和适用范围

1. 作用

(1)提高浅层地基承载力。

(2)减少地基沉降量。

(3)加速软弱土层的排水固结。

(4)防止冻胀。粗颗粒的垫层材料孔隙大,不易产生毛细现象,因此可以防止寒冷地区土中结冰所造成的冻胀。

(5)消除特殊土地基的危害。

2. 适用范围

淤泥、淤泥质土、湿陷性黄土、膨胀土、素填土、杂填土、季节性冻土地基以及暗沟、暗塘等的浅层处理。如:当建筑物荷载不大(常用于处理多层或底层建筑的条形基础、独立基础以及基槽开挖后局部具有软弱土层的地基),软弱土层厚度较小时,采用换填垫层法能取得较好的效果。

8.3.4.2 垫层设计原理

1. 垫层材料

(1)理想材料为卵石、碎石、砾石、粗中砂。

(2)素土:含碎石时最大粒径≤50 mm。

(3)灰土:灰土体积比为2∶8或3∶7,土宜为黏性土或$I_p>4$的粉土,粒径<15 mm;消石灰粒径≤5 mm。

(4)工业废料:如矿渣,应质地坚硬、性能稳定、无侵蚀性。

常用的垫层有:砂垫层、砂卵石垫层、碎石垫层、灰土或素土垫层、煤渣垫层、矿渣垫层等。

2. 垫层宽度及厚度

(1)垫层厚度的确定

如图 8.21 所示,垫层厚度应满足垫层底面处(即下卧层顶面处)地基承载力,其计算原理同模块5中软弱下卧层承载力验算,其计算公式见式(5.4)、(5.5)、(5.6),在此不再详述,所不同的是垫层的压力扩散角 θ 按表 8.20 取值。

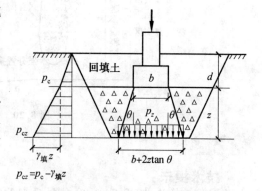

垫层厚度满足条件:$p_z + p_{cz} \leqslant f_{az}$

垫层宽度满足条件:$b' \geqslant b + 2z\tan\theta$

图 8.21 确定垫层厚度及宽度的计算简图

表 8.20　垫层压力扩散角 θ

z/b	换填材料		
	中砂、粗砂、砾砂、圆砾、角砾、石屑、卵石、碎石、矿渣	粉质黏土、粉煤灰	灰土
<0.25	0°	0°	28°
0.25	20°	6°	28°
≥0.50	30°	23°	
注：	当 0.25<z/b<0.50 时，θ 值可内插求得		

(2)垫层宽度的确定

垫层宽度 b' 需满足两方面要求：一是满足应力扩散的要求；二是防止垫层向两边挤动。通常可按当地经验确定或按下式计算：

$$b' = b + 2z\tan\theta \tag{8.9}$$

式中　b'——垫层底面宽度，m；

　　　z——基础底面下垫层的厚度，m。

8.3.5　排水固结法

8.3.5.1　加固机理

在饱和软土地基中施加荷载后，孔隙水被缓慢排出（超静水压力逐渐消散，有效应力逐渐提高），孔隙体积随之逐渐减小，地基发生固结变形，地基土承载力逐渐增长。

排水固结法适用于处理各类淤泥、淤泥质土及冲填土等饱和黏性土地基。

根据太沙基固结理论，黏性土固结所需时间与排水距离的平方成正比，因此，加速土层固结最有效的方法是增加土层的排水途径，缩短排水距离。然后分级加载预压，使软土中孔隙加快排水，地基土固结沉降加快完成，其排水固结方法有：砂井、袋装砂井和塑料排水板堆载预压法、真空预压法和降水位预压法等，下面作简单介绍。

8.3.5.2　砂井堆载预压法简介

软黏土渗透系数很低，为了缩短加载预压后排水固结的历时时间，对较厚的软土层，常在地基中设置排水通道，使土中孔隙较快排出水。可在软黏土中设置一系列的竖向砂井，在软土顶层设置横向排水砂垫层，堆载材料一般用填土、砂石等散体材料（图 8.22）。

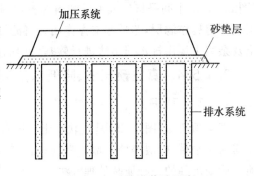

图 8.22　砂井堆载预压法

1. 砂井

(1)砂井的直径和间距及排列：为达到相同的固结度，缩短砂井间距比增加砂井直径效果要好，即以"细而密"为佳，不过，考虑到施工的可操作性，普通砂井的直径为 300~500 mm。砂井的间距可根据地基土的固结特征和预定时间内所要求达到的固结度确定，间距可按直径的 6~8 倍选用；砂井排列：砂井的平面布置可采取正方形或等边三角形。

(2) 砂井深度主要根据土层的分布、地基中的附加应力大小、施工期限和条件及地基稳定性等因素确定。当软土不厚(一般为10～20 m)时，尽量要穿过软土层达到砂层；当软土过厚(超过 20 m)时，不必打穿黏土，可根据建筑物对地基的稳定性和变形的要求确定。对以地基抗滑稳定性控制的工程，竖井深度应超过最危险滑动面2.0 m以上。

2. 砂垫层

在砂井顶面应铺设砂垫层，连通各个砂井形成通畅的排水面，以便将水排到场地以外。砂垫层厚度不应小于0.5 m；砂料宜用中、粗砂，必须保证良好的透水性，含泥量不应超过 3%，渗透系数应大于10^{-3} cm/s。

3. 预压荷载

预压荷载大小应根据设计要求确定。对于沉降有严格限制的建筑，应采用超载预压法处理。另预压荷载顶面的范围应等于或大于建筑物基础外缘所包围的范围。

8.3.5.3　袋装砂井和塑料排水板预压法概念

用砂井法处理软土地基如地基土变形较大或施工质量稍差常会出现砂井被挤压截断，不能保持砂井在软土中排水通道的畅通，影响加固效果。近年来在普通砂井的基础上，出现了以袋装砂井和塑料排水板代替普通砂井的方法，避免了砂井不连续的缺点，而且施工简便，加快了地基的固结，节约用砂，在工程中得到了日益广泛的应用。

图8.23　袋装砂袋排水法

1. 袋装砂井

目前国内袋装砂井(图8.23)直径一般为70～120 mm，间距为1.0～2.0 m。砂袋可采用聚丙烯或聚乙烯等长链聚合物编织制成，应具有足够的抗拉强度、耐腐蚀、对人体无害等特点。装砂后砂袋的渗透系数不应小于砂的渗透系数。灌入砂袋的砂应为中、粗砂并振捣密实。砂袋留出孔口长度应保证伸入砂垫层至少300 mm，并不得卧倒。

2. 塑料排水板

塑料排水板别名塑料排水带，有波浪型、口琴型等多种形状(图8.24)。中间是挤出成型的塑料芯板，是排水带的骨架和通道，其断面呈并联十字，两面以非织造土工织物包裹作滤层，芯带起支撑作用并将滤层渗进来的水向上排出，是淤泥、淤质土、冲填土等饱和黏性土及杂填土运用排水固结法进行软基处理的良好垂直通道，大大缩短了软土固结时间。

8.3.5.4　真空预压法、降低水位预压法、电渗预压法的概念

1. 真空预压法

真空预压法(图8.25)是在软黏土中设置竖向塑料排水带或砂井，上铺砂层，再覆盖薄膜封闭，抽气使膜内排水带、砂层等处于部分真空状态，使膜内外形成气压差，排除土中的水分，使土预先固结以减少地基后期沉降的一种地基处理方法。

2. 降低水位预压法

降低水位预压法(图8.26)是借井点抽水降低地下水位，以增加土的自重应力，达到预压目的。其降低地下水位原理、方法和需要设备基本与井点法基坑排水相同。地下水位降低使地基中的软弱土层承受了相当于水位下降高度水柱的重量而固结，增加了土中的有效应力。这一方法最适用于渗透性较

好的砂土或粉土或在软黏土层中存在砂土层的情况,使用前应摸清土层分布及地下水位情况等。

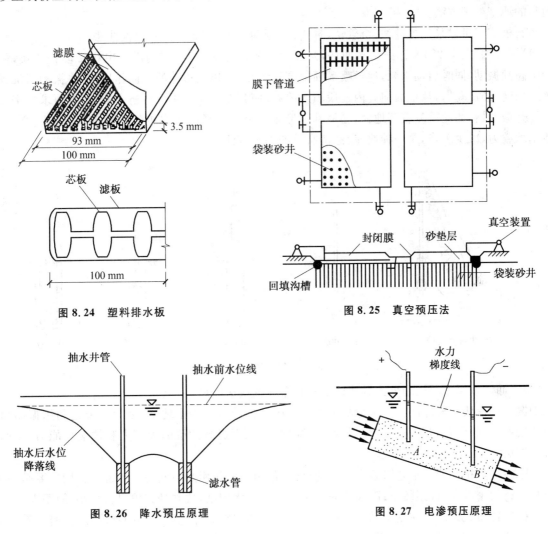

图 8.24 塑料排水板　　　　图 8.25 真空预压法

图 8.26 降水预压原理　　　　图 8.27 电渗预压原理

3.电渗预压法

电渗预压(图 8.27)是在土中插入金属电极并通以直流电,由于直流电场作用,土中的水分从阳极流向阴极,将水在阴极排除且在无补充水源的情况下,引起土层的压缩固结。电渗预压与降水预压一样,是在总应力不变的情况下,通过减小孔隙水压力来增加土的有效应力作为固结压力的,所以不需要用堆载作为预压荷载,也不会使土体发生破坏。

8.3.6 挤(振)密桩法

挤(振)密桩法是以振动、冲击或带套管等方法成孔,然后向孔中填入砂、石、土(或灰土、二灰、水泥土)、石灰或其他材料,再加以振实而成为直径较大桩体的方法。挤密桩属于柔性桩,而木桩、钢筋混凝土桩和钢桩属于刚性桩,挤密桩主要靠桩管打入地基时对地基土的横向挤密作用,在一定的挤密功能作用下土粒彼此移动,小颗粒填入大颗粒的孔隙,颗粒间彼此紧靠,孔隙减小,此时土的骨架作用随之增强,从而使土的压缩性减小、抗剪强度提高。

8.3.6.1 砂石桩法

碎石桩、砂桩和砂石桩总称为砂石桩,又称粗颗粒土桩,是指采用振动、冲击或水冲等方式在软弱地基中成孔后,再将碎石、砂或砂石挤压入已成的孔中,形成砂石所构成的密实桩体,并和原桩周土组成复合地基的地基处理方法。

砂石桩施工可以采用振冲法、沉管法、冲击法、振动法等,下面主要介绍振冲法。

(1)振冲法(图 8.28)又称振动水冲法,是以起重机吊起振冲器,启动潜水电机带动偏心块,使振动器产生高频振动,同时启动水泵,通过喷嘴喷射高压水流,在边振边冲的共同作用下,将振动器沉到土中的预定深度,经清孔后,从地面向孔内逐段填入碎石,使其在振动作用下被挤密实,达到要求的密实度后即可提升振动器,如此反复直至地面,在地基中形成一个大直径的密实桩体与原地基构成复合地基,提高地基承载力,减少沉降,是一种快速、经济有效的加固方法。

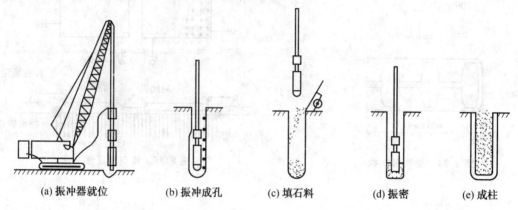

(a) 振冲器就位　　(b) 振冲成孔　　(c) 填石料　　(d) 振密　　(e) 成桩

图 8.28　振冲法施工工艺

(2)振冲法按照作用机理分为振冲挤密法和振冲置换法两种。

①振冲挤密法。振冲法在砂土地基中主要作用是振冲挤密砂土地基,因为主要是利用振动和压力水使砂层液化,砂颗粒相互挤密,重新排列,孔隙减少,从而提高砂层的承载力和抗液化能力,又称振冲挤密砂桩法。

挤密砂桩与排水砂井都是以砂为填料的桩体,但两者的作用是不同的。砂桩的作用主要是挤密,故桩径与填料的密度大,桩距较小;而砂井的作用主要是排水固结,故井径和填料密度小,间距大。

②振冲置换。振冲法在软弱黏性土地基中的主要作用是振冲置换。振冲器成孔,振密填料置换,制造一群以碎石、砂砾等散粒材料组成的桩体,与原地基土一起构成复合地基,使其排水性能得到很大改善,有利加速土层固结,使承载力提高,沉降量减少,又称振冲置换碎石桩法。

砂石桩适用于挤密松散砂土、粉土、黏性土、素填土、杂填土地基。对饱和黏土地基上对变形控制要求不严的工程也可采用砂石桩置换。砂石桩也可用于处理可液化地基。

8.3.6.2　其他类型挤密桩简介

1. 土挤密桩法和灰土挤密桩法

土挤密桩法或灰土挤密桩法是指利用横向挤压成孔设备,使桩间土得以挤密。用素土或灰土填入桩孔内分层夯实形成土桩或灰土桩,并与桩间土组成复合地基的地基处理方法。

土挤密桩法 1934 年首创于前苏联,主要用以消除黄土地基的湿陷性,至今仍为俄罗斯及东欧一些国家处理湿陷性黄土地基的主要方法。我国自 20 世纪 50 年代中期在西北黄土地区开始土挤密桩法的试验和应用,并于 20 世纪 60 年代中期在土挤密桩法的基础上试验成功灰土挤密桩法。自 20 世纪 70 年代初期以来,土挤密桩法和灰土挤密桩法逐步在陕、甘、晋和豫西等省区推广应用,取得了显著的技术经济效益。

土(或灰土)挤密桩适用于处理地下水位以上的湿陷性黄土、素填土和杂填土等地基,可处理地基的深度为 5~15 m。当以消除地基土的湿陷性为主要目的时,宜选用土挤密桩法。当以提高地基土的承载力或增强水稳性为主要目的时,宜选用灰土挤密桩法。当地基土的含水量大于24%,饱和度大于65%时,不宜选用土挤密桩法和灰土挤密桩法。

2. 夯实水泥土桩法

夯实水泥土桩法是指将水泥和土按设计的比例拌和均匀,在孔内夯实至设计要求的密实度而形成的加固体,并与桩间土组成复合地基的处理方法。它是中国建筑科学研究院地基基础研究所与河北省建筑科学研究院在北京、河北等旧城区危改小区工程中,为了解决施工场地条件限制和满足住宅产业化的需求而开发出的一种施工周期短、造价低、施工文明、质量容易控制的地基处理方法。该技术经过大量的室内试验、原位试验和工程实践,已日臻完善。目前,夯实水泥土桩法已在北京、河北等地1 200多项工程中应用,产生了巨大的经济效益和社会效益。

夯实水泥土桩法适用于处理地下水位以上的粉土、素填土、杂填土、黏性土等地基。处理深度不宜超过10 m。

3. 水泥粉煤灰碎石桩法

水泥粉煤灰碎石桩法又称CFG桩法,是指由水泥、粉煤灰、石屑或砂等混合料加水拌和形成高黏结强度桩,并由桩、桩间土和褥垫层一起组成复合地基的地基处理方法。

水泥粉煤灰碎石桩法于1988年开始立项研究,1994年开始推广应用,目前已在23个省市,1 000多项工程中使用,近年逐渐开始在高层建筑中应用。它吸取了振冲碎石桩和水泥搅拌桩的优点:第一,施工工艺与普通振动沉管灌注桩一样,工艺简单,与振冲碎石桩相比,无场地污染,振动影响也较小;第二,所用材料仅需少量水泥,便于就地取材,基础工程不会与上部结构争"三材",这也是比水泥搅拌桩优越之处;第三,受力特性与水泥搅拌桩类似。

CFG桩不同于碎石桩,是具有一定黏结强度的混合料。在荷载作用下CFG桩的压缩性明显比其周围软土小,因此基础传给复合地基的附加应力随地基的变形逐渐集中到桩体上,出现应力集中现象,复合地基的CFG桩起到了桩体的作用。

水泥粉煤灰碎石桩(CFG桩)法适用于处理黏性土、粉土、砂土和已自重固结的素填土等地基。对淤泥质土应按地区经验或通过现场试验确定其适用性。

8.3.7 浆液固化法

浆液固化法是指利用水泥浆液、黏土浆液或其他化学浆液,通过灌注压入、高压喷射或机械搅拌,使浆液与土颗粒胶结起来,以改善地基土的物理和力学性质的地基处理方法。

目前浆液固化法中常用的方法除原来已有的灌浆法外,又出现了高压喷射注浆法和水泥土搅拌法。前者利用高压射水切削地基土,通过注浆管喷出浆液,就地将土和浆液进行搅拌混合,后者通过特制的搅拌机械,在地基深部将黏土颗粒和水泥强制拌和,使黏土硬结成具有整体性、水稳性和足够强度的地基土。

8.3.7.1 灌浆法

灌浆法是指利用液压、气压或电化学原理,通过注浆管把浆液均匀地注入地层中,浆液以填充、渗透和挤密等方式,赶走土颗粒间或岩石裂隙中的水分和空气后占据其位置,经人工控制一定时间后,浆液将原来松散的土粒或裂隙胶结成一个整体,形成一个结构新、强度大、防水性能好和化学稳定性良好的"结石体"。

灌浆法的应用始于1802年,法国工程师Charles Beriguy在Dieppe采用了灌注黏土和水硬石灰浆的方法修复了一座受冲刷的水闸。此后,灌浆法成为地基加固中的一种常用方法。

加固目的有以下几个方面:

①增加地基的不透水性,常用于防止流砂、钢板桩渗水、坝基漏水、隧道开挖时涌水以及改善地下工程的开挖条件;

②截断渗透水流,增加边坡、堤岸的稳定性,常用于整治塌方、滑坡、堤岸以及蓄水结构等;

③提高地基承载力,减少地基的沉降和不均匀沉降;

④提高岩土的力学强度和变形模量,固化地基和恢复工程结构的整体性,常用于地基基础的加固和纠偏处理。

8.3.7.2 高压喷射注浆法

高压喷射注浆法是利用钻机把带有特殊喷嘴的注浆管钻进至土层的预定位置后,用高压脉冲泵(工作压力在 20 MPa 以上),将水泥浆液通过钻杆下端的喷射装置,向四周以高速水平喷入土体,借助液体的冲击力切削土层,使喷流射程内土体遭受破坏,土体与水泥浆充分搅拌混合,胶结硬化后形成加固体,从而使地基得到加固。

1. 高压喷射注浆法的分类

根据喷射流的移动方式可分为三类:旋喷、定喷、摆喷(图 8.29)。高压喷射法所形成的加固体形状与喷射流的移动方式有关。

(1)旋喷法(图 8.29(a)):喷嘴边喷、边旋、边提升,加固体呈柱状或圆盘状。

(2)定喷法(图 8.29(b)):喷嘴只喷不旋转、边提升,加固体呈板状或壁状。

(3)摆喷法(图 8.29(c)):喷嘴边浆、边摆动、边提升,喷射方式小角度摆动,加固体呈较厚墙体。

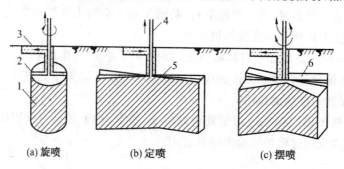

图 8.29 高压喷射注浆法的三种形式
1—桩;2—射流;3—冒浆;4—喷射注浆;5—板;6—墙

图 8.30 为单管高压喷射注浆法施工工艺。单层注浆管喷射水泥浆液,喷射流衰减快,破碎土射程短,成桩直径 0.3~0.8 m。

2. 高压喷射注浆法适用范围

高压喷射注浆法适用于处理淤泥、淤泥质土、黏性土、粉土、砂土、湿陷性黄土、碎石土以及人工填土等地基的加固。但对含有较多大粒块石、坚硬黏性土、大量植物根茎或含过多有机质的土及地下水流过大、喷射浆液无法在注浆管周围凝聚的情况下,不宜采用。高压喷射注浆法可用于既有建筑和新建筑的地基处理、深基坑侧壁挡土或挡水、基坑底部加固防止管涌与隆起、坝的加固与防水帷幕等工程。

8.3.7.3 深层搅拌法

深层搅拌法(图 8.31)是利用水泥、石灰等材料作固化剂(浆液或粉体)的主剂,通过特制的深层搅拌机械,在地基深处就地将软土和固化剂强制拌和,使软土硬结成具有整体性、水稳定性和较高强度的水泥加固体,与天然地基形成复合地基。

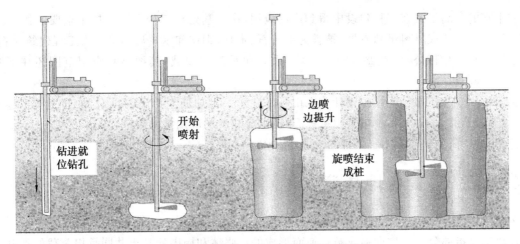

图 8.30 单管高压喷射注浆施工工艺

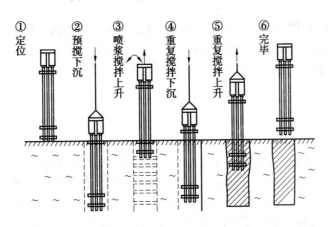

图 8.31 深层搅拌法施工工艺

1. 深层搅拌法的特点

(1)深层搅拌法将固化剂直接与原有土体搅拌混合,没有成孔过程,对孔壁无横向挤压,故对邻近建筑物不产生有害的影响;

(2)经过处理后的土体重度基本不变,不会由于自重应力增加而导致软弱下卧层的附加变形;

(3)与旋喷桩相比,水泥用量大为减少,造价低、工期短;

(4)施工时无振动、无噪声、无污染等。

2. 适用范围

深层搅拌法适用于加固较深较厚的淤泥、淤泥质土、粉土和含水量较高且地基承载力特征值不大于 120 kPa 的黏性土地基,对超软土效果更为显著。

深层搅拌法多用于墙下条形基础,大面积堆料厂房基础、深基坑开挖时防止坑壁及边坡塌滑、坑底隆起等以及作地下防渗墙等工程。

8.3.8 加筋土技术简介

加筋土技术是将基础下一定范围内的软弱土层挖去,然后逐层铺设土工合成材料与砂石等组成的加筋垫层作为地基持力层,通过筋材与土体之间的摩擦作用可以改善土体抗拉、抗剪性能,提高地基承载力,减小沉降。加筋土技术的发展与加筋材料的发展密不可分,加筋材料从早期的天然植物、帆布、金属和预制钢筋混凝土发展到土工合成材料,土工合成材料的出现被誉为岩土工程的一次革命,它以优越的性能和丰富的产品形式在工程建设中得到广泛应用,在地基处理工程中也发挥了重要的作用。20世纪70年代后,土工合成材料迅猛发展,被誉为继砖石、木材、钢铁和水泥后的第五大工程建筑材料,已经广泛应用于水利、建筑、公路、铁路、海港、环境、采矿和军工等领域,其种类和应用范围还在不断发展扩大。

在我国,自1979年由云南煤矿设计院在田坝修建第一批加筋土挡土墙以来,加筋土技术逐步在我国得到广泛应用,并于1998年颁布了国家标准《土工合成材料应用技术规范》(GB 50290—98)。现在除西藏和青海省以外,其他各省市已修建了大量的加筋土工程。

8.3.9 复合地基简介

8.3.9.1 概念

复合地基是指部分土体被增强或被置换而形成的增强体和周围地基土共同承担荷载的地基。复合地基有两个基本特点:

①加固区是由增强体和周围地基土两部分组成,具有非均质和各向异性;

②增强体和周围地基土共同承担荷载并协调变形。前一特点使它区别于均质地基(包括天然和人工均质地基),后一特点使它区别于桩基础。复合地基的组成部分有:天然地基土、土质桩或胶结掺料桩、砂石垫层、基础。

8.3.9.2 分类

复合地基的分类有多种方法。根据地基中增强体的设置方向可分为:水平向增强体复合地基(包括土工织物、金属材料、土工格栅、加筋等形成的复合地基)和竖向增强体复合地基(包括柔性桩、半刚性桩和刚性桩复合地基)。根据成桩材料可分为散体材料桩(如砂石桩、石灰桩、灰土挤密桩、土挤密桩等)、水泥土类桩(如水泥搅拌桩、夯实水泥土桩、旋喷桩等)和混凝土类桩(如水泥粉煤灰碎石桩、树根桩、锚杆静压桩等)。根据成桩后桩体的强度或刚度可分为柔性桩(散体材料桩类)、半刚性桩(水泥土类)和刚性桩(混凝土类)。

8.3.9.3 复合地基作用机理

复合地基在施工阶段的作用机理主要表现为挤密效应和排水固结效应,工作阶段的作用机理主要表现为桩体效应、褥垫层效应和加筋效应。

(1)挤密效应:竖向增强体复合地基在施工过程中将桩位处的土部分或全部的挤压到桩侧,使桩间土体挤压密实。

(2)排水固结效应:增强体透水性强,是良好的排水通道,能有效地缩短排水距离,加速桩间饱和软黏土的排水固结。

(3)桩体效应:复合地基中桩体刚度大,强度高,承担的荷载大,能将荷载传到地基深处,从而使复合地基承载力提高,地基沉降量减小。

(4)褥垫层效应:桩基础中群桩与基础承台相连接,而复合地基的桩体与浅基础间通过褥垫层过渡。褥垫层可调整桩土应力比、避免桩体应力集中、调节桩土相对位移、缩短排水路径、提高应力扩散效应。

(5)加筋效应:水平向增强体复合地基,在荷载的作用下,发生竖向压缩变形,同时产生侧向位移。复合地基中的加筋材料,将阻碍地基土侧向位移,防止地基土侧向挤出,提高复合地基中水平向的应力水平,改善应力条件,增强土的抗剪能力。

拓展与实训

1. 填空题

(1) 湿陷性黄土按成因可分为_____、_____两大类。

(2) 膨胀土的矿物成分以_____、_____为主。

(3) 饱和砂土在振动荷载作用下容易发生_____现象,而使其有效抗剪强度变为_____。

(4) 淤泥质土是指_____、_____的黏性土。

(5) 季节冻土处理应从冻土三要素入手,冻土三要素是指_____、_____、_____。

(6) 换土垫层法垫层的作用是_____、_____、_____。

(7) 强夯法加固机理是_____、_____。

(8) 排水固结法竖向排水体常用类型有_____、_____。

(9) 振冲法按加固机理和效果分为_____、_____。

(10) 高压喷射注浆喷射移动方式有_____、_____、_____。

2. 选择题

(1) 黄土的自重湿陷量为( )时判断为非自重性湿陷性黄土。
A. <70 mm　　B. <15 mm　　C. ≥15 mm　　D. ≥70 mm

(2) 膨胀土自由膨胀率达到( )判断为膨胀土。
A. 30%　　B. 35%　　C. 40%　　D. 50%。

(3) 袋装砂井中填充材料的含泥量不应大于( )。
A. 1%　　B. 2%　　C. 3%　　D. 5%

(4) 淤泥的孔隙比范围为( )。
A. $1 \leq e < 1.2$　　B. $1 \leq e < 1.5$　　C. $e < 1$　　D. $e \geq 1.5$

(5) 当土的有机质含量大于60%时则称为( )。
A. 淤泥　　B. 淤泥质土　　C. 泥炭　　D. 泥炭土

(6) 软弱土的工程特性有( )。
A. 含水量高、孔隙比大
B. 压缩模量值大
C. 渗透系数值大
D. 压缩系数值小,灵敏度高

(7) 下列关于黄土的湿陷性强弱的叙述,正确的是( )。
A. 含水量越大,孔隙比越小,湿陷性越强
B. 含水量越大,孔隙比越大,湿陷性越强
C. 含水量越小,孔隙比越小,湿陷性越强
D. 含水量越小,孔隙比越大,湿陷性越强

(8) 原生黄土的成因,是由( )形成的。
A. 冲洪积　　B. 风积　　C. 残积　　D. 冰积

(9) 当黄土的湿陷性系数 δ_s 为( )可判断该黄土为湿陷性黄土。
A. ≥0.015　　B. ≥0.030　　C. <0.015　　D. >0.07

(10) 膨胀土主要呈( )分布。
A. 岛状　　B. 片状　　C. 块状　　D. 层状

(11) 某房屋墙面角端的裂缝为:山墙上的对称或不对称的倒八字形缝,外纵墙下部出现水平缝,墙体外侧有水平错动;试根据以上现象判断该建筑物地基为( )地基。
A. 黄土　　B. 填土　　C. 不均匀　　D. 膨胀土

(12) 红黏土的液限一般为( )。
A. >50%　　B. >45%　　C. >60%　　D. >70%

(13)多年冻土是指冻结持续时间为( )的土。
A.>1年　　B.≥2年　　C.≥3年　　D.≥5年

(14)对于承载力特征值 $f_a<20$ kPa 的淤泥土地基处理为( )。
A.直接用强夯加密法　B.深层搅拌桩　C.振冲碎石桩加密　D.挤密土桩

(15)在某大城市市区加固人工填土,哪一种方法适合( )。
A.强夯法　　B.夯扩加密　　C.振冲碎石桩　　D.换填处理

(16)砂井排水预压固结适用于( )。
A.湿陷性黄土　B.不饱和黏性土　C.吹(冲)填土　D.膨胀土

(17)人工地基的承载力深度与宽度修正系数 η_d 与 η_b 的关系是( )。
A. $\eta_d=0$, $\eta_b=1$　B. $\eta_d>1$, $\eta_b>0$　C. $\eta_d=1$, $\eta_b=0$　D. $\eta_d<1$, $\eta_b>0$

(18)对于湿陷性黄土地基,可用( )法处理。
A.堆载预压　B.挤密灰土桩　C.深层搅拌桩　D.水泥黏土浆液灌浆

(19)在人工填土地基的换填垫层法中,下面哪一种土不宜于用作填土材料( )。
A.级配砂石　B.湿陷性黄土　C.膨胀性土　D.灰土

(20)对某软弱地基进行水泥土搅拌桩地基处理后,基础以下铺设 200 mm 的粗砂垫层,其目的是为了( )。
A.增大桩土荷载分担比　　　　　　B.减小桩土荷载分担比
C.增大复合地基强度　　　　　　　D.减小复合地基强度

3.判断改错题
(1)CFG桩的加固原理是置换和挤密。( )
(2)碎石桩的施工方法主要有振冲法和干振法。( )
(3)采用水泥土搅拌桩对地基进行处理,处理深度至卵砾石层顶面,处理后不设置褥垫层,则该地基是复合地基。( )

4.简答题
(1)简述常见特殊土的种类、特性及处理方法。
(2)简述砂土液化破坏机理、破坏现象及处理措施。
(3)简述常见地基处理方法及适用条件。

5.计算题
陕北地区某建筑场地,工程地质勘察中某探坑每隔 1 m 取土样,测得各土样 δ_{zsi} 和 δ_{si} 见表 8.21,试确定该场地的湿陷类型和地基的湿陷等级。

表 8.21　计算题附表

取土深度/m	1	2	3	4	5	6	7	8	9	10
δ_{zsi}	0.002	0.014	0.020	0.013	0.026	0.056	0.045	0.014	0.001	0.020
δ_{si}	0.070	0.060	0.073	0.025	0.088	0.084	0.071	0.037	0.002	0.039

参考答案

模块1

1. 填空题

(1)土颗粒 水 气体 (2)一种状态 另一种状态 分界含水量 (3)物理 化学 生物
(4)岩浆岩 沉积岩 变质岩 (5)物理分化 没有 (6)结合水 自由水
(7)大小 形状 表面特征 相互排列 连接关系 (8)层状构造 分散构造 裂隙构造
(9)新生代第四纪 新近 (10)密实 疏松 (11)软 坚硬 (12)弱结合水
(13)不均匀系数 C_u 曲率系数 C_c (14)单粒结构 蜂窝结构 絮状结构
(15)天然含水量 天然密度 土粒相对密度
(16)密实 干密度或压实系数 (17)灵敏度 降低 (18)含水量 液性指数 无密实程度
(19)含水量 土类及级配 压实能量 (20)素填土 杂填土 冲填土 杂填土

2. 选择题

(1)B (2)A (3)C (4)C (5)C (6)B (7)D (8)A (9)C (10)A (11)A (12)A
(13)B (14)B (15)C (16)B (17)B (18)C (19)D (20)C

3. 判断改错题

(1)(×)改:固态水的一种,故不能传递静水压力 (2)(√)
(3)(×)改:无黏性不具有可塑性。
(4)(×)改:仅用于黏性土与粉土的分类。 (5)(×)改:去掉"形状"。
(6)(×)改:55%改为50% (7)(×)改:冲填土 (8)(√) (9)(√) (10)(√)
(11)(√) (12)(√) (13)(√) (14)(√) (15)(√) (16)(√) (17)(√)
(18)(×)改:不一定。 (19)(√) (20)(√)

4. 简答题

(1)①土是由岩石经过风化作用形成的松散的堆积物;②有单粒、蜂窝状、絮状三种结构;③具有单粒结构的土,一般孔隙比较大,透水性强,压缩性低,强度较高;蜂窝状、絮状结构的土,压缩性大,强度低,透水性弱。
(2)略(见书) (3)略(见书) (4)略(见书)
(5)①在一定的压实功能作用下,土在某一含水量下可以击实到最大的密度,这个含水量称为最优含水量。
②黏性土料过干或过湿都不能获得好的压实效果:
当含水量过低时,黏性土颗粒周围的结合水膜薄,粒间引力强,颗粒相对移动的阻力大,不易挤紧;
当含水量过大时,自由水较多,击实时,水和气体不易从土中排出,并吸收了大部分的击实功能,阻碍土粒的靠近。
(6)略(见书)

5. 计算题

(1)1.90 g/cm³,1.60 g/cm³,2.01 g/cm³,18.75%,0.686,40.7%,0.74。
(2)1.206,12.15 kN/cm³。 (3)0.67,40.1%,0.87,12.1,0.306,可塑状态,粉质黏土。
(4)$e=0.65$,$D_r=0.37$,中等密实。

模块 2

1. 填空题

(1)自重应力 附加应力 有效应力 孔隙压力 (2)基底 天然地面
(3)附加应力 有效应力 (4)超静水压力 (5)渗透系数 排水方式 土层厚度
(6)孔隙水压力 有效应力 (7)$e-p$ 曲线 压缩系数、压缩模量 $p-s$ 曲线 变形模量

2. 选择题

(1)A (2)A (3)A (4)B (5)B (6)C (7)D (8)C (9)C (10)A (11)A (12)C
(13)A (14)B (15)D (16)C (17)C (18)B (19)B (20)A (21)A (22)B (23)B (24)B
(25)A (26)B (27)A (28)C (29)C (30)D (31)B (32)C (33)C (34)C (35)B (36)A
(37)A (38)C (39)C (40)D

3. 判断改错题

(1)(×)改:"无关"改为"有关"。 (2)(×)改:应从老天然地面算起。

(3)(×)改:从计算公式 $p_0 = p - \sigma_{cz} = F/A + 20d - \gamma_m d$ 看出,由于 γ_m 略小于 20 kN/m^3,故增大埋深 d 反而会使 p_0 略有增加。

(4)(√) (5)(×)改:土中自重应力引起土体的变形在建造房屋前,只有新填土或地下水位下降等才会继续引起变形。

(6)(×)改:还应包括基础及其上回填土的重量在基底压力增量。 (7)(×)改:"集中"改为"扩散"。 (8)(√) (9)(√) (10)(√) (11)(√) (12)(×)改:地下水位上升会降低土的抗剪强度和地基承载力。

(13)(√) (14)(×)改:有影响。 (15)(×)改:会产生沉降。

(16)(×)改:由于侧限压缩试验,不会产生侧向膨胀。 (17)(×)改:4 倍。

(18)(×)改:土的压缩性指标(变形模量 E_0)是通过现场原位试验获得的。 (19)(×)改:"无关"改为"有关"。

(20)(√) (21)(√) (22)(×)改:"正比"改为"反比"。 (23)(√) (24)(√)

(25)(×)改:达到固结稳定后,这时土中的水的体积减小,但土并不是干土。

(26)(√) (27)(√)

(28)(×)改:"瞬时"改为"压缩稳定后"。 (29)(√)

30.(×)改:将"α 是一个常量"改为"α 不是一个常量,随着压力的增大,α 减小。

4. 简答题

(1)基底压力用于地基承载力计算,确定基底面积及尺寸;基底附加应力进行地基变形计算;

(2)①当地下水位在基底以上变化时,对基础影响不大。

②当地下水位在基底以下变化时,直接影响到建筑物的安全。

a.地下水位上升,土的抗剪强度降低,地基承载力也随着降低,建筑物产生较大的沉降和不均匀沉降,对湿陷性黄土和膨胀土更为不利。

b.地下水位下降,会增加土的自重应力,引起基础附加沉降和不均匀沉降;另外,开挖基坑时,尤其应注意降水对周围建筑物造成附加沉降的影响。

(3)略

(4)略

5.计算题

(1)略。　(2)①$p_k=190$ kPa;② 略。

(3)$p_k=201.7$ kPa,$p_{kmax}=261.7$ kPa,$p_{kmin}=141.7$ kPa,$p_0=175.6$ kPa。

(4)$a_{1-2}=0.59$ MPa^{-1}。　(5)$a=0847$ MPa^{-1},$E_s=2.08$ MPa。

(6)$E_0=3.88$ MPa。　(7)$S=45.1$ mm。

模块 3

1.填空题

(1)直接剪切试验　三轴压缩试验　无侧限抗压试验　十字板剪切试验

(2)快剪　固结快剪　慢剪　(3)法向应力　内摩擦角　(4)较大　(5)临塑荷载　(6)45°　(7)饱和软黏土 $\varphi=0$　(8)不固结不排水剪切　(9)排水

(10)$\tau_f=c'+\sigma'\tan\varphi'=c'+(\sigma-u)\tan\varphi'$

2.选择题

(1)C　(2)B　(3)AD　(4)A　(5)C　(6)C　(7)A　(8)A　(9)D　(10)A　(11)B　(12)B　(13)C　(14)C　(15)C　(16)D　(17)D　(18)B　(19)C　(20)C

3.判断改错题

(1)(×)改:不可以严格控制排水条件。　2.(×)改:砂土的抗剪强度仅由摩擦力组成。

(3)(√)　(4)(√)　(5)(√)　(6)(×)改:在与大主应力面成45°的平面上剪应力虽然最大,但相应的抗剪强度更大。

(7)(×)改:另外还有局部剪切破坏。　(8)(×)改:临塑荷载和极限荷载是两个完全概念使用。

(9)(×)改:不仅不危险而且是很保守的。

(10)(√)　(11)(√)　(12)(×)改:理论确定地基承载力特征值基础宽度和深度不修正。

(13)(×)改:破坏形式为整体剪切破坏。　(14)(×)改:与孔隙水压力变化有关。　(15)(×)改:排水条件。

4.简答题

略(见书)

5.计算题

(1)①33°42′;②673 kPa,193 kPa;③28°9′。　(2)①293.59 kPa;②57.5°;③破坏。

(3)①86.6 kPa,30°;②225 kPa,216.5 kPa。　(4)①155.3 kPa,255.3 kPa;②548.1 kPa。

(5)144.3 kPa　(6)131.35 kPa。

模块 4

1.填空题

(1)滑坡　岩溶　(2)地质　地貌　(3)可行性研究勘察(选址勘察)　初步勘察(初勘)　详细勘察(详勘)　(4)勘探　原位测试　岩土工程等级　(5)坑探　钻探　地球物理勘探

2.选择题

(1) B　(2) A　(3)B　(4)A　(5)ABCD　(6)BC

模块 5

1. 填空题

(1)扩展基础　柱下条形基础　筏形基础　箱形基础　(2)三个　甲、乙级　变形验算

(3)持力层承载力　软弱下卧层承载力　地基变形验算

(4)基底净反力　基底压力标准值　基底附加应力准永久值　(5)强度等级　台阶宽高比

(6)基础材料类型　基底压力标准值　(7)比较大　钢筋混凝土扩展基础

(8)抗冲切　抗剪　抗剪和抗冲切　抗弯　(9)刚度　荷载大小及作用形式

(10)局部　整体　整体　直线　倒梁法　弹性地基梁

(11)刚度　均匀　刚度　均匀　无软弱土层　可液化土层　整体　直线分布　倒楼盖法　弹性地基梁板

(12)全部贯通　通长钢筋1/3　(13)梁板式　平板式　框架－核心筒结构　筒中筒结构

(14)底板、顶板、外墙　内墙　(15)柱下　剪力墙

(16)集中标注　原位标注　基础底板编号　截面竖向尺寸　配筋　基础底面标高

(17)基础底板和基础梁　横向配筋　纵向配筋

(18)集中标注　原位标注　基础梁编号　截面尺寸　配筋　(19)箍筋　底部和顶部贯通纵筋　侧面纵向钢筋

(20)板底与顶部贯通纵筋　板底附加非贯通纵筋　基础平板编号　平板的厚度　板底与顶部贯通纵筋及其总长度

2. 选择题

(1)B　(2)A　(3)A　(4)B　(5)B　(6)B　(7)C　(8)B　(9)B　(10)B　(11)D　(12)C　(13)C　(14)C　(15)C　(16)B　(17)C　(18)D　(19)D　(20)D　(21)C　(22)D　(23)A　(24)C　(25)B　(26)B　(27)B　(28)B　(29)A　(30)D

3. 判断改错题

(1)(×)改:一般不需进行内力分析和截面强度计算。　(2)√　(3)(×)改:部分丙级建筑物不需进行变形计算。

(4)(×)改:其整体刚度越小。　(5)(×)改:伸缩缝不可以做沉降缝,但沉降缝能做伸缩缝。
(6)√　(7)√　(8)√　(9)√

(10)(×)改:合理顺序先重后轻、先大后小、先高后低。　(11)√

(12)(×)改:底部长向钢筋应放在短向受力钢筋的内侧。　(13)√　(14)√　(15)√　(16)√　(17)√

(18)(×)改:基础梁上部纵筋要全部贯通,其连接区可在支座附近;支座贯通纵筋连接区可在跨中附近。

(19)(×)改:基础主次梁相交处的次梁内,不设箍筋。

(20)(×)改:箱形基础外墙的外侧配筋不同剪力墙配筋,竖向筋置于最外侧,水平筋置于竖向筋的内侧。

4. 简答题

(1) 无筋扩展基础其材料是由砖、毛石、混凝土、灰土及三合土组成,具有较好的抗压强度,但抗拉、抗剪强度很低;设计时是通过对基础的构造限制,即限制刚性角来保证基础的拉应力和剪应力不超过相应材料的强度。

(2)①建筑物的用途;②工程地质及水文地质条件;③地基冻融条件;④相邻建筑物基础的埋深;⑤作用在地基上的荷载大小及性质。

(3)抗弯刚度很大的基础,具有调整基础均匀沉降的同时,也使其基底压力调整成马鞍形分布,基底压力发生了由中部向边缘的转移,使基底压力分布均匀,即所谓的"架越作用",所以在满足设计要求及经济条件下,应选有合理的基础形式,提高基础的刚度。

(4)①刚度大,抵抗地基不均匀能力强及地基变形小。

②埋深和基础宽度大,提高地基承载力和稳定性。

③可做成带有地下室的补偿性基础,减小基底附加应力和附加变形;同时为地下室的充分利用,创造了经济效益。

④箱形基础混凝土体积大,一般厚度超过1 m,水化热较高,内外温差较大,会导致混凝土开裂,基坑的施工难度大;如箱基基坑的开挖、坑壁的支护、降水措施以及受施工条件的限制等各种因素会对箱基的质量造成很大的不利影响,应该从各方面引起高度的重视。

(5)答:略(见表5.12)

(6)答:①基础梁作为柱下交叉条形基础主要组成部分,根据上部结构、基础、地基共同工作的特点,基础梁在上部荷载及基底反力共同作用下,基础梁要承受较大的弯矩及剪力,截面尺寸较大,其梁顶及梁底纵筋及横向箍筋要通过计算确定同时也应满足构造要求。

②基础联系梁为了提高基础的刚度及整体性,在柱下条形基础中设置截面尺寸较小的横梁,它不作为基础受力的组成部分,不承担基底反力作用,钢筋一般按构造设置。

模块6

1.填空题

(1)将上部结构传来荷载通过其传给各桩顶　将承台传来的荷载通过其传至桩侧及桩端周围的土中

(2)承载力高　稳定性好　沉降稳定快　抗震性能好

(3)竖向抗压桩　竖向抗拔桩　水平受荷桩　复合受荷桩

(4)摩擦型桩　端承型桩　摩擦型桩　端承摩擦桩　端承桩　摩擦端承桩

(5)挤土桩　非挤土桩　部分挤土桩　(6)打入法　振冲法　静压法

(7)干作业法　泥浆护壁法　套管成孔法　爆破成孔法　(8)桩的支承能力　桩身强度　桩的支承能力

(9)现场静载荷试验　静力触探试验　经验参数法　静载荷试验

(10)建筑规模　功能特征　场地地基　建筑物体形的复杂性　由于桩基问题　三级　(11)抗剪计算　抗冲切计算

(12)柱对承台　桩对承台　(13)70　50　(14)500　桩的直径或边长　150　75　300

(15)200　350　(16)C30　C40　30　C25　C30　(17)35　50　30

2.选择题

(1)A　(2)A　(3)D　(4)D　(5)C　(6)A　(7)B　(8)C　(9)B　(10)A　(11)A　(12)D　(13)B　(14)A　(15)B　(16)A　(17)B　(18)C　(19)C　(20)C

3.判断改错题

(1)(×)改:在确定单桩承载力时,预制试验桩沉入土中后,桩要有一定的休止时间后,才可以进行静力载荷试验,否则试验结构对单桩实际承载力影响很大。

(2)(×)改:单桩承载力一般取决于土对桩的支承力,但对于端承桩、超长桩(压弯效应、稳定承载力降低),其单桩承载力也可能由桩身强度控制其作用。

(3)(√) (4)(√) (5)(√) (6)(√) (7)(√)

(8)(×)改:以增加桩基的惯性矩 → $\sum x_i^2$ 及 $\sum y_i^2$ → $Q_{k\max}$ 降低。 (9)(√) (10)(√)

4. 简答题

略(见书)

5. 计算题

(1)$R_a = 600$ kN。 (2)满足要求,其中 $Q_k = 801.3$ kN,$Q_{k\max} = 1\,132.1$ kN。

模块 7

1. 填空题

(1)静止土压力 主动土压力 (2)$\Delta a < \Delta p$ (3)土压力 (4)相切 (5)相切
(6)$45° - \dfrac{\varphi}{2}$ $45° - \dfrac{\varphi}{2}$ (7)$\tan^2\left(45° - \dfrac{\varphi}{2}\right)$ $\tan^2\left(45° + \dfrac{\varphi}{2}\right)$ (8)土的粘聚力 (9)q/γ (10)水压力 (11)增大 (12)减小 (13)自重(或侧限) (14)墙背直立光滑且填土面水平 (15)增大 (16)墙踵

2. 选择题

(1)C (2)A (3)B (4)C (5)C (6)B (7)A (8)ABCD (9)AB (10)D (11)BC (12)ACD (13)ABD (14)B (15)ABCD (16)B (17)B

3. 简答题

(1)影响土压力的因素包括:墙的位移方向和位移量;墙后土体所处的应力状态;墙体材料、高度及结构形式;墙后填土的性质;填土表面的形状;墙和地基之间的摩擦特性;地基的变形等。

(2)挡土墙是否发生位移以及位移方向和位移量,决定了挡土墙所受的土压力类型,并据此将土压力分为静止土压力、主动土压力和被动土压力。挡土墙不发生任何移动或滑动,这时墙背上的土压力为静止土压力。当挡土墙产生离开填土方向的移动,移动量足够大,墙后填土体处于极限平衡状态时,墙背上的土压力为主动土压力。当挡土墙受外力作用向着填土方向移动,挤压墙后填土使其处于极限平衡状态时,作用在墙背上的土压力为被动土压力。挡土墙所受的土压力随其位移量的变化而变化,只有当挡土墙位移量足够大时才产生主动土压力和被动土压力,若挡土墙的实际位移量并未达到使土体处于极限平衡状态所需的位移量,则挡土墙上的土压力是介于主动土压力和被动土压力之间的某一数值。

(3)朗肯土压力理论应用半空间中的应力状态和极限平衡理论计算土压力,概念比较明确,公式简单,应用方便,对于黏性土和无黏性土都可以用该公式直接计算,故在工程中得到青睐。但为了使墙后填土中的应力状态符合半空间应力状态,必须假设墙背是直立光滑的,填土面是水平的,因而使其应用范围受到限制,并由于该理论忽略了墙背与填土之间摩擦的影响,使计算的主动土压力偏大,被动土压力偏小。

(4)库仑土压力理论根据墙后滑动土楔的静力平衡条件推导得出土压力计算公式,考虑了墙背与土之间的摩擦力,并可用于墙背倾斜、填土面倾斜的情况,但由于该理论假设填土是无黏性土,因此不能用库仑公式直接计算黏性填土的土压力。库仑土压力理论假设墙后填土破坏时,破裂面是一平面,而实际上是一曲面,因此,库仑土压力理论计算结果与按曲面的计算结果有出入,这种偏差在计算被动土压力时尤为严重。

(5)为了排除墙后积水,常在墙身内布置适当数量的泄水孔,孔眼尺寸一般为 $\phi100$ mm 以上的圆孔,或边长大于 100 mm 的方孔,外斜 5%,纵横交错排列,孔眼间距为 2～3 m,最下一排泄水孔应高出地面。如墙后渗水量较大,应增密泄水孔。为防止积水渗入基础,应在最低泄水孔下部铺设黏土层并加夯实,墙前的回填土也应分层夯实。在泄水孔周围应用粗颗粒材料覆盖,并做成反滤层,以免淤塞。在挡土墙的上下侧均应设置排水沟,以便及时排除地面水。在填土表面宜做防水层,通常用黏土夯实,并做成缓坡,以利排水。

(6)挡土墙的主要结构形式有重力式挡土墙、悬臂式挡土墙、扶臂式挡土墙及轻型挡土结构。重力式挡土墙通常由砌石或素混凝土修筑而成,结构简单,施工方便,能够就地取材,墙身断面较大,作用于墙背的土压力所引起的倾覆力矩全靠墙身自重产生的抗倾覆力矩来平衡。悬臂式挡土墙一般用钢筋混凝土建造,它由立臂、墙趾悬臂和墙踵悬臂三个悬臂板组成,当墙高度较大时,为了增强立臂的抗弯性能,沿墙的纵向每隔一定距离设一道扶臂,则为扶臂式挡土墙。悬臂式挡土墙和扶臂式挡土墙的稳定主要依靠墙踵底板上的土重,而墙体内的拉应力则由钢筋承担,这类挡墙能充分利用钢筋混凝土的受力特性,墙体截面较小。轻型挡土结构包括锚杆挡土墙、锚定板式挡土墙、加筋土挡土墙、土工织物挡土墙等,具有结构轻便且经济的特点,对地基的承载力要求相对较低。

模块 8

1. 填空题

(1)原生黄土(典型黄土) 次生黄土(黄土状土) (2)蒙脱石 伊利石 (3)砂土液化 0
(4)$e>1$ $>\omega_L$ (5)土质 水 温度 (6)提高地基承载力 减小地基沉降 加速排水固结 防止冻胀 (7)动力密实 动力固结 动力置换 (8)普通砂井 袋装砂井 塑料排水带 (9)振冲挤密 振冲置换 (10)定喷 旋喷 摆喷

2. 选择题

(1)D (2)C (3)C (4)D (5)D (6)A (7)D (8)B (9)A (10)A (11)D (12)A
(13)B (14)B (15)C (16)B (17)C (18)B (19)C (20)B

3. 判断改错题

(略)

4. 简答题

(略)

5. 计算题

解:(1)场地湿陷类型判别

首先计算自重湿陷量 Δ_{zs},自天然地面算起至其下全部湿陷性黄土层面为止,根据《湿陷性黄土地建筑规范》在陕北地区 β_0 可取 1.2,$[1.2\times(0.020+0.026+0.056+0.020+0.045)\times100]cm=20.04$ cm>7 cm。

故该场地应判定为自重湿陷性黄土场地。

(2)黄土地基湿陷等级判别

计算黄土地级的总湿陷量 Δ_s 取 $\beta=\beta_0$。

$\Delta_s=[1.2\times(0.070+0.060+0.073+0.025+0.088+0.084+0.071+0.037+0.039)\times100]cm=64.56$ cm

根据附表,该湿陷性黄土地基的湿陷等级可判为Ⅲ级(严重)。

参考文献

[1] 中华人民共和国住房和城乡建设部.GB 50007—2011 建筑地基基础设计规范[S].北京:中国建筑工业出版社,2001.

[2] 中华人民共和国住房和城乡建设部.JGJ 94—2008 建筑桩基技术规范[S].北京:中国建筑工业出版社,2008.

[3] 中华人民共和国住房和城乡建设部.GB 50011—2010 建筑抗震设计规范[S].北京:中国建筑工业出版社,2010.

[4] 中华人民共和国住房和城乡建设部 GB 50010—2010 混凝土结构设计规范 [S].北京:中国建筑工业出版社,2010.

[5] 中华人民共和国住房和城乡建设部.GB 50003—2011 砌体结构设计规范[S].北京:中国建筑工业出版社,2011.

[6] 中华人民共和国住房和城乡建设部.11G101—3 钢筋混凝土施工图平面整体表示法制图规则及构造详图[S].北京:中国计划出版社,2011.

[7] 中华人民共和国住房和城乡建设部.JGJ 79—2002 地基处理技术规范[S].北京:中国建筑工业出版社,2002.

[8] 赵明华.土力学地基与基础疑难释疑[M].2版.北京:中国建筑工业出版社,2004.

[9] 侯朝霞.基础工程[M].北京:中国建材工业出版社,2004.

[10] 莫海鸿.土力学及基础工程学习辅导与习题精解[M].北京:中国建筑工业出版社,2006.

[11] 李驰.土力学地基基础问题精解[M].天津:天津大学出版社,2008.

[12] 吕西林.高层建筑结构[M].武汉:武汉理工大学出版社,2007.

[13] 张诚大.地基与基础工程[M].北京:中国建筑工业出版社,1992.

[14] 凌治平.基础工程(公路与城市道路、桥梁工程专业)[M].北京:人民交通出版社,1995.

[15] 罗福午.土木工程质量事故分析及处理[M].2版.武汉:武汉理工大学出版社,2010.

[16] 龚晓楠.地基处理手册[M].3版.北京:中国建筑工业出版社,2008.

[17] 工程地质手册编写委员会.工程地质手册[M].3版.北京:中国建筑工业出版社,2001.

[18] 陈仲颐,周景星,王洪谨.土力学 [M].北京:清华大学出版社,1994.

[19] 汪正荣.基坑工程[M].北京:机械工业出版社,2004.

[20] 中华人民共和国建设部.JGJ 120—99 建筑基坑支护技术规程[S].北京:中国建筑工业出版社,1999.

[21] 高大钊.深基坑工程[M].北京:机械工业出版社,2002.